U0837343

国防电子信息技术丛书

电子战目标定位方法

(第二版)

Electronic Warfare Target Location Methods
Second Edition

[美] Richard A. Poisel 著

王沙飞 田中成 译

電子工業出版社
Publishing House of Electronics Industry
北京 • BEIJING

内容简介

本书为电子战目标定位方法的权威著作。全书共7章。第1章介绍了目标定位问题和基本目标定位算法——梯度下降法。第2章讨论了基于三角定位法的位置估计算法。第3章和第4章讨论了测定一个或多个入射信号仰角的多种方法。第5章讨论二次定位方法，包括基于到达时间差(TDOA)、基于差分多普勒(DD)和基于距离差(RD)的定位方法，另外也讨论了噪声和误差方面的问题。第6章讨论了一些估计时间延迟的方法，包括经典的互相关法和广义相关法等。第7章讨论的单站无源定位技术是目前研究热点之一，详细介绍了对天波传播模式的高频信号进行单站定位的原理和方法，在此基础上介绍了基于MUSIC倒谱和基于射线追踪的单站定位算法。

本书可供各军兵种电子战、信息战部队指战员以及雷达工程、电子工程、系统工程、信号处理等相关专业的技术研究人员和工程管理人员使用，并可作为这些专业的研究生教材和参考书籍。

图书在版编目(CIP)数据

电子战目标定位方法 / (美) 泊伊泽 (Poisel, R. A.)著；王沙飞，田中成译. —2版.
北京：电子工业出版社，2014.6
(国防电子信息技术丛书)
书名原文：Electronic Warfare Target Location Methods, Second Edition
ISBN 978-7-121-20069-4

Ⅰ. ①电… Ⅱ. ①泊… ②王… ③田… Ⅲ. ①电子战－技术 Ⅳ. ①E919 ②TN97

中国版本图书馆CIP数据核字(2013)第063590号

责任编辑：马 岚
印　　刷：北京虎彩文化传播有限公司
装　　订：北京虎彩文化传播有限公司
出版发行：电子工业出版社
　　　　　北京市海淀区万寿路173信箱　邮编 100036
开　　本：787×1092　1/16　印张：15.5　字数：397千字
版　　次：2008年8月第1版
　　　　　2014年6月第2版
印　　次：2023年12月第3次印刷
定　　价：99.00元

凡所购买电子工业出版社图书有缺损问题，请向购买书店调换。若书店售缺，请与本社发行部联系，联系及邮购电话：(010) 88254888，88258888。

质量投诉请发邮件至zlts@phei.com.cn，盗版侵权举报请发邮件至dbqq@phei.com.cn。

本书咨询联系方式：classic-series-info@phei.com.cn。

译　者　序

电子目标定位是指通过测量辐射源的电磁波信号参数，来确定辐射源及其携载平台或目标的位置，这些电子目标包括导弹制导雷达、地面监视雷达、机载预警雷达、轰炸机/隐身飞机/直升机上的雷达、干扰机，以及通信电台等。对上述电子目标的准确定位技术是当前电子战领域的核心问题之一，在越来越强调隐蔽攻击的现代战争中，其地位和作用更是越来越重要。例如，在军事系统中，它有助于精确打击武器的使用，为最终摧毁对方提供有力的保障。在民用系统中，它也可以为目标提供可靠的服务，起到安全保障作用。而且，随着数字化接收机和现代信息处理技术的发展，对电子目标定位技术的研究和应用越来越广泛、越来越深入，新方法、新技术、新装备不断涌现，性能水平持续提高。

Richard A. Poisel 博士是一位资深的电子战专家，曾任美军研究、开发、工程指挥、情报与信息战实验室负责人，亚利桑那州 Fort Huachuca 陆军情报中心高级技术顾问，雷神公司导弹系统部资深工程师。本书是作者结合多年在雷达、通信电子战领域丰富的研究成果撰写而成的电子战技术专著。

《电子战目标定位方法(第二版)》在该书第一版基础上，针对电子目标定位领域的新理论和新方法，补充完善了方位测量、时延估计、超分辨参数估计等新内容，并针对一些具体应用问题进行了详细分析。全书共包含 7 章内容，第 1 章：辐射源定位技术简介，介绍了梯度下降算法；第 2 章：三角定位法，包括最小二乘距离误差定位算法、最小均方误差估计算法、最大似然估计三角测量算法，以及误差源分析等；第 3 章，测向技术，包括基于阵列信号处理的方位到达角估计算法、最小均方误差相位干涉算法、基于声表面波器件的相位差估计技术等；第 4 章：MUSIC，包括 MUSIC 算法模型介绍、信号数目估计方法、相位误差对算法性能影响的分析等；第 5 章：二次定位法，包括基于 TDOA 估计的定位技术、差分多普勒定位方法，以及距离差定位方法；第 6 章：时间延迟估计，包括基于广义相关的时延估计算法、基于互相关谱相位的时延估计算法、频率和相位误差在方向测量系统中的影响分析；第 7 章：单站定位技术，包括高频信号传播特性、基于倒谱计算的 TDOA 估计算法、基于 MUSIC 倒谱的单站定位算法、射线追踪、对电离层传播信号的单站定位和三角定位精度分析等。本书从基础数学公式开始，详细论述了各种电子目标定位方法的基本原理，还给出了大量的插图和详细的实例说明，具有很强的科研和工程应用参考价值。

本书由长期从事相关领域工作的王沙飞、田中成翻译，全书的翻译出版得到了房金虎、吕跃广等领导和同事们的大力支持和帮助，借此机会谨向他们表示诚挚的谢意。

电子战目标定位方法所涉及领域较广，因学识水平所限，虽经数遍认真校对，翻译中难免有理解与表述方面的偏差或错误，恳请读者给予批评指正！

前　言

本书主要研究对辐射无线电信号的非合作目标进行定位的方法和技术。目标定位对于多数军用电子战系统来说是一项关键功能，至少对于战术应用来说是如此。

第二版中新增的几章主要讨论有关用于定位计算的基本参数的估计方法，如感兴趣信号到达角以及到达时间和频率差等其他时间、频率、幅度、相位参数的估计方法，这些内容在第一版中未包括。由于噪声的影响，在实际应用中这些参数均是作为统计量来处理的。

本书内容的最初提出是以实际应用为目标的，利用提供的信息可实现相关硬件和算法。同时，其也可以作为定位估计方法进一步深入研究的起点。

本书内容可用于电子战辐射源定位方法的短期课程。由于没有给出章后习题，因此作为完整课程一部分的教材，本书并不完全适合；在补充习题后也可满足上述需求。在这种用途下，其适于作为高年级本科生或低年级研究生的工程课程教材。

本书的目标读者和第一版一样，主要面向拥有理工科（四年制）以上学位、初涉电子战领域的技术人员。该书可供开展实际工作的工程技术人员参考，也可供理论研究人员使用。

阵列波束形成在本书中没有详细研究，这是一种在抑制其他方向干扰信号的同时测定感兴趣信号到达角的方法。由于在参考文献[1]中对该方法有完整的论述，因此这里不再包括这一内容。同样的原因，由于相位干涉理论在参考文献[2]中有详细的论述，同样没有在这里详述。

在第 1 章简介之后，第 2 章深入研究了三角定位法的相关概念。这一章与第一版相比变化不大。三角定位法是指基于两个及更多截获站点上测定的信号到达角来估计目标辐射源的位置。在假定接收系统的位置已知的情况下，利用这些角度所确定的线的交点来估计目标的位置。

第 3 章在本版中为全新内容。如何获取第 2 章中三角定位法所要利用的到达角，在第一版中并未提及。在这一版中给出了几种方法，其中一种重要方法是 MUSIC 方法，它是子空间方法的一个典型代表。第 4 章专门讨论 MUSIC 算法及其特性。

第 5 章同第 2 章一样，与第一版相比变化不大。主要是讨论到达时间差、到达时间、差分多普勒以及距离差方法等二次定位方法。第 6 章研究了估计到达几个接收系统的信号时间延迟的方法，这一主题在第一版中未包括。

在第一版中，我们对单站定位技术进行了研究。本书第 7 章对该问题进一步展开。

本书收入了两个附录，对正文中所涉及的数学问题中的两项内容进行进一步阐述。

在本书这样的技术著作中，错误在所难免，作者对这些错误和疏忽负责。同时，欢迎提出建设性反馈意见。

符 号 表

$\boldsymbol{A}$	阵列流形矩阵
$\boldsymbol{C}$	协方差矩阵
$C(t)$	相干函数(离散情况下 $t=k$)
$e^{m\times n}$	$m\times n$ 维复数阵列
e	复数集
D	到达时间差/时延
$\mathcal{D}$	(离散)阵列流形的尺寸
$\boldsymbol{e}$	特征向量
f	频率
$\boldsymbol{J}$	雅可比矩阵
L	信号源数目
M	传感器/天线/接收器数目
$n(t)$	噪声波形(离散情况下 $t=k$)
N	样本数
$\mathcal{N}$	自然数集(整数)
P	互相关密度
P	功率谱密度
$r(t)$	接收时间波形(离散情况下 $t=k$)
$R(\tau)$	自相关函数
$\boldsymbol{R}$	数据协方差矩阵
$\mathcal{R}^{m\times n}$	$m\times n$ 维实数阵列
$\mathcal{R}$	实数集
$s(t)$	传播时间波形(离散情况下 $t=k$)
T	观测时间
V	方差
$\mathbf{V}$	方差矩阵
W	带宽
$\boldsymbol{W}$	加权矩阵
$W(f)$	加权函数
$\boldsymbol{\beta}$	波数
γ	信噪比
ϕ	方位角
λ	波长
$\rho(t)$	互相关函数(离散情况下 $t=k$)
σ^2	方差
θ	仰角(通常从顶点测量)
$\boldsymbol{\theta}$	未知参数矢量

缩　略　语

2-D	two-dimensional	二维
3-D	three-dimensional	三维
AAR	adaptive angular response	自适应角响应
AM	amplitude modulation	调幅
AOA	angle of arrival	到达角
AOI	area of interest	感兴趣区域
ASE	aircraft survivability equipment	飞行器生存性设备
AWGN	additive white Gaussian noise	加性高斯白噪声
BLWN	band-limited white noise	带限白噪声
BW	beamwidth	波束宽度
CAF	Cross-ambiguity function	互模糊函数
CCF	cross-correlation function	互相关函数
CEP	circular error probable	概率误差圆
CRB	Cramer-Rao bound	Cramer-Rao 界
CSD	Cross-spectral density	互谱密度
DD	differential Doppler	微分多普勒
DFT	discrete Fourier transform	离散傅里叶变换
DF	direction finding	测向
DME	distance measuring equipment	测距仪
DOP	dilution of precision	精度因子
DPD	discrete probability density	离散概率密度
EEP	elliptical error probable	概率误差椭圆
EKF	extended Kalman filter	扩展卡尔曼滤波
EM	electromagnetic	电磁
EW	electronic warfare	电子战
FCC	Federal Communication Commission	联邦通信委员会
FM	frequency modulation	调频
FT	Fourier transform	傅里叶变换

GCC	generalized cross-correlaiton	广义相关
GDOP	geometric dilution of precision	几何精度因子
GPS	global positioning system	全球定位系统
HF	high frequency	高频
i. i. d.	independent and identically distributed	独立同分布
LOCA	location on the conic axis	锥轴上的位置
LLSE	linear least-squares estimator	线性最小二乘估计
LMMSE	linear minimum mean-squares error	线性最小均方误差
LMS	least-mean square	最小均方
LO	local oscillator	本地振荡器
LOB	line of bearing	方位线
LOP	line of position	定位线
LPI	low probability of intercept	低截获概率
LRT	likelihood ratio test	似然比测试
LSE	least-square error	最小二乘误差
LTI	linear time invariant	线性时不变系统
ME	maximum entropy	最大熵
MEM	maximum entropy method	最大熵法
ML	maximum likelihood	最大似然
MLE	maximum likelihood estimation	最大似然估计
MLM	maximum likelihood method	最大似然法
MMSE	minimum mean-square error	最小均方误差
MSC	multiple sample correlation	样本多重相关数
MSE	mean-square error	均方误差
MUF	maximum usable frequency	最高可用频率
MUSIC	multiple signal classification	多重信号分类
NVI	near-vertical incidence	近垂直入射
NVIS	near-vertical incidence skywave	近垂直入射天波
PDF	probability density function	概率密度函数
PEA	phase error amplitude	幅相误差
PF	position fix	定位
PHAT	phase transform	相位转换
PM	phase modulation	相位调制

PX	plane intersection	平面相交
RD	range difference	距离差
RGEA	relative gain error amplitude	增益相对误差幅度
RMS	root mean square	均方根
RWR	radar warning receiver	雷达告警接收机
SAW	surface acoustic wave	声表面波
SCOT	smoothed coherence transform	平滑相干转换
SDOA	scale difference of arrival	到达时间的比例尺度差
SI	spherical interpolation	球面插值
SNR	Signal-to-noise ratio	信噪比
SSL	single site location	单站定位
SVD	singular value decomposition	奇异值分解
SX	spherical intersection	球面相交
TDOA	time difference of arrival	到达时间差
TID	traveling ionospheric disturbances	电离层行扰
TLSE	total least-square error	总体最小平方误差
TMA	target motion analysis	目标运动分析
TNA	thermal noise algorithm	热噪声算法
TOA	time of arrival	到达时间
UAS	unattended aerial system	无人飞行系统
UAV	unattended aerial vehicle	无人机
UCA	uniform circular array	均匀圆阵
UKF	unscented Kalman filter	无损卡尔曼滤波器
ULA	uniform linear array	均匀线阵
UT	universal time	国际标准时间
VHF	very high frequency	甚高频
VSWR	voltage standing wave ratio	电压驻波比
WLSE	weighted least-square error	加权最小二乘误差
WSS	wide-sense stationary	广义平稳

目 录

第1章　辐射源定位技术简介

1.1　简介

辐射源定位是电子战系统的一个基本功能。明确目标的具体位置具有以下几方面意义：首先，确定目标的位置有助于了解敌方的军事部署。第二，在精确定位目标之后，就可以使用带有全球定位系统的具有发射后不管(fire-and-forget)能力的武器来消灭目标。第三，同一区域中集中的不同类型辐射源的相关信息可用来分析该区域中敌方部队的类型。

本书介绍了几种现代定位技术(也包括了一些传统定位技术)。对**截获**(position fix，PF)信号进行测量时，测量结果中包含的信息往往是有差异的，这些定位技术就是基于对这些差异的分析来实现的。

辐射源的**到达角**(angle of arrival，AOA)，或者它的**方位线**(line of bearing，LOB)，是定位中经常使用的一个参数。假设在几乎同一时刻对同一目标进行测量，测得的两条或者更多条方位线如图1.1所示[1~6]，这些方位线可能相交于一点。这种定位技术就是所谓的**三角定位法**(triangulation)。三角定位法将在第2章具体介绍，其中将会介绍几种不同的算法。

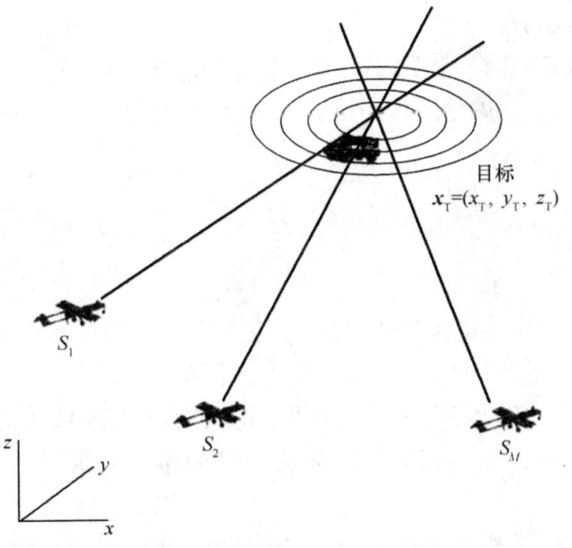

图1.1　测量方位线的交点

目前已有几种估计入射到天线阵列上信号到达角的方法，它们均基于测量信号到达间距小于半个波长的两个天线(天线组中至少要有两个天线能够满足该要求，否则会出现模糊)的时间差或相位差[7]。第3章给出了一些更通用的方法，其中最重要且应用广泛的是**多重信号分类法**(multiple signal classification，MUSIC)[8]，该方法将在第4章中进行详细介绍。

另一种方法是测量信号到达几个间距远大于一个波长的传感器的时间，即**到达时间**(time of arrival，TOA)。到达时间本身可用于计算定位坐标，采用该方法得到的等值线是圆形的。但是更典型的用法是将各传感器测得的到达时间传给一个中心站，由该中心站计算各到达时间之间的时间差,即**到达时间差**(time differences of arrival,TDOA)。与到达时间差类似的一种方法是计算不同传感器与目标之间的**距离差**(range difference,RD),它等于信号在传播媒质中的传播速度与到达时间差的乘积。一般认为空气中电波的传播速度为光速。如果信号是音频信号,则其在空气中的传播速度为声音在空气中的传播速度,该速度可能受到空气的湿度及其他参数的影响,在水中传播的速度为声音在水中的传播速度。

另一种形式的二次方法是测量**多普勒差**(differential Doppler,DD),又称为频率差,这些测量给出目标估计值位于其上的目标定位等时线。该方法最大的问题是目标不能运动,否则在测量多普勒差的时候会出现很大的误差。

基于到达时间、到达时间差、距离差或频率差的定位技术,求得的目标的可能位置曲线都是二次曲线,称为**定位线**(line of position,LOP),以多条定位线的交点作为目标位置的估计。这些定位方法的精度都会受到测量误差和噪声的影响。这些二次定位技术将在第 5 章讨论。第 5 章中还将讨论目标运动对定位的影响问题。目标的运动会增大定位误差,而如果能够检测到目标的运动,就能够消除这类误差。在第 6 章中给出了这方面的一些方法。

利用地球电离层的反射作用,高频信号可以传播到相当远的地方,这种信号的反射传播现象的实质是由于电离层电子和离子密度的变化而引起的信号折射。

采用第 2 章给出的到达角估计方法可估计这些目标的位置。如果已知信号到达方位角和俯仰角及电离层的高度,就可以使用单个传感器来估计目标方位,这种技术称为**单站定位**(single-site location,SSL)技术,将在第 7 章中进行讨论。第 7 章还给出了到达角估计方法与单站定位技术之间的优势比较。

在**机载自卫设备**(aircraft survivability equipment,ASE),特别是在**雷达告警接收机**(radar warning receiver,RWR)中广泛应用的比幅方法,可能是应用最广的到达角估计方法,空军和海军的作战飞机上均安装了该类设备。该方法的问题是其准确度较差,本书也讨论了其如何应用。

1.2　梯度下降法

Foy 提出了一种基于简单的泰勒级数展开法(又称为高斯或高斯-牛顿插值法)的定位算法[9],算法中对求解定位坐标的数学方法进行了全面的介绍,其中包含了许多解决定位估计问题的典型方法,因此以下将对该算法加以介绍。这种算法也是目前运用最普遍,计算最准确的一种方法。当然还有一些其他类型的下降算法可供使用[6]。附录 B 给出了关于下降算法的更多深入探讨的内容。

方程中用于描述几何关系的表达式通常都是非线性的。如果将这些非线性表达式展开为泰勒级数,并保留其中的线性部分,就可以使用 Newton-Raphson 梯度下降法来迭代求解。首先假设一个初始解,然后进行迭代估计,直至求得一个估计解。在每次迭代计算中,根据局部线性最小平方和误差加入一个修正因子。

Foy 指出了梯度下降法的主要优缺点,如表 1.1 所示。

表 1.1　梯度下降法用于目标定位的优点和缺点[9]

优点	缺点
来自单站的多个独立测量数据可以直接取平均	需要迭代且初始值是假设的
采用合适的几何因子，不仅可以方便地实现单模式下多次测量数据的融合，还可以方便地实现不同模式下测量数据的融合，并且根据它们的先验精度信息还能对不同来源的数据进行加权	相对于描绘方位线的简单方法来说，其计算复杂度较高
很容易确定解的统计特性	因为采用的是局部纠正的方法，所以算法不能保证收敛
经验表明，即使初始的方位假设偏差很大，仍能良好收敛	
很容易检测出结果是否收敛	
容易进行仿真，所以容易检验其收敛性	
计算复杂度比 Kalman-Bucy 滤波器小	

令 $\boldsymbol{x}_{\mathrm{T}}=(x_{\mathrm{T}},y_{\mathrm{T}})$代表目标辐射源位置的真值，$\boldsymbol{x}_k=(x_k,y_k)$，$k=1,2,\cdots,N$ 表示 N 个定位传感器位置的真值①②。n_{ki}表示第 k 个传感器的第 i 次测量，这里的测量值并不局限于方位线、距离或其他某一种参数，而可以是任何可用于定位的测量数据。因此

$$f_i(x_{\mathrm{T}},y_{\mathrm{T}},x_k,y_k)=u_i=n_{ki}+\epsilon_i,\quad k=1,2,\cdots,K \tag{1.1}$$

其中，n_{ki}表示被测参数的真值，ϵ_i 表示测量误差。

例如，如果测量的是从定位传感器到辐射源的方位线，那么

$$f_i(x_{\mathrm{T}},y_{\mathrm{T}},x_k,y_k)=\arctan\left(\frac{y_{\mathrm{T}}-y_k}{x_{\mathrm{T}}-x_k}\right)+\epsilon_i \tag{1.2}$$

两个随机向量 $\boldsymbol{y}=[y_1\quad y_2\quad\cdots\quad y_{C(\boldsymbol{y})}]$和 $\boldsymbol{z}=[z_1\quad z_2\quad\cdots\quad z_{C(\boldsymbol{z})}]$的协方差矩阵，其在 i,j 位置的元素是随机向量第 i 个和第 j 个元素的协方差。其中 $C(\cdot)$代表变量的基数。该矩阵如下式所示：

$$\boldsymbol{C}_{yz}=\mathrm{Cov}\{\boldsymbol{y},\boldsymbol{z}\}=\mathcal{E}\{[\boldsymbol{y}-\mathcal{E}\{\boldsymbol{y}\}][\boldsymbol{z}-\mathcal{E}\{\boldsymbol{z}\}]^{\mathrm{H}}\} \tag{1.3}$$

其中，^{H} 代表厄米特(Hermit)算子，即共轭转置，$\mathcal{E}\{\ \}$代表统计期望。如果两个向量是零均值的，则有

$$\boldsymbol{C}_{yz}=\mathcal{E}\{\boldsymbol{y}\boldsymbol{z}^{\mathrm{H}}\} \tag{1.4}$$

如果两个向量为同一个，则有

$$\boldsymbol{C}_{yy}=\mathrm{Var}\{\boldsymbol{y}\} \tag{1.5}$$

协方差矩阵是两个组成向量之间相关性的量化测度。

算法的目标是在给定测量值和传感器的方位的条件下确定目标方位$(x_{\mathrm{T}},y_{\mathrm{T}})$。假定各测量值中的测量误差$\epsilon_i$ 互相**独立同分布**(independent and identically distributed，i. i. d)，它们的均值为零，即$\mathcal{E}\{\epsilon_i\}=0$，在这里$\mathcal{E}\{\}$表示统计期望③。**误差协方差矩阵**(error covariance matrix)用下式表示：

$$C_{\epsilon\epsilon}=[c_{jj}] \tag{1.6}$$

并且

$$C_{jj}=\mathcal{E}\{\epsilon_i\,\epsilon_j\} \tag{1.7}$$

---

① 本书中用黑斜体字母表示矩阵和向量。

② 这里的分析只限于二维空间，可以直接推广到高维空间的情况。

③ 严格来说，定义期望的时候需要指定相应的域，但如果该域很明显，就不需要明确指出。

用$(\hat{x}_{\mathrm{T}},\hat{y}_{\mathrm{T}})$作为真实位置$(x_{\mathrm{T}},y_{\mathrm{T}})$的估计，则有

$$x_{\mathrm{T}}=\hat{x}_{\mathrm{T}}+\delta_x \tag{1.8}$$

$$y_{\mathrm{T}}=\hat{y}_{\mathrm{T}}+\delta_y \tag{1.9}$$

泰勒级数(通常)是非线性函数的一种展开方式。其目的是通过只保留函数的线性项(第一项)，或者到二次项，以简化分析。当只保留线性项时，这种处理使原本难以处理的非线性函数线性化。该处理结果为原函数的线性近似，在给定点的邻近区域能够相当准确地近似原函数。

$f_i()$在点 a 的泰勒级数展开式为[10]

$$\begin{aligned}f(x)=&f(a)+(x-a)f'(a)\\&+\frac{(x-a)^2}{2!}f''(a)+\cdots+\frac{(x-a)^n}{n!}f^n(a)+\cdots\end{aligned} \tag{1.10}$$

其中，符号 $f^n(a)$是指 $f(x)$在 a 点的 n 阶导数。在二维空间中，该式变为

$$\begin{aligned}f(a+h,b+k)=&f(a,b)+\left(h\frac{\partial}{\partial x}+k\frac{\partial}{\partial y}\right)f(x,y)\Big|_{\substack{x=a\\y=b}}+\cdots\\&+\frac{1}{n!}\left(h\frac{\partial}{\partial x}+k\frac{\partial}{\partial y}\right)^n f(x,y)\Big|_{\substack{x=a\\y=b}}+\cdots\end{aligned} \tag{1.11}$$

其中，竖线及后面的下标表示在微分后 x 用 a 来代替，y 用 b 来代替，且

$$\left(h\frac{\partial}{\partial x}+k\frac{\partial}{\partial y}\right)f(x,y)=\left(h\frac{\partial f(x,y)}{\partial x}+k\frac{\partial f(x,y)}{\partial y}\right)$$

$$\left(h\frac{\partial}{\partial x}+k\frac{\partial}{\partial y}\right)^2 f(x,y)=h^2\frac{\partial^2 f(x,y)}{\partial x}+2hk\frac{\partial^2 f(x,y)}{\partial x\partial y}+k^2\frac{\partial f(x,y)}{\partial y}$$

$$\cdots$$

对于当前的问题来说，经二维泰勒展开并去掉所有非线性分量后得，

$$\hat{f}_i+\frac{\partial f_i()}{\partial x}\Big|_{\substack{x=\hat{x}_{\mathrm{T}}\\y=\hat{y}_{\mathrm{T}}}}\delta_x+\frac{\partial f_i()}{\partial y}\Big|_{\substack{x=\hat{x}_{\mathrm{T}}\\y=\hat{y}_{\mathrm{T}}}}\delta_y\approx m_{ki}+\epsilon_i \tag{1.12}$$

其中，

$$\hat{f}_i=f_i(\hat{x}_{\mathrm{T}},\hat{y}_{\mathrm{T}},x_k,y_k) \tag{1.13}$$

为了便于处理，将上述运算写成矩阵的形式，为此首先做定义如下：

$$\boldsymbol{H}=\begin{bmatrix}h_{11}&h_{12}\\h_{21}&h_{22}\\\vdots&\vdots\\h_{N_s1}&h_{N_s2}\end{bmatrix}=\begin{bmatrix}\frac{\partial f_1()}{\partial x}\Big|_{\substack{x=\hat{x}_{\mathrm{T}}\\y=\hat{y}_{\mathrm{T}}}}&\frac{\partial f_1()}{\partial y}\Big|_{\substack{x=\hat{x}_{\mathrm{T}}\\y=\hat{y}_{\mathrm{T}}}}\\\frac{\partial f_2()}{\partial x}\Big|_{\substack{x=\hat{x}_{\mathrm{T}}\\y=\hat{y}_{\mathrm{T}}}}&\frac{\partial f_2()}{\partial y}\Big|_{\substack{x=\hat{x}_{\mathrm{T}}\\y=\hat{y}_{\mathrm{T}}}}\\\vdots&\vdots\\\frac{\partial f_{N_s}()}{\partial x}\Big|_{\substack{x=\hat{x}_{\mathrm{T}}\\y=\hat{y}_{\mathrm{T}}}}&\frac{\partial f_{N_s}()}{\partial y}\Big|_{\substack{x=\hat{x}_{\mathrm{T}}\\y=\hat{y}_{\mathrm{T}}}}\end{bmatrix} \tag{1.14}$$

$$\boldsymbol{\delta}=\begin{bmatrix}\delta_x\\\delta_y\end{bmatrix} \tag{1.15}$$

$$\boldsymbol{z}=\begin{bmatrix}m_{k1}-\hat{f}_1\\m_{k2}-\hat{f}_2\\\vdots\\m_{kN_s}-\hat{f}_{N_s}\end{bmatrix} \tag{1.16}$$

$$\boldsymbol{\epsilon}=\begin{bmatrix}\epsilon_1\\ \epsilon_2\\ \vdots\\ \epsilon_{Ns}\end{bmatrix} \tag{1.17}$$

于是式(1.12)可写为

$$\boldsymbol{H\delta}\approx\boldsymbol{z}+\boldsymbol{\epsilon} \tag{1.18}$$

根据协方差矩阵进行加权处理，使平方和误差最小的 $\boldsymbol{\delta}$ 为[11]

$$\boldsymbol{\delta}=[\boldsymbol{H}^{\mathrm{T}}\boldsymbol{Y}^{-1}\boldsymbol{H}]^{-1}\boldsymbol{Y}^{-1}\boldsymbol{z} \tag{1.19}$$

其中，$\boldsymbol{Y}$ 是一个考虑了一个或几个参数影响的加权矩阵。$\boldsymbol{Y}$ 是任意选取的，但必须是正定满秩的，以确保 $\boldsymbol{Y}^{-1}$ 存在。这样，在一次迭代中，$\boldsymbol{\delta}$ 可根据式(1.19)进行计算，通过

$$\begin{aligned}\hat{x}_{\text{new}}&\leftarrow\hat{x}_{\text{old}}+\delta_x\\ \hat{y}_{\text{new}}&\leftarrow\hat{y}_{\text{old}}+\delta_y\end{aligned} \tag{1.20}$$

得到新的估计值。重复迭代直至相邻两次迭代中(x_g,y_g)的变化达到充分小($\boldsymbol{\delta}\approx\boldsymbol{0}$)为止。

定位估计的协方差矩阵为

$$\boldsymbol{C}_0=[\boldsymbol{H}^{\mathrm{T}}\boldsymbol{Y}^{-1}\boldsymbol{H}]^{-1}=\begin{bmatrix}\sigma_x^2 & \rho_{xy}\\ \rho_{xy} & \sigma_y^2\end{bmatrix} \tag{1.21}$$

如果误差服从正态分布，那么误差区域是一个椭圆，称为**概率误差椭圆**(elliptical error probable，EEP)，椭圆的半长轴 a 和半短轴 b 分别可由下式确定[12]：

$$a^2=2\frac{\sigma_x^2\sigma_y^2-\rho_{xy}^2}{\sigma_x^2+\sigma_y^2-[\sigma_x^2-\sigma_y^2+4\rho_{xy}^2]^{1/2}}c_e^2 \tag{1.22}$$

$$b^2=2\frac{\sigma_x^2\sigma_y^2-\rho_{xy}^2}{\sigma_x^2+\sigma_y^2+[\sigma_x^2-\sigma_y^2+4\rho_{xy}^2]^{1/2}}c_e^2 \tag{1.23}$$

其中，$c_e=-2\ln(1-P_e)$，P_e 表示目标位于该误差椭圆中的置信度(例如，0.5 表示 50%，0.9 表示 90%，等等)。半长轴相对于 x 轴的倾角 θ 由下式给出：

$$\theta=\frac{1}{2}\arctan\frac{2\rho_{xy}}{\sigma_y^2-\sigma_x^2} \tag{1.24}$$

概率误差圆(circular error probable，CEP)在概念上与 EEP 相似。它是一个以求得的目标坐标为中心的圆形区域，目标以指定的概率落在该圆内。文献[7,13]指出

$$\text{CEP}\approx 0.75\sqrt{a^2+b^2} \tag{1.25}$$

采用这种方法求得的圆半径误差在 10%以内。

例 1.1

本例来自文献[9]，很好地说明了梯度下降法在综合应用不同种类的测量数据方面的能力。考虑图 1.2 所示的两个传感器，它们分别位于(−20,20)和(8,12)处。得到 3 种不同的测量数据：传感器 S_1 测得的方位线的方位角为−38°，其标准差 $\sigma_\phi=3°=0.0524$ 弧度；S_1 与目标之间的距离 $r_1=32$ 单位，其标准差 $\sigma_r=2$ 单位；两个传感器之间的距离差为 $r_1-r_2=\Delta r_{12}=16$ 单位，其标准差 $\sigma_{\Delta_r}=1$ 单位。方位角可表示为

$$\phi_1=\arcsin\left[\frac{y_1-y_k}{\sqrt{(x_1-x_k)^2+(y_1-y_k)^2}}\right]$$

该式的一阶展开为

$$\left[\frac{y_1-y_k}{r_1^2}\right]\delta_x-\left[\frac{x_1-x_k}{r_1^2}\right]\delta_y\approx\phi_1-\arctan\left(\frac{y_1-y_k}{x_1-x_k}\right)-\epsilon_{\theta_1}$$

必须对此结果进行加权处理,方法是将其乘以当前估计坐标与传感器 S_1 之间的距离,即

$$\left[\frac{y_1-y_k}{r_1}\right]\delta_x-\left[\frac{x_1-x_k}{r_1}\right]\delta_y\approx r_1\left[\phi_1-\arctan\left(\frac{y_1-y_k}{x_1-x_k}\right)-\epsilon_{\phi_1}\right]$$

该式可用于求 a_{11},a_{12}和 z_1。

传感器 S_1 到当前估计坐标之间的距离的真值表达式为

$$r_1=\sqrt{(x_k-x_1)^2+(y_k-y_1)^2} \tag{1.26}$$

一阶泰勒级数展开式为

$$\frac{x_k-x_1}{r_{k1}}\delta_x+\frac{y_k-y_1}{r_{k1}}\delta_y\approx r_{\text{measured}}-r_{k1}-\epsilon_{r_1}$$

距离差的一阶泰勒级数展开式为

$$\left[\frac{x_k-x_1}{r_{k1}}-\frac{x_k-x_2}{r_{k2}}\right]\delta_x+\left[\frac{y_k-y_1}{r_{k1}}-\frac{y_k-y_2}{r_{k2}}\right]\delta_y\approx\Delta r_{12}-(r_{k1}-r_{k2})-\epsilon_{\Delta r_{12}}$$

当测量误差相互独立时,测量误差的协方差矩阵可表示为

$$\boldsymbol{C}_{\epsilon\epsilon}=\begin{bmatrix}\sigma_\phi^2 & 0 & 0\\ 0 & \sigma_r^2 & 0\\ 0 & 0 & \sigma_{\Delta r}^2\end{bmatrix}=\begin{bmatrix}(0.0524)^2r_{1k}^2 & 0 & 0\\ 0 & 4 & 0\\ 0 & 0 & 1\end{bmatrix}$$

运算从初始点 $x_0=22$,$y_0=4$ 开始,如图 1.2 所示。由式(1.19)可得 $\delta_x=-23.5$,$\delta_y=-24.4$。将这些值代入式(1.20)可得 $x_1=-1.5$,$y_1=-20.4$。继续运算,迭代 3 次后最终的结果如图 1.2所示,为 $x_3=2$,$y_3=-5.1$,随后有 $\delta_x=0.05$,$\delta_y=-0.05$,运算结束。在这一点上,

$$\boldsymbol{H}=\begin{bmatrix}0.752 & 0.659\\ 0.659 & -0.752\\ 0.990 & 0.192\end{bmatrix}$$

并且

$$\boldsymbol{C}_0=[\boldsymbol{H}^{\mathrm{T}}\boldsymbol{P}^{-1}\boldsymbol{H}]^{-1}=\begin{bmatrix}0.899 & -0.640\\ -0.640 & 3.578\end{bmatrix}$$

根据式(1.22)到式(1.24),得出概率误差椭圆的参数为

$$a=1.929\text{ 单位}$$
$$b=0.868\text{ 单位}$$
$$\theta=102.76°$$

于是

$$\text{CEP}=1.587\text{ 单位}$$

图 1.2 中给出了概率误差椭圆。

在这个例子中,三次迭代就收敛了,考虑到测量方差,结果所得概率误差椭圆是合理的。

1.3 结论

目前有许多目标定位技术,本书中仅选取了其中的一部分,并不打算泛泛而谈。GPS 的出现激起了人们对不同定位技术的兴趣,并开展了大量的研究工作(尽管应用到 GPS 的技术

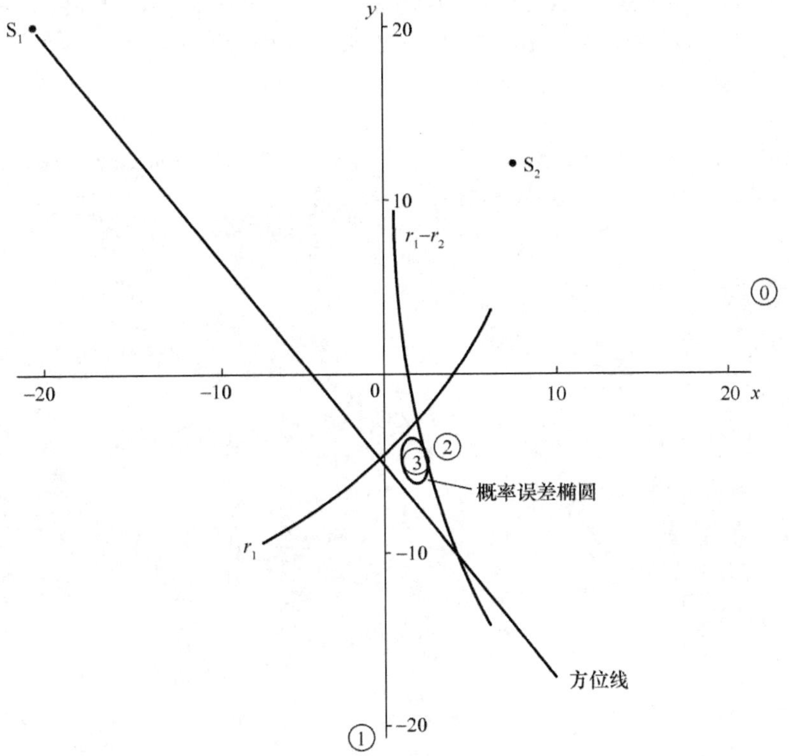

图 1.2 混合观测的几何模型

都是基于时间差的)。美国联邦通信委员会(FCC)正在制订一个规则,其目的是实现美国国内所有拨打 911 的电话都能被定位,这同样极大地推动了定位方法的研究。

希望读者能够对相关问题建立一些基本概念,并掌握一些估计辐射源方位的方法。

参考文献

[1] Jenkins, H. H. ,*Small-Aperture Radio Direction-Finding*,Norwood,MA:Artech House,1991.

[2] Poisel,R. A. ,*Introduction to Communication Electronic Warfare Systems*,Norwood,MA: Artech House,2002,Chapters 11 and 12.

[3] Neri,F. ,*Introduction to Electronic Defense Systems*,2nd ed. ,Norwood,MA: Artech House, 2001.

[4] Van Trees,H. L. ,*Optimum Array Processing*,*Part IV of Detection*,*Estimation*,*and Modulation Theory*,New York: Wiley,2002.

[5] Cadzow,J. A. ,"Methods of Direction-of-Arrival," *Proceedings IEEE Pacific Rim Conference on Communications*,*Computers*,*and Signal Processing*,May 9-10,1991.

[6] Cadzow,J. A. ,"Signal Processing via Least Squares Error Modeling," *IEEE ASSP Magazine*,October 1990, pp. 12-31.

[7] Rusu,P. ,"A TOA-FOA Approach to Find the Position and Velocity of RF Emitters," Applied Research Laboratories,University of Texas at Austin.

[8] Schmidt,R. O. ,"Multiple Emitter Location and Signal Parameter Estimation," *IEEE Transactions on Antennas and Propagation*,Vol. AP-34,No. 3,March 1986,pp. 276-280.

[9] Foy,W. H. ,"Position-Location Solutions by Taylor-Series Estimation," *IEEE Transactions on Aerospace and Electronic Systems*,Vol. AES-12,No. 2,March 1976,pp. 187-193.

[10] Abramowitz, M., and I. A. Stegun, *Handbook of Mathematical Functions*, New York: Dover, 1972, p. 880.

[11] Whalen, A. D., *Detection of Signals in Noise*, New York: Academic Press, 1971, pp. 374- 376.

[12] Poisel, R. A., *Introduction to Communication Electronic Warfare Systems*, Norwood, MA: Artech House, 2002, pp. 384-388.

[13] Torrieri, D. J., "Statistical Theory of Passive Location Systems," *IEEE Transactions on Aerospace and Electronic Systems*, Vol. AES-20, No. 2, March 1984, pp. 183-198.

第 2 章　三角定位法

2.1　简介

三角定位法是一种目标定位方法。在已知传感器的位置及两条甚至多条方位线的交点时，可以采用三角定位法确定目标的最大可能方位，得到目标位置的估计。三角定位法在目标定位中广泛应用，有多种测量信号到达方位角的技术。噪声、测量误差和多径反射是影响测量精度的常见因素。

三角定位法最早有据可查的研究工作是由 Stansfield[1] 开展的。Stansfield 算法是一种**最大似然估计**(maximum likelihood estimation，MLE)法。本章将对该方法进行研究。

三角定位法能够应用于各种各样的定位平台，包括飞机、轮船和地面车辆等。如果以信号相位为参数来计算方位线，则应用三角定位法定位时需要使用天线阵，且天线阵的基线长度应小于半波长，以避免测量中的相位模糊问题。除相位参数之外，还有一些其他参数也可用于到达角的测量(例如相对振幅)，但是大多数方法都需要使用天线阵。

本章开始部分通过一些简单的图例对三角定位法的基本概念进行了简要介绍。现有的很多最优位置估计算法都是基于**最小二乘误差**(1east-square error，LSE)估计技术的。本章首先对 LSE 估计进行概括性的介绍。接下来介绍的**总体最小二乘误差**(total least-squared error，TLSE)估计技术是对最小二乘误差估计技术的扩展，它在某种程度上更具一般性。在此之后介绍基于最小二乘距离误差的位置估计算法，紧接着讨论基于最小均方误差方法的最优位置估计问题，介绍一种所谓的**离散概率密度**(discrete probability density，DPD)定位方法，该方法中将**目标区域**(area of interest，AOI)分割成离散区间进行考察。广义方位角的概念与一般方位角的概念有所不同，它采用三维坐标而不是笛卡儿坐标来描述方位线，这就产生了一种与众不同的位置估计算法，本章对这种算法进行介绍。利用统计学中最大似然估计的概念，也可以得出一些定位估计的算法，这里给出了其中的两种。首先讨论一种基于方位线**扇面**(fan)重叠区域的位置估计方法，这里方位线扇面指由方位线误差的正负最大值确定的扇形区域。接下来在理论上分析目标方位和速度的可观测性问题。本章最后讨论利用三角定位法进行位置估计过程中误差的来源，包括系统误差(偏差)和随机误差 (噪声)两个方面。

2.2　基本概念

图 2.1 是三角定位法的几何描述，这里仅初步考虑二维的情况。图中有两个传感器节点和一个目标节点，两个传感器节点 S_1 和 S_2 之间的距离为 d。当然，图 2.1 所示的两个传感器也可以表示运动了距离 d 的同一个传感器。这两个传感器相对于同一参考方向分别求得一个方位角。距离 r 可以根据简单的三角形法则算得，即根据

$$\sin\phi_1 = \frac{d_1}{d}$$

$$d_1 = d\sin\phi_1$$

和

$$\sin(\phi_2-\phi_1)=\frac{d_1}{d_2}$$

$$d_2=\frac{d_1}{\sin(\phi_2-\phi_1)}$$

可得

$$d_2=\frac{d\sin\phi_1}{\sin(\phi_2-\phi_1)} \tag{2.1}$$

根据图中所示 d_2、ϕ_2、x、y 的关系,可得

$$\begin{aligned} x&=d_2\cos\phi_2 \\ y&=d_2\sin\phi_2 \end{aligned} \tag{2.2}$$

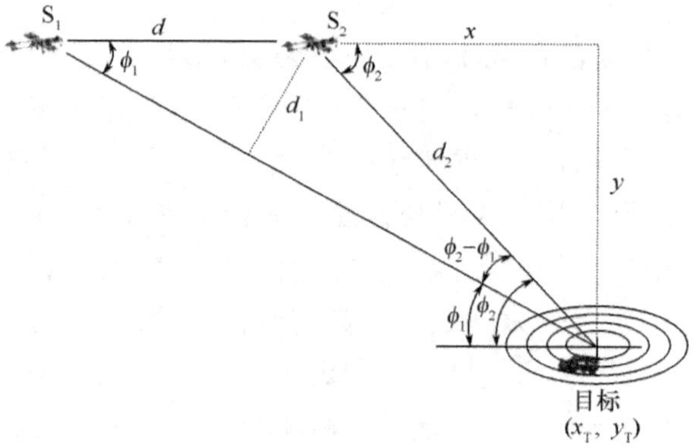

图 2.1　三角定位的几何示意图

很明显,这种方法可以推广到多个传感器及三维空间的情况,此时每次计算目标坐标时仅取其中的两个传感器,这样就可以求得多个目标坐标。可以将这些坐标的均值作为目标位置的估计,本章还将讨论其他使用两条以上的方位线进行目标定位的方法。

另一种应用三角定位法估计目标方位的方法是绘制测得的方位线,并观察它们在哪里相交,如图 2.2 所示。绘制过程可能隐含在数学计算中,也可能是实实在在画出来的。图 2.2 所示传感器可能代表一个运动的传感器,也可能代表三个固定的传感器,两种情况下的计算结果相同。如果测量过程中没有误差,那么这些方位线将相交于一点。然而一般来说,测得的方位线中总会伴有测量误差和噪声。这里通常将噪声假定为零均值**加性高斯白噪声**(Additive White Gaussian Noise,AWGN)。这些测量误差和噪声对位置估计的影响体现在方位线不再交于一点。如图 2.3 所示,如果噪声是随机的,那么测得的方位角可能比实际方位角大,也可能比实际方位角小,从而形成一个误差椭圆。传感器中还可能存在测量偏差问题,很多参数估计器都有测量偏差。产生偏差的原因主要有两个,一个是定位算法内在的缺陷,另一个是参数测量设备中存在的系统误差。

如图 2.2 所示,如果只有三条方位线,那么如果它们没有像期望的一样交于一点,则它们会围绕目标的实际位置形成一个三角形。在已知三角形的位置时,有三种比较常用的非统计学方法可用于估计目标的方位,如图 2.4 所示[2]。这三种方法都要估计三角形质心的位置。在图 2.4(a)所示的方法中,将三角形的每个顶点与其对边的中点相连,将交点作为目标方位。在图 2.4(b)所示的方法中,作三角形各角的平分线,将角平分线的交点作为目标方位。在

图 2.4(c)所示的方法中，从三角形的三个顶点各引出一条直线，使三条直线交于一点，且每两条直线间的夹角都为 120°，将该交点作为目标方位。

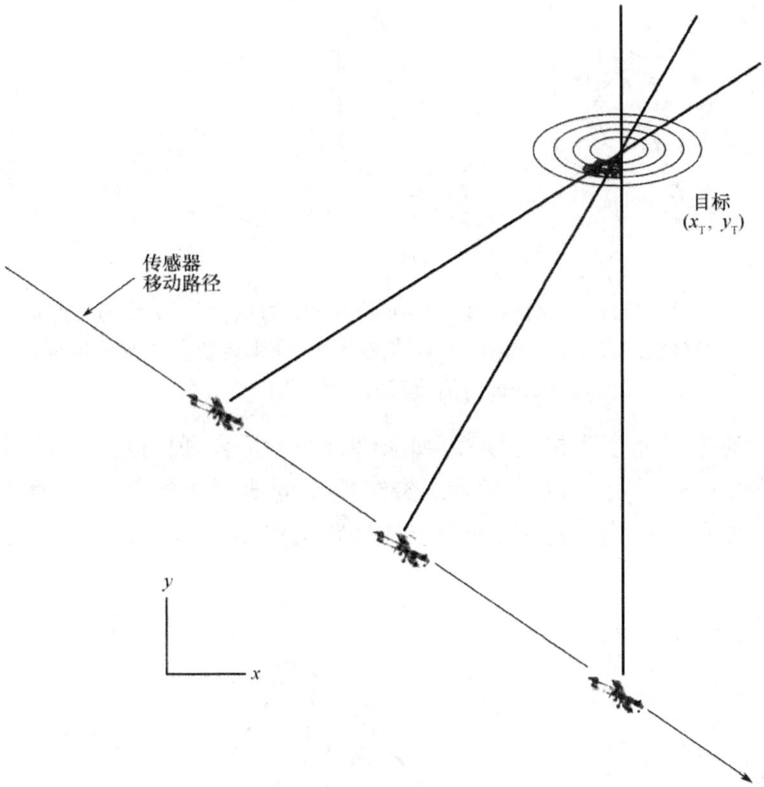

图 2.2　三角定位法

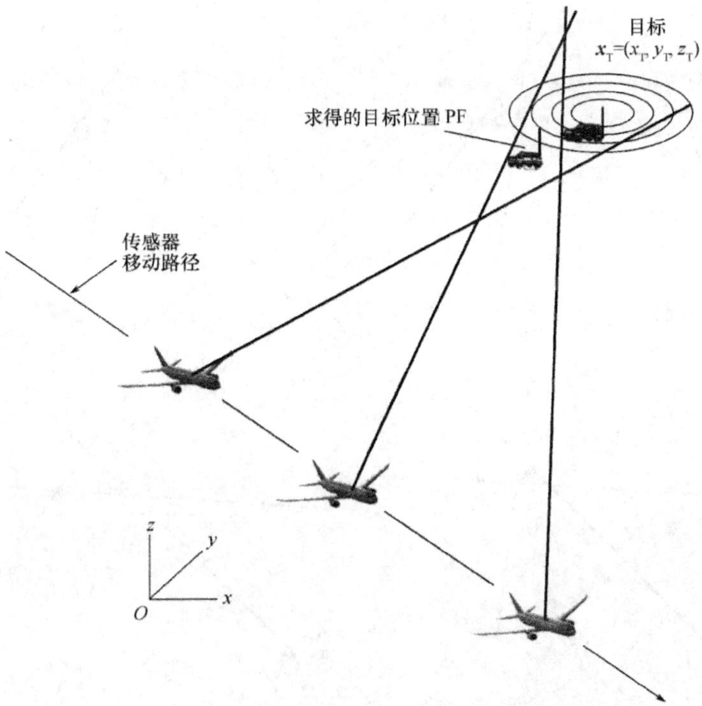

图 2.3　定位中随机误差的影响

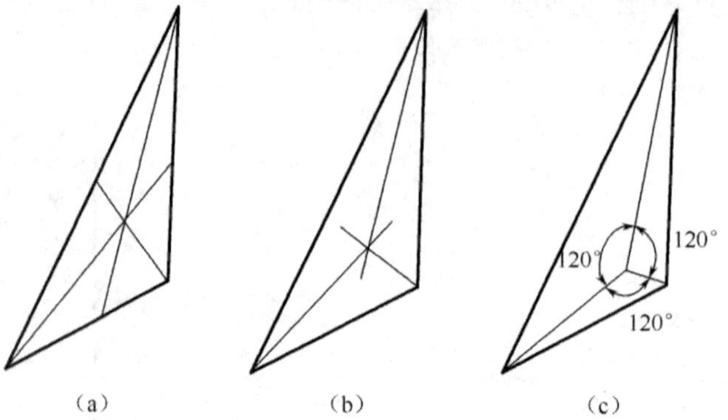

图 2.4 只有三条方位线时的非统计学定位点计算方法。(a)中线的交点;(b)角平分线的交点;(c)Steiner 点(定义为与三角形各顶点的连线两两夹角均为 120°的点)。这些都是估计三角形质心的方法

如果在计算中存在三条以上的方位线,如图 2.5(a)所示,则可以在一次计算中同时使用其中的三条,如图 2.5(b)至图 2.5(e)所示。最终得到的质心坐标是多个质心坐标的均值,该均值点位于图 2.6 中的圆圈内。注意,这种求均过程会产生一定的偏差。

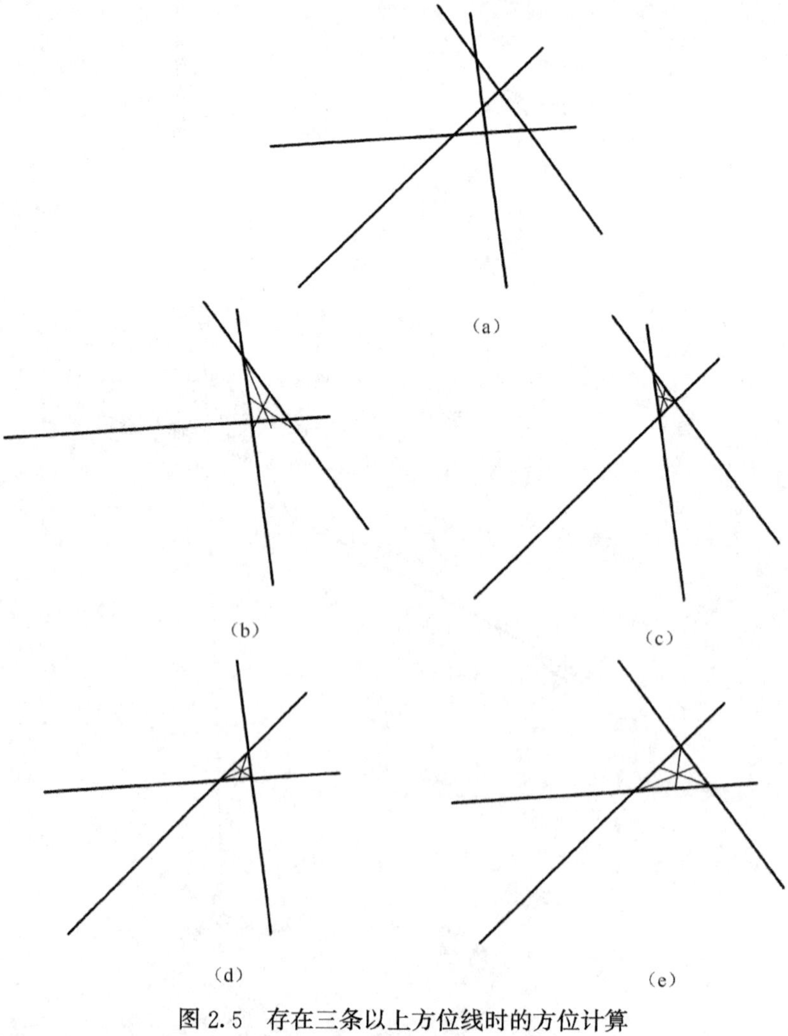

图 2.5 存在三条以上方位线时的方位计算

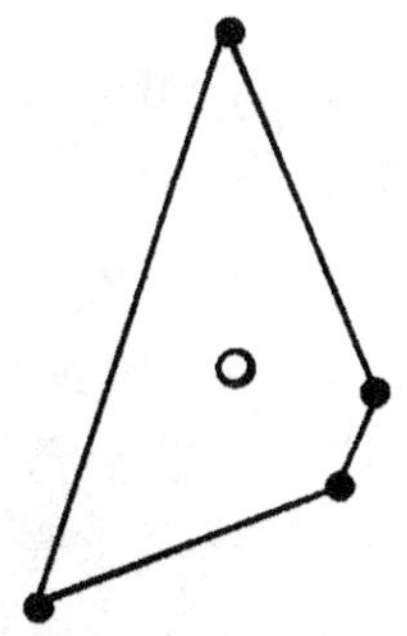

图 2.6　由任意三条方位线的交点形成了多边形的各个顶点，最终确定了多边形的质心

2.3　最小二乘误差估计

后文将要介绍的很多最优化方法都要设法求得目标方位的估计，使估计值与真实值之间的误差最小。因此，本节将对最优最小二乘误差估计器的一般原理进行简要介绍。这里假定采用最小二乘误差估计算法的递归形式，在时刻 $0,1,\cdots,k,\cdots,N-1$ 上连贯地进行测量。也就是说，在 k 及 k 之前时刻的测量值是可用的。可以在任何恰当的数据点集合上应用最小二乘误差估计算法[3]，当然也可以在所有数据点都接收到后才完成估计。

设 k 时刻的线性估计模型为

$$\boldsymbol{z}_k=\boldsymbol{H}_k\boldsymbol{\theta}_k+\boldsymbol{n}_k \tag{2.3}$$

其中，$\boldsymbol{z}_k$ 是到 k 时刻为止的所有测量值组成的测量向量，$\boldsymbol{H}_k$ 为观测矩阵。k 时刻的测量值 z_k 与向量 $\boldsymbol{\theta}_k$ 的关系如下式所示：

$$z_k=\boldsymbol{h}_k\boldsymbol{\theta}_k+n_k \tag{2.4}$$

其中，$\boldsymbol{h}_k$ 为矩阵 $\boldsymbol{H}_k$ 中第 k 行的行向量，$\boldsymbol{\theta}_k$ 为 k 时刻的未知参数向量。噪声项 n_k 是采样时刻 k 上的测量噪声。

$\boldsymbol{z}_k$ 的估计模型可表示为

$$\hat{\boldsymbol{z}}_k=\boldsymbol{H}_k\hat{\boldsymbol{\theta}}_k \tag{2.5}$$

优化目标就是要找到 $\boldsymbol{\theta}$ 的最优估计(用 $\hat{\boldsymbol{\theta}}$ 表示)，以使某个代价函数最小。对于最小二乘误差估计来说，代价函数为 $\boldsymbol{\theta}$ 的实际值与估计值的差值的平方。因此，需要最小化的代价函数为

$$c(\hat{\boldsymbol{\theta}}_k)=\tilde{\boldsymbol{\epsilon}}_k^{\mathrm{T}}\boldsymbol{W}_k\tilde{\boldsymbol{\epsilon}}_k \tag{2.6}$$

其中，$\boldsymbol{W}_k$ 为加权矩阵，该矩阵为任意矩阵，但必须是对称且正定的。当 $\boldsymbol{W}_k=\boldsymbol{I}$ 时，该过程称为最小二乘误差估计。当 $\boldsymbol{W}_k\neq\boldsymbol{I}$ 时，称为**加权最小二乘误差**(weighted LSE，WLSE)估计。$\boldsymbol{W}_k$ 可能是一个常数矩阵，也可能在逐时刻更新。我们把 k 时刻的实际值 $\boldsymbol{z}_k$ 和它的估计 $\hat{\boldsymbol{z}}_k$ 之间的差值称为误差项(error term)，用 $\boldsymbol{\epsilon}_{z_k}$ 表示，则

$$\boldsymbol{\epsilon}_{z_k}=\boldsymbol{z}_k-\hat{\boldsymbol{z}}_k \tag{2.7}$$

记

$$\tilde{\boldsymbol{x}}_k=[\tilde{x}_k\quad\tilde{x}_{k-1}\quad\cdots\quad\tilde{x}_{k-N+1}]^{\mathrm{T}} \tag{2.8}$$

把式(2.7)代入式(2.6)可得

$$c(\hat{\boldsymbol{\theta}}_k)=(\boldsymbol{z}_k-\hat{\boldsymbol{z}}_k)^{\mathrm{T}}\boldsymbol{W}_k(\boldsymbol{z}_k-\hat{\boldsymbol{z}}_k) \tag{2.9}$$

再将式(2.5)代入式(2.9)可得

$$
\begin{aligned}
c(\hat{\boldsymbol{\theta}}_k) &= (\boldsymbol{z}_k - \boldsymbol{H}_k\hat{\boldsymbol{\theta}}_k)^{\mathrm{T}}\boldsymbol{W}_k(\boldsymbol{z}_k - \boldsymbol{H}_k\hat{\boldsymbol{\theta}}_k) \\
&= (\boldsymbol{z}_k^{\mathrm{T}} - \hat{\boldsymbol{\theta}}_k^{\mathrm{T}}\boldsymbol{H}_k^{\mathrm{T}})\boldsymbol{W}_k(\boldsymbol{z}_k - \boldsymbol{H}_k\hat{\boldsymbol{\theta}}_k) \qquad (2.10) \\
&= (\boldsymbol{z}_k^{\mathrm{T}}\boldsymbol{W}_k - \hat{\boldsymbol{\theta}}_k^{\mathrm{T}}\boldsymbol{H}_k^{\mathrm{T}}\boldsymbol{W}_k)(\boldsymbol{z}_k - \boldsymbol{H}_k\hat{\boldsymbol{\theta}}_k) \\
&= \boldsymbol{z}_k^{\mathrm{T}}\boldsymbol{W}_k\boldsymbol{x}_k - 2\boldsymbol{z}_k^{\mathrm{T}}\boldsymbol{W}_k\boldsymbol{H}_k\hat{\boldsymbol{\theta}}_k + \hat{\boldsymbol{\theta}}_k^{\mathrm{T}}\boldsymbol{H}_k^{\mathrm{T}}\boldsymbol{W}_k\boldsymbol{H}_k\hat{\boldsymbol{\theta}}_k \qquad (2.11)
\end{aligned}
$$

$\hat{\boldsymbol{\theta}}_k^{\mathrm{T}}\boldsymbol{H}_k^{\mathrm{T}}\boldsymbol{W}_k\boldsymbol{H}_k\hat{\boldsymbol{\theta}}_k$ 是一个标量[因为式(2.11)中的三项都是标量],所以才有上式最后一步的结果。

通过对式(2.11)求导并使其导数等于零,即可求得代价函数的最小值。式(2.11)中的第一项与$\hat{\boldsymbol{\theta}}_k$ 无关,因此它的导数为零。式(2.12)为两个 $n\times 1$ 向量 $\boldsymbol{a}$ 和 $\boldsymbol{b}$ 组成的向量表达式的向量微分,式(2.11)中的第二项的导数可根据式(2.12)求得

$$\frac{\mathrm{d}\boldsymbol{a}^{\mathrm{T}}\boldsymbol{b}}{\mathrm{d}\boldsymbol{b}} = \boldsymbol{a} \qquad (2.12)$$

这样

$$\frac{\mathrm{d}(-2\boldsymbol{z}_k^{\mathrm{T}}\boldsymbol{W}_k\boldsymbol{H}_k\hat{\boldsymbol{\theta}}_k)}{\mathrm{d}\hat{\boldsymbol{\theta}}_k} = -2(\boldsymbol{z}_k^{\mathrm{T}}\boldsymbol{W}_k\boldsymbol{H}_k)^{\mathrm{T}} = -2\boldsymbol{H}_k^{\mathrm{T}}\boldsymbol{W}_k\boldsymbol{z}_k \qquad (2.13)$$

式(2.11)中的第三项的导数可利用式(2.14)求得,式(2.14)中 $\boldsymbol{A}$ 为 $n\times n$ 矩阵,即

$$\frac{\mathrm{d}\boldsymbol{b}^{\mathrm{T}}\boldsymbol{A}\boldsymbol{b}}{\mathrm{d}\boldsymbol{b}} = 2\boldsymbol{A}\boldsymbol{b} \qquad (2.14)$$

于是

$$\frac{\mathrm{d}\,\hat{\boldsymbol{\theta}}_k^{\mathrm{T}}\boldsymbol{H}_k^{\mathrm{T}}\boldsymbol{W}_k\boldsymbol{H}_k\hat{\boldsymbol{\theta}}_k}{\mathrm{d}\,\hat{\boldsymbol{\theta}}_k} = 2\boldsymbol{H}_k^{\mathrm{T}}\boldsymbol{W}_k\boldsymbol{H}_k\hat{\boldsymbol{\theta}}_k \qquad (2.15)$$

由式(2.13)和式(2.15)可得

$$\frac{\mathrm{d}c(\hat{\boldsymbol{\theta}}_k)}{\mathrm{d}\,\hat{\boldsymbol{\theta}}_k} = \boldsymbol{0} = -2\boldsymbol{H}_k^{\mathrm{T}}\boldsymbol{W}_k\boldsymbol{z}_k + 2\boldsymbol{H}_k^{\mathrm{T}}\boldsymbol{W}_k\boldsymbol{H}_k\hat{\boldsymbol{\theta}}_k \qquad (2.16)$$

所以

$$\hat{\boldsymbol{\theta}}_k = [\boldsymbol{H}_k^{\mathrm{T}}\boldsymbol{W}_k\boldsymbol{H}_k]^{-1}\boldsymbol{H}_k^{\mathrm{T}}\boldsymbol{W}_k\boldsymbol{z}_k \qquad (2.17)$$

式(2.17)就是求得的最小二乘误差估计。式(2.17)有时称为**法方程**(normal equation)。通过求式(2.11)的二阶导,可确定该极值为最小值,相应的二阶导数为

$$\frac{\mathrm{d}^2 c(\hat{\boldsymbol{\theta}}_k)}{\mathrm{d}\,\hat{\boldsymbol{\theta}}_k^2} = 2\boldsymbol{H}_k^{\mathrm{T}}\boldsymbol{W}_k\boldsymbol{H}_k \qquad (2.18)$$

式(2.18)是一个二次方程,由于 $\boldsymbol{W}_k$ 是正定的,所以 $\boldsymbol{H}_k^{\mathrm{T}}\boldsymbol{W}_k\boldsymbol{H}_k>0$,因此$\hat{\boldsymbol{\theta}}_k$ 为最小值。

式(2.17)的估计精度和品质因子可通过式(2.19)所示的协方差矩阵求得

$$\boldsymbol{C}_k = [\boldsymbol{H}_k^{\mathrm{T}}\boldsymbol{W}_k^{-1}\boldsymbol{H}_k]^{-1} \qquad (2.19)$$

在三维空间中,当协方差确定后,该矩阵为(k 时刻)

$$\boldsymbol{C}_{xyz} = \begin{bmatrix} \sigma_x^2 & \rho_{xy}\sigma_x\sigma_y & \rho_{xz}\sigma_x\sigma_z \\ \rho_{xy}\sigma_x\sigma_y & \sigma_y^2 & \rho_{yz}\sigma_y\sigma_z \\ \rho_{xz}\sigma_x\sigma_z & \rho_{yz}\sigma_y\sigma_z & \sigma_z^2 \end{bmatrix} \qquad (2.20)$$

其中,σ_x^2 是 x 的方差,ρ_{xy} 是 x 与 y 之间的相关系数,其他项的含义与之类似。通常总是假定 x,y 和 z 是不相关的,即 $\rho_{xy}=\rho_{xz}=\rho_{yz}=0$,于是式(2.20)变为

$$\boldsymbol{C}_{xyz} = \begin{bmatrix} \sigma_x^2 & 0 & 0 \\ 0 & \sigma_y^2 & 0 \\ 0 & 0 & \sigma_z^2 \end{bmatrix} \qquad (2.21)$$

非递归最小二乘误差估计的过程与上面介绍的过程基本相同，只是其中的 k 表示的不再是采样时间，而是最终得到的测量集的大小。

例 2.1

假设要根据 N 个点 (x_i, y_i) 拟合出一条直线，已知这条直线可表示为

$$y=\beta_0+\beta_1 x$$

利用以下矩阵可得到该问题的矩阵表述：

$$\boldsymbol{y}=[y_1 \quad y_2 \quad \cdots \quad y_N]^{\mathrm{T}}$$

$$\boldsymbol{\beta}=[\beta_0 \quad \beta_1]^{\mathrm{T}}$$

$$\boldsymbol{X}=\begin{bmatrix} 1 & 1 & \cdots & 1 \\ x_1 & x_2 & \cdots & x_N \end{bmatrix}^{\mathrm{T}}$$

根据式(2.17)可得最小二乘误差估计为

$$\hat{\boldsymbol{\theta}}=[\boldsymbol{X}^{\mathrm{T}}\boldsymbol{W}\boldsymbol{X}]^{-1}\boldsymbol{X}^{\mathrm{T}}\boldsymbol{W}\boldsymbol{y}$$

当 $\boldsymbol{W}=\boldsymbol{I}$ 时，可得

$$\hat{\boldsymbol{\theta}}=[\boldsymbol{X}^{\mathrm{T}}\boldsymbol{X}]^{-1}\boldsymbol{x}^{\mathrm{T}}\boldsymbol{y} \tag{2.22}$$

因为

$$\boldsymbol{X}^{\mathrm{T}}\boldsymbol{X}=\begin{bmatrix} 1 & 1 & \cdots & 1 \\ x_1 & x_2 & \cdots & x_N \end{bmatrix}\begin{bmatrix} 1 & x_1 \\ 1 & x_2 \\ \vdots & \vdots \\ 1 & x_N \end{bmatrix} = \begin{bmatrix} N & \sum_{i=1}^{N} x_i \\ \sum_{i=1}^{N} x_i & \sum_{i=1}^{N} x_i^2 \end{bmatrix}$$

所以

$$[\boldsymbol{X}^{\mathrm{T}}\boldsymbol{X}]^{-1}=\frac{1}{N\sum_{i=1}^{N} x_i^2-\left(\sum_{i=1}^{N} x_i\right)^2}\begin{bmatrix} \sum_{i=1}^{N} x_i^2 & -\sum_{i=1}^{N} x_i \\ -\sum_{i=1}^{N} x_i & N \end{bmatrix}$$

并且

$$\boldsymbol{X}^{\mathrm{T}}\boldsymbol{y}=\begin{bmatrix} \sum_{i=1}^{N} y_i \\ \sum_{i=1}^{N} x_i y_i \end{bmatrix}$$

则由式(2.22)可得

$$\hat{\boldsymbol{\beta}}=\begin{bmatrix} \hat{\beta}_0 \\ \hat{\beta}_1 \end{bmatrix}=\frac{1}{N\sum_{i=1}^{N} x_i^2-\left(\sum_{i=1}^{N} x_i\right)^2}\begin{bmatrix} \sum_{i=1}^{N} x_i^2 & -\sum_{i=1}^{N} x_i \\ -\sum_{i=1}^{N} x_i & N \end{bmatrix}\begin{bmatrix} \sum_{i=1}^{N} y_i \\ \sum_{i=1}^{N} x_i y_i \end{bmatrix}$$
$$=\frac{1}{N\sum_{i=1}^{N} x_i^2-\left(\sum_{i=1}^{N} x_i\right)^2}\begin{bmatrix} \sum_{i=1}^{N} y_i \sum_{i=1}^{N} x_i^2-\sum_{i=1}^{N} x_i \sum_{i=1}^{N} x_i y_i \\ N\sum_{i=1}^{N} x_i y_i-\sum_{i=1}^{N} x_i \sum_{i=1}^{N} y_i \end{bmatrix}$$

上式为最小二乘意义上系数的最优估计。

令 $\boldsymbol{W}=\boldsymbol{I}$(为书写方便未标出下标 k)，将式(2.3)代入式(2.17)可得

$$\hat{\boldsymbol{\theta}}=(\boldsymbol{H}^{\mathrm{T}}\boldsymbol{H})^{-1}\boldsymbol{H}^{\mathrm{T}}(\boldsymbol{H}\boldsymbol{\theta}+\boldsymbol{n}) \tag{2.23}$$

$$=\underbrace{(\boldsymbol{H}^{\mathrm{T}}\boldsymbol{H})^{-1}\boldsymbol{H}^{\mathrm{T}}\boldsymbol{H}}_{=\boldsymbol{I}}\boldsymbol{\theta}+(\boldsymbol{H}^{\mathrm{T}}\boldsymbol{H})^{-1}\boldsymbol{H}^{\mathrm{T}}\boldsymbol{n} \tag{2.24}$$

所以

$$\hat{\theta}=\theta+(\boldsymbol{H}^{\mathrm{T}}\boldsymbol{H})^{-1}\boldsymbol{H}^{\mathrm{T}}\boldsymbol{n} \tag{2.25}$$

其偏差为

$$\delta=\mathcal{E}\{\hat{\theta}\}-\theta \tag{2.26}$$

上述最小二乘误差估计的偏差约为[4]

$$\delta\approx\mathcal{E}\left\{\frac{1}{N}\boldsymbol{H}^{\mathrm{T}}\boldsymbol{H}\right\}\mathcal{E}\{\boldsymbol{H}^{\mathrm{T}}\boldsymbol{n}\} \tag{2.27}$$

因此,一般来说,最小二乘误差估计中存在偏差,但在下面将要介绍的某些特殊情况下可得到无偏最小二乘误差估计。

2.4 总体最小二乘估计

2.2 节在一般意义上介绍了最小二乘误差估计技术,在式(2.3)中不仅考虑了测量值 $\boldsymbol{z}_k$ 中存在的噪声,而且考虑了观测矩阵 $\boldsymbol{H}_k$ 中的噪声。如果 $\boldsymbol{H}_k$ 中没有噪声,且假设噪声项 $\boldsymbol{n}_k$ 服从 $\mathcal{N}(0,\sigma^2)$ 分布(即正态或高斯分布,其均值为零,方差为 σ^2),则最小二乘误差估计 $\hat{\boldsymbol{\theta}}_{k,\mathrm{LS}}$ 与最大似然估计相同。然而,如果 $\boldsymbol{H}_k$ 中存在噪声,式(2.17)在 $\boldsymbol{W}_k=\boldsymbol{I}$ 时就不再是最优解,其中存在偏差且协方差增大。为了得到这种情况下的最优最小二乘误差估计,文献[5]中提出了所谓总体最小二乘误差(Total LSE,TLSE)估计方法。为了书写方便,在下面的介绍中省去了下标 k。

如 2.2 节所述,最小二乘误差估计 $\hat{\boldsymbol{\theta}}$ 可通过计算

$$\min_{\theta}\|\boldsymbol{H\theta}-\boldsymbol{z}\|_2 \tag{2.28}$$

得到,其中 $\|\cdot\|_2$ 为 $\mathcal{L}_2$ 范数。式(2.28)的解为

$$\hat{\boldsymbol{\theta}}_{\mathrm{LS}}=\boldsymbol{H}^{\dagger}\boldsymbol{x} \tag{2.29}$$

其中 $\boldsymbol{H}^{\dagger}$ 是 $\boldsymbol{H}_{M\times P}$ 的伪逆①。通常假定 $N>P$ 并且 $\boldsymbol{H}$ 是满秩的,从而有 $\boldsymbol{H}^{\dagger}=(\boldsymbol{H}^{*}\boldsymbol{H})^{-1}\boldsymbol{H}^{*}$,且

$$\hat{\boldsymbol{\theta}}_{\mathrm{LS}}=(\boldsymbol{H}^{\mathrm{T}}\boldsymbol{H})^{-1}\boldsymbol{H}^{*}\boldsymbol{z} \tag{2.30}$$

测量向量和观测矩阵可以表示为

$$\boldsymbol{z}=\boldsymbol{z}_0+\Delta\boldsymbol{z}\qquad \boldsymbol{H}=\boldsymbol{H}_0+\Delta\boldsymbol{H} \tag{2.31}$$

其中 $\Delta\boldsymbol{z}$ 和 $\Delta\boldsymbol{H}$ 是扰动噪声。在没有噪声的条件下,$\boldsymbol{H}_0\boldsymbol{\theta}_0=\boldsymbol{z}_0$。TLSE 估计可通过如下方式计算得出,即求满足

$$(\boldsymbol{D}+\Delta\boldsymbol{D})\begin{bmatrix}\boldsymbol{\theta}\\-1\end{bmatrix}=\boldsymbol{0} \tag{2.32}$$

的 $\min\limits_{\Delta\boldsymbol{D},\theta}\|\Delta\boldsymbol{D}\|_{\mathrm{F}}^2$。其中 $\boldsymbol{D}$ 为

$$\boldsymbol{D}=[\boldsymbol{H}\,\vdots\,\boldsymbol{z}] \tag{2.33}$$

$\Delta\boldsymbol{D}$ 为

---

① 对于任意的满秩矩阵 $\boldsymbol{A}_{(m\times n)}$ $(m>n)$(秩为 n),$\boldsymbol{A}$ 的伪逆为 $\boldsymbol{A}^{\dagger}=(\boldsymbol{A}^{\mathrm{T}}\boldsymbol{A})^{-1}\boldsymbol{A}^{\mathrm{T}}$。一种计算 $\boldsymbol{A}^{\dagger}$ 的方法是利用奇异值分解。若 $\boldsymbol{A}=\boldsymbol{USV}^{\mathrm{T}}$,其中 $\boldsymbol{U}_{(m\times m)}$ 和 $\boldsymbol{V}_{(n\times n)}$ 正交,并且 $\boldsymbol{S}_{(m\times n)}=[\boldsymbol{D}_{(n\times n)}\,\boldsymbol{0}_{(m-n\times n)}]^{\mathrm{T}}$,其中 $\boldsymbol{D}_{(n\times n)}$ 的对角线上元素为实的非负奇异值 d_{ii},则 $\boldsymbol{A}^{\dagger}=\boldsymbol{V}(\boldsymbol{S}^{\mathrm{T}}\boldsymbol{S})^{-1}\boldsymbol{S}^{\mathrm{T}}\boldsymbol{U}^{\mathrm{T}}$。如果 $\boldsymbol{A}$ 的秩 $r<n$,则 $\boldsymbol{S}^{\mathrm{T}}\boldsymbol{S}$ 的逆矩阵不存在,在 $\boldsymbol{S}$ 中仅使用前 r 个奇异值,$\boldsymbol{U}$ 和 $\boldsymbol{V}$ 相应地变小。

$$\Delta\boldsymbol{D}=[\Delta\boldsymbol{H}:\Delta\boldsymbol{z}] \tag{2.34}$$

$\|\cdot\|_F$ 表示 **Frobenius** 范数(Frobenius norm)，$\|\boldsymbol{z}\|_F=\sqrt{\mathrm{tr}(\boldsymbol{z}^*\boldsymbol{z})}$。对 $\boldsymbol{D}$ 进行奇异值分解得 $\boldsymbol{D}=\boldsymbol{U\Sigma V}^*(N\times P)$，其中 $\boldsymbol{\Sigma}$ 的对角线元素 σ_i 为实数，且满足

$$\sigma_1\geqslant\sigma_2\geqslant\cdots\geqslant\sigma_{\min(N,P)}\geqslant 0,\quad i=1,2,\cdots,N+1 \tag{2.35}$$

σ_i 是 $\boldsymbol{D}$ 的奇异值，并且矩阵 $\boldsymbol{U}$ 和 $\boldsymbol{V}$ 的前 $\min(N,P)$ 列分别为矩阵 $\boldsymbol{D}$ 的左和右奇异向量。这些奇异值和奇异向量满足

$$\boldsymbol{D}\boldsymbol{v}_i=\sigma_i\boldsymbol{u}_i,\quad \boldsymbol{D}^*\boldsymbol{u}_i=\sigma_i\boldsymbol{v}_i \tag{2.36}$$

其中 $\boldsymbol{u}_i$ 和 $\boldsymbol{v}_i$ 分别是 $\boldsymbol{U}$ 和 $\boldsymbol{V}$ 的第 i 个列向量。

基于以上推导，总体最小二乘误差估计可用下式表示：

$$\hat{\boldsymbol{\theta}}=-\frac{1}{v_l}\boldsymbol{v}' \tag{2.37}$$

或

$$\hat{\boldsymbol{\theta}}_{\mathrm{TLSE}}=(\boldsymbol{D}^*\boldsymbol{D}-\sigma_i^2\boldsymbol{I})^{-1}\boldsymbol{D}^*\boldsymbol{z} \tag{2.38}$$

其中，元素 v_l 是 $\boldsymbol{V}$ 中第 i 行的最后一个元素，$\boldsymbol{v}'$是 $\boldsymbol{V}$ 的第一个列向量。在式(2.48)中，σ_i 是最小的奇异值，$\sigma_i^2\boldsymbol{I}$ 能够减少由观测矩阵中的噪声引入的偏差(该偏差包含在 $\boldsymbol{D}^*\boldsymbol{D}$ 中)。

如果 $\Delta\boldsymbol{D}\sim\mathcal{N}(0,\sigma_D^2)$，相比最小二乘误差估计，总体最小二乘误差估计更加准确高效。

2.5　最小二乘距离误差定位算法

2.5.1　布朗最小二乘三角定位算法

本节中将介绍一种由布朗(Brown)[5]提出的定位算法，这种算法的基本思想是使求得的目标位置与测得的各条方位线之间的偏离距离(miss distance)的平方和最小化。文献[6]有对该算法的介绍，这里对该算法的介绍是出于内容完整性的考虑。

参考图 2.7[6]，总偏离距离的平方和为

$$D=\sum_{i=1}^{N}d_i^2 \tag{2.39}$$

$$=\sum_{i=1}^{N}a_i^2x_{\mathrm{T}}^2+\sum_{i=1}^{N}2a_ib_ix_{\mathrm{T}}y_{\mathrm{T}}-\sum_{i=1}^{N}2a_ic_ix_{\mathrm{T}}+\sum_{i=1}^{N}b_i^2y_{\mathrm{T}}^2-\sum_{i=1}^{N}2b_ic_iy_{\mathrm{T}}+\sum_{i=1}^{N}c_i^2 \tag{2.40}$$

其中，

$$a_i=\sin\phi_i$$
$$b_i=-\cos\phi_i$$
$$c_i=x_i\sin\phi_i-y_i\cos\phi_i$$
$$N=\text{方位线的数量}$$

算法的目标就是使 D 最小。求 D 关于 x_{T} 和 y_{T} 的一阶偏导数，并令它们等于零，即可得到能够使总的平方距离最小化的 x_{T} 和 y_{T} 的值。

$$\frac{\partial D}{\partial x_{\mathrm{T}}}=0=2x_{\mathrm{T}}\sum_{i=1}^{N}a_i^2+2y_{\mathrm{T}}\sum_{i=1}^{N}a_ib_i-2\sum_{i=1}^{N}a_ic_i \tag{2.41}$$

$$\frac{\partial D}{\partial y_{\mathrm{T}}}=0=2x_{\mathrm{T}}\sum_{i=1}^{N}a_ib_i+2y_{\mathrm{T}}\sum_{i=1}^{N}b_i^2-2\sum_{i=1}^{N}b_ic_i \tag{2.42}$$

由此可得

$$x_{\mathrm{T}}=\frac{\sum_{i=1}^{N}b_i^2\sum_{i=1}^{N}a_ic_i-\sum_{i=1}^{N}a_ib_i\sum_{i=1}^{N}b_ic_i}{\sum_{i=1}^{N}a_i^2\sum_{i=1}^{N}b_i^2-\left(\sum_{i=1}^{N}a_ib_i\right)^2} \tag{2.43}$$

$$y_{\mathrm{T}}=\frac{\sum_{i=1}^{N}a_i^2\sum_{i=1}^{N}b_ic_i-\sum_{i=1}^{N}a_ib_i\sum_{i=1}^{N}a_ic_i}{\sum_{i=1}^{N}a_i^2\sum_{i=1}^{N}b_i^2-\left(\sum_{i=1}^{N}a_ib_i\right)^2} \tag{2.44}$$

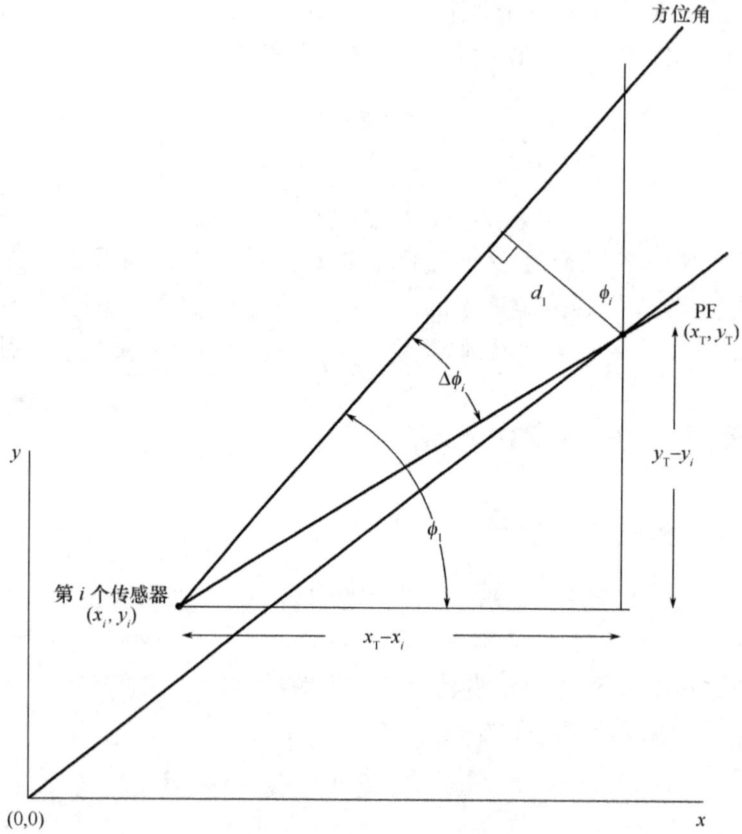

图 2.7 布朗均方距离算法推导中的符号定义示意图

传感器 i 的偏离距离可以表示为

$$d_i=a_ix_{\mathrm{T}}+b_iy_{\mathrm{T}}-c_i \tag{2.45}$$

其中下标 i 表示第 i 次测量得到的方位线的序号，a_i、b_i 和 c_i 的含义同上文。式(2.45)可用矩阵形式表示如下：

$$\boldsymbol{d}=\boldsymbol{H}\boldsymbol{x}_{\mathrm{T}}-\boldsymbol{c} \tag{2.46}$$

其中，

$$\boldsymbol{c}=\begin{bmatrix}c_1\\c_2\\\vdots\\c_N\end{bmatrix}\quad \boldsymbol{x}_{\mathrm{T}}=\begin{bmatrix}x_{\mathrm{T}}\\y_{\mathrm{T}}\end{bmatrix}\quad \boldsymbol{H}=\begin{bmatrix}a_1&b_1\\a_2&b_2\\\vdots&\vdots\\a_N&b_N\end{bmatrix}\quad \boldsymbol{d}=\begin{bmatrix}d_1\\d_2\\\vdots\\d_N\end{bmatrix} \tag{2.47}$$

目标方位向量 $\boldsymbol{x}_{\mathrm{T}}$ 的最小二乘误差估计可根据式(2.17)求得

$$\boldsymbol{x}_{\mathrm{T}}=[\boldsymbol{H}^{\mathrm{T}}\boldsymbol{W}^{-1}\boldsymbol{H}]^{-1}\boldsymbol{H}^{\mathrm{T}}\boldsymbol{W}^{-1}\boldsymbol{c} \tag{2.48}$$

与一般的表述一致，这里的上标“$^{-1}$”表示求逆，上标由“T”表示转置。假设噪声为零均值加性高斯白噪声，该估计器的方差可用式(2.19)所示的二维协方差矩阵求得

$$\boldsymbol{C}_{xy}=[\boldsymbol{H}^{\mathrm{T}}\boldsymbol{W}^{-1}\boldsymbol{H}]^{-1}=\begin{bmatrix}\sigma_x^2 & \rho_{xy}\sigma_x\sigma_y\\ \rho_{xy}\sigma_x\sigma_y & \sigma_y^2\end{bmatrix} \tag{2.49}$$

概率误差椭圆与协方差矩阵中各元素的关系如下：

$$\begin{aligned}L_{\mathrm{A}}&=\text{半长轴}\\&=\frac{2(\sigma_x^2\sigma_y^2-\rho_{xy}^2\sigma_x^2\sigma_y^2)b^2}{\sigma_x^2+\sigma_y^2-[(\sigma_y^2-\sigma_x^2)^2+4\rho_{xy}^2\sigma_x^2\sigma_y^2]^{1/2}}\end{aligned} \tag{2.50}$$

$$\begin{aligned}L_{\mathrm{I}}&=\text{半短轴}\\&=\frac{2(\sigma_x^2\sigma_y^2-\rho_{xy}^2\sigma_x^2\sigma_y^2)b^2}{\sigma_x^2+\sigma_y^2+[(\sigma_y^2-\sigma_x^2)^2+4\rho_{xy}^2\sigma_x^2\sigma_y^2]^{1/2}}\end{aligned} \tag{2.51}$$

$$\tan 2\xi=\frac{2\rho_{xy}^2\sigma_x\sigma_y}{\sigma_y^2-\sigma_x^2} \tag{2.52}$$

$$b=-2\ln(1-P_{\mathrm{e}}) \tag{2.53}$$

$$P_{\mathrm{e}}=\text{位于椭圆内的概率} \tag{2.54}$$

其中 ξ 是椭圆半长轴关于 x 轴的倾角。

使用加权矩阵 $\boldsymbol{W}^{-1}$ 的目的是为了优化性能。在该算法的一个具体应用中采用的 $\boldsymbol{W}^{-1}$ 为

$$\boldsymbol{W}^{-1}=\frac{1}{\sum\limits_i QF_i}\begin{bmatrix}QF_1 & 0 & 0 & \cdots & 0\\ 0 & QF_2 & 0 & \cdots & 0\\ 0 & 0 & QF_3 & \cdots & 0\\ \vdots & \vdots & \vdots & \ddots & \vdots\\ 0 & 0 & 0 & \cdots & QF_N\end{bmatrix}\times\begin{bmatrix}\frac{1}{\sigma_{d_1}^2} & 0 & 0 & \cdots & 0\\ 0 & \frac{1}{\sigma_{d_2}^2} & 0 & \cdots & 0\\ 0 & 0 & \frac{1}{\sigma_{d_3}^2} & \cdots & 0\\ \vdots & \vdots & \vdots & \ddots & \vdots\\ 0 & 0 & 0 & \cdots & \frac{1}{\sigma_{d_N}^2}\end{bmatrix} \tag{2.55}$$

其中，QF_i 是第 i 次测量的某种品质因数，可能是该次测量的方差，可能是某种高阶统计量（如果存在），也可能是测量中信噪比的某种度量，等等。

2.4.1.1 布朗算法中偏差的均值和协方差

式(2.47)中的矩阵 $\boldsymbol{H}$ 不包含随机分量，因此 $\boldsymbol{H}^{\mathrm{T}}\boldsymbol{H}$ 也不包含随机分量。所以由式(2.27)可得

$$\boldsymbol{\delta}\approx-\frac{1}{N^2}(\boldsymbol{H}^{\mathrm{T}}\boldsymbol{H})^{-1}\boldsymbol{H}^{\mathrm{T}}\,\mathcal{E}\{\boldsymbol{n}\} \tag{2.56}$$

由于假定 $\boldsymbol{n}\sim N(\boldsymbol{0},\sigma^2)$，$\mathcal{E}\{\boldsymbol{n}\}=0$，所以 $\boldsymbol{\delta}=0$。

设 $\boldsymbol{C}_{\mathrm{dd}}$ 为 $\boldsymbol{d}$ 的协方差矩阵，且为了分析简便假定 $\boldsymbol{W}=\boldsymbol{I}$，则式(2.48)所示估计器的协方差为[8]

$$\mathrm{Var}(\boldsymbol{c})=(\boldsymbol{H}^{\mathrm{T}}\boldsymbol{H})^{-1}\boldsymbol{H}^{\mathrm{T}}\boldsymbol{C}_{\mathrm{dd}}\boldsymbol{H}(\boldsymbol{H}^{\mathrm{T}}\boldsymbol{H})^{-1} \tag{2.57}$$

2.5.2 半球最小二乘误差估计定位算法

本节将介绍另一种最小二乘定位算法。设传感器测得的方位线（其方位角为 ϕ_i）及其在地

面上的投影如图 2.8 所示，图中假设测量发生在北半球(适当修改参数即可适用于另一半球)。根据文献[9,10]有

$$\cos(\phi_i)=\frac{y_T-y_i}{\sqrt{(y_T-y_i)+(x_T-x_i)^2}} \tag{2.58}$$

图 2.8 中各变量的含义为(所有变量都以度为单位)：

x_i=第 i 个观测区间内传感器的经度

y_i=第 i 个观测区间内传感器的纬度

x_T=目标辐射源的实际经度

y_T=目标辐射源的实际纬度

η=相对于正北方向的传感器指向

ϕ_i=第 i 次测量测得的方位角

$\Delta\phi_i$=第 i 次测量测得的方位角的误差

Δx_i=第 i 个观测区间内的经度计算误差

Δy_i=第 i 个观测区间内的纬度计算误差

假定所有方位线都以正北方向为参考，其他相关参数也按此进行调整，包括传感器运载工具的相关参数、导航参数、方位参数、姿态参数等。进一步假定 N 次 LOB 的测量等间隔进行，这样就可以方便地为每次测量分配线性序号 i。

如果方位角误差服从均值为零的正态分布，那么如果已知(x_0，y_0)或其估计，则目标位置的最小二乘估计($\hat{x}_T$，$\hat{y}_T$)可由下式得出

$$x_i=\hat{x}_i-\Delta x_i \tag{2.59}$$

$$y_i=\hat{y}_i-\Delta y_i \tag{2.60}$$

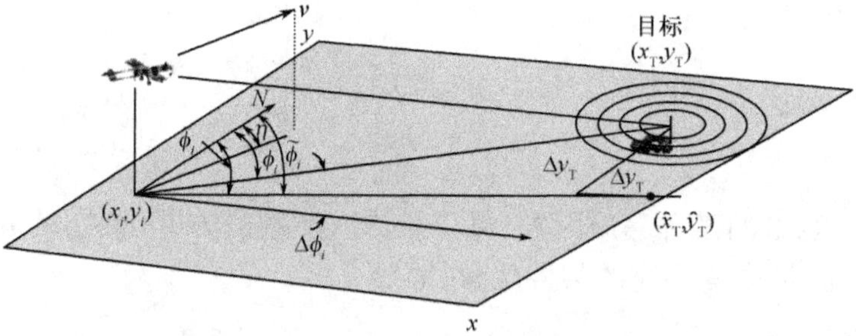

图 2.8 半球最小二乘误差估计算法的几何示意图

应用式(1.10)，在 $\Delta x_T=\Delta y_T=0$ 处展开($x_i-\Delta x_i$)，得到

$$\phi_i=x_{i1}\Delta x_T+x_{i2}\Delta y_T+\epsilon_i \tag{2.61}$$

其中，

$$\phi_i=\tilde{\phi}_i-\hat{\phi}_i$$

$$x_{i1}=\frac{\hat{n}_i}{\hat{m}_i^2+\hat{n}_i^2}$$

$$x_{i2}=\frac{\hat{m}_i}{\hat{m}_i^2+\hat{n}_i^2}$$

$$\hat{\phi}_i=\arccos\left(\frac{\hat{m}_i}{\sqrt{\hat{m}_i^2+\hat{n}_i^2}}\right)$$

$$\hat{m}_i=\hat{x}_T-x_i$$

$$\hat{n}_i=(\hat{y}_{\mathrm{T}}-y_i)$$

$$\epsilon_i=\Delta\phi_i+\text{高次项}$$

如果测量中存在系统误差 ϕ_s(体现为测量偏差),则

$$\Delta\phi_i=\phi_s+\Delta\phi_i^* \tag{2.62}$$

其中 $\Delta\phi_i^*$ 是 $\Delta\phi_i$ 中的随机成分。此时式(2.71)将不再是一种最优估计。

由以上分析过程可知,目标方位估计可通过下式求得:

$$\boldsymbol{x}=\boldsymbol{X}\boldsymbol{\beta}+\epsilon \tag{2.63}$$

其中,

$$\boldsymbol{X}=\begin{bmatrix} x_{11} & x_{21} & \cdots & x_{N1} \\ x_{12} & x_{22} & \cdots & x_{N2} \end{bmatrix}^{\mathrm{T}} \tag{2.64}$$

$$\boldsymbol{\beta}=[\Delta y_{\mathrm{T}} \quad \Delta x_{\mathrm{T}}]^{\mathrm{T}} \tag{2.65}$$

$$y=\tilde{\boldsymbol{\phi}}-\hat{\boldsymbol{\phi}} \tag{2.66}$$

并且

$$\epsilon=[\epsilon_1 \quad \epsilon_2 \quad \cdots \quad \epsilon_N]^{\mathrm{T}} \tag{2.67}$$

采用式(2.17)(令 $\boldsymbol{W}=\boldsymbol{I}$)求解式(2.63)中的 $\boldsymbol{\beta}$,可得 $\boldsymbol{\beta}$ 的估计值为

$$\boldsymbol{\beta}=(\boldsymbol{X}^{\mathrm{T}}\boldsymbol{X})^{-1}\boldsymbol{X}^{\mathrm{T}}\boldsymbol{x}=[\hat{\beta}_1 \quad \hat{\beta}_2]^{\mathrm{T}} \tag{2.68}$$

其中,$\hat{\beta}_1$ 和 $\hat{\beta}_2$ 是目标定位误差的最优估计。这样,将 $\boldsymbol{x}$ 和 $\boldsymbol{y}$ 分别减去定位误差的最优估计,即可确定目标的方位如下:

$$\hat{y}_{\mathrm{T}}=y_0-\beta_1 \tag{2.69}$$

$$\hat{x}_{\mathrm{T}}=x_0-\beta_2 \tag{2.70}$$

这是整个定位算法的一次迭代过程,这一过程可以根据实际需要重复进行下去,以获得更好的目标估计。计算中将由式(2.69)和式(2.70)得到的 $\hat{y}_{\mathrm{T}}$ 和 $\hat{x}_{\mathrm{T}}$ 作为下一次迭代的初值,即

$$\hat{y}_0\leftarrow\hat{y}_{\mathrm{T}} \tag{2.71}$$

$$x_0\leftarrow\hat{x}_{\mathrm{T}} \tag{2.72}$$

和前面讨论的布朗算法中的情况一样,因为噪声均值为零,该算法的偏差也为零。

本章附录中给出了一个应用该算法的 MathCad 程序,程序中展示了算法在一次迭代中的运算过程。

例 2.2

考虑图 2.9 所示的场景,设目标位于(15,15)单位处,传感器是一架沿 x 轴飞行的飞机。共进行 21 次测量,每次测量在各单位区间范围内进行。测得方位角中含有高斯噪声,其标准差为 4°。

图 2.10 给出了一些应用本节的算法进行目标定位时得到的结果。尽管图 2.10 展示的几种情况看起来都收敛于目标的真实方位,但这一过程进行得非常缓慢,而且并非任何条件下都能保证收敛。例如,当起始点为(5,10),(1,1)和(10,20)时,算法是发散的。

对于图 2.10 所示的几种情况,需要 10 次以上的迭代才能收敛。如果初始点的位置较接近于目标实际方位,则收敛速度会快一些,但这也不是绝对的。图 2.11 给出了初始点为(13,13)时的情况。虽然已经开始收敛,但收敛速度相当慢。

应用最小二乘法进行定位时,一个众所周知的问题就是该算法要假设一个初始的辐射源位置估计,而这种假设仅在方位角测量误差较小的情况下才是合理的。如上面的例子所示,这

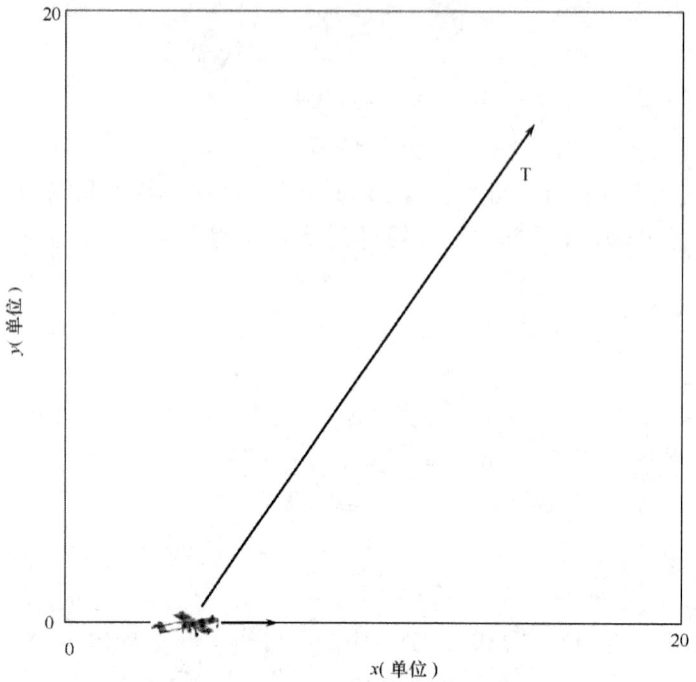

图 2.9　最小二乘算法示例中的场景假设。目标坐标为(15,15),传感器沿 x 轴飞行

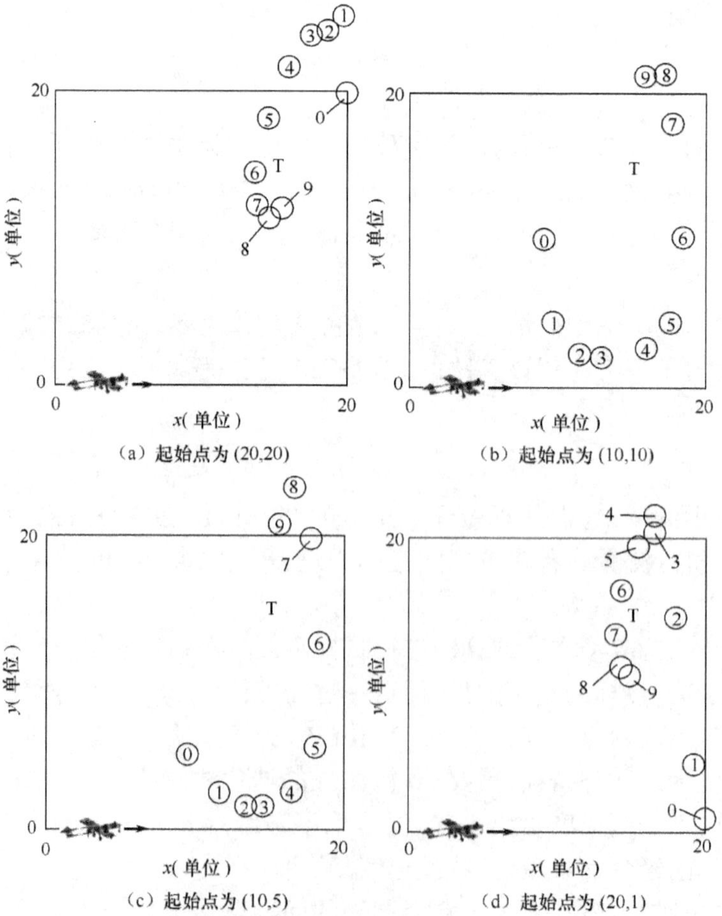

图 2.10　应用最小二乘算法对位于(15,15)处的目标进行方位估计时的结果图例

种定位方法不能保证收敛，即便收敛，其收敛速度也可能很慢。2.4.4 节介绍的基于总体最小二乘估计的定位技术就没有这些问题。

由于已经假定测向误差的均值为零，算法中没进行任何形式的加权处理，所以估计的协方差矩阵为

$$\boldsymbol{C}_{xy}=(\boldsymbol{H}^{\mathrm{T}}\boldsymbol{H})^{-1}\boldsymbol{H}^{\mathrm{T}}\boldsymbol{C}_{\epsilon\epsilon}\boldsymbol{H}(\boldsymbol{H}^{\mathrm{T}}\boldsymbol{H})^{-1} \tag{2.73}$$

其中 $\boldsymbol{C}_{\epsilon\epsilon}$ 是$\boldsymbol{\epsilon}$的协方差矩阵。

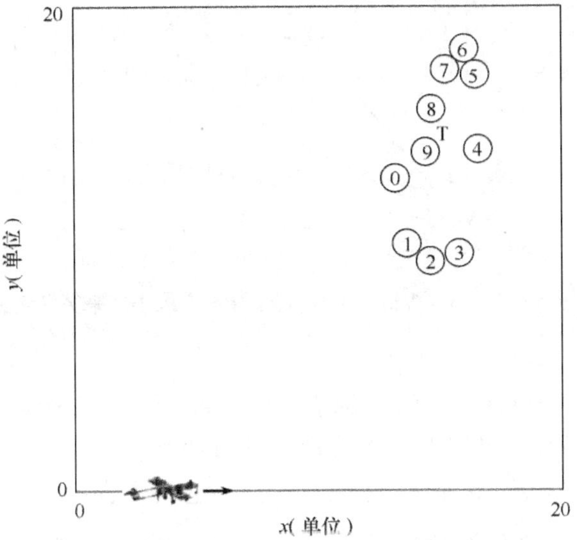

图 2.11　起始点与目标位置比较接近时，应用最小二乘误差算法定位时的情况。假设起始点为(13,13)

2.5.3 Pages-Zamora 最小二乘定位算法

Pages-Zamora，Vidal 和 Brooks[11]基于移动电话系统的应用需求提出了一种最小二乘误差定位算法，该算法被美国 FCC 采纳。该算法面向图 2.12 所示的应用场景，并考虑到如下事实：

$$\boldsymbol{d}_{\mathrm{o}}=\boldsymbol{d}_{\mathrm{o}i}+d_i\boldsymbol{v}_i \quad \forall i \tag{2.74}$$

其中，d_i 是目标和传感器 i 之间的距离，$\boldsymbol{v}_i$ 为酉矢量，可表示为

$$\boldsymbol{v}_i=[\cos\phi_i \quad \sin\phi_i]^{\mathrm{T}} \tag{2.75}$$

可以采用如下方法将距离 d_i 从式(2.74)中消去：

$$\boldsymbol{d}_{\mathrm{o}}=\begin{bmatrix}x_{\mathrm{T}}\\ y_{\mathrm{T}}\end{bmatrix}=\begin{bmatrix}x_i\\ y_i\end{bmatrix}+d_{\mathrm{o}i}\begin{bmatrix}\cos\phi_i\\ \sin\phi_i\end{bmatrix}$$

将上述方程由矩阵形式改写成常规形式，有

$$\begin{aligned}x_{\mathrm{T}}&=x_i+d_{\mathrm{o}i}\cos\phi_i\\ y_{\mathrm{T}}&=y_i+d_{\mathrm{o}i}\sin\phi_i\end{aligned} \tag{2.76}$$

由式(2.76)可得

$$x_{\mathrm{T}}\sin\phi_i=x_i\sin\phi_i+d_{\mathrm{o}i}\sin\phi_i\cos\phi_i \tag{2.77}$$

$$y_{\mathrm{T}}\cos\phi_i=y_i\cos\phi_i+d_{\mathrm{o}i}\sin\phi_i\cos\phi_i \tag{2.78}$$

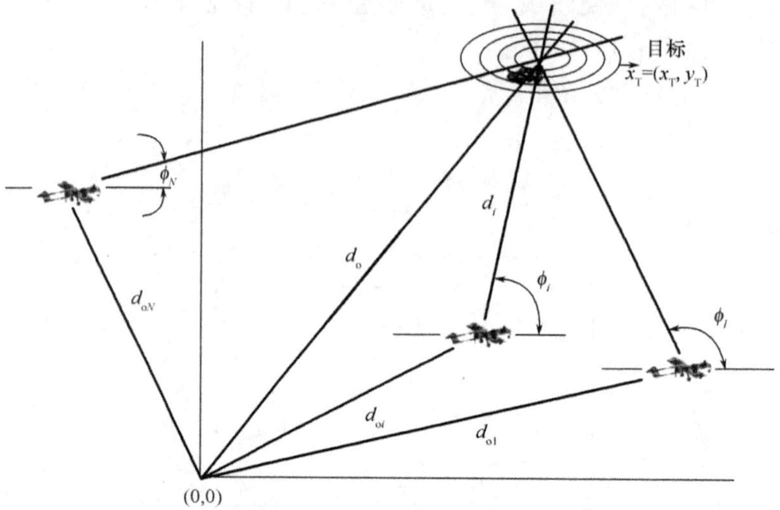

图 2.12 Pages-Zamora, Vidal 和 Brooks 开发的最小二乘算法的几何示意图

将式(2.78)减去式(2.77),有

$$-x_i \sin\phi_i + y_i \cos\phi_i = -x_T \sin\phi_i + y_T \cos\phi_i \tag{2.79}$$

对所有传感器进行类似处理,可得如下矩阵形式的方程组:

$$\begin{bmatrix} -x_1 \sin\phi_1 + y_1 \cos\phi_1 \\ -x_2 \sin\phi_2 + y_2 \cos\phi_2 \\ \vdots \\ -x_N \sin\phi_N + y_N \cos\phi_N \end{bmatrix} = \begin{bmatrix} -\sin\phi_1 & \cos\phi_1 \\ -\sin\phi_2 & \cos\phi_2 \\ \vdots & \vdots \\ -\sin\phi_N & \cos\phi_N \end{bmatrix} \begin{bmatrix} x_T \\ y_T \end{bmatrix} \tag{2.80}$$

或

$$\boldsymbol{a}(\boldsymbol{\phi}) = \boldsymbol{H}(\boldsymbol{\phi})\boldsymbol{x}_T \tag{2.81}$$

通常有 $N>2$,所以该矩阵是超定的,即方程的个数多于未知量的个数。这样,$\boldsymbol{H}$ 的逆不存在,所以必须使用其广义逆,而广义逆可采用最小二乘法求得。式(2.81)的最小二乘解为

$$\hat{\boldsymbol{x}}_T = [\boldsymbol{H}^T(\boldsymbol{\phi})\boldsymbol{H}(\boldsymbol{\phi})]^{-1}\boldsymbol{H}^T(\boldsymbol{\phi})\boldsymbol{a}(\boldsymbol{\phi}) \tag{2.82}$$

现假定方向测量中包含微小的误差,用 $\delta\boldsymbol{\phi}$ 表示,记 $\boldsymbol{\phi}'=\boldsymbol{\phi}+\delta\boldsymbol{\phi}$。假定 $\delta\boldsymbol{\phi}\sim\mathcal{N}(\boldsymbol{0},\sigma^2)$,并进一步假定 σ_i^2 之间彼此不相关。于是有

$$\boldsymbol{a}(\boldsymbol{\phi}') = \boldsymbol{a} + \delta\boldsymbol{a}(\boldsymbol{\phi}) \tag{2.83}$$

并且

$$\boldsymbol{H}(\boldsymbol{\phi}') = \boldsymbol{H}(\boldsymbol{\phi}) + \delta\boldsymbol{H}(\boldsymbol{\phi}) \tag{2.84}$$

$$\boldsymbol{a}(\boldsymbol{\phi}) = \begin{bmatrix} -x_1 \sin\phi_1 + y_1 \cos\phi_1 \\ -x_2 \sin\phi_2 + y_2 \cos\phi_2 \\ \vdots \\ -x_N \sin\phi_N + y_N \cos\phi_N \end{bmatrix} \tag{2.85}$$

求导得

$$\frac{\partial\boldsymbol{a}(\boldsymbol{\phi})}{\partial\boldsymbol{\phi}} = \begin{bmatrix} -x_1 \cos\phi_1 + y_1 \sin\phi_1 \\ -x_2 \cos\phi_2 + y_2 \sin\phi_2 \\ \vdots \\ -x_N \cos\phi_N + y_N \sin\phi_N \end{bmatrix} \tag{2.86}$$

利用 $\delta\boldsymbol{\phi}\approx\partial\boldsymbol{\phi}$ 和 $\delta\boldsymbol{a}\approx\partial\boldsymbol{a}$，可得

$$\delta\boldsymbol{a}=\begin{bmatrix}-x_1\delta\phi_1\cos\phi_1-y_1\delta\phi_1\sin\phi_1\\-x_2\delta\phi_2\cos\phi_2+y_2\delta\phi_2\sin\phi_2\\\vdots\\-x_N\delta\phi_N\cos\phi_N+y_N\delta\phi_N\sin\phi_N\end{bmatrix}\tag{2.87}$$

同理

$$\boldsymbol{H}(\boldsymbol{\phi})=\begin{bmatrix}-\sin\phi_1 & \cos\phi_1\\-\sin\phi_2 & \cos\phi_2\\\vdots & \vdots\\-\sin\phi_N & \cos\phi_N\end{bmatrix}\tag{2.88}$$

求导得

$$\frac{\partial\boldsymbol{H}(\boldsymbol{\phi})}{\partial\boldsymbol{\phi}}=\begin{bmatrix}-\cos\phi_1 & -\sin\phi_1\\-\cos\phi_2 & -\sin\phi_2\\\vdots & \vdots\\-\cos\phi_N & -\sin\phi_N\end{bmatrix}\tag{2.89}$$

采用与推导式(2.97)相同的方法，可得

$$\delta\boldsymbol{H}=\begin{bmatrix}-\delta\phi_1\cos\phi_1 & -\delta\phi_1\sin\phi_1\\-\delta\phi_2\cos\phi_2 & -\delta\phi_2\sin\phi_3\\\vdots & \vdots\\-\delta\phi_N\cos\phi_N & -\delta\phi_N\sin\phi_N\end{bmatrix}\tag{2.90}$$

将式(2.83)和式(2.84)代入式(2.81)可得

$$(\boldsymbol{H}+\delta\boldsymbol{H})^{\mathrm{T}}(\boldsymbol{a}+\delta\boldsymbol{a})=(\boldsymbol{H}+\delta\boldsymbol{H})^{\mathrm{T}}(\boldsymbol{H}+\delta\boldsymbol{H})(\boldsymbol{x}_{\mathrm{T}}+\delta\boldsymbol{x}_{\mathrm{T}})\tag{2.91}$$

在该表达式中，$\delta\boldsymbol{x}_{\mathrm{T}}$ 为定位算法的偏差。将乘式展开，并忽略具有多于两个微元因子的乘积项，可得

$$\delta\boldsymbol{x}_{\mathrm{T}}=(\boldsymbol{H}^{\mathrm{T}}\boldsymbol{H})^{-1}\boldsymbol{H}^{\mathrm{T}}(\delta\boldsymbol{a}-\delta\boldsymbol{H}\boldsymbol{x}_{\mathrm{T}})\tag{2.92}$$

将式(2.87)和式(2.90)代入式(2.92)可得 $\delta\boldsymbol{x}=0$，因此估计无偏差。

$\delta\boldsymbol{x}_{\mathrm{T}}$ 的协方差矩阵为

$$\boldsymbol{C}_{xx}=\mathcal{E}\{\delta\boldsymbol{x}_{\mathrm{T}}\delta\boldsymbol{x}_{\mathrm{T}}^{\mathrm{T}}\}=(\boldsymbol{H}^{\mathrm{T}}\boldsymbol{H})^{-1}\boldsymbol{H}^{\mathrm{T}}\boldsymbol{\Lambda}[(\boldsymbol{H}^{\mathrm{T}}\boldsymbol{H})^{-1}\boldsymbol{H}^{\mathrm{T}}]^{\mathrm{T}}\tag{2.93}$$

其中，

$$\boldsymbol{\Lambda}=\begin{bmatrix}\sigma_1^2d_1^2 & & & \\ & \sigma_2^2d_2^2 & & \\ & & \ddots & \\ & & & \sigma_N^2d_N^2\end{bmatrix}\tag{2.94}$$

2.5.4 总体最小二乘估计定位法

要应用**总体最小二乘估计**(total least-squared estimation，TLSE)法，首先要对式(2.58)进行平方运算，可得

$$\cos^2(\phi_i)=\frac{(x_{\mathrm{T}}-x_i)^2}{(x_{\mathrm{T}}-x_i)^2+(y_{\mathrm{T}}-y_i)^2}\tag{2.95}$$

变形得

$$a_i x_T + b_i \phi_T + c_i x_T^2 + d_i y_T^2 = -e_i \tag{2.96}$$

其中,

$$a_i = -2x_i \cos^2(\phi_i) + 2x_i$$
$$b_i = -2\cos^2(\phi_i) y_i \cos^2 x_i$$
$$c_i = \cos^2(\phi_i) - 1$$
$$d_i = \cos^2(\phi_i) \cos^2 x_i$$
$$e_i = x_i^2 \cos^2(\phi_i) + \cos^2(\phi_i) y_i^2 \cos^2 x_i - x_i^2$$

对应 N 次观测,由式(2.96)可得具有 N 个方程的超定方程组

$$\boldsymbol{A}\boldsymbol{\theta}_T = -\boldsymbol{e} \tag{2.97}$$

其中,

$$\boldsymbol{A} = \begin{bmatrix} a_1 & b_1 & c_1 & d_1 \\ a_2 & b_2 & c_2 & d_2 \\ \vdots & \vdots & \vdots & \vdots \\ a_N & b_N & c_N & d_N \end{bmatrix} \tag{2.98}$$

$$\boldsymbol{\theta}_T = [x_T \quad y_T \quad x_T^2 \quad y_T^2]^T \tag{2.99}$$

$$\boldsymbol{e} = [e_1 \quad e_2 \quad \cdots \quad e_N]^T \tag{2.100}$$

式(2.97)可改写为

$$\boldsymbol{A}\boldsymbol{\theta}_T + \boldsymbol{e} = \boldsymbol{0} \tag{2.101}$$

或

$$[\boldsymbol{A} : -\boldsymbol{e}]\,[\boldsymbol{\theta}_T^T : -1]^T = \boldsymbol{0} \tag{2.102}$$

式(2.102)中的第一项**可奇异值分解**(singular value decomposition,SVD)为

$$[\boldsymbol{A} : -\boldsymbol{e}] = \boldsymbol{U}\boldsymbol{S}\boldsymbol{V}^H \triangleq [\boldsymbol{U}_s \quad \boldsymbol{U}_0] \begin{bmatrix} \boldsymbol{S}_s & \boldsymbol{0} \\ \boldsymbol{0} & \boldsymbol{0} \end{bmatrix} \begin{bmatrix} \boldsymbol{V}_s^H \\ \boldsymbol{V}_0^H \end{bmatrix} \tag{2.103}$$

矩阵 $\boldsymbol{S}$ 中的元素 σ_i 是矩阵$[\boldsymbol{A} : -\boldsymbol{e}]$的奇异值。如果 $\boldsymbol{A}$ 的最小奇异值比$[\boldsymbol{A} : -\boldsymbol{e}]$的最小奇异值大,则 $\boldsymbol{V}$ 的最后一列为式(2.102)的解。通过缩放 $\boldsymbol{v}_{M+1}$,使最后一个元素为−1,即可得到总体最小二乘解:

$$[\boldsymbol{\theta}_T^T - 1] = -\frac{\boldsymbol{v}_{N+1}}{v_{N+1,N+1}} \tag{2.104}$$

按照惯例,这里假定各次测量的测向误差独立同分布且均值为零。

例 2.3

Rao 和 Rcddy 进行了一次仿真实验来检验总体最小二乘估计定位法的性能[12]。实验中的节点分布如图 2.13 所示。在传感器的运动路径上共进行了 122 次测向,之后采用如上所述的总体最小二乘估计定位法来计算目标的方位。表 2.1 中列举了三种不同情况下的结果。当方位测量中存在系统偏差时,总体最小二乘估计法的估计误差快速增长。

该实验中同时检验了信噪比对总体最小二乘法的影响,结果如图 2.14 所示。正如所料,当信噪比提高时误差降低,当信噪比大于 25 dB 时,误差低于目标与基线中点距离的 1%。

减少观测次数对总体最小二乘估计定位法的影响如图 2.15 所示。如果测量次数多于 80,则误差小于目标与基线中点距离的 1%,甚至在只有 10 个观测点时,误差也只有 1.5 km。

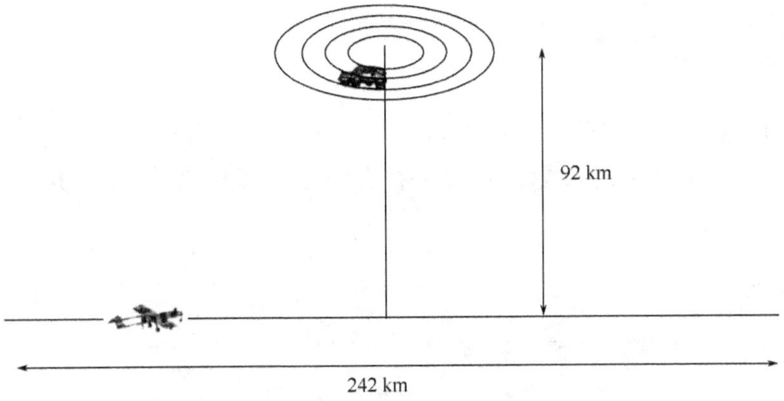

图 2.13　总体最小二乘估计定位算法示例中的节点分布

表 2.1　本例中总体最小二乘估计定位算法的仿真结果[12]

序号	随机误差	系统误差	误差(km)
1	$\sim\mathcal{N}(0,1)$	0°	0.2637
2	$\sim\mathcal{N}(0,1)$	−3°	2.917
3	$\sim\mathcal{N}(0,1)$	−6°	7.339

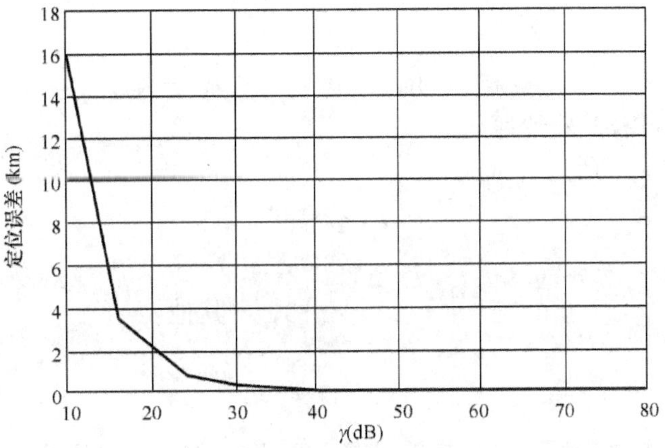

图 2.14　不同信噪比下总体最小二乘估计定位算法的定位性能

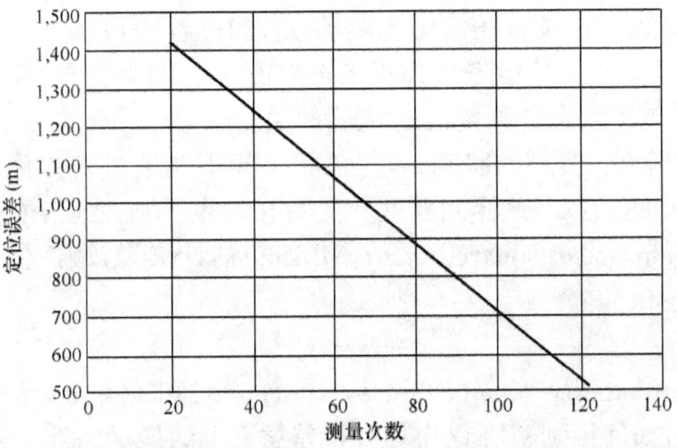

图 2.15　测量次数对总体最小二乘估计定位算法性能的影响

2.6 最小均方误差估计

本节中将会介绍一些基于动态系统模型的定位算法。这类方法一般适用于迭代测量的场合,即每次迭代中不断更新目标位置的估计。在介绍这些算法之前,首先介绍关于动态系统的相关背景知识。

2.6.1 动态系统

动态系统可采用如下状态转移方程描述

$$\boldsymbol{s}_i=\boldsymbol{\Phi}_i\boldsymbol{s}_i+\boldsymbol{B}\boldsymbol{u}_i+\boldsymbol{n}_i,\quad i=0,1,\cdots \tag{2.105}$$

其中,$\boldsymbol{s}\in\mathcal{R}^N$,测量向量为

$$\boldsymbol{z}_i=\boldsymbol{H}\boldsymbol{s}_i+\boldsymbol{\eta}_i,\qquad i=0,1,\cdots \tag{2.106}$$

其中,$\boldsymbol{z}_i\in\mathcal{R}^P$,$\boldsymbol{s}_i$ 为 i 时刻系统的状态,$\boldsymbol{\Phi}_i$ 为状态转移矩阵,$\boldsymbol{\Phi}_i$ 既可以是线性的,也可以是非线性的,既可以是时变的,也可以是非时变的。矩阵 $\boldsymbol{B}$ 反映了输入 $\boldsymbol{u}_i$ 对 i 时刻状态 $\boldsymbol{s}_i$ 的影响。随机噪声向量 $\boldsymbol{n}_i$ 通常建模为白噪声:

$$\mathcal{E}\{\boldsymbol{n}_i\}=\boldsymbol{0} \tag{2.107}$$

$$\mathcal{E}\{\boldsymbol{n}_i\quad\boldsymbol{n}_j^{\mathrm{T}}\}=\begin{cases}\sigma_{\mathrm{n}}^2, & i=j\\ 0, & \text{其他}\end{cases} \tag{2.108}$$

所以

$$\boldsymbol{C}_{nn}=\mathrm{diag}[\sigma_{\mathrm{n}}^2\quad\sigma_{\mathrm{n}}^2\quad\cdots\quad\sigma_{\mathrm{n}}^2]=\sigma_n^2\boldsymbol{I} \tag{2.109}$$

其中,$\boldsymbol{C}_{\mathrm{nn}}$是过程噪声的协方差矩阵。

测量噪声的性质可概括为

$$\mathcal{E}\{\boldsymbol{\eta}_i\}=\boldsymbol{0} \tag{2.110}$$

$$\mathcal{E}\{\boldsymbol{\eta}_i\quad\boldsymbol{\eta}_j^{\mathrm{T}}\}=\begin{cases}\sigma_{\eta}^2, & i=j\\ 0, & \text{其他}\end{cases} \tag{2.111}$$

所以

$$\boldsymbol{C}_{\eta\eta}=\mathrm{diag}[\sigma_{\eta_1}^2\quad\sigma_{\eta_2}^2\quad\cdots\quad\sigma_{\eta_P}^2] \tag{2.112}$$

是测量误差协方差矩阵,同时假定状态变量噪声和测量噪声之间是统计独立的,即

$$\mathcal{E}\{\boldsymbol{\eta}_i\quad\boldsymbol{\eta}_j^{\mathrm{T}}\}=0,\quad\forall\, i,j \tag{2.113}$$

$N\times N$ 矩阵 $\boldsymbol{\Phi}_i$ 体现了在没有任何输入驱动($\boldsymbol{u}_i$)和过程噪声($\boldsymbol{n}_i$)时,$i-1$ 时刻的状态与 i 时刻的状态之间的关联。$N\times L$ 矩阵 $\boldsymbol{B}$ 体现了控制输入 $\boldsymbol{u}$(如果存在)和状态 $\boldsymbol{s}_i$ 之间的状态关联。$P\times N$ 矩阵 $\boldsymbol{H}$ 体现了状态和测量值 $\boldsymbol{z}_i$ 之间的关联。

我们希望确定系统在 i 时刻的状态 $\boldsymbol{s}_i$,但该状态又不能通过直接测量的方法得到。事实上,测量值 $\boldsymbol{z}_i=\hat{\boldsymbol{z}}_i$ 是 $\boldsymbol{s}_i$ 的函数。这样问题就转变为在确定了 $\boldsymbol{z}_i$ 之后,如何估计 $\boldsymbol{s}_i$ 的值。对于**最小均方误差**(minimum mean-squared error,MMSE)估计来说,最优估计准则为使平方误差的均值达到最小,该均值为

$$\mathcal{E}\{(\boldsymbol{s}_i-\hat{\boldsymbol{s}}_i)^2\} \tag{2.114}$$

假设**概率密度函数**(probability density function,pdf)$p(\boldsymbol{s}_i)$和 $p(\boldsymbol{s}_i|\boldsymbol{z}_i)$已知,于是问题进一步转化为在给定 $\boldsymbol{z}_i=\hat{\boldsymbol{z}}_i$ 时,如何得到 $\boldsymbol{s}_i$ 在最小均方误差意义上的最优估计。换句话说,就是要找到一个函数$\hat{\boldsymbol{s}}_i=g(\hat{\boldsymbol{z}}_i)$使下式最小化:

$$J=\text{MSE}=\mathcal{E}\{[\boldsymbol{s}_i-g(\tilde{z}_i)]^2|z_i=\tilde{z}_i\} \tag{2.115}$$

通过求解下式：

$$\frac{\mathrm{d}J}{\mathrm{d}g}=\frac{\mathrm{d}}{\mathrm{d}g}\mathcal{E}\{[\boldsymbol{s}_i-g(\hat{z}_i)]^2|\boldsymbol{z}_i=\tilde{z}_i\}=0 \tag{2.116}$$

可得

$$\begin{aligned}\mathcal{E}\left\{\frac{\mathrm{d}J}{\mathrm{d}g}[\boldsymbol{s}_i-g(\tilde{z}_i)]^2\right\}&=0\\ \mathcal{E}\left\{\frac{\mathrm{d}}{\mathrm{d}g}[\boldsymbol{s}_i^2-2\boldsymbol{s}_ig(\tilde{z}_i)+g^2(\tilde{z}_i)]\right\}&=0\\ -2\,\mathcal{E}\{\boldsymbol{s}_i\}+2g(\tilde{z}_i)&=0\\ g(\tilde{z}_i)=\mathcal{E}\{\boldsymbol{s}_i|\boldsymbol{z}_i=\tilde{z}_i\}&\end{aligned} \tag{2.117}$$

所以在已知 $\boldsymbol{z}_i=\tilde{z}_i$ 时，最优估计为 $\boldsymbol{s}_i$ 的期望值，或称均值。

随机函数 $g(\boldsymbol{z}_i)=\mathcal{E}\{\boldsymbol{s}_i|\boldsymbol{z}_i\}$ 可使**均方误差**(mean squared error，MSE)$\mathcal{E}\{[\boldsymbol{s}_i-g(\boldsymbol{z}_i)]^2\}$最小化，也可使条件均方误差$\mathcal{E}\{[\boldsymbol{s}_i-g(\boldsymbol{z}_i]^2|\boldsymbol{z}_i\}$最小化。利用期望的迭代性质，有

$$\begin{aligned}\mathcal{E}\{[\boldsymbol{s}_i-g(\boldsymbol{z}_i)]^2\}&=\mathcal{E}\{\mathcal{E}\{[\boldsymbol{s}_i-g(\boldsymbol{z}_i)]^2\mid\boldsymbol{z}_i\}\}\\ &=\int_{-\infty}^{\infty}\{\mathcal{E}\{[\boldsymbol{s}_i-g(\tilde{z}_i)]^2\mid\boldsymbol{z}_i=\tilde{z}_i\}\}p_{zi}(\tilde{z}_i)\mathrm{d}\tilde{z}_i\end{aligned}$$

因为对于每个 $\tilde{z}_i$，函数 $g(\boldsymbol{z}_i)=\mathcal{E}\{\boldsymbol{s}_i|\boldsymbol{z}_i=\tilde{z}_i\}$都能使$\mathcal{E}\{[\boldsymbol{s}_i-g(\boldsymbol{z}_i)]^2|\boldsymbol{z}_i=\tilde{z}_i\}$最小化，所以该积分式也被最小化。令$\hat{\boldsymbol{s}}_i=\mathcal{E}\{\boldsymbol{s}_i|\boldsymbol{z}_i\}$，$\hat{\boldsymbol{s}}=\boldsymbol{s}_i-\hat{\boldsymbol{s}}_i$，则

$$\begin{aligned}\mathcal{E}\{\widehat{\boldsymbol{s}}_i|\boldsymbol{z}_i=\tilde{z}_i\}&=\mathcal{E}\{\boldsymbol{s}_i-\hat{\boldsymbol{s}}_i|\boldsymbol{z}_i=\tilde{z}_i\}\\ &=\mathcal{E}\{\boldsymbol{s}_i|\boldsymbol{z}_i=\tilde{z}_i\}-\mathcal{E}\{\hat{\boldsymbol{s}}_i|\boldsymbol{z}_i=\tilde{z}_i\}\\ &=\mathcal{E}\{\boldsymbol{s}_i|\boldsymbol{z}_i=\tilde{z}_i\}-\mathcal{E}\{\hat{\boldsymbol{s}}_i|\boldsymbol{z}_i=\tilde{z}_i\}\\ &=0\\ \mathcal{E}\{\widehat{\boldsymbol{s}}_i\}=\mathcal{E}\{\mathcal{E}\{\boldsymbol{s}_i|\boldsymbol{z}_i\}\}&=0\end{aligned}$$

所以最小均方误差估计是无偏的。

另外，

$$\begin{aligned}C_{\widehat{s}_i\hat{s}_i}&=\mathcal{E}\{(\widehat{\boldsymbol{s}}_i-\mathcal{E}\{\widehat{\boldsymbol{s}}_i\})(\hat{\boldsymbol{s}}_i-\mathcal{E}\{\hat{\boldsymbol{s}}_i\})\}\\ &=\mathcal{E}\{\widehat{\boldsymbol{s}}_i(\hat{\boldsymbol{s}}_i-\mathcal{E}\{\boldsymbol{s}_i\})\}\\ &=\mathcal{E}\{\mathcal{E}\{\widehat{\boldsymbol{s}}_i(\hat{\boldsymbol{s}}_i-\mathcal{E}\{\boldsymbol{s}_i\})|\boldsymbol{z}_i\}\}\\ &=\mathcal{E}\{(\hat{\boldsymbol{s}}_i-\mathcal{E}\{\boldsymbol{s}_i\}\underbrace{\mathcal{E}\{\widehat{\boldsymbol{s}}_i|\boldsymbol{z}_i\}}_{=0})\}=0\end{aligned}$$

所以$\widehat{\boldsymbol{s}}_i$ 和$\hat{\boldsymbol{s}}_i$ 是不相关的，因而

$$\boldsymbol{V}(\boldsymbol{s}_i)=\boldsymbol{V}(\hat{\boldsymbol{s}}_i)+\boldsymbol{V}(\widehat{\boldsymbol{s}}_i) \tag{2.118}$$

2.6.2　线性最小均方误差估计

只有知道了后验概率密度 $p(\boldsymbol{\theta}|\boldsymbol{z})$[对应上面提到的 $p(\boldsymbol{s}_i|\boldsymbol{z}_i)$]才能进行最小均方误差估计，而后验概率密度通常很难求得。但是对于这样一类估计，其估计值为观测向量 $\boldsymbol{z}$ 的仿射函数(可能带有某种平移变换的线性函数)，可以采用**线性最小均方误差**(linear minimum mean squared error，LMMSE)估计方法。LMMSE 估计仅是 $\boldsymbol{\theta}$ 和 $\boldsymbol{z}$ 的一阶矩和二阶矩的函数。另外，如果 $\boldsymbol{\theta}$ 和 $\boldsymbol{z}$ 是联合高斯的，则 LMMSE 估计器与 MMSE 估计器相同。

下面考虑已知 N 维观测向量 $\boldsymbol{z}$ 的情况下求 K 维未知向量 $\boldsymbol{\theta}$ 的估计的 LMMSE 估计器，该估计器的形式为

$$\hat{\boldsymbol{\theta}}=\boldsymbol{H}\boldsymbol{z}+\boldsymbol{b} \tag{2.119}$$

其中，$\boldsymbol{H}$ 是一个 $K\times N$ 矩阵，$\boldsymbol{b}$ 是一个 K 维向量。适当选择 $\boldsymbol{H}$ 和 $\boldsymbol{b}$ 使下式最小化：

$$\mathcal{E}_{z,\theta}\{(\boldsymbol{\theta}-\hat{\boldsymbol{\theta}})^{\mathrm{T}}(\boldsymbol{\theta}-\hat{\boldsymbol{\theta}})\} \tag{2.120}$$

LMMSE 估计为

$$\hat{\boldsymbol{\theta}}=\mathcal{E}\{\boldsymbol{\theta}\}+\boldsymbol{C}_{\theta z}\boldsymbol{R}_{zz}^{-1}(\boldsymbol{z}-\mathcal{E}\{\boldsymbol{x}\}) \tag{2.121}$$

其中，$\mathcal{E}\{\boldsymbol{\theta}\}$是 $\boldsymbol{\theta}$ 的均值，$\mathcal{E}\{\boldsymbol{z}\}$是 $\boldsymbol{z}$ 的均值，$\boldsymbol{R}_{\theta z}$是 $\boldsymbol{\theta}$ 和 $\boldsymbol{z}$ 的互协方差矩阵

$$\boldsymbol{C}_{\theta z}=\mathcal{E}\{(\boldsymbol{\theta}-\mathcal{E}\{\boldsymbol{\theta}\})(\boldsymbol{z}-\mathcal{E}\{\boldsymbol{z}\})^{\mathrm{T}}\} \tag{2.122}$$

$\boldsymbol{C}_{zz}$为 $\boldsymbol{z}$ 的自协方差矩阵

$$\boldsymbol{C}_{zz}=\mathcal{E}\{(\boldsymbol{z}-\mathcal{E}\{\boldsymbol{z}\}))(\boldsymbol{z}-\mathcal{E}\{\boldsymbol{z}\})^{\mathrm{T}}\} \tag{2.123}$$

假设 $\boldsymbol{z}$ 和 $\boldsymbol{\theta}$ 的均值为零，则可以得到如下正交原理。

性质：正交原理

对于 LMMSE 估计$\hat{\boldsymbol{\theta}}$，估计误差与观测向量 $\boldsymbol{z}$ 正交，即

$$\mathcal{E}\{(\boldsymbol{\theta}-\hat{\boldsymbol{\theta}})\boldsymbol{z}^{\mathrm{T}}\}=\boldsymbol{0} \tag{2.124}$$

注意，这里 $\boldsymbol{0}$ 是一个 $K\times N$ 矩阵。

图 2.16 为 $N=2$ 时的例子。当$\hat{\boldsymbol{\theta}}$与平面垂直时，$\hat{\boldsymbol{\theta}}$在测量向量构成的平面上的投影最小(等于 0)。

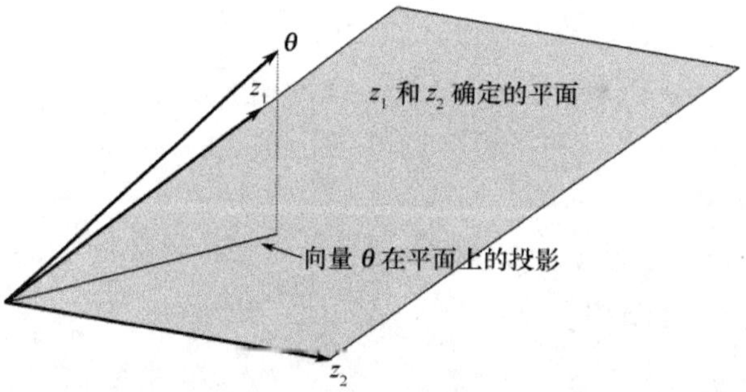

图 2.16 示例：$N=2$ 时 $\boldsymbol{\theta}$ 在 z_1 和 z_2 确定的平面上的投影

证明：令 $\boldsymbol{A}$ 为一个满足以下正交要求的 $K\times N$ 矩阵

$$\mathcal{E}\{(\boldsymbol{\theta}-\boldsymbol{A}\boldsymbol{z})\boldsymbol{z}^{\mathrm{T}}\}=\boldsymbol{0} \tag{2.125}$$

令 $\boldsymbol{B}$ 为任意其他某个 $K\times N$ 矩阵，$\boldsymbol{B}\boldsymbol{z}$ 为 $\boldsymbol{\theta}$ 的估计。该估计的平方误差的期望为

$$\begin{aligned}\mathcal{E}\{(\boldsymbol{\theta}-\boldsymbol{B}\boldsymbol{z})^{\mathrm{T}}(\boldsymbol{\theta}-\boldsymbol{B}\boldsymbol{z})\}&=\mathcal{E}\{(\boldsymbol{\theta}-\boldsymbol{A}\boldsymbol{z}+\boldsymbol{A}\boldsymbol{z}-\boldsymbol{B}\boldsymbol{z})^{\mathrm{T}}(\boldsymbol{\theta}-\boldsymbol{A}\boldsymbol{z}+\boldsymbol{A}\boldsymbol{z}-\boldsymbol{B}\boldsymbol{z})\}\\&=\mathcal{E}\{[\boldsymbol{\theta}-\boldsymbol{A}\boldsymbol{z}+(\boldsymbol{A}-\boldsymbol{B})\boldsymbol{z}]^{\mathrm{T}}[\boldsymbol{\theta}-\boldsymbol{A}\boldsymbol{z}+(\boldsymbol{A}-\boldsymbol{B})\boldsymbol{z}]\}\\&=\mathcal{E}\{(\boldsymbol{\theta}-\boldsymbol{A}\boldsymbol{z})^{\mathrm{T}}(\boldsymbol{\theta}-\boldsymbol{A}\boldsymbol{z})\}\\&\quad+\mathcal{E}\{(\boldsymbol{\theta}-\boldsymbol{A}\boldsymbol{z})^{\mathrm{T}}(\boldsymbol{A}-\boldsymbol{B})\boldsymbol{z}\}\\&\quad+\mathcal{E}\{[(\boldsymbol{A}-\boldsymbol{B})\boldsymbol{z}]^{\mathrm{T}}[(\boldsymbol{\theta}-\boldsymbol{A}\boldsymbol{z})]\}\\&\quad+\mathcal{E}\{[(\boldsymbol{A}-\boldsymbol{B})\boldsymbol{z}]^{\mathrm{T}}[(\boldsymbol{A}-\boldsymbol{B})\boldsymbol{z}]\}\end{aligned} \tag{2.126}$$

$$\begin{aligned}\mathcal{E}\{(\boldsymbol{\theta}-\boldsymbol{A}\boldsymbol{z})^{\mathrm{T}}(\boldsymbol{A}-\boldsymbol{B})\boldsymbol{z}\}&=\mathrm{tr}\,\mathcal{E}\{(\boldsymbol{\theta}-\boldsymbol{A}\boldsymbol{z})[(\boldsymbol{A}-\boldsymbol{B})\boldsymbol{z}]^{\mathrm{T}}\}\\&=\mathrm{tr}\,\mathcal{E}\{(\boldsymbol{\theta}-\boldsymbol{A}\boldsymbol{z})\boldsymbol{z}^{\mathrm{T}}(\boldsymbol{A}-\boldsymbol{B})^{\mathrm{T}}\}\\&=\mathrm{tr}\,\mathcal{E}\{(\boldsymbol{\theta}-\boldsymbol{A}\boldsymbol{z})\boldsymbol{z}^{\mathrm{T}}\}(\boldsymbol{A}-\boldsymbol{B})^{\mathrm{T}}\\&=\mathrm{tr}\,\boldsymbol{0}(\boldsymbol{A}-\boldsymbol{B})^{\mathrm{T}}\end{aligned} \tag{2.127}$$

$$=0$$

利用相似的方法可得$\mathcal{E}\{[(\boldsymbol{A}-\boldsymbol{B})\boldsymbol{z})^{\mathrm{T}}(\boldsymbol{\theta}-\boldsymbol{A}\boldsymbol{z})\}=0$。这样，平方误差就变为

$$\mathcal{E}\{(\boldsymbol{\theta}-\boldsymbol{B}\boldsymbol{z})^{\mathrm{T}}(\boldsymbol{\theta}-\boldsymbol{B}\boldsymbol{z})\}=\mathcal{E}\{(\boldsymbol{\theta}-\boldsymbol{A}\boldsymbol{z})^{\mathrm{T}}(\boldsymbol{\theta}-\boldsymbol{A}\boldsymbol{z})\} +\mathcal{E}\{[(\boldsymbol{A}-\boldsymbol{B})\boldsymbol{z}]^{\mathrm{T}}(\boldsymbol{A}-\boldsymbol{B})\boldsymbol{z}\} \tag{2.128}$$

但是由于

$$\mathcal{E}\{[(\boldsymbol{A}-\boldsymbol{B})\boldsymbol{z}]^{\mathrm{T}}(\boldsymbol{A}-\boldsymbol{B})\boldsymbol{z}\}\geqslant 0 \tag{2.129}$$

所以

$$\mathcal{E}\{(\boldsymbol{\theta}-\boldsymbol{B}\boldsymbol{z})^{\mathrm{T}}(\boldsymbol{\theta}-\boldsymbol{B}\boldsymbol{z})\}\geqslant\mathcal{E}\{(\boldsymbol{\theta}-\boldsymbol{A}\boldsymbol{z})^{\mathrm{T}}(\boldsymbol{\theta}-\boldsymbol{A}\boldsymbol{z})\} \tag{2.130}$$

因而，对于任意线性估计器，其平方误差的期望都不会小于一个满足正交原理的线性估计器的平方误差的期望，所以 LMMSE 估计必定满足上述正交原理。

以下是正交原理的几何解释。一组随机变量的集合可以张成一个 Hilbert 空间（向量空间）。随机变量 z_0 到 z_{N-1}及 $\boldsymbol{\theta}$ 都是该空间中的元素，元素间的内积为

$$(z_i, z_j)=\mathcal{E}\{z_i z_j\} \tag{2.131}$$

空间中元素的长度定义为

$$\| z_i \| =\sqrt{(z_i, z_i)}=\sqrt{\mathcal{E}\{z_i z_i\}} \tag{2.132}$$

向量$\hat{\boldsymbol{\theta}}$是向量 z_0 到 z_{N-1}的线性组合。为了使估计误差向量最小化，该估计应该是 $\boldsymbol{\theta}$ 在 z_0 到 z_{N-1}上的投影，换句话说，误差应该垂直于 z_0 到 z_{N-1}的所有向量。

若估计器形式为$\hat{\boldsymbol{\theta}}=\boldsymbol{H}\boldsymbol{z}$，则可以利用正交原理求 $\boldsymbol{H}$ 的值：

$$\mathcal{E}\{(\boldsymbol{\theta}-\boldsymbol{H}\boldsymbol{z})\boldsymbol{z}^{\mathrm{T}}\}=0 \tag{2.133}$$

将内积展开，得

$$\mathcal{E}\{\boldsymbol{\theta}\boldsymbol{z}^{\mathrm{T}}\}-\mathcal{E}\{\boldsymbol{H}\boldsymbol{z}\boldsymbol{z}^{\mathrm{T}}\}=\mathcal{E}\{\boldsymbol{\theta}\boldsymbol{z}^{\mathrm{T}}\}-\boldsymbol{H}\,\mathcal{E}\{\boldsymbol{z}\boldsymbol{z}^{\mathrm{T}}\}=0 \tag{2.134}$$

公式中的期望值分别为 $\boldsymbol{\theta}$ 与 $\boldsymbol{z}$ 的互协方差及 $\boldsymbol{z}$ 的自协方差。因此

$$\boldsymbol{C}_{\theta z}-\boldsymbol{H}\boldsymbol{C}_{zz}=\boldsymbol{0} \tag{2.135}$$

并且

$$\boldsymbol{H}=\boldsymbol{C}_{\theta z}\boldsymbol{C}_{zz}^{-1} \tag{2.136}$$

所以

$$\hat{\boldsymbol{\theta}}=\boldsymbol{C}_{\theta z}\boldsymbol{C}_{zz}^{-1}\boldsymbol{z} \tag{2.137}$$

如果 $\boldsymbol{z}$ 和 $\boldsymbol{\theta}$ 的均值不为零，可以按下式生成新的零均值随机变量

$$\tilde{\boldsymbol{z}}=\boldsymbol{z}-\mathcal{E}\{\boldsymbol{z}\} \tag{2.138}$$

$$\tilde{\boldsymbol{\theta}}=\boldsymbol{\theta}-\mathcal{E}\{\boldsymbol{\theta}\} \tag{2.139}$$

此时，$\tilde{\boldsymbol{\theta}}$ 的 LMMSE 估计为

$$\hat{\tilde{\boldsymbol{\theta}}}=\boldsymbol{C}_{\tilde{\theta}\tilde{z}}\boldsymbol{C}_{\tilde{z}\tilde{z}}^{-1}\tilde{\boldsymbol{z}}=\boldsymbol{C}_{\theta z}\boldsymbol{C}_{zz}^{-1}\tilde{\boldsymbol{z}} \tag{2.140}$$

由式(2.139)可得

$$\hat{\boldsymbol{\theta}}=\hat{\tilde{\boldsymbol{\theta}}}+\mathcal{E}\{\boldsymbol{\theta}\}=\mathcal{E}\{\boldsymbol{\theta}\}+\boldsymbol{C}_{\theta z}\boldsymbol{C}_{zz}^{-1}(\boldsymbol{z}-\mathcal{E}\{\boldsymbol{z}\}) \tag{2.141}$$

这种估计是无偏的，即

$$\mathcal{E}\{\hat{\boldsymbol{\theta}}\}=\mathcal{E}\{\boldsymbol{\theta}\}+\boldsymbol{C}_{\theta z}\boldsymbol{C}_{zz}^{-1}\mathcal{E}\{(\boldsymbol{z}-\mathcal{E}\{(\boldsymbol{z})\})\}=\boldsymbol{0} \tag{2.142}$$

平方误差矩阵的期望为

$$\mathcal{E}\{(\boldsymbol{\theta}-\hat{\boldsymbol{\theta}})(\boldsymbol{\theta}-\hat{\boldsymbol{\theta}})\boldsymbol{z}^{\mathrm{T}}\}=\mathcal{E}\left\{\begin{aligned}&[\boldsymbol{\theta}-\mathcal{E}\{\boldsymbol{\theta}\}-\boldsymbol{C}_{\theta z}\boldsymbol{C}_{zz}^{-1}(\boldsymbol{z}-\mathcal{E}\{\boldsymbol{z}\})]\\&\times[\boldsymbol{\theta}-\mathcal{E}\{\boldsymbol{\theta}\}-\boldsymbol{C}_{\theta z}\boldsymbol{C}_{zz}^{-1}(\boldsymbol{z}-\mathcal{E}\{\boldsymbol{z}\})]^{\mathrm{T}}\end{aligned}\right\}$$

$$
\begin{aligned}
&=\mathcal{E}\{(\boldsymbol{\theta}-\mathcal{E}\{\boldsymbol{\theta}\})(\boldsymbol{\theta}-\mathcal{E}\{\boldsymbol{\theta}\})^{\mathrm{T}}\} \\
&\quad-\mathcal{E}\{(\boldsymbol{\theta}-\mathcal{E}\{\boldsymbol{\theta}\})[\boldsymbol{C}_{\theta z}\boldsymbol{C}_{zz}^{-1}(\boldsymbol{z}-\mathcal{E}\{\boldsymbol{z}\})^{\mathrm{T}}]\} \\
&\quad-\mathcal{E}\{[\boldsymbol{C}_{\theta z}\boldsymbol{C}_{zz}^{-1}(\boldsymbol{z}-\mathcal{E}\{\boldsymbol{z}\})](\boldsymbol{\theta}-\mathcal{E}\{\boldsymbol{\theta}\})^{\mathrm{T}}\} \\
&\quad+\mathcal{E}\{[\boldsymbol{C}_{\theta z}\boldsymbol{C}_{zz}^{-1}(\boldsymbol{z}-\mathcal{E}\{\boldsymbol{z}\})]\boldsymbol{C}_{\theta z}\boldsymbol{C}_{zz}^{-1}(\boldsymbol{z}-\mathcal{E}\{\boldsymbol{z}\})^{\mathrm{T}}\} \\
&=\mathcal{E}\{(\boldsymbol{\theta}-\mathcal{E}\{\boldsymbol{\theta}\})(\boldsymbol{\theta}-\mathcal{E}\{\boldsymbol{\theta}\})^{\mathrm{T}}\} \\
&\quad-\mathcal{E}\{(\boldsymbol{\theta}-\mathcal{E}\{\boldsymbol{\theta}\})[\boldsymbol{C}_{\theta z}\boldsymbol{C}_{zz}^{-1}(\boldsymbol{z}-\mathcal{E}\{\boldsymbol{z}\})^{\mathrm{T}}]\} \\
&\quad-\mathcal{E}\{[\boldsymbol{C}_{\theta z}\boldsymbol{C}_{zz}^{-1}(\boldsymbol{z}-\mathcal{E}\{\boldsymbol{z}\})](\boldsymbol{\theta}-\mathcal{E}\{\boldsymbol{\theta}\})^{\mathrm{T}}\} \\
&\quad+\mathcal{E}\{[\boldsymbol{C}_{\theta z}\boldsymbol{C}_{zz}^{-1}(\boldsymbol{z}-\mathcal{E}\{\boldsymbol{z}\})][\boldsymbol{C}_{\theta z}\boldsymbol{C}_{zz}^{-1}(\boldsymbol{z}-\mathcal{E}\{\boldsymbol{z}\})]^{\mathrm{T}}\} \\
&=\mathcal{E}\{(\boldsymbol{\theta}-\mathcal{E}\{\boldsymbol{\theta}\})(\boldsymbol{\theta}-\mathcal{E}\{\boldsymbol{\theta}\})^{\mathrm{T}}\} \\
&\quad-\mathcal{E}\{(\boldsymbol{\theta}-\mathcal{E}\{\boldsymbol{\theta}\})(\boldsymbol{z}-\mathcal{E}\{\boldsymbol{z}\})^{\mathrm{T}}(\boldsymbol{C}_{zz}^{-1})^{\mathrm{T}}\boldsymbol{C}_{\theta z}^{\mathrm{T}}\} \\
&\quad-\mathcal{E}\{[\boldsymbol{C}_{\theta z}\boldsymbol{C}_{zz}^{-1}(\boldsymbol{z}-\mathcal{E}\{\boldsymbol{z}\})](\boldsymbol{\theta}-\mathcal{E}\{\boldsymbol{\theta}\})^{\mathrm{T}}\} \\
&\quad+\mathcal{E}\{[\boldsymbol{C}_{\theta z}\boldsymbol{C}_{zz}^{-1}(\boldsymbol{z}-\mathcal{E}\{\boldsymbol{z}\})(\boldsymbol{z}-\mathcal{E}\{\boldsymbol{z}\})^{\mathrm{T}}(\boldsymbol{C}_{zz}^{-1})^{\mathrm{T}}\boldsymbol{C}_{\theta z}^{\mathrm{T}}]\} \\
&=\boldsymbol{C}_{\theta\theta}-\boldsymbol{C}_{\theta z}\boldsymbol{C}_{zz}^{-1}\boldsymbol{C}_{z\theta}-\boldsymbol{C}_{\theta z}\boldsymbol{C}_{zz}^{-1}\boldsymbol{C}_{z\theta}+\boldsymbol{C}_{\theta z}\boldsymbol{C}_{zz}^{-1}\boldsymbol{C}_{zz}\boldsymbol{C}_{zz}^{-1}\boldsymbol{C}_{z\theta} \\
&=\boldsymbol{C}_{\theta\theta}-\boldsymbol{C}_{\theta z}\boldsymbol{C}_{zz}^{-1}\boldsymbol{C}_{z\theta}
\end{aligned}
\tag{2.143}
$$

例 2.4

设 $N=1$，θ 的均值为 μ_θ，方差为 σ_θ^2，且

$$z_0=\theta+n_0$$

该例对应单个传感器测得一条方位线时的情况。噪声 $n_0\sim\mathcal{N}(0,\sigma_n^2)$ 且与 θ 相互独立。

$$\mu_x=\mathcal{E}\{x_0\}=\mu_\theta$$

$$
\begin{aligned}
c_{zz}&=\mathcal{E}\{(z_0-\mu_z)^2\}=\mathcal{E}\{(\theta+n_0-\mu_\theta)^2\} \\
&=\mathcal{E}\{(\theta-\mu_\theta)^2\}+\underbrace{\mathcal{E}\{2(\theta-\mu_\theta)n_0\}}_{=0}+\mathcal{E}\{n_0^2\} \\
&=\sigma_\theta^2+\sigma_{\mathrm{n}}^2 \\
c_{\theta z}&=\mathcal{E}\{(\theta-\mu_\theta)(z_0-\mu_z)\}=\mathcal{E}\{(\theta-\mu_\theta)((\theta-\mu_\theta)+n_0)\} \\
&=\mathcal{E}\{(\theta-\mu_\theta)(\theta-\mu_\theta)\}+\underbrace{\mathcal{E}\{(\theta-\mu_\theta)n_0\}}_{=0} \\
&=\sigma_\theta^2 \\
\hat{\theta}&=\mu_\theta+c_{\theta z}c_{zz}^{-1}(z_0-\mu_z) \\
&=\mu_\theta+\frac{\sigma_\theta^2}{\sigma_\theta^2+\sigma_n^2}(z_0-\mu_\theta) \\
&=\frac{\sigma_\theta^2}{\sigma_\theta^2+\sigma_n^2}z_0+\frac{\sigma_n^2}{\sigma_\theta^2+\sigma_n^2}\mu_\theta
\end{aligned}
$$

该估计的平方误差的期望为

$$\mathcal{E}\{(\hat{\theta}-\theta)^2\}=c_{\theta\theta}-c_{\theta z}c_{zz}^{-1}c_{z\theta}=\sigma_\theta^2-\frac{(\sigma_\theta^2)^2}{\sigma_\theta^2+\sigma_n^2}=\frac{1}{\dfrac{1}{\sigma_\theta^2}+\dfrac{1}{\sigma_n^2}}$$

2.6.3　基于线性模型的目标方位估计

考虑某种线性模型，其观测向量为 $\boldsymbol{z}$，且 $\boldsymbol{z}$ 由 N 个随机观测点组成。需要估计的参数为 K 维向量 $\boldsymbol{\theta}$，其均值为向量 $\boldsymbol{\mu}_\theta$，协方差矩阵为 $\boldsymbol{C}_{zz}$。观测矩阵 $\boldsymbol{H}$ 已知，为 $N\times K$ 的确知矩阵。噪声 $\boldsymbol{n}$ 是一个 N 维向量，其均值为零，协方差矩阵为 $\boldsymbol{C}_{nn}$。假定 $\boldsymbol{\theta}$ 和 $\boldsymbol{n}$ 不相关。

设采用的线性模型为

$$z = H\theta + n \tag{2.144}$$

如图 2.17 所示，观测到的参量包括目标的方位角 ϕ、仰角 φ 和距离 d，测量中含有噪声，于是

$$z = \begin{bmatrix} \phi \\ \varphi \\ d \end{bmatrix} + n \tag{2.145}$$

要计算的是笛卡儿坐标系中目标的方位

$$\theta = x^{\mathrm{T}} = [x_{\mathrm{T}} \quad y_{\mathrm{T}} \quad z_{\mathrm{T}}]^{\mathrm{T}} \tag{2.146}$$

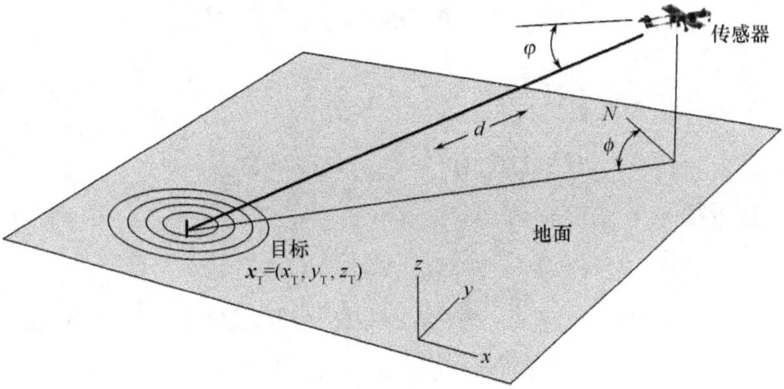

图 2.17　目标方位几何示意图

观测点和目标之间的相对位置关系可描述为

$$\phi = \arctan \frac{y_{\mathrm{T}} - y_i}{x_{\mathrm{T}} - x_i} \tag{2.147}$$

$$\varphi = \arctan \frac{z_{\mathrm{T}} - z_i}{\sqrt{(x_{\mathrm{T}} - x_i)^2 + (y_{\mathrm{T}} - y_i)^2}} \tag{2.148}$$

$$d = \sqrt{(x_{\mathrm{T}} - x_i)^2 + (y_{\mathrm{T}} - y_i)^2 + (z_{\mathrm{T}} - z_i)^2} \tag{2.149}$$

传感器在时刻 i 的坐标为 $x_s = (x_i, y_i, z_i)$，写成矩阵的形式为

$$z = H\theta + n \tag{2.150}$$

注意，式(2.147)到式(2.149)中的平方、平方根和 arctan 函数都为非线性函数，与上面给定的基本假设不符。但是，式(2.150)可以关于某个特定值 θ_0 进行泰勒展开

$$z \approx H\theta_0 + h(\theta - \theta_0) + n \tag{2.151}$$

其中，

$$h = \left. \frac{\partial H\theta}{\partial \theta} \right|_{\theta = \theta_0} \tag{2.152}$$

一种可能是令 $\theta_0 = \mu_\theta$，定义

$$\tilde{z} = z - H(\mu_\theta) \tag{2.153}$$

$$\tilde{\theta} = \theta - \mu_\theta \tag{2.154}$$

$$\tilde{z} = H\tilde{\theta} + n \tag{2.155}$$

于是就得到了线性形式的模型。

对应该线性模型的 LMMSE 估计如下：

$$\mu_z = \mathcal{E}\{z\} = \mathcal{E}\{H\theta + n\} = H\mu_\theta \tag{2.156}$$

$$
\begin{aligned}
\boldsymbol{C}_{zz} &= \mathcal{E}\{(\boldsymbol{z}-\boldsymbol{\mu}_z)(\boldsymbol{z}-\boldsymbol{\mu}_z)^{\mathrm{T}}\} \\
&= \mathcal{E}\{(\boldsymbol{H\theta}+\boldsymbol{n}-\boldsymbol{H\mu}_\theta)(\boldsymbol{H\theta}+\boldsymbol{n}-\boldsymbol{H\mu}_\theta)^{\mathrm{T}}\} \\
&= \boldsymbol{HC}_{\theta\theta}\boldsymbol{H}^{\mathrm{T}}+\boldsymbol{C}_{nn} \qquad (2.157) \\
&= \mathcal{E}\{\boldsymbol{H}(\boldsymbol{\theta}-\boldsymbol{\mu}_\theta)(\boldsymbol{\theta}-\boldsymbol{\mu}_\theta)^{\mathrm{T}}\}+\mathcal{E}\{\boldsymbol{H}(\boldsymbol{\theta}-\boldsymbol{\mu}_\theta)\boldsymbol{n}^{\mathrm{T}}\} \\
&\quad +\mathcal{E}\{\boldsymbol{n}(\boldsymbol{\theta}-\boldsymbol{\mu}_\theta)^{\mathrm{T}}\boldsymbol{H}^{\mathrm{T}}\}+\mathcal{E}\{\boldsymbol{nn}^{\mathrm{T}}\} \qquad (2.158)
\end{aligned}
$$

$$
\begin{aligned}
\boldsymbol{C}_{\theta z} &= \mathcal{E}\{(\boldsymbol{\theta}-\boldsymbol{\mu}_\theta)(\boldsymbol{z}-\boldsymbol{\mu}_z)\} \\
&= \mathcal{E}\{\boldsymbol{\theta\mu}_\theta(\boldsymbol{H\theta}+\boldsymbol{n}-\boldsymbol{H\mu}_\theta)^{\mathrm{T}}\} \\
&= \mathcal{E}\{(\boldsymbol{\theta}-\boldsymbol{\mu}_\theta)(\boldsymbol{\theta}-\boldsymbol{\mu}_\theta)^{\mathrm{T}}\boldsymbol{H}^{\mathrm{T}}\}+\mathcal{E}\{(\boldsymbol{\theta}-\boldsymbol{\mu}_\theta)\boldsymbol{n}^{\mathrm{T}}\} \\
&= \boldsymbol{C}_{\theta\theta}\boldsymbol{H}^{\mathrm{T}} \qquad (2.159)
\end{aligned}
$$

$$
\begin{aligned}
\hat{\boldsymbol{\theta}} &= \boldsymbol{\mu}_\theta+\boldsymbol{C}_{\theta z}\boldsymbol{C}_{zz}^{-1}(\boldsymbol{z}-\boldsymbol{\mu}_z) \\
&= \boldsymbol{\mu}_\theta+\boldsymbol{C}_{\theta\theta}\boldsymbol{H}^{\mathrm{T}}(\boldsymbol{HC}_{\theta\theta}\boldsymbol{H}^{\mathrm{T}}+\boldsymbol{C}_{nn})^{-1}(\boldsymbol{z}-\boldsymbol{H\mu}_\theta) \qquad (2.160)
\end{aligned}
$$

根据式(2.143)可得平方误差矩阵为

$$
\begin{aligned}
\mathcal{E}\{(\hat{\boldsymbol{\theta}}-\boldsymbol{\theta})(\hat{\boldsymbol{\theta}}-\boldsymbol{\theta})^{\mathrm{T}}\} &= \boldsymbol{C}_{\theta\theta}-\boldsymbol{C}_{\theta z}\boldsymbol{C}_{zz}^{-1}\boldsymbol{C}_{z\theta} \\
&= \boldsymbol{C}_{\theta\theta}-\boldsymbol{C}_{\theta\theta}\boldsymbol{H}^{\mathrm{T}}(\boldsymbol{HR}_{\theta\theta}\boldsymbol{H}^{\mathrm{T}}+\boldsymbol{C}_{nn})^{-1}\boldsymbol{HC}_{\theta\theta} \\
&= (\boldsymbol{C}_{\theta\theta}^{-1}+\boldsymbol{H}^{\mathrm{T}}\boldsymbol{C}_{nn}^{-1}\boldsymbol{H})^{-1} \qquad (2.161)
\end{aligned}
$$

2.6.4 卡尔曼滤波法

在某些特定的情况下,仅仅知道目标的位置是不够的。例如,有源声呐跟踪海洋水下目标,主动雷达跟踪地面和空中目标等,就属于这种情况。为此,人们提出了一些相应的方法,卡尔曼滤波法就是其中的一种,当然卡尔曼滤波法还有着很多更为方泛的应用。卡尔曼滤波法是基于均方误差估计原理设计的。

1960 年,R. E. Kalman 发表了一篇开创性的论文,提出了一种离散数据线性滤波问题的递归算法[18]。该方法将动态线性系统建模为离散数据系统,并采用求得的状态变量来解决维纳滤波问题。卡尔曼滤波是一种在已知动态系统在 t 时刻状态变量的条件下,求解系统在 t_1 时刻的状态的最优估计方法。如果 $t_1<t$,那么估计过程就是状态变量的**插值**(interpolation)过程;如果 $t_1=t$,那么估计过程就是一个滤波过程;如果 $t_1>t$,那么估计过程就是一个在已知当前状态的情况下对将来状态进行**预测**(prediction)的过程。这里我们所关注的是滤波问题。

卡尔曼滤波估计采用反馈控制的工作方式:滤波器估计某个时刻过程所处的状态,之后获得有噪测量值形式的反馈。动态系统的行为可描述为状态变量随时间的演变过程。如前所述,不可能通过简单的直接测量方法来确定动态系统的状态。事实上,测量值是状态变量的函数与随机噪声叠加的结果。这样就有必要研究如何从含有噪声的观测值中估计状态变量的问题。测量和估计过程如图 2.18 所示。卡尔曼滤波的目的就是求动态系统状态变量的最优估计。这里,"最优"的含义是使均方估计误差最小。

将卡尔曼滤波理论应用于定位问题的方法有很多种,这里仅介绍其中的两种。在首先介绍的标准卡尔曼滤波中,最优估计是在最小均方误差意义上进行的。在其后介绍的**扩展卡尔曼滤波**(extended Kalman filter,EKF)中,估计并不是最优的。由于其中进行了若干近似,扩展卡尔曼滤波是一种 ad hoc 估计器。

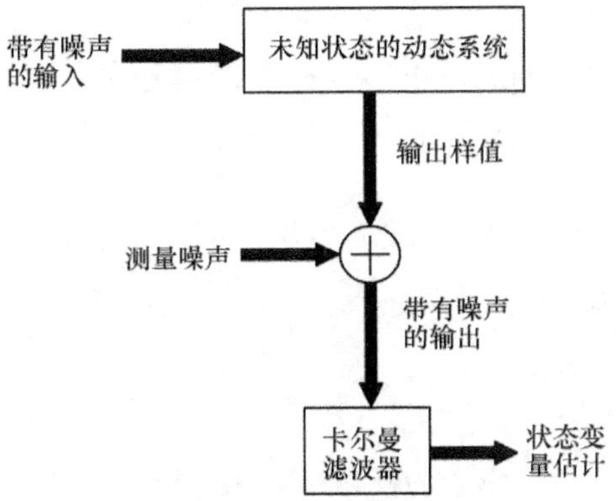

图 2.18　卡尔曼滤波器的应用

2.6.4.1　标准卡尔曼滤波器

记状态向量为 $\boldsymbol{s}_i$($\boldsymbol{s}_i \in \mathcal{R}^N$)，测量向量为 $\boldsymbol{z}_i$($\boldsymbol{z}_i \in \mathcal{R}^P$)。卡尔曼滤波中假设状态向量满足式(2.105)，测量向量满足式(2.106)。

有很多种方法可以推出卡尔曼滤波方程。令 $\hat{\boldsymbol{s}}_{i|-}$ 表示 i 时刻的先验状态估计，该估计依据 i 时刻之前有关该过程的信息得到(即状态更新中没有使用 i 时刻的测量值)。令 $\hat{\boldsymbol{s}}_i \in \mathcal{R}^N$ 表示 i 时刻的后验状态估计，估计中使用了 i 时刻的测量值 $\boldsymbol{z}_i$。先验估计误差和后验估计误差分别定义为

$$\boldsymbol{\epsilon}_{i|-} \triangleq \boldsymbol{s}_i - \hat{\boldsymbol{s}}_{i|-} \tag{2.162}$$

和

$$\boldsymbol{\epsilon}_i \triangleq \boldsymbol{s}_i - \hat{\boldsymbol{s}}_i \tag{2.163}$$

相应的(加权)误差协方差矩阵为

$$\boldsymbol{C}_{i|-} = \mathcal{E}\{\boldsymbol{\epsilon}_{i|-} \boldsymbol{W} \boldsymbol{\epsilon}_{i|-}^{\mathrm{T}}\} \tag{2.164}$$

和

$$\boldsymbol{C}_i = \mathcal{E}\{\boldsymbol{\epsilon}_i \boldsymbol{W} \boldsymbol{\epsilon}_i^{\mathrm{T}}\} \tag{2.165}$$

其中，$\boldsymbol{W}$ 是任意的半正定加权矩阵，其作用是使估计满足某种最优准则。

卡尔曼滤波法采用如下方法得到状态的后验估计：计算实测值 $\boldsymbol{z}_k$ 与预测值 $\boldsymbol{H}\hat{\boldsymbol{s}}_{i|-}$ 之间的差值，将先验估计与加权差值的线性组合作为后验估计，即

$$\hat{\boldsymbol{s}}_i = \hat{\boldsymbol{s}}_{i|-} + \boldsymbol{K}(\boldsymbol{z}_i - \boldsymbol{H}\hat{\boldsymbol{s}}_{i|-}) \tag{2.166}$$

式(2.166)中的($\boldsymbol{z}_i - \boldsymbol{H}\hat{\boldsymbol{s}}_{i|-}$)称为**新息**(innovation)。$N \times P$ 矩阵 $\boldsymbol{K}$ 的作用是使后验估计误差的协方差(2.165)最小。$\boldsymbol{K}$ 的计算方法为

$$\boldsymbol{K}_i = \boldsymbol{C}_{i|-}\boldsymbol{H}^{\mathrm{T}}(\boldsymbol{H}\boldsymbol{C}_{i|-}\boldsymbol{H}^{\mathrm{T}} + \boldsymbol{C}_{\eta\eta})^{-1} \tag{2.167}$$

卡尔曼滤波器是一种变增益滤波器，如式(2.167)所示。当测量噪声协方差降低时($\boldsymbol{C}_{\eta\eta} \to \boldsymbol{0}$)

$$\lim_{\boldsymbol{C}_{\eta\eta} \to 0} \boldsymbol{C}_i = \boldsymbol{C}_{i|-}\boldsymbol{H}^{\mathrm{T}}(\boldsymbol{H}^{\mathrm{T}})^{-1}\boldsymbol{C}_{i|-}^{-1}\boldsymbol{H}^{-1} = \boldsymbol{H}^{-1} \tag{2.168}$$

调节增益使残差的权重提高，即给予测量值以较高的置信度。另一方面，当先验估计误差的协方差 $\boldsymbol{C}_{i|-}$ 下降时

$$\lim_{\boldsymbol{C}_{i|-} \to \boldsymbol{0}} \boldsymbol{K}_i = \boldsymbol{C}_{i|-}\boldsymbol{H}^{\mathrm{T}}(\boldsymbol{H}\boldsymbol{C}_{i|-}\boldsymbol{H}^{\mathrm{T}} + \boldsymbol{C}_{\eta\eta})^{-1} = \boldsymbol{0} \tag{2.169}$$

残差的权重降低。

标准卡尔曼滤波器(standard kalman filter)工作流程如图 2.19 所示,滤波过程可用如下状态方程描述(方程前的编号对应图 2.19 中每个方框的编号):

- 状态预测

① $\hat{\boldsymbol{s}}_{i|-}=\boldsymbol{\Phi}\hat{\boldsymbol{s}}_{i-1}+\boldsymbol{B}\boldsymbol{u}_{k-1}$ (2.170)

- 状态协方差矩阵的预测

② $\boldsymbol{C}_{i|-}=\boldsymbol{\Phi}\boldsymbol{C}_{i-1}\boldsymbol{\Phi}^{\mathrm{T}}+\boldsymbol{C}_{nn}$ (2.171)

- 计算卡尔曼增益矩阵

②
$$\boldsymbol{K}_i=\boldsymbol{C}_{i|-}\boldsymbol{H}^{\mathrm{T}}(\boldsymbol{H}\boldsymbol{C}_{i|-}\boldsymbol{H}^{\mathrm{T}}+\boldsymbol{C}_{\eta\eta})^{-1} \tag{2.172}$$

- 更新状态估计

③ $\hat{\boldsymbol{s}}_i=\hat{\boldsymbol{s}}_{i|-}+\boldsymbol{K}_i(\boldsymbol{z}_i-\boldsymbol{H}_i\hat{\boldsymbol{s}}_{i|-})$ (2.173)

- 更新状态的协方差矩阵

④ $\boldsymbol{C}_i=(\boldsymbol{I}-\boldsymbol{K}_i\boldsymbol{H})\boldsymbol{C}_{i|-}$ (2.174)

- 初始化

$$\begin{aligned}\boldsymbol{s}_{0|-}&=\mathcal{E}\{\boldsymbol{s}_0\}\\ \boldsymbol{C}_{0|-}&=\mathrm{Cov}\{\boldsymbol{s}_0\}\end{aligned} \tag{2.175}$$

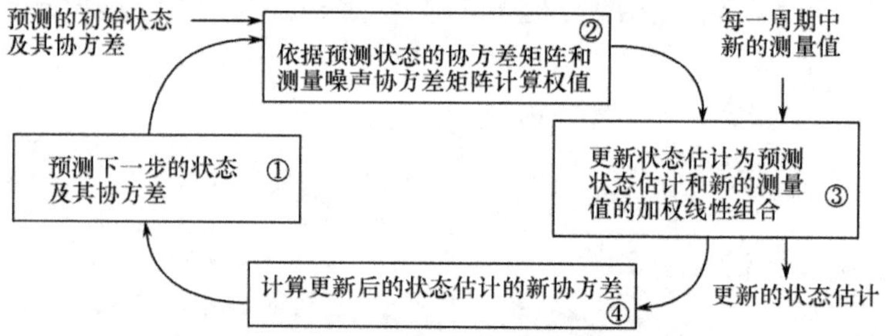

图 2.19 标准卡尔曼滤波算法

由上可见,卡尔曼滤波方程可以分为两组:时间更新方程和测量更新方程。式(2.170)和式(2.171)为时间更新方程,它们的作用是根据当前状态和误差协方差的估计来前向预测下一时刻的状态和误差协方差;式(2.173)和式(2.174)为测量更新方程,它们是一组含反馈的方程,作用是结合新的测量值和预测的先验估计,计算后验估计,提高估计的质量。

噪声过程的特性反映在矩阵 $\boldsymbol{C}_i$ 和 $\boldsymbol{C}_{\eta\eta}$ 中,这两个矩阵可通过测量得到,也可以假定为某个值。通常依据某个设定的信噪比来确定这两个矩阵,通过采用不同的信噪比可以实现系统性能的权衡。如前文所述,一般假定噪声是白噪声,所以

$$\boldsymbol{C}_i=\mathrm{diag}[\sigma_{n_1}^2\quad \sigma_{n_2}^2\quad \cdots\quad \sigma_{n_N}^2] \tag{2.176}$$

$$\boldsymbol{C}_{\eta\eta}=\mathrm{diag}[\sigma_{\eta_1}^2\quad \sigma_{\eta_2}^2\quad \cdots\quad \sigma_{\eta_P}^2] \tag{2.177}$$

例 2.5

假设需要确定一根钢杆的直径,其标称值为 1 mm。采用卡尔曼滤波方法对测得的直径数据序列进行处理。在这种情况下,仅有一个状态变量:直径。因此 $\boldsymbol{\Phi}=1$,$\boldsymbol{B}=0$,并且

$$s_{i+1}=s_i \tag{2.178}$$

这里假设没有过程噪声,同时假设厂家给出的钢杆直径的方差为 1%(0.01 mm²)。因此,直径

的最佳初始估计为 $s_{0|-}=1$ mm，不确定度的方差为 $\boldsymbol{C}_{0|-}=0.01$。

用测微计进行重复测量，得到

$$z_i=s_i+\eta_i$$

其中，η_i 为测量噪声。因此，$\boldsymbol{H}=1$。假设各测量值之间是相互独立的(这种假设显然是合理的)。厂家提供的测微计精度误差的方差为 0.1%(本例中为 0.001 mm^2)，于是 $\boldsymbol{C}_0=0.001$。

从 $i=0$ 开始进行迭代计算，估计初值为 1 mm，不确定度为 0.01，应用首个数据进行更新时的权值为

$$K_0=\frac{\boldsymbol{C}_{0|-}}{\boldsymbol{C}_{0|-}+\boldsymbol{C}_0}=\frac{0.01}{0.01+0.001}=0.91$$

更新后的状态估计为

$$s_{0|0}=(1-K_0)s_{0|-}+K_0z_0$$

其中，$s_{0|0}$ 表示 0 时刻根据 0 时刻的测量值所得直径最优估计。更新后估计的方差为

$$\boldsymbol{C}_0=(1-K_0)\boldsymbol{C}_{0|-}=(0.09)(0.01)=9\times10^{-4}$$

根据式(2.178)，1 时刻的状态估计与 0 时刻的状态估计相同，那么 1 时刻的状态和方差的估计为

$$s_{1|0}=s_{0|0},\quad \boldsymbol{C}_{1|0}=\boldsymbol{C}_{0|0}=9\times10^{-4}$$

重复上述计算过程可得

$$K_1=\frac{\boldsymbol{C}_{1|0}}{\boldsymbol{C}_{1|0}+\boldsymbol{C}_1}=\frac{9\times10^{-4}}{9\times10^{-4}+10^{-3}}=0.47$$

$$\boldsymbol{C}_{1|1}=(1-K_1)\boldsymbol{C}_{1|0}=(0.53)(9\times10^{-4})=4.8\times10^{-4}$$

图 2.20 是该过程的仿真结果。仿真中的协方差的变化情况如图 2.21 所示。随着估计值接近直径的真值，协方差变得越来越小。

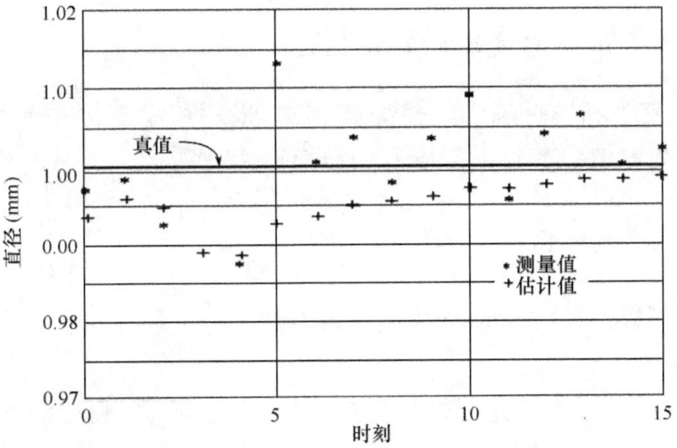

图 2.20　钢杆直径的例子

上述讨论中假定卡尔曼滤波器是**线性时不变的**(linear time invariant，LTI)。一般来说，卡尔曼滤波器也可能是非线性时变的。事实上，正是这些特点使卡尔曼滤波器得以广泛应用。特别地，如果 $\boldsymbol{\Phi}_i\boldsymbol{s}_i$ 是非线性的或者 $\boldsymbol{s}_i$ 和 $\boldsymbol{z}_i$ 间不存在线性关系，则需要采用扩展卡尔曼滤波器(EKF)进行数据处理。

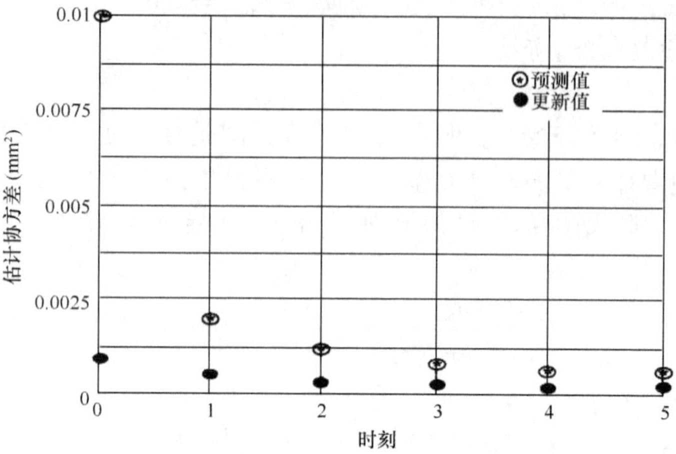

图 2.21 钢杆直径变化的例子

2.6.4.2 扩展卡尔曼滤波器

为了将上面讨论的线性系统的标准卡尔曼滤波应用于含有加性高斯白噪声的非线性系统，首先要实现非线性到线性的转换，这可以通过泰勒展开并忽略展开式中二次以上项(含二次项)的方法实现，这种应用于非线性系统的卡尔曼滤波方法就是扩展卡尔曼滤波。换句话说，就是将前一状态估计的系统函数和相应的预测目标方位的观测函数进行泰勒近似。如果初值设的不好或者噪声太大，以至于系统的线性化近似不充分，就可能无法得到收敛的估计。同时，如上文所述，由于采用了近似的方法，扩展卡尔曼滤波器是一种 ad hoc 估计器。

应当注意的是，由于进行了线性化近似[14]，扩展卡尔曼滤波可能存在稳定性方面的问题。

2.6.4.3 基于扩展卡尔曼滤波器的定位估计

Spingarn[15]研究了利用扩展卡尔曼滤波技术，采用移动探测平台对目标辐射源进行定位的问题。图 2.22 为定位中节点的二维几何分布图。此时，

$$\hat{\boldsymbol{z}}_k=\boldsymbol{f}(\hat{\boldsymbol{z}}_{k-1},\boldsymbol{0},\boldsymbol{0})=\begin{bmatrix}\hat{x}_{\mathrm{T},k}\\ \hat{y}_{\mathrm{T},k}\end{bmatrix}=\begin{bmatrix}1 & 0\\ 0 & 1\end{bmatrix}\begin{bmatrix}\hat{x}_{\mathrm{T},k-1}\\ \hat{y}_{\mathrm{T},k-1}\end{bmatrix} \tag{2.179}$$

因为目标是固定的，所以这里的状态转移矩阵为单位矩阵。如果目标是移动的，则其中就会包含动态项。

这种情况下的状态转移方程是线性的，方位角 ϕ_i 为观测量，测量模型可表示如下：

$$\phi_k=h(\hat{\boldsymbol{z}}_k)+\eta_k \tag{2.180}$$

其中，η_k 表示噪声过程，这里假定为零均值加性高斯白噪声，于是

$$\mathcal{E}\{\eta_j\eta_k\}=\sigma_\eta^2\delta_{jk} \tag{2.181}$$

并且

$$\boldsymbol{C}_{\eta\eta}=\sigma_\eta^2 \tag{2.182}$$

其状态估计方程为

$$\hat{\boldsymbol{z}}_k=\hat{\boldsymbol{z}}_{k|-}+\boldsymbol{K}[\phi_k-h(\hat{\boldsymbol{z}}_{k|-})] \tag{2.183}$$

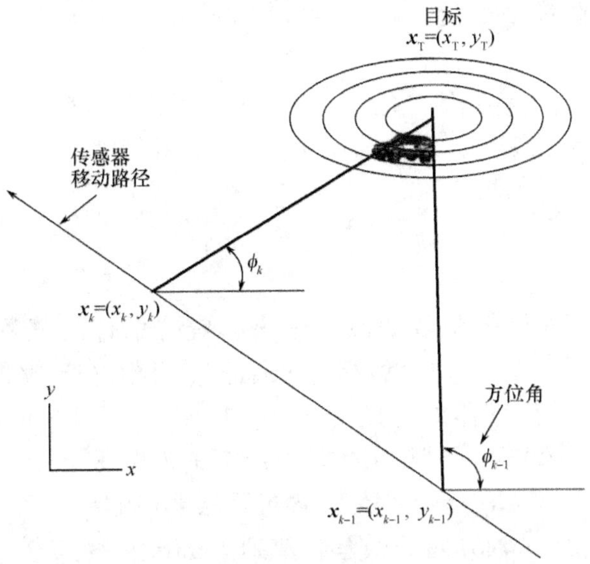

图 2.22　扩展卡尔曼滤波法定位中的几何示意图

其中,

$$h(\hat{z}_{k|-})=\hat{\phi}_k\arctan\left(\frac{\hat{y}_{T,k|-}-y_k}{\hat{x}_{T,k|-}-x_k}\right) \tag{2.184}$$

状态协方差矩阵的更新方程为

$$\boldsymbol{C}_k=[\boldsymbol{I}-\boldsymbol{K}\boldsymbol{H}(\hat{\boldsymbol{z}}_{k|-})]\boldsymbol{C}_{k|-} \tag{2.185}$$

其中,$\boldsymbol{J}$ 是对应 h 的雅可比矩阵

$$\boldsymbol{J}(\hat{\boldsymbol{z}}_{k|-})=\frac{\partial h(\boldsymbol{z})}{\partial \boldsymbol{z}}\bigg|_{z=z_{k|-}}-(J_{11}\quad J_{12}) \tag{2.186}$$

其中,

$$J_{11}=\frac{\partial h}{\partial x_T}\bigg|_{x_T=\hat{x}_{T,k|-}}=\frac{-u}{1+u^2}\ \frac{1}{\hat{x}_{T,k|-}-x_k} \tag{2.187}$$

$$J_{12}=\frac{\partial h}{\partial y_T}\bigg|_{y_T=\hat{y}_{T,k|-}}=\frac{1}{1+u^2}\ \frac{1}{\hat{x}_{T,k|-}-x_k} \tag{2.188}$$

并且

$$u=\frac{\hat{y}_{T,k|-}-y_k}{\hat{x}_{T,k|-}-x_k} \tag{2.189}$$

卡尔曼增益矩阵为

$$\boldsymbol{K}=\boldsymbol{C}_{k|-}\boldsymbol{J}^{T}(\hat{\boldsymbol{z}}_{k|-})[\boldsymbol{J}(\hat{\boldsymbol{z}}_{k|-})\boldsymbol{C}_{k|-}\boldsymbol{J}^{T}(\hat{\boldsymbol{z}}_{k|-})+\boldsymbol{C}_k]^{-1} \tag{2.190}$$

其中,

$$\boldsymbol{C}_{\eta\eta,k}=\begin{bmatrix}\sigma_x^2 & 0\\ 0 & \sigma_y^2\end{bmatrix} \tag{2.191}$$

误差协方差为

$$\boldsymbol{C}_{k+1}=\boldsymbol{J}\boldsymbol{C}_k\boldsymbol{J}^{T}+\boldsymbol{Q} \tag{2.192}$$

其中,

$$\boldsymbol{Q}=\begin{bmatrix}q_{11} & 0\\ 0 & q_{22}\end{bmatrix} \tag{2.193}$$

Q 为噪声的函数。这里的模型中没有噪声，所以 $q_{11}=0$，并且我们把 q_{22} 设定为一个很小的正数。

上述讨论中，状态估计方程是线性的，但测量方程为反正切型函数。它是高度非线性的。状态变量(位置)的初值用 $\hat{z}_{e0}$ 表示。同时假设误差协方差矩阵为

$$C_{0|0}=\begin{bmatrix}\sigma_x^2 & 0\\ 0 & \sigma_y^2\end{bmatrix} \tag{2.194}$$

例 2.6

图 2.23 所示为应用扩展卡尔曼滤波方法进行定位估计的蒙特卡罗仿真结果。在该图中，$\sigma_n^2=(0.0175)^2\text{rad}^2=(1°)^2$，长度单位为 mile①。目标位于(141,141)处，飞机的起始位置坐标$(x,y)=(130,11)$。传感器的速度为 $v=0.1$ mile/s。每 300 s 进行一次测量，传感器与目标的最近距离为 100 mile。测向误差由 $\sigma=1°$的加性高斯白噪声引起。目标的初始位置估计为$\hat{x}_{T,0}=\hat{y}_{T,0}=135$ mile，$q_{11}=0$(因为不含过程噪声)，$q_{22}=0.0252\ \text{rad}^2$，并且 $\Gamma_{0|-}=\text{diag}(5^2)\ \text{mile}^2$。在 9 次观测后，$x$ 轴方向的误差收敛到 1 mile 左右，y 轴方向的误差收敛到大约 -0.7 mile。

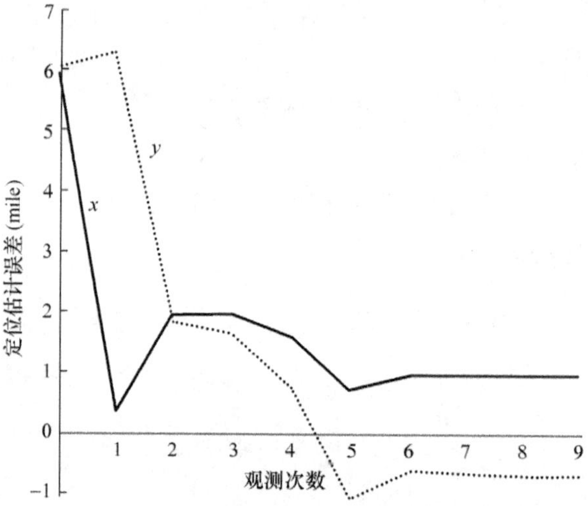

图 2.23 应用卡尔曼滤波器进行无源定位的蒙特卡罗仿真结果

2.6.4.4 应用卡尔曼滤波的总体最小二乘法

如果测向误差包含一个偏差 $\boldsymbol{\Phi}$，如式(2.62)所示，总体最小二乘法就可能不再是最好的统计估计方法。这一节将介绍一种应用总体最小二乘法和卡尔曼滤波器的新方法。这里的卡尔曼滤波方法与 2.5.2.1 节中的不完全一样，这再次说明了卡尔曼滤波的灵活性。

测向误差中包含一个固定成分 $\boldsymbol{\Phi}$ 和一个随机变化成分 $\Delta\phi_i^*$

$$\phi_i=\boldsymbol{\Phi}+\Delta\phi_i^* \tag{2.195}$$

首先建立总体最小二乘估计，然后将该估计应用到式(2.58)中。滤波器的状态方程为

$$\delta\phi_{i+1}=\delta\phi_i \tag{2.196}$$

$$\boldsymbol{\Phi}_{i+1}=\boldsymbol{\Phi}_i \tag{2.197}$$

---

① 1 mile(英里)=1.6093 km。—编者注

观测方程为

$$\tilde{\phi}_i - \hat{\phi}_i = \Delta\hat{\phi}_i = \delta\phi_i + \boldsymbol{\Phi}_i + \Delta\phi_i^* \tag{2.198}$$

其中 $\delta\phi_i$ 是在区间 i 内的测向误差，它是由(ψ_T, λ_T)的估计误差引起的。

卡尔曼滤波实现方法如下(假设进行了 N 次观测)：

$$\text{For } i=1,2,\cdots,N$$

$$\begin{bmatrix}\hat{\phi}_i \\ \delta\hat{\phi}_i\end{bmatrix} = \begin{bmatrix}\hat{\phi}_{i-1} \\ \delta\hat{\phi}_{i-1}\end{bmatrix} + \boldsymbol{K}_i\left(\Delta\hat{\phi}_i - \mathbf{1}_2^{\mathrm{T}}\begin{bmatrix}\hat{\boldsymbol{\Phi}}_{i-1} \\ \delta\hat{\boldsymbol{\Phi}}_{i-1}\end{bmatrix}\right)$$

$$\boldsymbol{K}_i = \boldsymbol{C}_{i-1}\frac{\mathbf{1}_2}{\boldsymbol{C}_{\phi,i} + \mathbf{1}_2^{\mathrm{T}}\boldsymbol{C}_{\psi\lambda,i-1}\mathbf{1}}$$

$$\boldsymbol{C}_i = \boldsymbol{C}_{i-1} - \boldsymbol{C}_{i-1}\mathbf{1}_1\mathbf{1}_2^{\mathrm{T}}\frac{\boldsymbol{C}_{\psi\lambda,i-1}}{\boldsymbol{C}_{\phi,i} + \boldsymbol{C}_{\psi\lambda,i-1}\mathbf{1}}$$

其中，$\boldsymbol{K}_i$ 为卡尔曼增益向量；$\boldsymbol{C}_\phi$为 $\Delta\phi_i^*$ 的协方差；$\boldsymbol{C}_{\psi\lambda,i}$为协方差矩阵；$\mathbf{1}_2=[1\quad 1]^{\mathrm{T}}$。

首先对观测值$\tilde{\tilde{\phi}}_i = \tilde{\phi}_i - \hat{\phi}_i$ 的集合应用上述总体最小二乘算法，求得新的估计值$(\tilde{\tilde{\psi}}_T, \tilde{\tilde{\lambda}}_T)$，然后利用式(2.95)根据$(\tilde{\tilde{\psi}}_T, \tilde{\tilde{\lambda}}_T)$求 θ_i，最后使用卡尔曼滤波器更新$\tilde{\tilde{\Phi}}_n$ 的估计。重复这一过程直到无偏差为止。

例 2.7

Rao 和 Reddy[12]不仅对总体最小二乘定位算法进行了仿真实验，还对应用卡尔曼滤波的总体最小二乘定位算法进行了仿真实验。实验环境的几何示意图如图 2.13 所示，在 242 km 长的基线上进行了 122 次测向。实验结果如表 2.2 所示。该表说明，在测向中存在系统偏差时，单独使用总体最小二乘法并不一定能得到最优结果，而采用应用卡尔曼滤波的总体最小二乘定位算法能够明显改善定位性能。

表 2.2　应用卡尔曼滤波器的总体最小二乘估计[11]

序号	随机误差	系统误差	误差(km)
1	$\sim\mathcal{N}(0,1)$	0°	0.524
2	$\sim\mathcal{N}(0,1)$	−3°	0.524
3	$\sim\mathcal{N}(0,1)$	6°	0.524

2.6.4.5　无迹卡尔曼滤波器

扩展卡尔曼滤波器的线性化处理方法是将非线性系统方程进行泰勒展开，然后仅保留其线性部分。当系统的非线性程度很高时，这种只保留线性部分的方法会产生明显的建模误差，甚至导致算法发散。Julier 和 Uhlman[16]对扩展卡尔曼滤波法进行了改进，提出所谓的**无迹卡尔曼滤波**(unscented Kalman Filter, UKF)方法。无迹卡尔曼滤波方法采用了保留泰勒展开式的前三项等方法，改善了扩展卡尔曼滤波器的性能。此外，无迹卡尔曼滤波方法仅选择某些特殊的样点参与状态迭代，从而实现了更好的非线性系统模型。

2.7 离散概率密度法

以上讨论的各种定位算法都容易受到定位数据中存在的误差的影响,误差的影响多种多样。本节中介绍的定位技术能够消除部分错误测量结果的影响,定位算法中使用的测量数据是方位线[17]。

目标区域被分为若干小网格,如图 2.24 所示。网格可以任意小,但是网格越小计算负担就越重,当然分辨率也越高(但精确度不一定提高)。例如,100×100 网格的计算量是 10×10 网格的 100 倍。

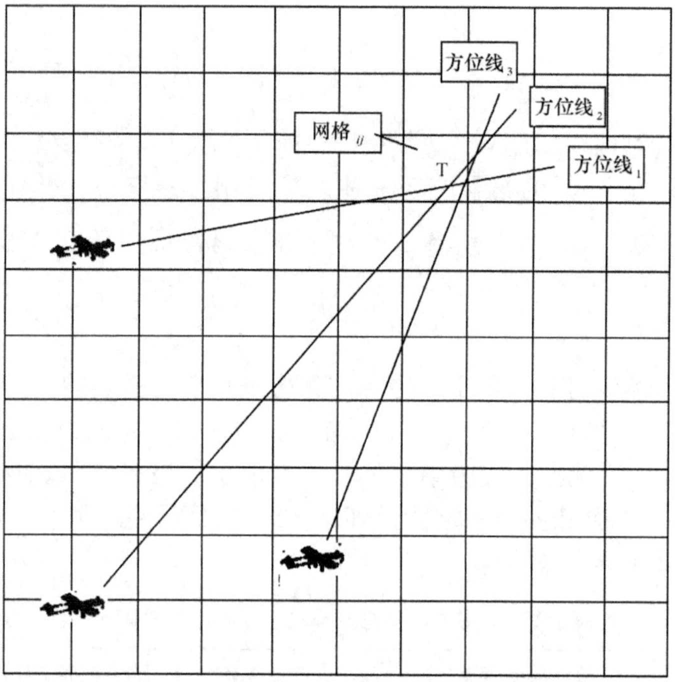

图 2.24 三条方位线时的离散概率密度网格

该定位算法根据测得的方位线计算辐射源位于每个网格中的概率。假设方位角测量值服从 von Mises 分布(也称为 Tikhonov 分布[18]),取值范围为$(-\pi,\pi)$。文献[17]中给出了 Tikhonov分布的概率密度函数为

$$p(\phi)=\begin{cases}\dfrac{\exp[\nu\cos(\phi-\mu)]}{2\pi I_0(\nu)}, & -\pi<\phi\leqslant\pi\\ \text{未定义} & \text{其他}\end{cases} \tag{2.199}$$

其中 ν 为**集中系数**(concentration),和高斯分布中方差倒数的作用类似,它表示 ϕ 在 μ 周围的分散程度。μ 是该分布的均值,对于定位应用来说,它就是测得的方位角,取值范围为$(-\pi,\pi)$。图 2.25 所示为 von Mises 分布的概率密度函数。当 ν 增大时,在均值(此处为零)处的概率密度函数值也会变大,函数图形变窄,方差变小。

与式(2.199)对应的概率分布函数为

$$p(\phi)=\frac{1}{2\pi I_0(\nu)}\left\{\phi I_0(\nu)+2\sum_{i=1}^{\infty}\frac{I_i(\nu)\sin[i(\phi-\mu)]}{i}\right\} \tag{2.200}$$

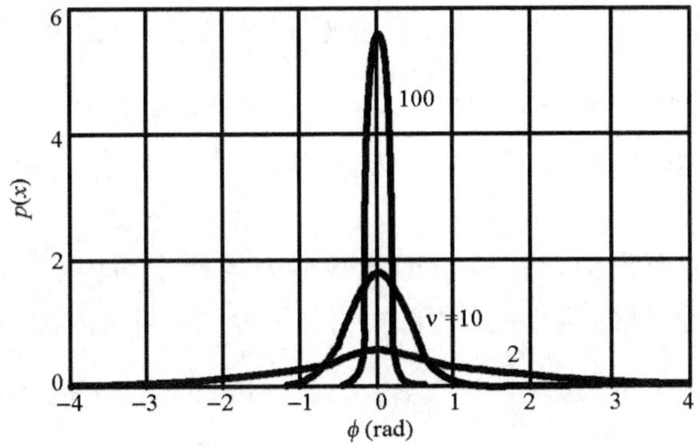

图 2.25　von Mises 概率密度函数

图 2.26 中给出了一组分布函数曲线，其中选取了与图 2.25 相同的参数。正如图 2.25 所表现出来的，ν 越大，在均值处由低概率向高概率转变的速度越快。

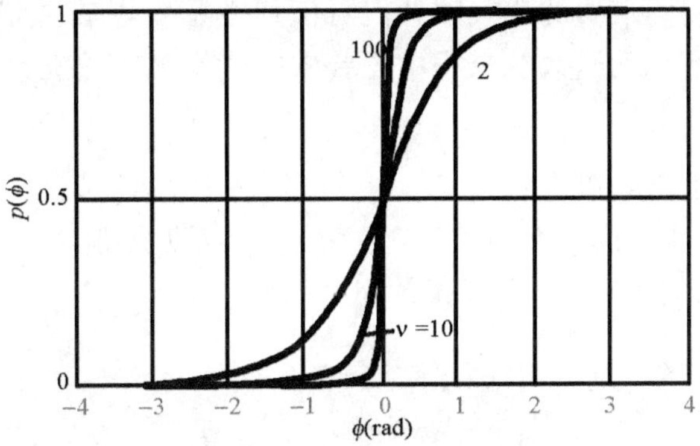

图 2.26　von Mises 分布函数

随着目标与传感器之间距离的增大，概率密度曲线逐渐展宽；反之，随着二者之间的距离减小，概率密度曲线逐渐变窄（更接近均值），如图 2.27 所示。传感器与目标的距离越远，概率密度曲线就越宽，相应地需要考虑的网格也越多。

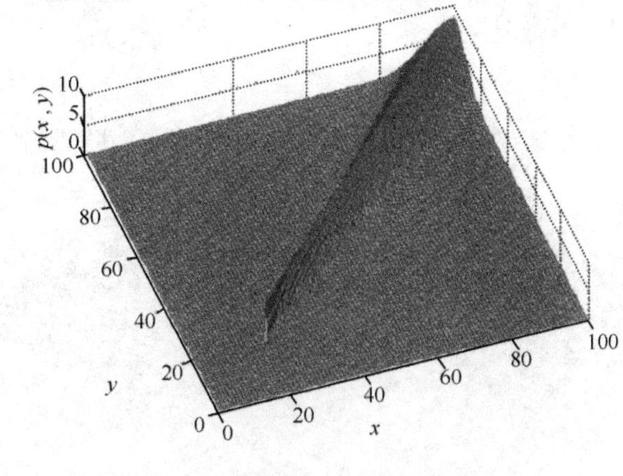

图 2.27　离散概率密度的方位线分类

不同平台上测得方位角的误差是相互独立的随机变量，所以联合概率密度函数为

$$F(x,y)=k\prod_{i=1}^{N}\frac{\exp[\nu_i\cos(\phi_i-\mu_i)]}{2\pi I_0(\nu_i)} \tag{2.201}$$

其中,常数 k 的作用是将整个网格面上各网格的概率密度函数值归一化,以避免出现数值稳定性问题。在确定了所有网格的概率密度后才能求得 k。经归一化处理后,$F(x,y)$就是目标出现在每一网格上的概率。

基于该概率密度函数可求得目标位于每个网格内的概率,首先要计算目标位于网格拐角处的概率,将网格的 4 个拐角处概率的均值作为目标位于该网格内的概率,即

$$\Pr(位于网格_{i,j}内)=\frac{1}{4}[F(x_i,y_i)+F(x_{i+1},y_j)+F(x_i,y_{j+1})+F(x_{i+1},y_{j+1})] \tag{2.202}$$

测得方位角数据序列中存在的野值,对该定位算法的影响通常较小。这是因为总概率密度函数为 N 个独立概率密度函数的积。这样一来,即便野值的方差较小,它对总概率密度的贡献也不会很大,因为对应野值方位角的概率密度函数取得最大值的点正好处在其他较好概率密度函数的拖尾处,这里概率密度函数的好坏指其对应测量误差的大小。假设其他概率密度函数的质量较好,则它们乘积的最大值会比野值概率密度函数主瓣与好概率密度函数的拖尾的乘积大,即便好概率密度函数的乘积中还要乘以野值对应的概率密度函数的拖尾。

例 2.8

图 2.28 所示为采用离散概率密度算法进行定位的仿真结果,其中采用了三个定位传感器,相应的参数如表 2.3 所示。概率密度函数的乘积仅在很少的网格中有较大取值,如图 2.28(d)所示。这里假设测向均方根误差为 3°,从而有

$$\nu=\frac{1}{\left(3\,\frac{\pi}{180}\right)^2}=364.8$$

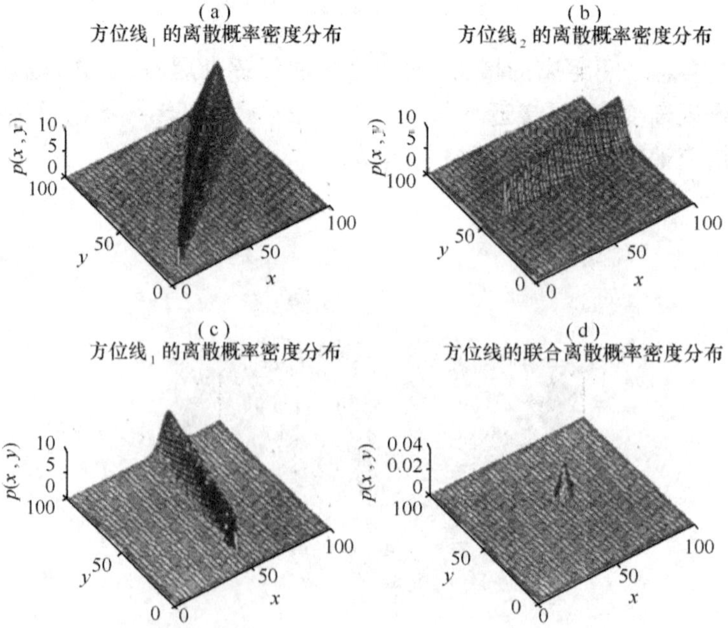

图 2.28　基于离散概率密度法采用三个测向站定位的例子

图 2.28(d)中方位线的联合概率密度在 $55<x<65$,$55<y<65$ 区间内的概率近似为 0.92,因此该区域近似为 90%误差椭圆。该椭圆的半长轴为 14 个单位长,半短轴为 8 个单位

长，且半长轴的倾角为 45°。

表 2.3　应用离散概率密度法进行定位的例子

定位系统	x 坐标	y 坐标	相对 y 轴的方位角(度)
1	10	10	45
2	10	50	80
3	50	10	10

2.8　广义方位角法

Paradowski[19] 提出了一种不同于一般方法的迭代定位算法。设第 i 次测量得到的仰角为 ϕ_i，方位角为 φ_i，则相应的广义方位角 α_i 如图 2.29 所示。广义方位角指角 TS_iA，其大小为

$$f_i(\boldsymbol{x}_i)=\alpha_i=\arctan\frac{\sqrt{(x_T-x_i)^2+(z_T-z_i)^2}}{y_T-y_i} \tag{2.203}$$

记测量值为

$$u_i=f_i(\boldsymbol{x}_i)+n_i \quad i=1,2,\cdots,N \tag{2.204}$$

或

$$\boldsymbol{u}=f(\boldsymbol{x})+\boldsymbol{n} \tag{2.205}$$

如果不存在测量误差，则 $u_i=f(\boldsymbol{x}_i)=\alpha_i$，且 $f_i(\boldsymbol{x}_i)$ 中包含了定位点和方位线的有关信息。测量噪声 n_i 满足

$$\mathcal{E}\{n_i\}=0, \quad \mathcal{E}\{n_i n_j\}=\sigma_{ij} \tag{2.206}$$

$$\sigma_{ij}=\begin{cases}\sigma_{ij}^2, & i=j\\ \rho_{ij}\sigma_i\sigma_j, & i\neq j\end{cases} \tag{2.207}$$

其中，σ_i 和 σ_j 是第 i 和第 j 次测量的标准偏差，ρ_{ij} 是各次测量之间的相关系数。

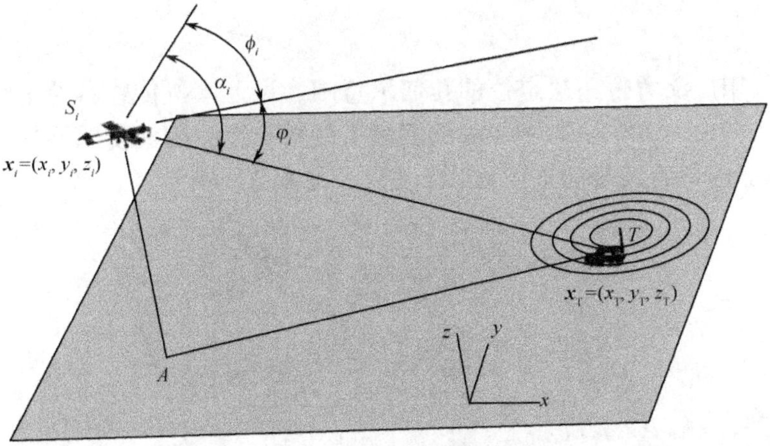

图 2.29　广义方位角 α_i

第 m 步迭代中的梯度矢量为

$$\boldsymbol{g}_{m_i}=\left[\frac{\hat{x}_m-x_i}{d_{m_i}^2 s_{m_i}} \quad -\frac{\hat{y}_m-y_i}{d_{m_i}^2}s_{m_i} \quad \frac{\hat{z}_m-z_i}{d_{m_i}^2 s_{m_i}}\right]^{\mathrm{T}} \tag{2.208}$$

其中，

$$d_{m_i}^2=(\hat{x}_m-x_i)^2+(\hat{y}_m-y_i)^2+(\hat{z}_m-z_i)^2 \tag{2.209}$$

并且

$$s_{m_i}=\sqrt{\left(\frac{d_{m_i}}{\hat{y}-y_i}\right)^2-1} \tag{2.210}$$

梯度矩阵由梯度矢量组成：

$$\boldsymbol{G}_m=[\boldsymbol{g}_{m_1}\quad \boldsymbol{g}_{m_2}\quad \cdots \quad \boldsymbol{g}_{m_m}]^{\mathrm{T}} \tag{2.211}$$

在第 m 次迭代中，广义方位角误差的协方差矩阵为一个对角矩阵：

$$\boldsymbol{C}_{\alpha\alpha m}=\mathrm{diag}[\sigma_{\alpha m_1}^2,\sigma_{\alpha m_2}^2,\cdots,\sigma_{\alpha m_m}^2] \tag{2.212}$$

其中 $\sigma_{m_i}^2$ 为第 m 次迭代中 α_i 的方差，$\sigma_{m_i}^2$ 可根据各测量值的方差求得

$$\sigma_{m_i}^2=a_{m_i}\sigma_{\phi_i}^2+b_{m_i}\sigma_{\varphi_i}^2+c_{m_i}\rho_i\sigma_{\phi_i}\sigma_{\varphi_i} \tag{2.213}$$

其中，

$$a_{m_i}=\left(\frac{1}{s_{m_i}}\frac{\hat{x}_m-x_i}{\hat{y}_m-y_i}\right)^2$$

$$b_{m_i}=\left\{s_{m_i}\left[\left(\frac{d_{m_i}}{\hat{z}_m-z_i}\right)-1\right]^{1/2}\right\}^{-2}$$

$$c_{m_i}=\sqrt{a_{m_i}b_{m_i}}$$

设噪声为加性高斯白噪声，则迭代方程为

$$\hat{\boldsymbol{x}}_{m+1}=(\boldsymbol{G}_m^{\mathrm{T}}\boldsymbol{C}_{\alpha\alpha m}^{-1}\boldsymbol{G}_m)^{-1}\boldsymbol{G}_m^{\mathrm{T}}\boldsymbol{C}_{\alpha\alpha m}^{-1}\boldsymbol{w}_m \tag{2.214}$$

其中，

$$\boldsymbol{w}_m=\boldsymbol{u}+\boldsymbol{G}_m\hat{\boldsymbol{x}}_m-\boldsymbol{f}(\hat{\boldsymbol{x}}_m) \tag{2.215}$$

这里 $\boldsymbol{f}(\hat{\boldsymbol{x}}_m)$是 $\boldsymbol{f}(\boldsymbol{x})$在 $\boldsymbol{x}=\boldsymbol{x}_m$ 处的值。

当然，由于这是一个迭代过程，而且是一个近似过程，因此必须合理设置初值，否则可能陷入局部最优陷阱，同时也无法保证收敛。

例 2.9

图 2.30 为采用广义方位角法定位的几何示意图。设无人机传感器沿 x 轴飞行，飞行高度为 3000 m，目标位于一个 20 km×20 km 的区域中的某点上。因此传感器的 y 坐标是不变的，设其为零。传感器沿着直线每前进 1 km 就进行一次方位线测量。

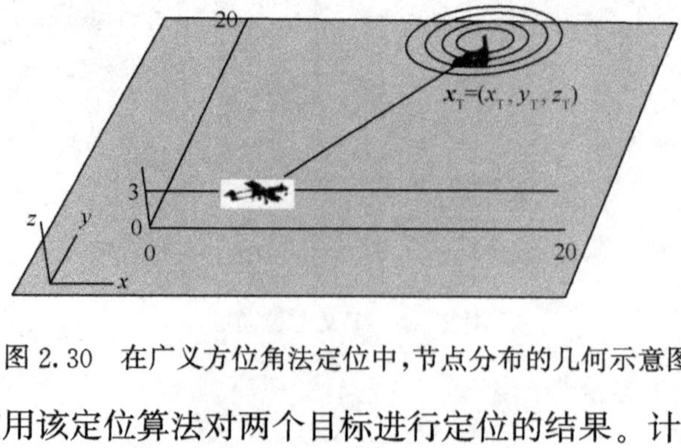

图 2.30 在广义方位角法定位中，节点分布的几何示意图

图 2.31 所示为应用该定位算法对两个目标进行定位的结果。计算结果收敛到了目标的真实位置，尽管在很多情况下并不一定收敛。

本例中参数 $\hat{z}_0$ 的变化对算法收敛性的影响很大。这可能是因为相对于和目标的距离来说，传感器的飞行高度较低，从而使倾角很小。

本章附录 2B 给出了一段 MathCad 程序，这段程序实现了广义方位角定位算法的一次迭代计算过程。

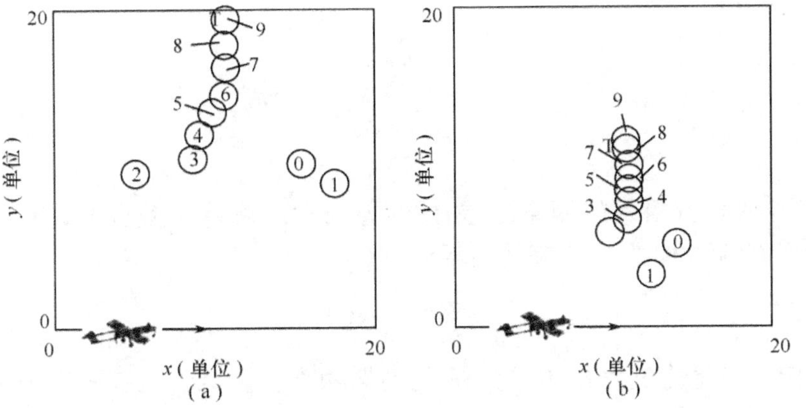

图 2.31　广义方位角定位算法示例。(a)中目标位于 $x_T=(10,20,0.5)$处，(b)中的目标位于(10,10,0.5)处。这里并未给出 z 轴上的变化情况

2.9　最大似然定位算法

本节分析了基于最大似然算法的干涉仪方位线定位算法，其推导过程见文献[20]。

如图 2.32 所示，一飞行器以速度 ν 沿 y 轴正向运动，它带有两个接收机。在 k 时刻两接收机连线的中点为 y_k，测量数据都在某个观测区间内测得，观测区间的中心位置为 y_c，目标所在位置的坐标为(x_T, y_T)（暂不考虑 z 坐标轴），且设 $y_T=0$。总共有 $N=2P+1$ 个测量数据，都在观测区间 L 内测得。

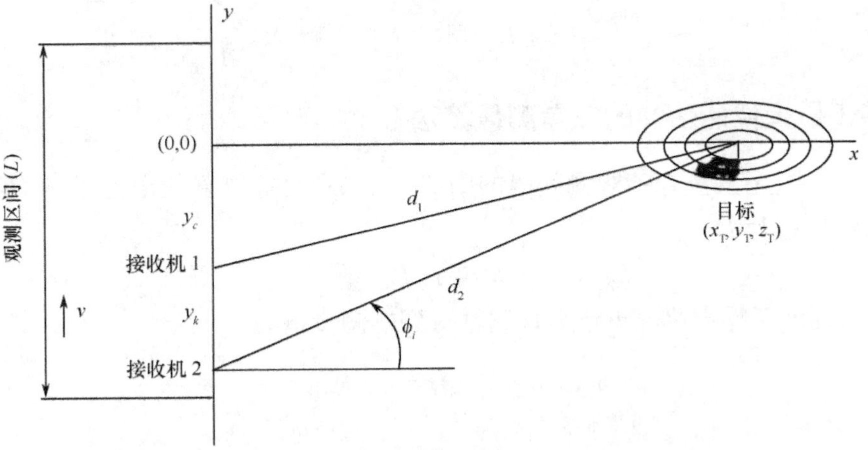

图 2.32　最大似然定位算法几何示意图

用传感器可测量出两个接收机收到的信号的相位差，该相位差与 d_1 和 d_2 的差值（d_1 和 d_2 分别为接收机 1 和 2 到目标的距离）关系如下：

$$\Delta\phi_i = 2\pi\frac{\Delta d}{\lambda} \tag{2.216}$$

当两个接收机基线的距离相对它们与目标的距离很小，并且方位角也较小时，图 2.32 中的两条射线 d_1 和 d_2 是近似平行的，如图 2.33 所示。此时有

$$\sin\phi=\frac{\Delta d}{b}$$

而当 ϕ 很小时,又有

$$\sin\phi\approx\phi$$

所以有

$$\phi\approx\frac{\Delta d}{b}$$

因此距离差(两接收机到目标的距离之差)的误差与角度测量误差有关。距离差的标准偏差 $\sigma_{\Delta d}$ 与角度测量值的标准偏差 σ_ϕ 之间的关系为

$$\sigma_\phi\approx\frac{\sigma_{\Delta d}}{b},\quad \phi\ll 1\text{ rad} \tag{2.217}$$

分析中假定噪声是均值为 0,方差为 σ_n^2 的高斯噪声。该定位系统中采用了迭代最小二乘估计算法。

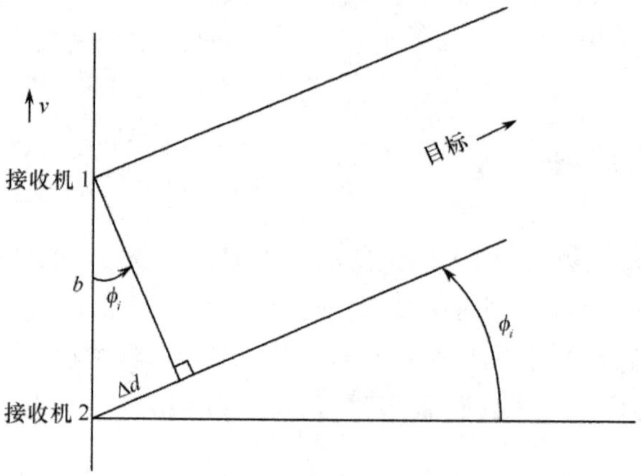

图 2.33 图 2.32 的局部放大

2.9.1 基于最大似然估计的三角测量算法

在图 2.32 中,未知量包括观测间隔的中心 y_c,以及目标位置的横坐标 x_T(假设纵坐标 $y_\mathrm{T}=0$),因此未知矢量为

$$\boldsymbol{\theta}=[x_\mathrm{T}\quad y_c]^\mathrm{T} \tag{2.218}$$

根据图 2.32,无噪声情况下干涉仪测量得到的测量值为

$$\tilde{h}_k(x_\mathrm{T},y_c)=\phi_n=\arctan\left(-\frac{y_n}{x_\mathrm{T}}\right) \tag{2.219}$$

其中,

$$y_n=y_c+k\Delta L$$

这里用 z_n 表示 $N=2P+1$ 个带有噪声的测量值,其中噪声为高斯噪声,用 n_n 表示,于是有

$$z_n(\boldsymbol{\theta})=\tilde{z}_n(\boldsymbol{\theta})+n_n,\quad n=0,\pm1,\pm2,\cdots,\pm N \tag{2.220}$$

令

$$\partial_{xn}=\frac{\partial\tilde{z}_n(\boldsymbol{\theta})}{\partial x_\mathrm{T}} \tag{2.221}$$

$$\partial_{yn}=\frac{\partial \tilde{z}_n(\boldsymbol{\theta})}{\partial y_c} \tag{2.222}$$

可定义偏导数矩阵如下：

$$\boldsymbol{G}=\begin{bmatrix}\partial_{-xN} & \cdots & \partial_{xn} & \cdots & \partial_{xN}\\ \partial_{-yN} & \cdots & \partial_{yn} & \cdots & \partial_{yN}\end{bmatrix}^{\mathrm{T}} \tag{2.223}$$

以及

$$\boldsymbol{z}=[z_{-N}\quad \cdots \quad z_n \quad \cdots \quad z_N]^{\mathrm{T}} \tag{2.224}$$

$$\tilde{\boldsymbol{z}}=[\tilde{z}_{-N}\quad \cdots \quad \tilde{z}_n \quad \cdots \quad \tilde{z}_N]^{\mathrm{T}} \tag{2.225}$$

$$\boldsymbol{n}=[n_{-N}\quad \cdots \quad n_n \quad \cdots \quad n_N]^{\mathrm{T}} \tag{2.226}$$

$$\boldsymbol{w}=[\Delta x_{\mathrm{T}}\quad \Delta y_c]^{\mathrm{T}} \tag{2.227}$$

如果噪声是独立同分布(i. i. d)的，则其协方差矩阵为

$$\mathbf{C}_{nn}=\sigma_n^2\boldsymbol{I} \tag{2.228}$$

则下次迭代中的校正矢量为

$$\boldsymbol{w}=(\boldsymbol{G}^{\mathrm{T}}\boldsymbol{G})^{-1}(\boldsymbol{z}-\tilde{\boldsymbol{z}}) \tag{2.229}$$

下次迭代的估计值为

$$\boldsymbol{\theta}_{i+1}=\boldsymbol{\theta}_i+\boldsymbol{w} \tag{2.230}$$

当 $\boldsymbol{w}$ 趋于零时停止迭代。

最终求得的未知矢量的协方差矩阵给出了定位误差，该矩阵为

$$\mathbf{C}_{zz}=\sigma_{\mathrm{n}}^2(\boldsymbol{G}^{\mathrm{T}}\boldsymbol{G})^{-1} \tag{2.231}$$

由式(2.219)，式(2.221)和式(2.222)可得

$$\partial_{xn}=\frac{y_c+n\Delta L}{x_{\mathrm{T}}^2+(y_c+n\Delta L)^2} \tag{2.232}$$

$$\partial_{yn}=\frac{-x_{\mathrm{T}}}{x_{\mathrm{T}}^2+(y_c+n\Delta L)^2} \tag{2.233}$$

因而

$$\boldsymbol{G}^{\mathrm{T}}\boldsymbol{G}=\begin{bmatrix}\sum_{n=-N}^{N}(\partial_{xn})^2 & \sum_{n=-N}^{N}\partial_{xn}\partial_{yn}\\ \sum_{n=-N}^{P}\partial_{xn}\partial_{yn} & \sum_{n=-N}^{P}(\partial_{yn})^2\end{bmatrix} \tag{2.234}$$

当 $y_c=0$ 时，式(2.234)非对角线上的元素均为零，因此有

$$V^{-1}x_{\mathrm{T}}=\frac{1}{\sigma_\phi^2}\sum_{n=-N}^{N}\frac{(n\Delta L)^2}{[x_{\mathrm{T}}^2+(n\Delta L)^2]^2} \tag{2.235}$$

$$V^{-1}y_c=\frac{1}{\sigma_\phi^2}\sum_{n=-N}^{n}\frac{X_{\mathrm{T}}^2}{[x_{\mathrm{T}}^2+(n\Delta L)^2]^2} \tag{2.236}$$

另外，假设观测次数足够多，则 $\Delta L\approx \mathrm{d}L$，我们在和式内乘以 $\mathrm{d}L$，再在和式外除以 ΔL，则求和式可用积分取代。首先令

$$n\Delta L=y,\qquad N\Delta L=\frac{I_L}{2} \tag{2.237}$$

则有

$$V^{-1}x_{\mathrm{T}}=\frac{1}{\sigma_{\phi}^{2}\Delta L}\int_{-L/2}^{L/2}\frac{y^{2}}{[x_{\mathrm{T}}^{2}+y^{2}]^{2}}\mathrm{d}y \tag{2.238}$$

$$V^{-1}y_{c}=\frac{1}{\sigma_{\phi}^{2}\Delta L}\int_{-L/2}^{L/2}\frac{y^{2}}{[x_{\mathrm{T}}^{2}+y^{2}]^{2}}\mathrm{d}y \tag{2.239}$$

假设 $x_{\mathrm{T}}\gg L$,且

$$N=2P+1\approx 2P=\frac{I_{L}}{\Delta L} \tag{2.240}$$

则式(2.238)和式(2.239)可简化为

$$V^{-1}x_{\mathrm{T}}\approx\frac{NI_{L}{}^{2}}{12\sigma_{\phi}^{2}x_{\mathrm{T}}^{4}} \tag{2.241}$$

和

$$V^{-1}y_{c}\approx\frac{N}{\sigma_{\phi}^{2}x_{\mathrm{T}}^{2}} \tag{2.242}$$

于是

$$\sigma_{x}\approx\sqrt{\frac{12}{N}}\frac{\sigma_{\phi}x_{\mathrm{T}}^{2}}{I_{L}} \tag{2.243}$$

$$\sigma_{y}\approx\frac{\sigma_{\phi}x_{\mathrm{T}}}{\sqrt{N}} \tag{2.244}$$

当 $y_{c}\neq 0$ 时,式(2.243)不变,而式(2.244)变为

$$\sigma_{y}\approx\sqrt{\frac{1}{N}}\sigma_{\phi}x_{\mathrm{T}}\sqrt{1+12\frac{y_{c}^{2}}{I_{L}^{2}}} \tag{2.245}$$

例 2.10

图 2.34 为这种方位线算法的性能曲线,其中 $x_{0}=10\ \mathrm{km}$,$I_{L}=1.6\ \mathrm{km}$,$N=40$,$\sigma_{\Delta d}=0.0141\ \mathrm{m}$,并且假设 b 的初值为 50 m。由图可知,纵向标准偏差为一个常数,同式(2.243)所得结果一致;横向标准偏差随着 y_{c} 变化而改变,同式(2.245)得到的结果一致。

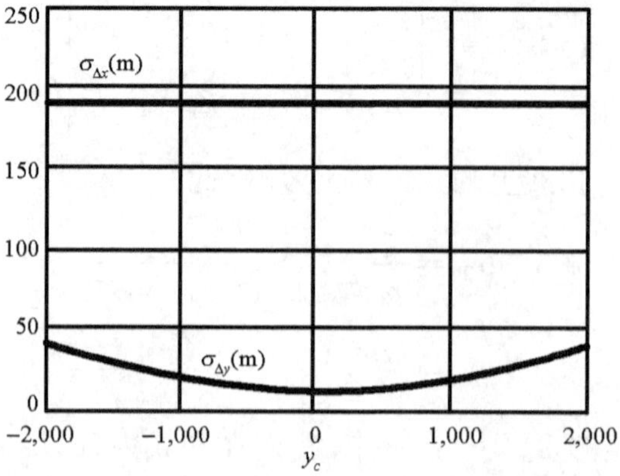

图 2.34　干涉测量的性能曲线

2.9.2 最大似然算法的比较

Gavish 和 Weiss 在文献[21]中比较了两种基于最大似然估计的定位算法。假设噪声是零均值高斯噪声，目标位置的最大似然估计为

$$\hat{\boldsymbol{x}}=\underset{\boldsymbol{x}}{\operatorname{argmin}}\,F(\boldsymbol{x},\boldsymbol{\phi}) \tag{2.246}$$

其中，

$$F(\boldsymbol{x},\boldsymbol{\phi})=\frac{1}{2}[\boldsymbol{g}(\boldsymbol{x})-\boldsymbol{\phi}]^{\mathrm{T}}\boldsymbol{C}_{xx}{}^{-1}[\boldsymbol{g}(\boldsymbol{x})-\boldsymbol{\phi}] \tag{2.247}$$

为代价函数。在该函数中，

$$\boldsymbol{g}(\boldsymbol{x})=[g_1(\boldsymbol{x})\quad\cdots\quad g_N(\boldsymbol{x})]^{\mathrm{T}} \tag{2.248}$$

这里仅讨论二维空间的情况，则

$$\boldsymbol{x}=[x_{\mathrm{T}}\quad y_{\mathrm{T}}]^{\mathrm{T}} \tag{2.249}$$

$\boldsymbol{\phi}$ 为方位角的测量值(见图 2.35)

$$\boldsymbol{\phi}=[\phi_1\quad\phi_2\quad\cdots\quad\phi_N]^{\mathrm{N}} \tag{2.250}$$

矩阵 $\boldsymbol{g}(\boldsymbol{x})$ 的各分量为

$$g_n(\boldsymbol{x})=\arctan\left(\frac{\Delta_{y_n}}{\Delta_{x_n}}\right) \tag{2.251}$$

其中，

$$\begin{aligned}\Delta_{x_n}&=x_{\mathrm{T}}-x_n\\ \Delta_{y_n}&=y_{\mathrm{T}}-y_n\end{aligned} \tag{2.252}$$

最后，在代价函数中 $\boldsymbol{C}_{xx}=\operatorname{diag}(\sigma_1^2,\sigma_2^2,\cdots,\sigma_N^2)$，它是方位线观测值的 $N\times N$ 维协方差矩阵。

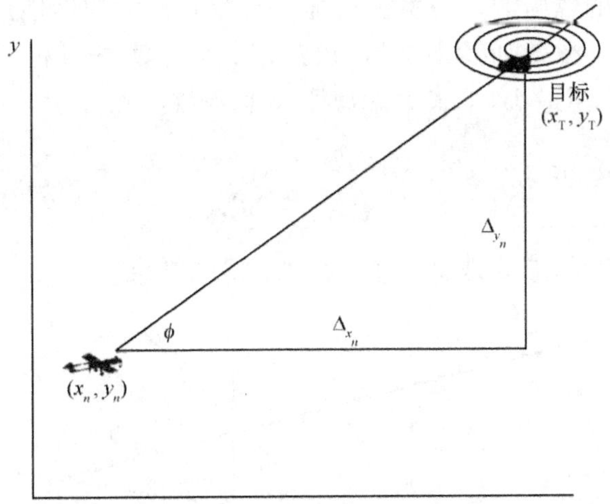

图 2.35　最大似然估计的方位线

N 为观测次数，每个传感器都进行了多次观测，并且假设所有传感器的观测次数是相同的。

方位线观测值受到如下加性高斯白噪声的影响：

$$\boldsymbol{\delta\phi}=[\delta\phi_1\quad\delta\phi_1\quad\cdots\quad\delta\phi_N]^{\mathrm{T}} \tag{2.253}$$

若方位线的真值为 $\boldsymbol{\phi}_0$，则方位角的观测值可表示为

$$\boldsymbol{\phi}=\boldsymbol{\phi}_0+\delta\boldsymbol{\phi} \tag{2.254}$$

式(2.247)可改写成如下形式:

$$F(\boldsymbol{x},\boldsymbol{\phi})=\frac{1}{2}\boldsymbol{f}^{\mathrm{T}}\boldsymbol{C}_{xx}^{-1}\boldsymbol{f}=\frac{1}{2}\sum_{n=1}^{N}\frac{f_n^2}{\sigma_n^2} \tag{2.255}$$

其中,

$$\boldsymbol{f}=[f_1 \quad f_2 \quad \cdots \quad f_N]^{\mathrm{T}}=\boldsymbol{g}(\boldsymbol{x})-\boldsymbol{\phi} \tag{2.256}$$

非线性方程(2.246)可利用牛顿-高斯法进行数值求解,其迭代结果为

$$\hat{\boldsymbol{x}}_{m+1}=\hat{\boldsymbol{x}}_m+[\boldsymbol{g}_x^{\mathrm{T}}\boldsymbol{C}_{xx}^{-1}\boldsymbol{g}_x]^{\mathrm{T}}\boldsymbol{g}_x^{\mathrm{T}}\boldsymbol{C}_{xx}^{-1}[\boldsymbol{\phi}-\boldsymbol{g}(\hat{\boldsymbol{x}}_m)] \tag{2.257}$$

其中 $\boldsymbol{g}_x=\partial\boldsymbol{g}/\partial\boldsymbol{x}$ 在目标位置的真值处估算得到,有

$$\boldsymbol{g}_x=\begin{bmatrix}-\dfrac{\Delta_{y_1}}{d_1^2} & -\dfrac{\Delta_{y_2}}{d_2^2} & \cdots & -\dfrac{\Delta_{y_N}}{d_N^2}\\ -\dfrac{\Delta_{x_1}}{d_1^2} & -\dfrac{\Delta_{x_2}}{d_2^2} & \cdots & -\dfrac{\Delta_{x_N}}{d_N^2}\end{bmatrix} \tag{2.258}$$

其中,

$$d_n^2=\Delta_{x_n}^2+\Delta_{y_n}^2 \tag{2.259}$$

文献[21]中分析的两种最大似然估计算法分别是早期的 Stansfield 算法[1]和纯最大似然估计算法,对应式(2.255)到式(2.257)。本节的分析与文献[22]基本一致。

文献[1]介绍的 Stansfield 算法是较早的用多条方位线来计算辐射源方位的算法之一。该算法假设电子战系统的方位角测量误差呈正态分布。多个方位线的联合概率密度函数是一个多元高斯概率密度函数,通过使该函数的指数的绝对值取最大值,可得到目标位置的最大似然估计(因为指数上有个负号,所以指数绝对值越大,总错误概率越小)。

Stansfield 早期提出的辐射源定位算法可能是最早将最大似然估计用于定位问题的算法,该算法的几何示意图如图 2.36 所示。文献[1,22,23]对该算法进行了介绍,该算法的目的是使偏离距离的联合概率取值最小,下式为偏离距离的函数:

$$p_{miss}(d_1,d_2,\cdots,d_M)=\frac{1}{(2\pi)^{M/2}\sum\limits_{m=1}^{M}\sigma_{p_m}}\exp\left(-\frac{1}{2}\sum_{m=1}^{M}\frac{d_m^2}{\sigma_{p_m}^2}\right) \tag{2.260}$$

当指数中的变量取最大值时,该式取最小值,此时求得的结果就是目标最可能出现的位置。

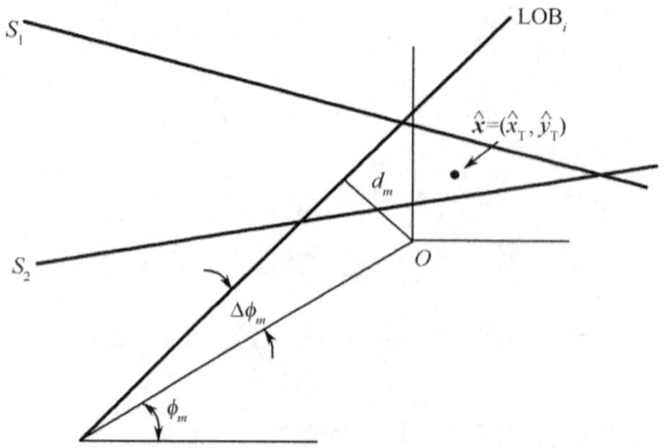

图 2.36 Stansfield 定位法的几何示意图

根据式(2.255),可得最大似然估计的代价函数为

$$F_{\mathrm{ML}}(\boldsymbol{x},\boldsymbol{\phi})=-\frac{1}{2}\sum_{m=1}^{M}\frac{f_m^2}{\sigma_m^2} \tag{2.261}$$

其中 $\boldsymbol{x}_{\mathrm{T}}=(x_{\mathrm{T}},y_{\mathrm{T}})$是要估计的目标真实位置。Stansfield 定位法是最大似然估计之类算法的一种,算法中假设方位角测量误差很小。在式(2.261)中,f_m 表示目标的估计位置 $\hat{\boldsymbol{x}}=(\hat{x}_{\mathrm{T}},\hat{y}_{\mathrm{T}})$对应的方位角和实测方位角的差(见图 2.36),因此 $f_m=\Delta\phi_m$。由于 Stansfield 算法假设测向误差很小,所以有 $\sin(\Delta\phi)\approx\Delta\phi$。于是代价函数可改写为

$$F_{\mathrm{ST}}(\boldsymbol{x},\boldsymbol{\phi})=\frac{1}{2}\sum_{m=1}^{M}\frac{\sin^2\Delta_{\phi_m}}{\sigma_m^2} \tag{2.262}$$

然而[20],

$$\begin{aligned}\sin f_m&=\sin\left[\arctan\left(\frac{\Delta_{y_m}}{\Delta_{x_m}}\right)-\phi_m\right]\\&=\frac{\Delta_{y_m}\cos\phi_m-\Delta_{x_m}\sin\phi_m}{\Delta_m}\\&=\frac{(y_{\mathrm{T}}-y_m)\cos\phi_m-(x_{\mathrm{T}}-x_m)\sin\phi_m}{\Delta_m}\end{aligned}$$

其中,

$$\Delta_m^2=\Delta_{x_m}^2+\Delta_{y_m}^2,\quad i=1,2,\cdots,M$$

于是,

$$\begin{aligned}F_{\mathrm{ST}}(\boldsymbol{x},\boldsymbol{\phi})&=\frac{1}{2}\sum_{m=1}^{M}\frac{[(y_{\mathrm{T}}-y_m)\cos\phi_m-(x_{\mathrm{T}}-x_m)\sin\phi_m]}{\Delta_m\sigma_m^2}\\&=\frac{1}{2}(\boldsymbol{Ax}-\boldsymbol{b})^{\mathrm{T}}\boldsymbol{D}^{-1}\boldsymbol{C}(\boldsymbol{Ax}-\boldsymbol{b})\end{aligned} \tag{2.263}$$

其中,

$$\boldsymbol{A}=\begin{bmatrix}\sin\phi_1 & -\cos\phi_1\\ \vdots & \vdots\\ \sin\phi_M & -\cos\phi_M\end{bmatrix}$$

$$\boldsymbol{b}=\begin{bmatrix}x_1\sin\phi_1-y_1\cos\phi_1\\ \vdots\\ x_M\sin\phi_M-y_M\cos\phi_M\end{bmatrix}$$

$$\boldsymbol{D}=\mathrm{diag}(\Delta_1^2,\Delta_2^2,\cdots,\Delta_M^2)$$

使式(2.263)取最小值的 $\boldsymbol{x}_{\mathrm{ST}}$ 可由式(2.17)求得,其加权矩阵为 $\boldsymbol{W}=\boldsymbol{D}^{-1}\boldsymbol{C}_{xx}^{-1}$,因此有

$$\hat{\boldsymbol{x}}_{\mathrm{ST}}=(\boldsymbol{A}^{\mathrm{T}}\boldsymbol{D}^{-1}\boldsymbol{C}_{xx}^{-1}\boldsymbol{A})^{-1}\boldsymbol{A}^{\mathrm{T}}\boldsymbol{D}^{-1}\boldsymbol{C}_{xx}^{-1}\boldsymbol{b} \tag{2.264}$$

2.9.2.1　Stansfield 定位估计的偏差和方差

本节将检验 Stansfield 定位估计的偏差和方差。如 2.7.1 节所述,假设有 M 个传感器,每个传感器进行 P 次观测,因此总的观测次数为 $N=MP$。文献[20]给出了 Stansfield 定位估计的偏差为

$$\mathcal{E}\{\delta\boldsymbol{x}\}\approx-\frac{1}{P}\widetilde{\boldsymbol{C}}_{xx}\boldsymbol{h} \tag{2.265}$$

其中,

$$\boldsymbol{h}=\begin{bmatrix}h_1\\h_2\end{bmatrix}=\sum_{m=1}^{M}\frac{1}{\Delta_m^2}\left(\frac{1}{\sigma_m^2\Delta_m^4}\begin{bmatrix}2\Delta_{x_m}\Delta_{y_m} & \Delta_{y_m}^2-\Delta_{x_m}^2\\ \Delta_{y_m}^2-\Delta_{x_m}^2 & -2\Delta_{x_m}\Delta_{y_m}\end{bmatrix}\times\widetilde{C}_{xx}\begin{bmatrix}-\Delta_{y_m}\\ \Delta_{x_m}\end{bmatrix}+P\begin{bmatrix}\Delta_{x_m}\\ \Delta_{y_m}\end{bmatrix}\right) \tag{2.266}$$

$$\widetilde{\boldsymbol{C}}_{xx}^{-1}=\widetilde{\boldsymbol{g}}_x^{\mathrm{T}}\boldsymbol{C}_{xx}^{-1}\widetilde{\boldsymbol{g}}_x=\sum_{m=1}^{M}\frac{1}{\sigma_m^2\Delta_m^4}\begin{bmatrix}\Delta_{y_m}^2 & -\Delta_{x_m}\Delta_{y_m}\\ -\Delta_{x_m}\Delta_{y_m} & \Delta_{x_m}^2\end{bmatrix} \tag{2.267}$$

上波浪号表示矩阵的值是在 $P=1$ 时求得的。

于是，

$$\lim_{P\to\infty}\mathcal{E}\{\delta\boldsymbol{x}\}\approx-\widetilde{C}_{xx}\sum_{m=1}^{M}\begin{bmatrix}\dfrac{\Delta_{x_m}}{\Delta_m^2}\\ \dfrac{\Delta_{y_m}}{\Delta_m^2}\end{bmatrix} \tag{2.268}$$

这说明 Stansfield 算法是有偏估计，而且即使采样次数足够多(即 M 值足够大)，偏差仍会存在。

估计的协方差为[20]

$$\mathbf{C}_{\delta x}\approx\frac{1}{P}\widetilde{\boldsymbol{C}}\ \widetilde{\boldsymbol{H}}\widetilde{\boldsymbol{S}}^{-1}\widetilde{\boldsymbol{H}}^{\mathrm{T}}\widetilde{\boldsymbol{C}}\Big|_{(\boldsymbol{x}_b,\boldsymbol{\phi}_0)} \tag{2.269}$$

其中，

$$\widetilde{H}=\sum_{m=1}^{M}\frac{1}{\Delta_m^2}\begin{bmatrix}\Delta_{x_m}\sin 2\phi_m-\Delta_{y_k}\cos 2\phi_m\\ -\Delta_{x_m}\sin 2\phi_m-\Delta_{y_m}\cos 2\phi_m\end{bmatrix}\tilde{\mathrm{e}}_m^{\mathrm{T}}$$

$$\boldsymbol{x}_b=\boldsymbol{x}_0+\mathcal{E}\{\delta\boldsymbol{x}\}$$

$\tilde{\mathrm{e}}_m^{\mathrm{T}}$ 是 $M\times M$ 维的单位矩阵 $\boldsymbol{I}_M$ 的第 m 列。

由于 Stansfield 定位估计是有偏估计，而 **Cramer-Rao 界**(Cramer-Rao bound，CRB)仅能用于无偏估计，因此不能用 CRB 评估该算法的性能。要是能找到一种无偏的定位估计法，Stansfield 算法就几乎乏善可陈了。

例 2.11

假设两个传感器分别位于$(-a,0,0)$和$(a,0,0)$点，目标位于$(0,b,0)$点，如图 2.37 所示。假设每个传感器采集 P 个数据，它们的方差均为 σ^2。据此有 $M=2,N=2P$。

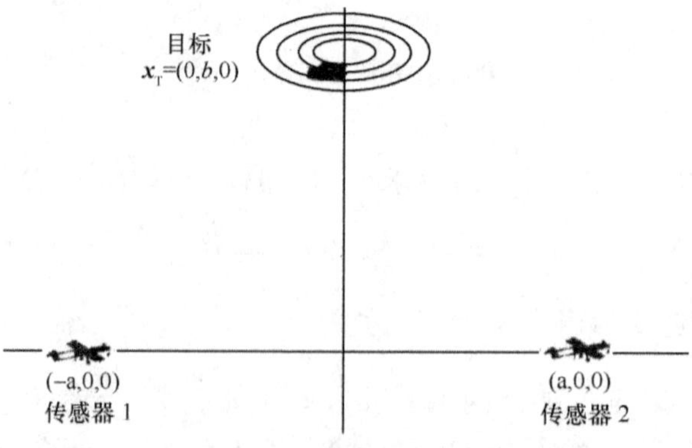

图 2.37　最大似然估计算法示例中的几何示意图

根据式(2.258)有

$$\boldsymbol{g}_x^{\mathrm{T}}=\begin{bmatrix}\overbrace{\begin{matrix}\frac{-b}{a^2+b^2} & \frac{-a}{a^2+b^2} & \cdots & \frac{-b}{a^2+b^2} & \frac{-a}{a^2+b^2}\end{matrix}}^{N=2P\text{ 次}}\\ \begin{matrix}\frac{-b}{a^2+b^2} & \frac{a}{a^2+b^2} & \cdots & \frac{-b}{a^2+b^2} & \frac{a}{a^2+b^2}\end{matrix}\end{bmatrix}$$

$$\boldsymbol{C}_{xx}^{-1}=\begin{bmatrix}\frac{1}{\sigma^2} & 0 & \cdots & 0\\ 0 & \frac{1}{\sigma^2} & \cdots & 0\\ \vdots & \vdots & \ddots & \vdots\\ 0 & 0 & \cdots & \frac{1}{\sigma^2}\end{bmatrix}$$

于是可求得矩阵 $\boldsymbol{B}^{-1}$ 为

$$\boldsymbol{B}^{-1}=\boldsymbol{g}_x^{\mathrm{T}}\boldsymbol{C}_{xx}^{-1}\boldsymbol{g}_x=\begin{bmatrix}\frac{-b}{a^2+b^2} & \frac{-a}{a^2+b^2} & \cdots & \frac{-b}{a^2+b^2} & \frac{-a}{a^2+b^2}\\ \frac{-b}{a^2+b^2} & \frac{a}{a^2+b^2} & \cdots & \frac{-b}{a^2+b^2} & \frac{a}{a^2+b^2}\end{bmatrix}$$

化简得

$$\boldsymbol{B}-\frac{\sigma^2(b^2+a^2)^2}{2N}\begin{bmatrix}\frac{1}{b^2} & 0\\ 0 & \frac{1}{a^2}\end{bmatrix}\times\begin{bmatrix}\frac{1}{\sigma^2} & 0 & \cdots & 0\\ 0 & \frac{1}{\sigma^2} & \cdots & 0\\ \vdots & \vdots & \ddots & \vdots\\ 0 & 0 & \cdots & \frac{1}{\sigma^2}\end{bmatrix}\begin{bmatrix}\frac{-b}{a^2+b^2} & \frac{-b}{a^2+b^2}\\ \frac{-a}{a^2+b^2} & \frac{a}{a^2+b^2}\\ \vdots & \vdots\\ \frac{-b}{a^2+b^2} & \frac{-b}{a^2+b^2}\\ \frac{-a}{a^2+b^2} & \frac{a}{a^2+b^2}\end{bmatrix}$$

再由式(2.265)和式(2.266)可得

$$\mathcal{E}\{\delta\boldsymbol{x}\}\approx-\frac{\sigma^2 b(b^2+a^2)}{a^2}\begin{bmatrix}0\\ 1-\frac{3}{P}+\frac{a^2}{2Nb^2}\end{bmatrix}$$

因此

$$\lim_{P\to\infty}\mathcal{E}\{\delta\boldsymbol{x}\}=-\frac{\sigma^2 b(b^2+a^2)}{a^2}\begin{bmatrix}0\\ 1\end{bmatrix}$$

在 x 轴方向上，极限收敛于零，为无偏估计。而在 y 轴方向上，则不是无偏估计，其中存在残留偏差。

图 2.38 为这两种估计法的仿真结果[20]，其中实线表示的是最大似然估计，虚线表示的是 Stansfield 估计。对于最大似然估计来说，总均方根误差随着测量数据的增加而不断降低，而 Stansfield 估计的总均方根误差在测量数据增加到 10 以后就保持不变了；最大似然估计在 y 轴方向上的偏差趋于零，而 Stansfield 估计在 y 轴方向上的偏差为一个相当大的负值；这两种估计在 x 和 y 轴方向上的标准差是近似相等的。

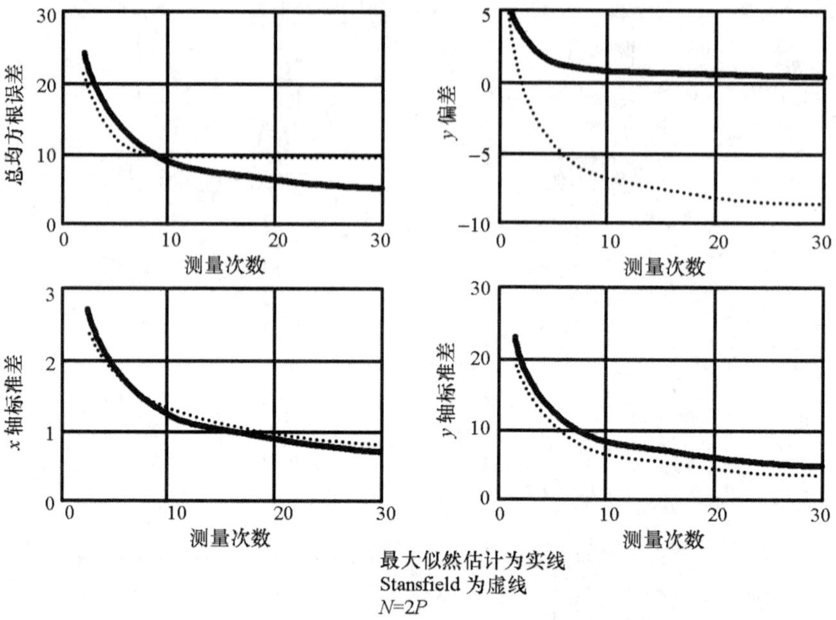

图 2.38 MLE 例子的分析结果

2.10 多重采样相关定位法

方位角测量值加上和减去最大测向误差,所形成的扇面称为方位线扇面。Fu,Vian 和 Grose 设计了一种基于方位线扇面的定位法,根据多个方位线扇面的重叠区域进行目标定位[24]。使用最大误差是为了确保辐射源落在重叠区域内,如果用 1σ(标准差)或其他统计量来代替最大误差,就无法保证辐射源一定落在扇面内。然而,对应一定概率的概率误差椭圆(EEP)是能求得的,基本原理如图 2.39 所示。其中,方位线由同一个传感器连续测得,或者由多个传感器同时测得。这些扇面的重叠区域所对应的位置就是待估计区域,目标就落在该区域中。图 2.40给出了该算法的具体步骤[24]。

例 2.12

文献[24]中介绍了一个测试实例。如图 2.41 所示,共有两条飞行路线,第一条是沿 x 轴的直线,第二条是以 1°/s 转弯的曲线。假设方位角测量误差为±1°。

图 2.42 给出了定位计算结果,最终结果是第二条飞行路径定位更为精确,这主要是因为在第二条路径上传感器与目标的距离更小。

Spingam 通过蒙特卡罗仿真将多重采样相关法与卡尔曼滤波法进行了比较[14],其结果如表 2.4 所示。

在多重采样相关法中要求使用最大误差,因为这样才能保证辐射源在误差区域内。但是,一般很难肯定最大误差是由方位线测量设备引起的,这样也就不好确定最大误差的大小。工作环境常常是产生测向误差的决定性因素,尤其是对于那些位于地面或者靠近地面的传感器,它们受到建筑物、地面、过路车辆等的反射的影响,从而使测向结果可能差了整整半个圆。因此,在那些多径反射不会对测向造成影响的场合中该方法更为可行,例如通过卫星或高空无人机携带的传感器进行测量。

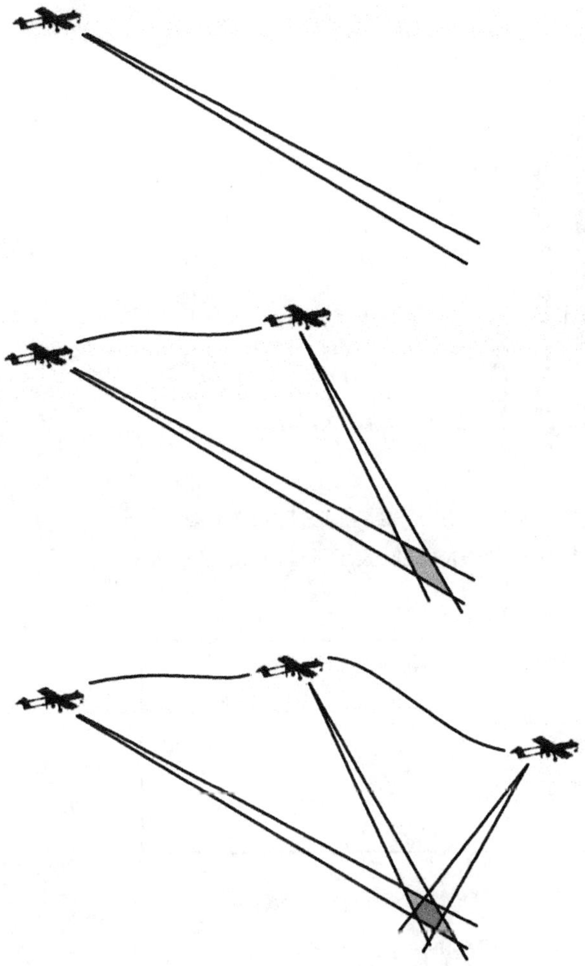

图 2.39　多重采样相关定位法示意图

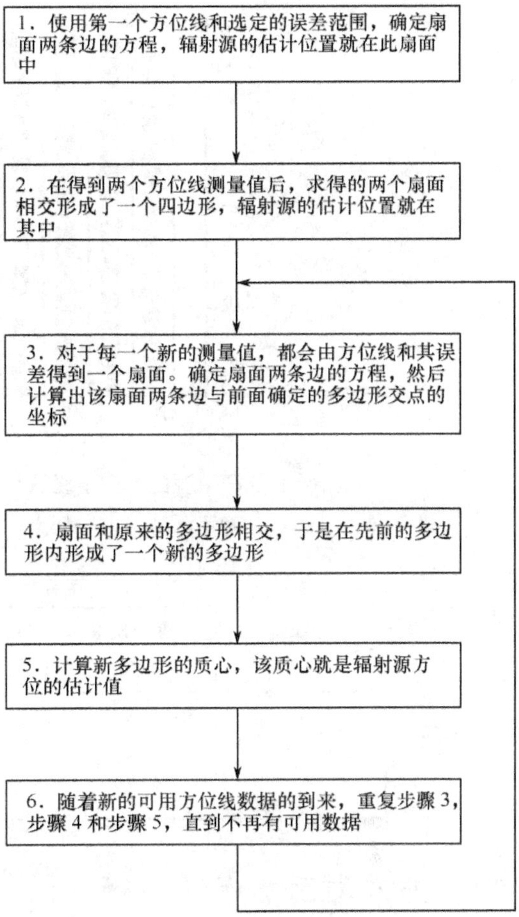

图 2.40　多重采样相关定位法

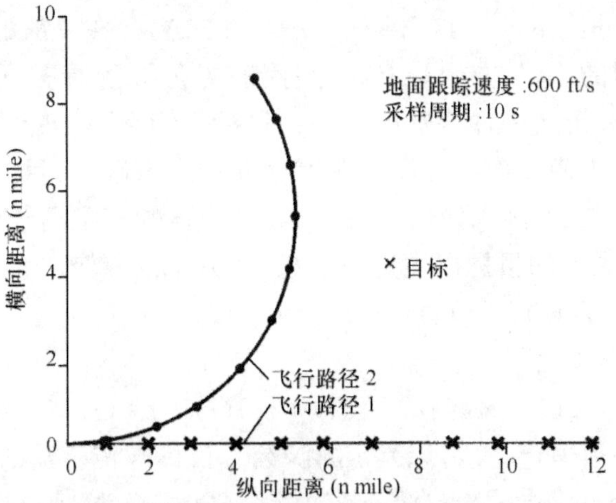

图 2.41　多重采样相关法中传感器的飞行路径

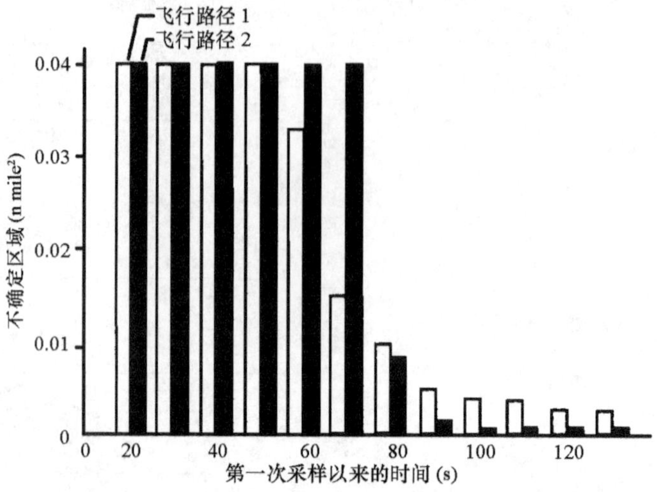

图 2.42 辐射源的不确定区域。在路径 1 的前 40 s 和路径 2 的前 60 s,不确定区域的大小超出了图上给出的最大范围(大于 0.04 n mile²)

表 2.4 辐射源定位误差

标准差 (°)	最大误差 (°)	占最大误差的百分比	EKF 误差 (ft)	MSC 误差[24] (ft)
1	1	68.3	5477	1633
1	2	95.6	5477	3267
1	3	99.7	5477	4900

2.11 纯方位目标运动分析

在跟踪运动的目标时,使用纯方位数据也是可行的,称为**纯方位目标运动分析**(bearing-only target motion analysis 或 bearing-only TMA)。在一般的目标运动分析中,目标的方位和速度是可以求得的。但是在只知道一组瞬时方位线的情况下,目标的速度是无法求得的,这对应着目标运动分析的一种特殊情况——目标是静止不动的。

目标运动分析最早源于通过声呐在海上跟踪水面和水下舰艇,目前其应用已不仅限于此。

目标运动分析可以用图 2.43 来说明。图 2.43 所描述的三维场景可仅用方位角和俯仰角来分析[26]。位于(x_T, y_T, z_T)的目标以恒定速度$(v_{T_x}, v_{T_y}, v_{T_z})$移动,目标在 i 时刻的状态矢量为

$$\boldsymbol{s}_T(i)=[x_T(i) \quad y_T(i) \quad z_T(i) \quad v_{T_x}(i) \quad v_{T_y}(i) \quad v_{T_z}(i)]^T \tag{2.270}$$

类似地,传感器状态矢量定义为

$$\boldsymbol{s}_R(i)=[x_R(i) \quad y_R(i) \quad z_R(i) \quad v_{R_x}(i) \quad v_{R_y}(i) \quad v_{R_z}(i)]^T \tag{2.271}$$

传感器的速度并不要求必须恒定,其可以是 i 的函数。目标与传感器的相对状态矢量为

$$\boldsymbol{s}(i)=\boldsymbol{s}_T(i)-\boldsymbol{s}_R(i)=[\Delta_x(i) \quad \Delta_y(i) \quad \Delta_z(i) \quad v_x(i) \quad v_y(i) \quad v_z(i)]^T \tag{2.272}$$

表述该动态系统的离散时间方程为

$$\boldsymbol{s}(i)=\boldsymbol{\Phi}(i,i-1)\boldsymbol{s}(i-1)+\boldsymbol{u}(i) \tag{2.273}$$

其中,状态转换矩阵为

$$\boldsymbol{\Phi}(i,i-1)=\begin{bmatrix}\boldsymbol{I}_2 & [i-(i-1)\boldsymbol{I}_2] \\ \boldsymbol{Z}_2 & \boldsymbol{I}_2\end{bmatrix} \tag{2.274}$$

$$\boldsymbol{I}_2=\begin{bmatrix}1 & 0\\0 & 1\end{bmatrix} \tag{2.275}$$

$$\boldsymbol{Z}_2=\begin{bmatrix}0 & 0\\0 & 0\end{bmatrix} \tag{2.276}$$

i 为第 i 个采样的序号，$i-1$ 为第 $i-1$ 个采样的序号，式(2.273)中

$$\boldsymbol{u}(i)=[0\quad 0\quad 0\quad u_x(t_i)\quad u_y\quad u_z(i)]^{\mathrm{T}}$$

项表征传感器加速度的影响。

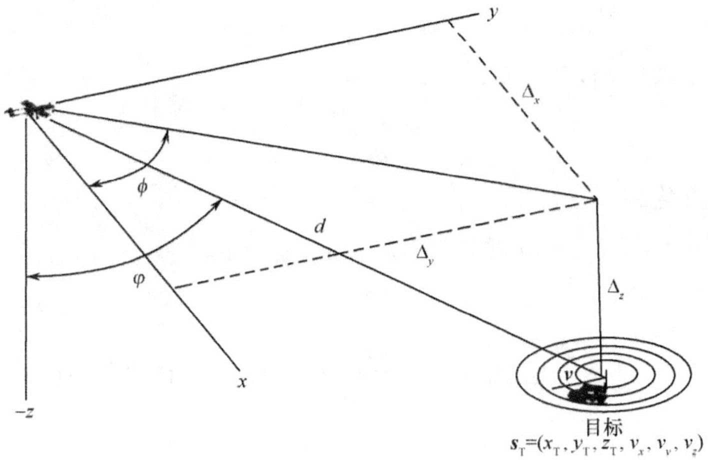

图2.43　可观测性需求分析中的几何关系示意图

该系统中，测量值包括在传感器处获取的，相对 x 轴正向并以逆时针方向为正的方位测量值，考虑噪声污染，表示为

$$\phi_i=\tilde{\phi}_i+n_{\phi i} \tag{2.277}$$

其中，$\tilde{\phi}_i$ 是由下式给出的目标方位真值：

$$\tilde{\phi}_i=\arctan\frac{\Delta_x(i)}{\Delta_y(i)} \tag{2.278}$$

并有 $n_{\phi i}\sim\mathcal{N}(0,\sigma_{n\phi}^2)$，$n_{\phi i}\in(-\pi,\pi)$。另外，测量值还包括相对 z 轴负向的俯仰测量值，考虑噪声污染，表示为

$$\varphi_i=\tilde{\varphi}+n_{\varphi i} \tag{2.279}$$

其中，$\tilde{\varphi}_i$ 是由下式给出的目标俯仰真值：

$$\tilde{\varphi}_i=\arctan\sqrt{\frac{\Delta_x^2(i)+\Delta_y^2(i)}{\Delta_z(i)}} \tag{2.280}$$

并有 $n_{\phi i}\sim\mathcal{N}(0,\sigma_{n\phi}^2)$，$n_{\phi i}\in(-\pi,\pi)$。将测量矢量表示为

$$\boldsymbol{\theta}_i=[\phi_i\quad \varphi_i]^{\mathrm{T}} \tag{2.281}$$

噪声矢量表示为

$$\boldsymbol{n}_i=[n_{\phi i}\quad n_{\varphi i}]^{\mathrm{T}} \tag{2.282}$$

这些方程描述了一个非线性过程。可以通过定义

$$\alpha_i=\boldsymbol{h}^{\mathrm{T}}(\boldsymbol{\theta}_i)\boldsymbol{s}_R(i) \tag{2.283}$$

和

$$\alpha_i=\boldsymbol{h}^{\mathrm{T}}(\boldsymbol{\theta}_i)\boldsymbol{s}_{\mathrm{T}}+d_i\sin\boldsymbol{n}_i \tag{2.284}$$

将其转化为线性问题。其中

$$d_i=\sqrt{\Delta_x^2(i)+\Delta_y^2(i)+\Delta_z^2(i)} \tag{2.285}$$

并且

$$\boldsymbol{h}^{\mathrm{T}}(\boldsymbol{\theta}_i)=[\cos\boldsymbol{\theta}_i \quad -\sin\boldsymbol{\theta}_i \quad -\sin\boldsymbol{\theta}_i \quad 0 \quad 0 \quad 0] \tag{2.286}$$

由于假设噪声为加性高斯的,所以方位角测量值 $\boldsymbol{\theta}=[\boldsymbol{\theta}_1 \quad \boldsymbol{\theta}_2 \quad \cdots \quad \boldsymbol{\theta}_i]$的似然函数为

$$P_{\boldsymbol{\theta}|\boldsymbol{s}}=\frac{1}{\sqrt{(2\pi)^i\det(\boldsymbol{W})}}\exp\left\{-\frac{1}{2}[\boldsymbol{\theta}-\tilde{\boldsymbol{\theta}}(\boldsymbol{s})]^{\mathrm{T}}\boldsymbol{W}^{-1}[\boldsymbol{\theta}-\tilde{\boldsymbol{\theta}}(\boldsymbol{s})]\right\} \tag{2.287}$$

其中,$\tilde{\boldsymbol{\theta}}(\boldsymbol{s})$为方位真值,并且

$$\boldsymbol{W}=\mathrm{diag}(\sigma_{\alpha_i}^2) \tag{2.288}$$

最大似然估计可由下式解出:

$$\frac{\partial\ln P_{\boldsymbol{\phi}|\boldsymbol{s}}}{\partial\boldsymbol{s}}=0 \tag{2.289}$$

由式(2.287),上式可化为

$$\left[\frac{\partial\boldsymbol{\theta}(\boldsymbol{s})}{\partial\boldsymbol{s}}\right]^{\mathrm{T}}\boldsymbol{W}^{-1}[\boldsymbol{\theta}-\tilde{\boldsymbol{\theta}}(\boldsymbol{s})]=\boldsymbol{0} \tag{2.290}$$

运算得到递归方程

$$\boldsymbol{s}_{i+1}=\boldsymbol{s}_i-\lambda_i[\hat{\boldsymbol{\Gamma}}_{\boldsymbol{\theta}}^{\mathrm{T}}\hat{\boldsymbol{\Psi}}^{-1}\boldsymbol{W}^{-1}\hat{\boldsymbol{\Psi}}^{-1}\boldsymbol{\Gamma}_{\boldsymbol{\theta}}]^{-1}\hat{\boldsymbol{\Gamma}}_{\boldsymbol{\theta}}^{\mathrm{T}}\hat{\boldsymbol{\Psi}}^{-1}\boldsymbol{W}^{-1}[\boldsymbol{\theta}-\hat{\boldsymbol{\theta}}] \tag{2.291}$$

其中,

$$\hat{\boldsymbol{\theta}}=\boldsymbol{\theta}(\hat{\boldsymbol{s}})$$

$$\boldsymbol{\Gamma}_{\boldsymbol{\theta}}=\begin{bmatrix}\cos\hat{\boldsymbol{\theta}}_1 & -\sin\hat{\boldsymbol{\theta}}_1 & -\sin\hat{\boldsymbol{\theta}}_1 & (i-m)\cos\hat{\boldsymbol{\theta}}_1 & (i-m)\sin\hat{\boldsymbol{\theta}}_1 & (i-m)\sin\hat{\boldsymbol{\theta}}_1\\ \cos\hat{\boldsymbol{\theta}}_2 & -\sin\hat{\boldsymbol{\theta}}_2 & -\sin\hat{\boldsymbol{\theta}}_2 & (i-m)\cos\hat{\boldsymbol{\theta}}_2 & (i-m)\sin\hat{\boldsymbol{\theta}}_2 & (i-m)\sin\hat{\boldsymbol{\theta}}_2\\ \vdots & & & & & \\ \cos\hat{\boldsymbol{\theta}}_i & -\sin\hat{\boldsymbol{\theta}}_i & -\sin\hat{\boldsymbol{\theta}}_i & (i-m)\cos\hat{\boldsymbol{\theta}}_i & (i-m)\sin\hat{\boldsymbol{\theta}}_i & (i-m)\sin\hat{\boldsymbol{\theta}}_i\end{bmatrix}$$

$$\hat{\boldsymbol{\Psi}}=\mathrm{diag}(d_i)$$

参数 λ_i 为第 i 步的步长,m 为根据起始时间的参考序号。

估计得到的信息矩阵为

$$\hat{\boldsymbol{\Omega}}=\hat{\boldsymbol{\Gamma}}_{\boldsymbol{\theta}}^{\mathrm{T}}\hat{\boldsymbol{\Psi}}^{-1}\boldsymbol{W}^{-1}\hat{\boldsymbol{\Psi}}^{-1}\hat{\boldsymbol{\Gamma}}_{\boldsymbol{\theta}} \tag{2.292}$$

估计得到的误差协方差矩阵为

$$\hat{\boldsymbol{P}}_{\mathrm{MLE}}=\boldsymbol{\Omega}_{\mathrm{MLE}}^{-1} \tag{2.293}$$

Hammel 和 Aidala 针对可观测性需求在水下声呐应用背景下分析了纯方位目标运动分析的一般要求[26]。假设一个简单的移动传感器系统,如图 2.43 所示,那么能确定目标方位和速度(目标是可观测的①)的条件为

$$\det(\boldsymbol{H}^{\mathrm{T}}\boldsymbol{H})\neq 0 \tag{2.294}$$

① 一个动态系统可用一般形式的方程进行描述:

$$\dot{\boldsymbol{x}}=\boldsymbol{A}\boldsymbol{x}+\boldsymbol{B}\boldsymbol{v} \qquad \boldsymbol{y}=\boldsymbol{C}\boldsymbol{x}+\boldsymbol{D}\boldsymbol{v}+\boldsymbol{E}\dot{\boldsymbol{v}}$$

其中矢量 $\boldsymbol{x}$ 有 n 个状态,矢量 $\boldsymbol{v}$ 有 m 个输入,矢量 y 有 P 个输出,且 $\boldsymbol{A}_{n\times n}$,$\boldsymbol{B}_{n\times m}$,$\boldsymbol{C}_{p\times n}$,$\boldsymbol{D}_{p\times m}$和 $\boldsymbol{E}_{p\times m}$为状态转移矩阵。在 t_0 时刻给定一个最初的状态 $\boldsymbol{x}_0$,如果存在一组输入能使系统在 t_1 时刻到达零状态,则称系统是可控的。观察系统在(t_0,t_1)间的输出,如果通过这些输出能确定 t_0 时刻系统的初始状态,则称系统是可观测的。

其中 $\boldsymbol{H}$ 为

$$\boldsymbol{H}=\begin{bmatrix} \boldsymbol{I} & \boldsymbol{h}_0 & \boldsymbol{Z} & \boldsymbol{0} \\ \boldsymbol{Z} & \boldsymbol{h}_1 & \boldsymbol{I} & \boldsymbol{h}_0 \\ \boldsymbol{Z} & \boldsymbol{h}_2 & \boldsymbol{Z} & 2\boldsymbol{h}_1 \\ \boldsymbol{Z} & \boldsymbol{h}_3 & \boldsymbol{Z} & 3\boldsymbol{h}_2 \\ \boldsymbol{Z} & \boldsymbol{h}_4 & \boldsymbol{Z} & 4\boldsymbol{h}_3 \\ \boldsymbol{Z} & \boldsymbol{h}_5 & \boldsymbol{Z} & 5\boldsymbol{h}_4 \end{bmatrix} \tag{2.295}$$

其中 $\boldsymbol{I}_2$ 和 $\boldsymbol{Z}_2$ 由式(2.275)和式(2.276)给出，而

$$\boldsymbol{h}_k=\begin{bmatrix} f_k \\ g_k \end{bmatrix}=-\begin{bmatrix} \dfrac{\mathrm{d}^i(\sin\phi\cot\varphi)}{\mathrm{d}t^i} \\ \dfrac{\mathrm{d}^i(\cos\phi\cot\varphi)}{\mathrm{d}t^i} \end{bmatrix},\qquad k=0,1,\cdots,5$$

通过求式(2.294)所示行列式的值，可得一个用于衡量系统可观测性的等价表达式

$$\det(\boldsymbol{H}^{\mathrm{T}}\boldsymbol{H})=\frac{1}{2}\sum_{k=1}^{4}\sum_{l=1}^{4}\left\{\begin{array}{l}[(k+1)f_kf_{l+1}-(l+1)f_kf_{k+1}]^2 \\ +2[(k+1)f_kg_{k+1}-(l+1)g_kf_{k+1}]^2 \\ +[(k+1)g_kg_{k+1}-(l+1)g_kf_{k+1}]^2\end{array}\right\} \tag{2.296}$$

在式(2.296)的双重和式中，只要有一项不为零，式(2.294)就会成立。

如果测量传感器不只一个，则可得到多个瞬时方位角，根据这些方位角就可能确定目标的方位，但仍不能确定目标的速度。要确定速度，传感器或者目标中至少有一方必须是运动的。

应该注意的是，如果目标和传感器都呈匀速移动，则系统也是不满足可观测性需求的[26]。另外，当系统中只有一个运动的传感器时，为了满足可观测性需求，传感器必须进行某种机动，从而使传感器的速度矢量发生变化(通常我们假设目标的速度矢量不受传感器影响)，速度矢量的改变意味着传感器具有加速度。可见，使目标可观测的基本要求是传感器要以某种方式加速运动。要注意的是，若采用的加速方式不同，则产生的效果也会有优劣之分。

传感器的运动路径是由许多不同的速度矢量决定的，路径的各个部分就像木头支架的多条腿。当只有一个传感器时，传感器路径的“单条腿”是没法满足可观测性需求的。如果传感器的运动与目标的运动是共线的①，则系统也是不可观测的。此时也必须有一个加速度以改变速度矢量的方向。

控制机载传感器观测地面或海上的目标，是一种相对简单和快速的方法。但是对于地面的传感器，例如装有声呐的舰船，进行机动可能就要花掉更多的时间，对于潜艇来说情况也是如此。

2.12　三角定位中的误差来源

在三角测量中，存在多个产生定位误差的因素。其中两个已经在前面详细地讨论过，它们分别是噪声和测量误差。但是，还有许多其他的原因能够导致误差的产生，这一节将对其中部分因素进行讨论。

---

①　设一个系统的速度矢量为 $\boldsymbol{v}_o(t)$，另一个系统的速度矢量为 $\boldsymbol{v}_{\mathrm{T}}(t)$，如果对于某常数矢量 $\boldsymbol{k}$ 有 $\boldsymbol{v}_o(t)=\boldsymbol{k}\boldsymbol{v}_{\mathrm{T}}(t)$，就可以说它们的运动是共线的。扩展为三维矢量，就意味着这两个系统在同一个方向上移动。

2.12.1 三角定位的几何精度因子(GDOP)

正如文献[27]中介绍的,传感器基线的几何特性对定位精度有影响。通常基线离目标越远,定位估计的精度就越低。如图 2.44 所示,图中上、下两个传感器有相同的测向精度,传感器基线离目标越远,相应的目标区域就越大。容易发现,随着目标与基线之间距离的增大,方位线会变得越来越平行,这种影响称为几何精度衰减,常用**几何精度因子**(geometric dilution of precision,GDOP)表示。图 2.45 的例子对这种影响进行了量化分析[28],其中将 CEP/σ 用 d 进行了归一化,基线的长度也进行了类似的归一化处理,x 轴和 y 轴以 d 为单位长度。

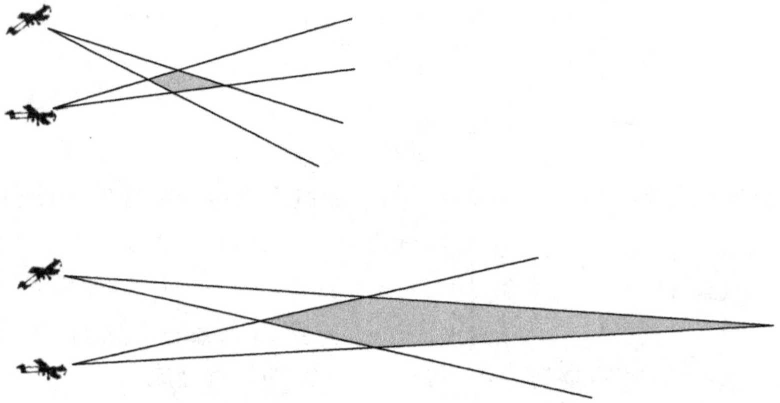

图 2.44 距离对定位精度的影响

当目标偏离基线的中垂线时,定位精度也会因几何精度因子而降低,这一点在图 2.45 中也已体现出来。

基线的形状对精度同样会有影响。图 2.46 给出了 V 型基线的情况,当目标位于图中任意两传感器的基线延长线上时,测得的方位线就变得线性相关了(它们是共线的),定位精度会迅速降低[28]。图中显示的概率误差圆(CEP)的大小基本为有限值,但当目标位于基线延长线上时,概率误差圆会无限增大。

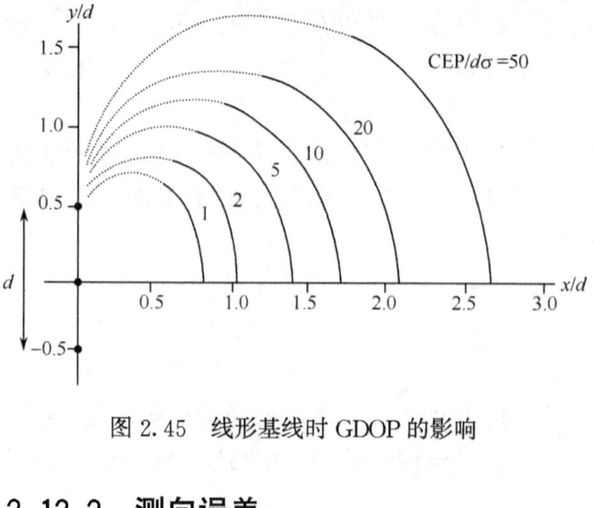

图 2.45 线形基线时 GDOP 的影响

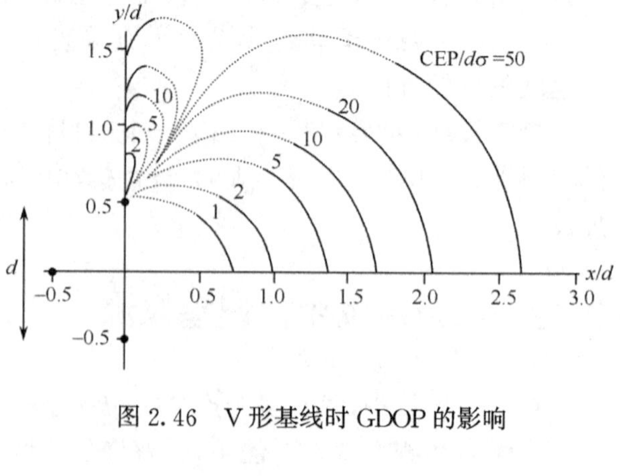

图 2.46 V 形基线时 GDOP 的影响

2.12.2 测向误差

测向误差通常是不可避免的,因为噪声和系统误差必然存在。但通过校准,某些系统误差是能被消除掉的,实际中一般都要将系统误差消除。

测向误差对定位精度的影响随传感器阵列与目标距离的增大而增大，这一点可从图2.44中清楚地看到。图2.44所示的上、下两种情况的角度误差范围都是$1-\sigma$，但图中下半部分的误差区域明显大于上半部分的误差区域，这是因为下半部分中传感器的基线与目标的距离更远。

2.12.3 纯方位定位中的偏差的影响

Gavish和Fogel在文献[29]中对纯方位定位算法中的偏差的影响进行了分析。如图2.47所示，假设角度的测量值中混淆了均值为零且方差为σ_n^2的高斯白噪声n_k，以及均值为零且方差为σ_ϕ^2的偏差ϕ。于是有

$$\mathcal{E}\{n_j n_k\}=\sigma_n^2\delta_{jk} \tag{2.297}$$

方位角观测值为

$$\phi_n=\arctan\left(\frac{\Delta_{y_n}}{\Delta_{x_n}}\right)+\phi+n_n, \qquad n=1,2,\cdots,N \tag{2.298}$$

其中，$\Delta_{y_n}=y_\text{T}-y_n$，$\Delta_{x_n}=x_\text{T}-x_k$，总共有$N$个观测值(方位角测量值)。令

$$\boldsymbol{\theta}=[x_\text{T} \quad y_\text{T} \quad \phi]^\text{T} \tag{2.299}$$

表示估计矢量。因为已假定方位角偏差服从$\mathcal{N}(0,\sigma_\phi^2)$分布，而噪声服从$\mathcal{N}(0,\sigma_n^2)$分布，所以$\boldsymbol{\theta}$呈多维正态分布，其均值矢量为$\boldsymbol{m}$，正定协方差矩阵为$\boldsymbol{C}_\theta$。取$\boldsymbol{h}(\boldsymbol{m},\boldsymbol{\theta})=\boldsymbol{0}$为约束矢量，又令

$$\boldsymbol{h}_m=\frac{\partial \boldsymbol{h}}{\partial \boldsymbol{m}}, \qquad \boldsymbol{h}_\theta=\frac{\partial \boldsymbol{h}}{\partial \boldsymbol{\theta}} \tag{2.300}$$

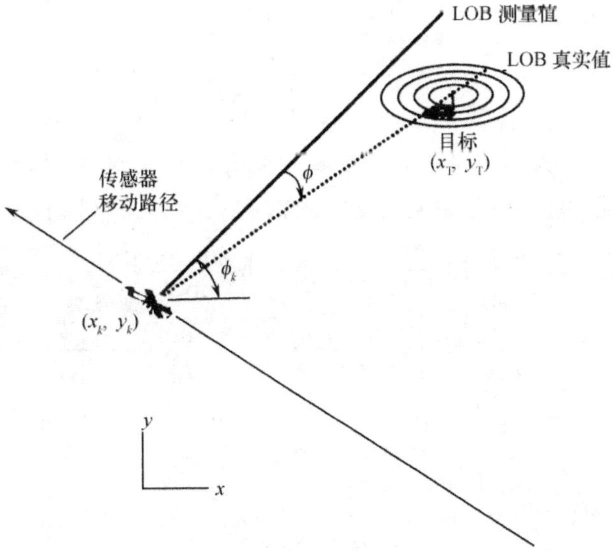

图2.47 方位角偏差的影响

信息矩阵$\boldsymbol{J}$给出了$\boldsymbol{\theta}$的先验信息，因此$\boldsymbol{\theta}$的任意无偏估计的Cramer-Rao界为

$$\boldsymbol{S}_\phi=[\boldsymbol{h}_\phi^\text{T}(\boldsymbol{h}_m\boldsymbol{C}_\theta\boldsymbol{h}_m^\text{T})^{-1}\boldsymbol{h}_\phi+\boldsymbol{J}]^{-1} \tag{2.301}$$

假设偏差的方差σ_ϕ^2是已知的，且不为零，则

$$\boldsymbol{J}=\begin{bmatrix}0 & 0 & 0\\ 0 & 0 & 0\\ 0 & 0 & \dfrac{1}{\sigma_\phi^2}\end{bmatrix} \tag{2.302}$$

根据式(2.298)可知

$$\boldsymbol{h}_{\theta}=[\boldsymbol{G}\quad \boldsymbol{1}_N] \tag{2.303}$$

其中,

$$\boldsymbol{G}=\begin{bmatrix} \dfrac{-\Delta_{y_1}}{d_1^2} & \dfrac{-\Delta_{y_2}}{d_2^2} & \cdots & \dfrac{-\Delta_{y_N}}{d_N^2} \\ \dfrac{-\Delta_{x_1}}{d_1^2} & \dfrac{-\Delta_{x_2}}{d_2^2} & \cdots & \dfrac{-\Delta_{x_N}}{d_N^2} \end{bmatrix}^{\mathrm{T}} \tag{2.304}$$

且

$$d_n^2=\Delta_{x_n}^2+\Delta_{y_n}^2,\qquad n=1,2,\cdots,N \tag{2.305}$$

$\boldsymbol{1}_N$ 是由 N 个 1 组成的矢量。

由式(2.297)可知噪声的协方差矩阵为对角矩阵,因此 $\boldsymbol{h}_m$ 和 $\sigma^{-2}\boldsymbol{R}$ 为 $N\times N$ 的单位矩阵。

将式(2.303)和式(2.302)代入式(2.301)可得

$$\boldsymbol{S}_{\theta}=\{[\boldsymbol{G}\quad \boldsymbol{1}_N]^{\mathrm{T}}(\sigma_n^2 1_{\mathrm{N}})^{-1}[\boldsymbol{G}\quad \boldsymbol{1}_N]+\mathrm{diag}(0,0,\sigma_{\phi}^{-2})\}^{-1} \tag{2.306}$$

$$=\sigma_n^2\begin{bmatrix} \boldsymbol{Y}^{-1} & \boldsymbol{f} \\ \boldsymbol{f}^{\mathrm{T}} & \left(\dfrac{\sigma_n}{\sigma_{\phi}}\right)^2+N \end{bmatrix}^{-1} \tag{2.307}$$

其中,

$$\boldsymbol{f}=\boldsymbol{G}^{\mathrm{T}}\boldsymbol{1}_N,\qquad \boldsymbol{Y}=(\boldsymbol{G}^{\mathrm{T}}\boldsymbol{G})^{-1} \tag{2.308}$$

式(2.307)的左上角的 2×2 子矩阵就是 Cramer-Rao 界,于是

$$\boldsymbol{S}=\sigma_n^2\left[\boldsymbol{Y}+\frac{\boldsymbol{Y}\boldsymbol{f}\boldsymbol{f}^{\mathrm{T}}\boldsymbol{Y}}{\left(\dfrac{\sigma_n}{\sigma_{\phi}}\right)^2+N-\boldsymbol{f}^{\mathrm{T}}\boldsymbol{Y}\boldsymbol{f}}\right] \tag{2.309}$$

文献[29]给出了一个例子,可以帮助理解上述分析中偏差的影响。如图 2.48 所示,一个传感器(舰载)沿 x 轴运动($y_n=0$)。对于较大的 N,式(2.308)可表示为

$$\boldsymbol{f}=\frac{N-1}{L}\left[-\phi_d\quad \ln\frac{\sin\phi_N}{\sin\phi_1}\right]^{\mathrm{T}} \tag{2.310}$$

$$\boldsymbol{Y}=\frac{2dh}{N-1}\begin{bmatrix} \dfrac{\phi_d+\sin\phi_d\cos\phi_s}{\phi_d^2-\sin 2\phi_d} & \dfrac{\sin\phi_d\cos\phi_s}{\phi_d^2-\sin 2\phi_d} \\ \dfrac{\sin\phi_d\sin\phi_s}{\phi_d^2-\sin 2\phi_d} & \dfrac{\phi_d-\sin\phi_d\cos\phi_s}{\phi_d^2-\sin 2\phi_d} \end{bmatrix} \tag{2.311}$$

其中,

$$\phi_d=\phi_N-\phi_1$$

$$\phi_s=\phi_1+\phi_N$$

该例的概率误差圆可由下式得出:

$$\mathrm{CEP}\approx 0.75\sqrt{\mathrm{Tr}\boldsymbol{S}} \tag{2.312}$$

其精确度约为 10%。

例 2.13

假设$(x_{\mathrm{T}},y_{\mathrm{T}},z_{\mathrm{T}})=(0,50,0)$,且传感器的运动轨迹方程为 $x(t)=-50+0.15t,y(t)=0,z(t)=0$。假设每 5 时间单位测量一次方位角,且 $\sigma_n=2°$。图 2.49[29] 中给出了在无偏差和$\sigma_{\phi}=3°$情况下的概率误差圆,在无偏差的情况下概率误差圆接近 300 m,而在有偏差情况下接近 400 m。

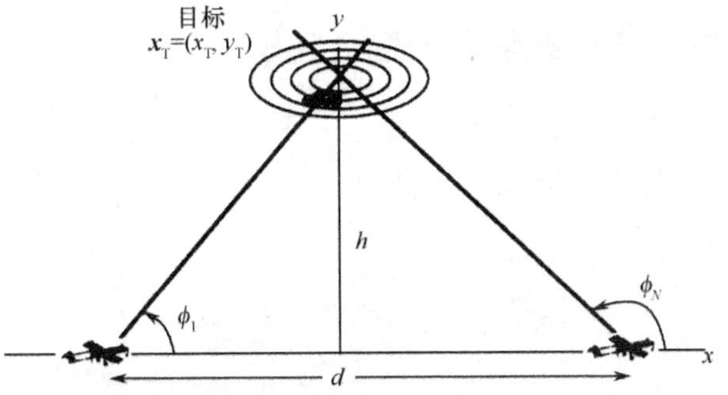

图 2.48　偏差影响分析中的节点的几何分布图

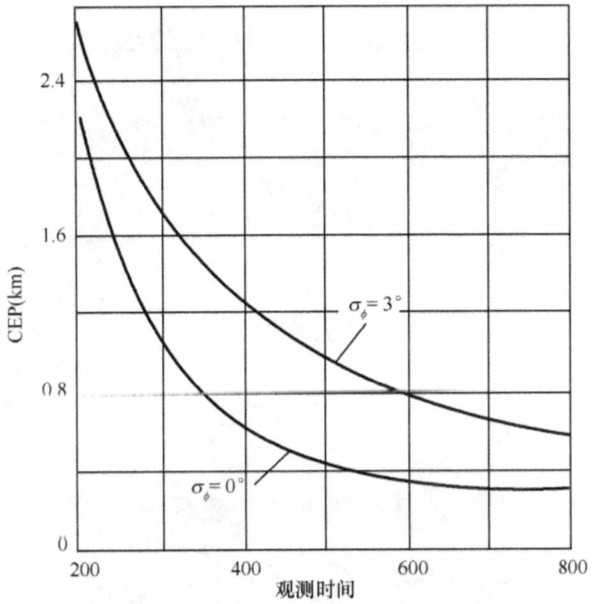

图 2.49　本例中的定位概率误差圆曲线

图 2.50[29]所示为 $T=500$ 时，概率误差圆与方位角测量偏差的关系曲线。偏差近似为

$$\boldsymbol{S}_{\max}=\lim_{\sigma_\phi\to\infty}\boldsymbol{S}=\sigma_n^2\left\{\boldsymbol{Y}+\frac{\boldsymbol{Y}\boldsymbol{f}\boldsymbol{f}^{\mathrm{T}}\boldsymbol{Y}}{N-\boldsymbol{f}^{\mathrm{T}}\boldsymbol{Y}\boldsymbol{f}}\right\}$$

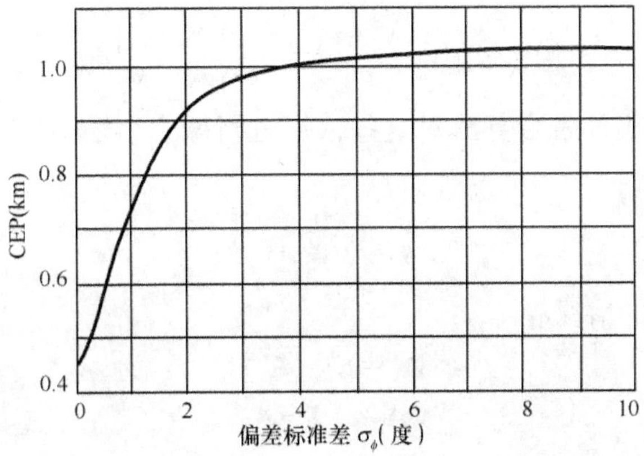

图 2.50　概率误差圆与偏差标准差的关系曲线图

2.12.4 噪声背景下基于方位线信息的融合定位

McCabe 和 Al-Samara 在文献[30]中介绍了一种基于融合算法的三角测量法。图 2.51[29]为应用融合算法定位时的节点的几何分布图,节点数 $m=2$。由传感器 S_1 和 S_2 的方位线计算得到的方位估计值为

$$x_{12}=\frac{x_1\tan\phi_1-x_2\tan\phi_2+y_2-y_1}{\tan\phi_1-\tan\phi_2} \tag{2.313}$$

$$y_{12}=(x_{12}-x_1)\tan\phi_1+y_1 \tag{2.314}$$

类似地,由传感器 S_2 和 S_3 测得的数据得到的方位估计值为

$$x_{23}=\frac{x_2\tan\phi_2-x_3\tan\phi_3+y_3-y_2}{\tan\phi_2-\tan\phi_3} \tag{2.315}$$

$$y_{23}=(x_{23}-x_3)\tan\phi_2+y_2 \tag{2.316}$$

和

$$\Delta_{z_{12}}\triangleq\begin{bmatrix}\Delta_{x_{12}}\\ \Delta_{y_{12}}\end{bmatrix}\approx\begin{bmatrix}\dfrac{\partial x_{12}(\phi_1,\phi_2)}{\partial\phi_1} & \dfrac{\partial x_{12}(\phi_1,\phi_2)}{\partial\phi_2}\\ \dfrac{\partial y_{12}(\phi_1,\phi_2)}{\partial\phi_1} & \dfrac{\partial y_{12}(\phi_1,\phi_2)}{\partial\phi_2}\end{bmatrix}\begin{bmatrix}\Delta_{\phi_1}\\ \Delta_{\phi_2}\end{bmatrix} \tag{2.317}$$

$$\triangleq\boldsymbol{A}_{12}\begin{bmatrix}\Delta_{\phi_1}\\ \Delta_{\phi_2}\end{bmatrix} \tag{2.318}$$

根据式(2.313)和式(2.314),协方差矩阵 $\boldsymbol{C}_{12}$ 可近似表示为

$$\boldsymbol{C}_{12}\triangleq\mathcal{E}\{\Delta_{z_{12}}\ \Delta_{z_{12}}^{\mathrm{T}}\}=\boldsymbol{A}_{12}\begin{bmatrix}\sigma_{\phi_1}^2 & 0\\ 0 & \sigma_{\phi_2}^2\end{bmatrix}\boldsymbol{A}_{12}^{\mathrm{T}} \tag{2.319}$$

类似地,

$$\boldsymbol{C}_{23}\triangleq\mathcal{E}\{\Delta_{z_{23}}\ \Delta_{z_{23}}^{\mathrm{T}}\}=\boldsymbol{A}_{23}\begin{bmatrix}\sigma_{\phi_2}^2 & 0\\ 0 & \sigma_{\phi_3}^2\end{bmatrix}\boldsymbol{A}_{23}^{\mathrm{T}} \tag{2.320}$$

根据这些测量值可得互协方差矩阵 $\boldsymbol{C}_{123}$ 为

$$\boldsymbol{C}_{123}\triangleq\mathcal{E}\{\Delta_{z_{12}}\ \Delta_{z_{23}}^{\mathrm{T}}\}=\boldsymbol{A}_{12}\begin{bmatrix}0 & 0\\ \sigma_{\phi_2}^2 & 0\end{bmatrix}\boldsymbol{A}_{23} \tag{2.321}$$

采用文献[31]中提出的融合算法对这些数据进行融合(该算法对数据进行如下线性组合处理),可得

$$\hat{\boldsymbol{X}}=\sum_{m=1}^{M}\boldsymbol{A}_m\hat{\boldsymbol{X}}_m \tag{2.322}$$

对于这里考虑的 $N=2$ 的情况有

$$\boldsymbol{A}_1=\boldsymbol{C}'_{21}[\boldsymbol{C}']^{-1} \tag{2.323}$$

$$\boldsymbol{A}_2=[\boldsymbol{I}-\boldsymbol{A}_1] \tag{2.324}$$

其中,

$$\boldsymbol{C}'_{21}=\boldsymbol{C}_{23}-\boldsymbol{C}_{123}^{\mathrm{T}}$$

$$\boldsymbol{C}'=\boldsymbol{C}_{12}-\boldsymbol{C}_{123}-\boldsymbol{C}'_{123}$$

融合后的协议差矩阵为

$$C_0 = C_{23} - (C_{23} - C_{123}^{\mathrm{T}})$$
$$(C_{12} - C_{123} - C_{123}^{\mathrm{T}} + C_{23})^{-1}(C_{23}^{\mathrm{T}} - C_{123}) \quad (2.325)$$

尽管这是二维时的结果,但显然这种算法可推广到三维空间。这里仅考虑了用 3 个传感器产生 $P=2$ 组方位线测量值时的情况,显然这也可以自然地推广到 $P>2$ 的情况。

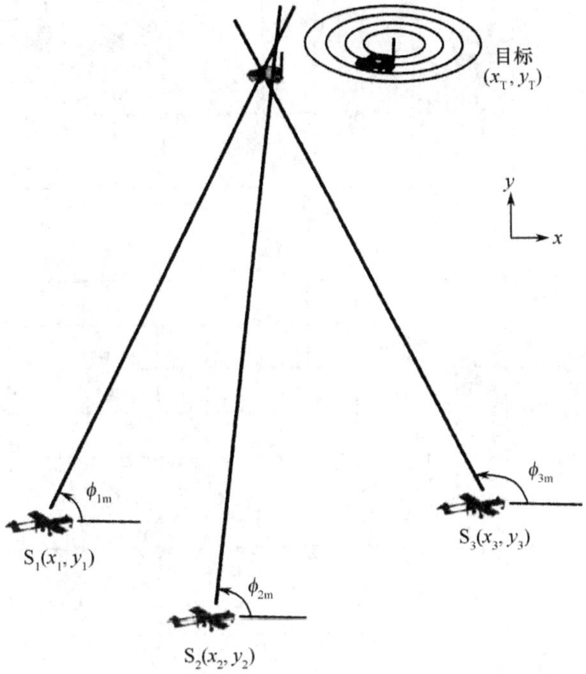

图 2.51　融合算法的几何示意图

例 2.14

图 2.52 为传感器方位线的概率密度函数[30]。3 个传感器分别位于 S_1:(2,3),S_2:(5,4),S_3:(9,3)。概率密度函数的参数分别为 $\delta_1=5°$,$\delta_2=4°$和 $\delta_3=6°$。经数据融合后,x 方向的误差和 y 方向的误差分别如图 2.53(a)和图 2.53(b)所示。

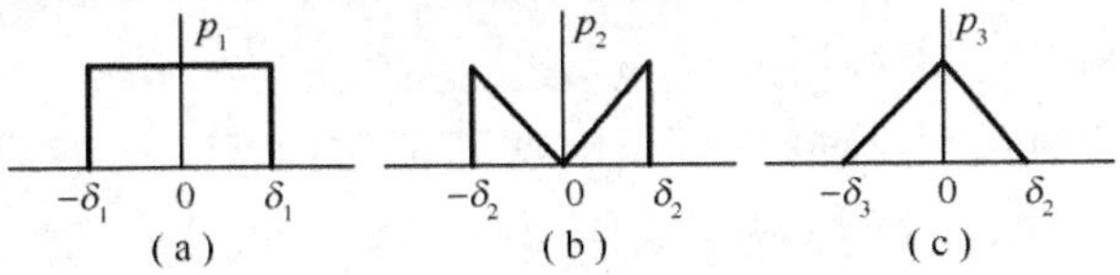

图 2.52　本例中 3 个传感器的概率密度函数

2.12.5　航线误差的影响

三角测量定位估计中的另一个误差来源与传感器自身的定位有关。Manolakis 和 Cox 在文献[32]中分析了传感器自身方位数据中存在的误差对三维目标定位的影响,尽管他们主要关心的并不是这个问题。他们研究的是根据**测距仪**(distance measuring equipment,DME)到被测飞行器的距离差对飞行器进行定位时,距离差估计精度对定位精度的影响问题,这里的分析与文献[32]基本相同。

这里所用到的符号如下所示:

$\boldsymbol{x}_m = [x_m \quad y_m \quad z_m]^{\mathrm{T}}$ 为传感器 m 的坐标矢量;

$\boldsymbol{x}_{\mathrm{T}} = [x_{\mathrm{T}} \quad y_{\mathrm{T}} \quad z_{\mathrm{T}}]^{\mathrm{T}}$ 为目标的坐标矢量;

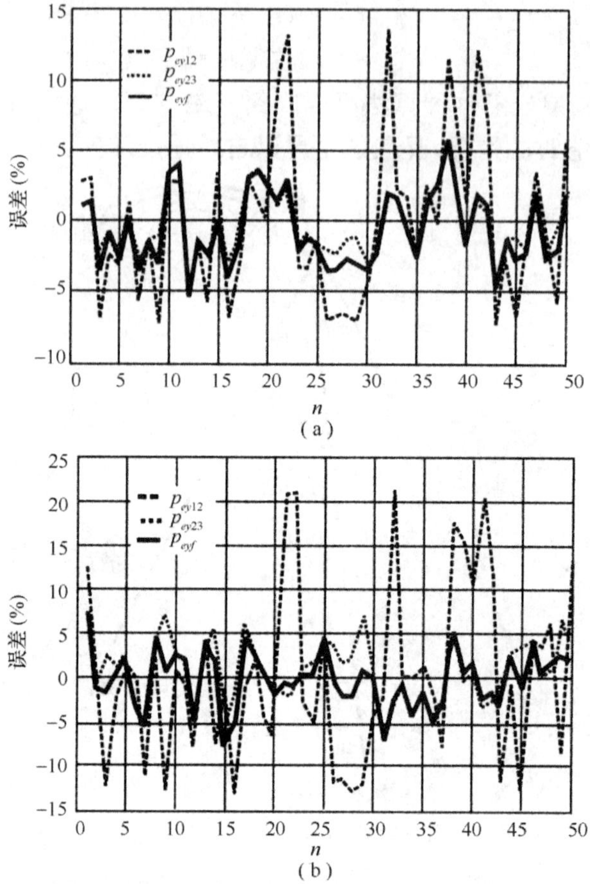

图 2.53 本例的仿真结果。(a)x 方向的误差；(b)y 方向的误差

$f_m(\boldsymbol{x}_\mathrm{T})$为传感器 m 的系统测量方程，

$$f_m(\boldsymbol{x}_\mathrm{T})=0 \tag{2.326}$$

为简单起见，假设在定位计算时有一个主传感器和两个辅传感器，如图 2.51 所示，因此 $\boldsymbol{f}(x_\mathrm{T})=[f_1(x_\mathrm{T}) \quad f_2(x_\mathrm{T}) \quad f_3(x_\mathrm{T})]^\mathrm{T}$。

将式(2.326)进行泰勒展开，将展开式中的线性部分(一次项)以后的项忽略，可得

$$\boldsymbol{f}(\boldsymbol{x}_\mathrm{T})\approx\boldsymbol{f}|_{x_{\mathrm{T}_0}}+\boldsymbol{J}|_{x_{\mathrm{T}_0}}(\boldsymbol{x}_\mathrm{T}-x_{\mathrm{T}_0}) \tag{2.327}$$

这里符号 $\boldsymbol{J}|_{x_{\mathrm{T}_0}}$ 表示 $\boldsymbol{J}$ 在 $\boldsymbol{x}_{\mathrm{T}_0}$ 的取值。在式(2.327)中

$$\boldsymbol{J}=\frac{\partial\boldsymbol{f}}{\partial\boldsymbol{x}_\mathrm{T}} \tag{2.328}$$

为雅可比矩阵。

目标位置的计算是一个反复迭代的过程，设估计初值为 $\boldsymbol{x}_{\mathrm{T}_0}$，则新的位置估值可根据式(2.326)和式(2.327)得出

$$\boldsymbol{x}_\mathrm{T}\approx\boldsymbol{x}_{\mathrm{T}_0}-\boldsymbol{J}^{-1}\boldsymbol{f}_{|x_{\mathrm{T}_0}} \tag{2.329}$$

不断进行迭代直到收敛。

记测得的传感器 m 的坐标矢量为$[x_{s_m} \quad y_{s_m} \quad z_{s_m}]^\mathrm{T}$，相应的测量误差为$[\delta_{x_m} \quad \delta_{y_m} \quad \delta_{z_m}]^\mathrm{T}$，$m=1,2,3$。记传感器在 x 轴方向上的真实坐标矢量为 $\boldsymbol{p}_x$，同样分别用 $\boldsymbol{p}_y$ 和 $\boldsymbol{p}_z$ 表示传感器在 y 轴和 z 轴方向上的真实坐标矢量，于是有 $\boldsymbol{p}_x=[x_1 \quad x_2 \quad x_3]^\mathrm{T}$，$\boldsymbol{p}_y=[y_1 \quad y_2 \quad y_3]^\mathrm{T}$，$\boldsymbol{p}_z=[z_1$

$z_2 \quad z_3]^{\mathrm{T}}$。记测得的传感器在 x 方向上的坐标向量为 $\boldsymbol{p}_{sx}$，则 $\boldsymbol{p}_{sx}=[x_{s_1} \quad x_{s_2} \quad x_{s_3}]^{\mathrm{T}}$。同理有 $\boldsymbol{p}_{sy}=[y_{s_1} \quad y_{s_3} \quad y_{s_3}]^{\mathrm{T}}$，$\boldsymbol{p}_{sz}=[z_{s_1} \quad z_{s_3} \quad z_{s_3}]^{\mathrm{T}}$。最后，记坐标测量时的误差矢量为 $\delta\boldsymbol{p}_s$，则有 $\delta\boldsymbol{p}_{sx}=[\delta_{x_1} \quad \delta_{x_2} \quad \delta_{x_3}]^{\mathrm{T}}$，$\delta\boldsymbol{p}_{sy}=[\delta_{y_1} \quad \delta_{y_2} \quad \delta_{y_3}]^{\mathrm{T}}$，$\boldsymbol{p}_{sz}=[\delta_{z_1} \quad \delta_{z_2} \quad \delta_{z_3}]^{\mathrm{T}}$。显然，

$$\boldsymbol{p}_{si}=\boldsymbol{p}_i+\delta\boldsymbol{p}_i \qquad i\in\{x,y,z\} \tag{2.330}$$

记所有坐标值的矢量为 $\boldsymbol{p}=[\boldsymbol{p}_x \quad \boldsymbol{p}_y \quad \boldsymbol{p}_z]^{\mathrm{T}}$，这样如果 $\boldsymbol{p}_x$ 是 3×1 矩阵，那么 $\boldsymbol{p}$ 就是 9×1 矩阵。$\boldsymbol{p}_s$ 和 $\delta\boldsymbol{p}$ 的情况类似。

由传感器自身位置误差造成的目标定位误差可表示为 $\boldsymbol{\epsilon}=[\epsilon_x \quad \epsilon_y \quad \epsilon_z]^{\mathrm{T}}$，和

$$\boldsymbol{\epsilon}=\boldsymbol{x}'_{\mathrm{x_T}}-\boldsymbol{x}_{\mathrm{T}} \tag{2.331}$$

其中，

$$\boldsymbol{x}'_{\mathrm{x_T}}=\boldsymbol{x}_{\mathrm{T_0}}-\boldsymbol{J}^{-1}\boldsymbol{f}\Big|_{(\boldsymbol{x}_{\mathrm{T_0}},\boldsymbol{p}_s)} \tag{2.332}$$

为目标位置的估计。

因此，传感器自身位置的误差能够也应当包含在式(2.326)中，于是有

$$\boldsymbol{f}(\boldsymbol{x}_{\mathrm{T}},\boldsymbol{p})\approx\boldsymbol{f}+\boldsymbol{J}(x_{\mathrm{T}}-\boldsymbol{x}_{\mathrm{T_0}})\Big|_{(\boldsymbol{x}_{\mathrm{T_0}},\boldsymbol{p}_s)}+\left(\frac{\partial\boldsymbol{f}}{\partial\boldsymbol{p}}\right)^{\mathrm{T}}\delta\boldsymbol{p}\Big|_{(\boldsymbol{x}_{\mathrm{T_0}},\boldsymbol{p}_s)} \tag{2.333}$$

因此，新的 $\boldsymbol{x}_{\mathrm{T}}$ 的值为

$$\boldsymbol{x}_{\mathrm{T}}=\boldsymbol{x}_{\mathrm{T_0}}-\boldsymbol{J}^{-1}\boldsymbol{f}\Big|_{(\boldsymbol{x}_{\mathrm{T_0}},\boldsymbol{p}_s)}-\boldsymbol{J}^{-1}\left(\frac{\partial\boldsymbol{f}}{\partial\boldsymbol{p}}\right)^{\mathrm{T}}\delta\boldsymbol{p}\Big|_{(\boldsymbol{x}_{\mathrm{T_0}},\boldsymbol{p}_s)} \tag{2.334}$$

或

$$\boldsymbol{x}_{\mathrm{T}}=\boldsymbol{x}'_{\mathrm{T_0}}-\boldsymbol{J}^{-1}\left(\frac{\partial\boldsymbol{f}}{\partial\boldsymbol{p}}\right)^{\mathrm{T}}\delta\boldsymbol{p}\Big|_{(\boldsymbol{x}_{\mathrm{T_0}},\boldsymbol{p}_s)} \tag{2.335}$$

所以有

$$\boldsymbol{\epsilon}=-\boldsymbol{J}^{-1}\left(\frac{\partial\boldsymbol{f}}{\partial\boldsymbol{p}}\right)^{\mathrm{T}}\delta\boldsymbol{p}\Big|_{(\boldsymbol{x}_{\mathrm{T_0}},\boldsymbol{p}_s)} \tag{2.336}$$

2.6 节讨论过基于三角定位的广义方位角法，现在来考查这种定位方法中传感器自身位置误差对定位的影响，如图 2.29 所示。系统方程为

$$f_i(\boldsymbol{x}_{\mathrm{T}},\boldsymbol{p}_i)=0=\arctan\frac{\sqrt{(x_{\mathrm{T}}-x_m)^2+(z_{\mathrm{T}}-z_m)^2}}{y_{\mathrm{T}}-y_m}-\alpha_m \tag{2.337}$$

其中 α_m 表示测得的从 $\boldsymbol{x}_m$ 到 $\boldsymbol{x}_{\mathrm{T}}$ 的广义方位角。于是

$$\begin{aligned}&f_i(x_{\mathrm{T_0}}+\delta x,y_{\mathrm{T_0}}+\delta y,z_{\mathrm{T_0}}+\delta z,\boldsymbol{p}_m)\\&\quad=f_i(x_{\mathrm{T_0}},y_{\mathrm{T_0}},z_{\mathrm{T_0}},\boldsymbol{p}_m)+\left(\delta x\frac{\partial}{\partial x_{\mathrm{T}}}+\delta y\frac{\partial}{\partial y_{\mathrm{T}}}+\delta z\frac{\partial}{\partial z_{\mathrm{T}}}\right)f_m(x_{\mathrm{T}},y_{\mathrm{T}},z_{\mathrm{T}},\boldsymbol{p}_m)\end{aligned} \tag{2.338}$$

在式(2.338)中

$$f_m(x_{\mathrm{T_0}},y_{\mathrm{T_0}},z_{\mathrm{T_0}},\boldsymbol{p}_i)=\arctan\frac{\sqrt{(x_{\mathrm{T_0}}-x_m)^2+(z_{\mathrm{T_0}}-z_m)^2}}{y_{\mathrm{T_0}}-y_m}-\alpha_m \tag{2.339}$$

$$\frac{\partial f_m}{\partial x_{\mathrm{T}}}=\frac{(x_{\mathrm{T}}-x_m)(y_{\mathrm{T}}-y_m)}{(x_{\mathrm{T}}-x_m)^2+(y_{\mathrm{T}}-y_m)^2+(z_{\mathrm{T}}-z_m)^2}\times\frac{1}{\sqrt{(x_{\mathrm{T}}-x_m)^2+(z_{\mathrm{T}}-z_m)^2}} \tag{2.340}$$

$$\frac{\partial f_m}{\partial y_{\mathrm{T}}}=-\frac{\sqrt{(x_{\mathrm{T}}-x_m)^2+(z_{\mathrm{T}}-z_m)^2}}{\sqrt{(x_{\mathrm{T}}-x_m)^2+(y_{\mathrm{T}}-y_m)^2+(z_{\mathrm{T}}-z_m)^2}} \tag{2.341}$$

$$\frac{\partial f_m}{\partial z_{\mathrm{T}}}=\frac{(z_{\mathrm{T}}-z_m)(y_{\mathrm{T}}-y_m)}{(x_{\mathrm{T}}-x_m)^2+(y_{\mathrm{T}}-y_m)^2+(z_{\mathrm{T}}-z_m)^2}+\frac{1}{\sqrt{(x_{\mathrm{T}}-x_m)^2+(z_{\mathrm{T}}-z_m)^2}} \tag{2.342}$$

它们都是在 $x_{\mathrm{T}}-x_{\mathrm{T}_0}$，$y_{\mathrm{T}}=y_{\mathrm{T}_0}$ 和 $z_{\mathrm{T}}=z_{\mathrm{T}_0}$ 求得的。

这里，雅可比矩阵为

$$\boldsymbol{J}\big|_{\boldsymbol{x}_{\mathrm{T}_0}}=\frac{\partial \boldsymbol{f}}{\partial \boldsymbol{x}_{\mathrm{T}}}\bigg|_{\boldsymbol{x}_{\mathrm{T}_0}}\triangleq\begin{bmatrix}\frac{\partial f_1}{\partial x_{\mathrm{T}}}\Big|_{\substack{x_{\mathrm{T}}=x_{\mathrm{T}_0}\\ m=1}} & \frac{\partial f_2}{\partial x_{\mathrm{T}}}\Big|_{\substack{x_{\mathrm{T}}=x_{\mathrm{T}_0}\\ m=2}} & \frac{\partial f_3}{\partial x_{\mathrm{T}}}\Big|_{\substack{x_{\mathrm{T}}=x_{\mathrm{T}_0}\\ m=3}}\\ \frac{\partial f_1}{\partial y_{\mathrm{T}}}\Big|_{\substack{x_{\mathrm{T}}=x_{\mathrm{T}_0}\\ m=1}} & \frac{\partial f_2}{\partial y_{\mathrm{T}}}\Big|_{\substack{x_{\mathrm{T}}=x_{\mathrm{T}_0}\\ m=m}} & \frac{\partial f_3}{\partial y_{\mathrm{T}}}\Big|_{\substack{x_{\mathrm{T}}=x_{\mathrm{T}_0}\\ m=3}}\\ \frac{\partial f_1}{\partial z_{\mathrm{T}}}\Big|_{\substack{x_{\mathrm{T}}=x_{\mathrm{T}_0}\\ m=1}} & \frac{\partial f_2}{\partial z_{\mathrm{T}}}\Big|_{\substack{x_{\mathrm{T}}=x_{\mathrm{T}_0}\\ m=m}} & \frac{\partial f_3}{\partial z_{\mathrm{T}}}\Big|_{\substack{x_{\mathrm{T}}=x_{\mathrm{T}_0}\\ m=3}}\end{bmatrix} \tag{2.343}$$

矩阵中 $\partial f_m/\partial x_{\mathrm{T}}\Big|_{\substack{x_{\mathrm{T}}=x_{\mathrm{T}_0}\\ m=k}}$ 由式(2.340)确定，$\partial f_m/\partial y_{\mathrm{T}}\Big|_{\substack{x_{\mathrm{T}}=x_{\mathrm{T}_0}\\ m=k}}$ 由式(2.341)确定，$\partial f_m/\partial z_{\mathrm{T}}\Big|_{\substack{x_{\mathrm{T}}=x_{\mathrm{T}_0}\\ m=k}}$ 由式(2.342)确定。

$\boldsymbol{f}$ 关于 $\boldsymbol{p}$ 的导数为

$$\frac{\partial \boldsymbol{f}}{\partial \boldsymbol{p}}\triangleq\begin{bmatrix}\frac{\partial \boldsymbol{f}_1}{\partial \boldsymbol{p}_x} & \frac{\partial \boldsymbol{f}_2}{\partial \boldsymbol{p}_x} & \frac{\partial \boldsymbol{f}_3}{\partial \boldsymbol{p}_x}\\ \frac{\partial \boldsymbol{f}_1}{\partial \boldsymbol{p}_y} & \frac{\partial \boldsymbol{f}_2}{\partial \boldsymbol{p}_y} & \frac{\partial \boldsymbol{f}_3}{\partial \boldsymbol{p}_y}\\ \frac{\partial \boldsymbol{f}_1}{\partial \boldsymbol{p}_z} & \frac{\partial \boldsymbol{f}_2}{\partial \boldsymbol{p}_z} & \frac{\partial \boldsymbol{f}_3}{\partial \boldsymbol{p}_z}\end{bmatrix} \tag{2.344}$$

$$=\begin{bmatrix}\frac{\partial f_1}{\partial x_1} & \frac{\partial f_1}{\partial y_1} & \frac{\partial f_1}{\partial z_1} & & & & & & \\ & & & \frac{\partial f_2}{\partial x_2} & \frac{f_2}{\partial y_2} & \frac{\partial f_2}{\partial z_2} & & & \\ & & & & & & \frac{\partial f_3}{\partial x_3} & \frac{\partial f_3}{\partial y_3} & \frac{f_3}{\partial z_3}\end{bmatrix} \tag{2.345}$$

其中，

$$\frac{\partial f_m}{\partial x_i}=\begin{cases}-\dfrac{(x_{\mathrm{T}}-x_i)(y_{\mathrm{T}}-y_i)}{(x_{\mathrm{T}}-x_i)^2+(y_{\mathrm{T}}-y_i)^2+(z_{\mathrm{T}}-z_i)^2}\times\dfrac{1}{\sqrt{(x_{\mathrm{T}}-x_i)^2+(z_{\mathrm{T}}-z_i)^2}}, & i=m\\ 0, & \text{其他}\end{cases} \tag{2.346}$$

$$\frac{\partial f_m}{\partial y_i}=\begin{cases}\dfrac{\sqrt{(x_{\mathrm{T}}-x_i)^2(z_{\mathrm{T}}-z_i)^2}}{(x_{\mathrm{T}}-x_i)^2+(y_{\mathrm{T}}-y_i)^2+(z_{\mathrm{T}}-z_i)^2}, & i=m\\ 0, & \text{其他}\end{cases} \tag{2.347}$$

$$\frac{\partial f_m}{\partial z_i}=\begin{cases}-\dfrac{(y_{\mathrm{T}}-y_i)(z_{\mathrm{T}}-z_i)}{(x_{\mathrm{T}}-x_i)^2+(y_{\mathrm{T}}-y_i)^2+(z_{\mathrm{T}}-z_i)^2}\times\dfrac{1}{\sqrt{(x_{\mathrm{T}}-x_i)^2+(z_{\mathrm{T}}-z_i)^2}}, & i=m\\ 0, & \text{其他}\end{cases} \tag{2.348}$$

这些导数都在 $x_{\mathrm{T}}=x_{\mathrm{T}_0}$ 求得。如果有必要，在利用式(2.335)更新目标位置的估计值后，可以迭代执行上述过程。

2.13 结论

本章介绍了采用三角定位法对辐射源进行定位时的相关概念。三角定位法需要对方位线进行处理，然后根据方位线的交点的集合来确定目标最有可能的位置。当没有噪声和测量误差时，这个集合中仅有一个单独的点，同时它也是最优的定位点。但是这种情况几乎是不存在的，因为噪声和测量误差必然存在，必须把它们考虑在内。

三角定位法根据的是很简单的三角原理。但在有噪声的情况下，进行最优位置估计时同样需要进行复杂的计算。因此引进了最小二乘估计技术，它是一种普遍使用的最优定位算法。最小二乘的含义是被测参数的真实值与估计值之间的差的平方最小。

本章还提到了一种新的定位算法，它是基于 Tikhonov 离散概率密度进行定位的。这种方法能够处理含有不精确测量值的数据，通常它能使所有方位线测量值中高度不精确的测量值的影响最小化。

卡尔曼滤波定位法是一种顺序定位方法，它通常假设数据是连续到达传感器的，方位估计值根据新到达传感器的数据不断进行更新。实际上，定位问题一般是非线性的，无法使用标准卡尔曼滤波器。因此，这里通常使用扩展卡尔曼滤波器。扩展卡尔曼滤波器将非线性方程用泰勒级数展开，从而将问题线性化。

最大似然定位法通过寻找概率最大的目标位置实现最佳定位。它首先假定或者测量出一些先验概率，并利用这些数值将概率密度函数最大化。Stansfield 算法可能是第一个采用这种技术的方法，普遍用于目标定位中，但它是一种有偏估计，随着使用的数据增加，其协方差并不趋于零。

在三角测量中有许多误差来源，一些是由前述的噪声和测量误差造成的，另外一些是由几何方面的问题造成的，这些问题只能通过改变节点几何分布来解决，几何精度因子(GDOP)是导致这类误差的主要原因。

表 2.5 是对本章讨论方法的总结比较。应该注意的是，其中多数方法中存在一些特殊情况，在这些情况下，计算的复杂程度有所降低。事实上，现代定位估计研究的重点就是这些特殊情况。

表 2.5　三角定位法的比较

方法	偏差	协方差	迭代	复杂度	备注
最小二乘法—布朗	无	式(2.49)	无	$\mathcal{O}(MN^2\log N)$[32]	能被迭代和/或递归
最小乘法—半球	无	式(2.73)	有	$\mathcal{O}(MN^2\log N)$[32]	能被迭代和/或递归
最小二乘法—Pages-Zamora	无	式(2.93)	无	$\mathcal{O}(MN^2\log N)$[32]	能被迭代和/或递归
总体最小二乘法	无	N/A	无	$\mathcal{O}(N^3)$[33]	$\mathcal{O}(N)$或$\mathcal{O}(N^2)$ 采用最小分量分析
最小均方误差法	无	式(2.118)	无	$\mathcal{O}(MN^2\log N)$	
线性最小均方误差法	无	式(2.153)	无	$\mathcal{O}(MN^2\log N)$	
卡尔曼滤波法	N/A	式(2.192)	有	$\mathcal{O}(MN^2\log N)$[34]	
离散概率密度法	无	N/A	无	$\mathcal{O}(NL^2)$	需要进行网格搜索： 每一维网格单元的数目为 L
广义方位角定位法	N/A	N/A	有	$\mathcal{O}(MN^2\log N)$	
最大似然估计法	无	式(2.231)	有	N/A	
Stansfield 算法	式(2.268)	式(2.269)	无	N/A	使用广泛
多重采样相关法	N/A	N/A	有	N/A	必须知道或估计出 方位角的精度范围

注：上述复杂度指一次迭代的复杂度(如果可能)。M 为传感器的数目；N 为数据点的个数；N/A 代表未知。

所有情况下都假设噪声是零均值高斯白噪声。

附录 2A

最小二乘误差估计程序

本附录的内容为 2.2 节中介绍的最小二乘算法的源程序,该程序基于 MathCad 编写。2.2 节中的算法是一个多次迭代的过程,每次迭代的输出都在其后续迭代中使用,以提高定位精度。

初始变量

$$\psi_T := 15 \qquad i := 0..20$$

$$\lambda_T := 15$$

$$\lambda hat_0 := 13$$

$$\psi hat_0 := 13$$

$$\lambda_S(i) := i$$

$$\psi_S(t) := 0$$

$$sigma := 2 \cdot \frac{\pi}{180}$$

根据正态分布计算方位角误差,

$$\text{BearingError} := \text{rnorm}(21, 0, \text{sigma})$$

计算方位角,

$$\phi_i := \text{acos}\left[\frac{(\psi_T - \psi_S(i))}{(\psi_T - \psi_S(i)^2 + (\lambda_T - \lambda_S(i))^2}\right]$$

$\phi =$

	0
0	0.785
1	0.751
2	0.714
3	0.675
4	0.633
5	0.588
6	0.54
7	0.49
8	0.437
9	0.381
10	0.322
11	0.261
12	0.197
13	0.133
14	0.067
15	0

ϕtilde 为测量的方位角矢量,

$$\phi\text{tilde} := \phi + \text{BearingError}$$

迭代开始

初始化本次迭代中的 nhat 和 mhat。在多次迭代时，λhat.0 和 ϕhat.0 应根据前面迭代的结果更新，

$$\text{nhat}_i := \lambda\text{hat}_0 - \lambda_S(i)$$

计算方位角估计矢量，

$$\text{mhat}_i := \psi\text{hat}_0 - \psi_S(i)$$

$$\phi\text{hat}_i := \text{acos}\left[\frac{\text{mhat}_i}{\sqrt{(\text{mhat}_i)^2 + (\text{nhat}_i)^2}}\right]$$

计算矢量 **Y**

$$Y := \phi\text{tilde} - \phi\text{hat}$$

确定 ***X*** 的两个列矢量的各分量

$$X_{t1_i} := \frac{\text{nhat}_i}{(\text{mhat}_i)^2 + (\text{nhat}_i)^2}$$

$$X_{t2_i} := \frac{\text{nhat}_i}{(\text{mhat}_i)^2 + (\text{nhat}_i)^2}$$

转换成矢量形式

$$X_{i,0} := X_{t1_j}$$

$$X_{i,1} := X_{t2_j}$$

计算误差矢量 $\boldsymbol{\beta}$

$$\beta\text{hat} := (X^T \cdot X)^{-1} X^T \cdot Y$$

计算本次迭代的方位估计值

$$P_{T_0} := \psi\text{hat}_0 - \beta\text{hat}_0$$

$$P_{T_1} := \lambda\text{hat}_0 - \lambda\text{hat}_1$$

$$P_T = \begin{pmatrix} 10.256 \\ 13.415 \end{pmatrix}$$

$$\psi\text{hat}_0 := P_{T_0}$$

$$\lambda\text{hat}_0 := P_{T_1}$$

返回，进行下次迭代。

附录 2B

广义方位角定位法程序

本附录的内容为 2.7 节中讨论的广义方位角定位法的源程序，该程序基于 MathCad 编写。该算法是一个多次迭代的过程，每次迭代的输出都在其后续迭代中使用，以提高定位精度。

变量初始化：

$$m := 0$$

$$y_T := 0$$
$$i := 0..20$$
$$x_T := 10$$
$$\rho_{\theta\epsilon} := 0$$
$$\sigma_\theta := 2 \cdot \frac{\pi}{180}$$
$$\sigma_\epsilon := 2 \cdot \frac{\pi}{180}$$
$$Z_T := 0.5$$

距离单位为 km。

目标位置的初始坐标：

$$xhat_0 := 12$$
$$yhat_0 := 5$$
$$zhat_0 := 0.5$$
$$xhat_{v0} := \begin{pmatrix} xhat_0 \\ yhat_0 \\ zhat_0 \end{pmatrix}$$

传感器运动方程，每一距离单位测量一次方位线：

$$x_S(i) := i$$
$$y_S(i) := 0$$
$$z_S(i) := 3$$

根据正态分布生成方位角误差矢量：

$$\text{BearingError} := \text{rnorm}(21, 0, \sigma_\theta)$$

计算带有随机误差的广义方位角：

$$\alpha_i := \text{atan}\left[\frac{\sqrt{(x_T - x_S(i))^2 + (z_T - z_S(i))^2}}{y_T + y_S(i)}\right]$$

方位角测量矢量：

$$\alpha_{obs} := \alpha + \text{BearingError}$$

迭代开始：

$$m := m + 1$$

计算 G_m 的分量：

$$r_m(i) := \sqrt{(xhat_0 - x_S(i))^2 + (yhat_0 - y_S(i))^2 + (zhat_0 - z_S(i))^2}$$

$$s_m(i) := \sqrt{\left(\frac{r_m(i)}{yhat_0 - y_S(i)}\right)^2 - 1}$$

$$g_{m_{i,0}} := \frac{-(xhat_0 - x_S(i))}{(r_m(i))^2 \cdot s_m(i)} \qquad g_{m_{i,1}} := \frac{(yhat_0 - y_S(i))s_m(i)}{r_m(i)}$$

$$G_m := \begin{pmatrix} g_{m_{0,0}} & g_{m_{0,1}} & g_{m_{0,2}} \\ g_{m_{1,0}} & g_{m_{1,1}} & g_{m_{1,2}} \\ g_{m_{2,0}} & g_{m_{2,1}} & g_{m_{2,2}} \\ g_{m_{3,0}} & g_{m_{3,1}} & g_{m_{3,2}} \\ g_{m_{4,0}} & g_{m_{4,1}} & g_{m_{4,2}} \\ g_{m_{5,0}} & g_{m_{5,1}} & g_{m_{5,2}} \\ g_{m_{6,0}} & g_{m_{6,1}} & g_{m_{6,2}} \\ g_{m_{7,0}} & g_{m_{7,1}} & g_{m_{7,2}} \\ g_{m_{8,0}} & g_{m_{8,1}} & g_{m_{8,2}} \\ g_{m_{9,0}} & g_{m_{9,1}} & g_{m_{9,2}} \\ g_{m_{10,0}} & g_{m_{10,1}} & g_{m_{10,2}} \\ g_{m_{11,0}} & g_{m_{11,1}} & g_{m_{11,2}} \\ g_{m_{12,0}} & g_{m_{12,1}} & g_{m_{12,2}} \\ g_{m_{13,0}} & g_{m_{13,1}} & g_{m_{13,2}} \\ g_{m_{14,0}} & g_{m_{14,1}} & g_{m_{14,2}} \\ g_{m_{15,0}} & g_{m_{15,1}} & g_{m_{15,2}} \\ g_{m_{16,0}} & g_{m_{16,1}} & g_{m_{16,2}} \\ g_{m_{17,0}} & g_{m_{17,1}} & g_{m_{17,2}} \\ g_{m_{18,0}} & g_{m_{18,1}} & g_{m_{18,2}} \\ g_{m_{19,0}} & g_{m_{19,1}} & g_{m_{19,2}} \\ g_{m_{20,0}} & g_{m_{20,1}} & g_{m_{20,2}} \end{pmatrix}$$

计算相关系数：

$$a_m(i) := \left[\frac{-1}{s_m(i)} \cdot \frac{(xhat_0 - x_S(i))}{yhat_0 - y_S(i)}\right]^2$$

$$b_m(i) := \left[s_m(i) \cdot \sqrt{\left(\frac{r_m(i)}{zhat_0 - z_s(i)}\right)^2 - 1}\right]^{-2}$$

$$c_m(i) := \sqrt{a_m(i) \cdot b_m(i)}$$

$$\sigma_m(i) := \sqrt{a_m(i) \cdot (\sigma_\theta)^2 + b_m(i) \cdot (\sigma_\epsilon)^2 + c_m(i) \cdot \rho_{\theta\epsilon} \cdot \sigma_\theta \cdot \sigma_\epsilon}$$

将 σ 转换成矢量：

$$h_i := \sigma_m(i)$$

$$C := \mathrm{diag}(h)$$

$$\alpha hat_i := \mathrm{atan}\left[\sqrt{\frac{(xhat_0 - x_S(i))^2 + (zhat_0 - z_S(i))^2}{yhat_0 - y_S(i)}}\right]$$

$$w_m := \alpha_{obs} + G_m \cdot xhat_{v0} - \alpha hat$$

更新后的方位估计值

$$xhat_1 := (G_m^T G^{-1} G_m)^{-1} G_m^T C^{-1} W_m$$

$$xhat_1 = \begin{pmatrix} 13.207 \\ 4.254 \\ 2.112 \end{pmatrix}$$

$$xhat_0 := xhat1_0$$
$$yhat_0 := xhat1_1$$
$$zhat_0 := xhat1_2$$

以上程序不断迭代,直到方位估计值之间的差很小。

参考文献

[1] Stansfield, R. G., "Statistical Theory of DF Fixing," *Journal of IEE*, 14, Part IIIA, 15, 1947, pp. 762-770.

[2] Jenkins, H. H., *Small Aperture Radio Direction Finding*, Norwood, MA: Artech House, 1991, p. 185.

[3] Cadzow, J. A., "Signal Processing via Least-Squared Error Modeling," *IEEE ASSP Magazine*, October 1990, pp. 12-31.

[4] Mendel, J. M., Lessons in *Estimation Theory for Signal Processing, Communications, and Control*, Englewood Cliffs, NJ: Prentice-Hall, 1995, pp. 115-117.

[5] Golub, G. H., and C. F. Van Loan, "An Analysis of the Total Least-Squared Problem," *SIAM Journal on Numerical Analysis*, Vol. 17, 1980, pp. 883-892.

[6] Brown, R. M., *Emitter Location Using Bearing Measurements from a Moving Platform*, NRL Report 8483, Naval Research Laboratory, Washington, D. C., June 1981.

[7] Poisel, R. A., *Introduction to Communication Electronic Warfare Systems*, Norwood, MA: Artech House, 2002, pp. 384-388.

[8] Sage, A. P., and J. L. Melsa, *Estimation Theory with Applications to Communications and Control*, New York: McGraw-Hill, 1971, pp. 244-245.

[9] Poirot, J. L., and M. S. Smith, "Moving Emitter Classification," *IEEE Transactions on Aerospace and Electronic Systems*, Vol. AES-12, No. 2, March 1976, pp. 255-269.

[10] Poirot, J. L., and G. V. McWilliams, "Application of Linear Statistical Models to Radar Location Techniques," *IEEE Transactions on Aerospace and Electronic Systems*, Vol. AES- 10, No. 6, November 1974, pp. 830-834.

[11] Pages-Zamora, A., J. Vidal, and D. Brooks, "Closed-Form Solution for Positioning Based on Angle of Arrival Measurements," *PIMRC*, 2002.

[12] Rao, K. D., and D. C. Reddy, "A New Method for Finding Electromagnetic Emitter Location," *IEEE Transactions on Aerospace and Electronic Systems*, Vol. 30, No. 4, October 1994, pp. 1081-1085.

[13] Kalman, R. E., "A New Approach to Linear Filtering and Prediction Problems," *Transactions of the ASME–Journal of Basic Engineering*, Vol. 82 (Series D), 1961, pp. 35-45.

[14] Aidala, V. J., "Kalman Filter Behavior in Bearing-Only Tracking Applications," *IEEE Transactions on Aerospace and Electronic Systems*, Vol. 15, No. 1, January 1979, pp. 29- 39.

[15] Spingarn, K., "Passive Position Location Estimation Using the Extended Kalman Filter," *IEEE Transactions on Aerospace and Electronic Systems*, Vol. AES-23, No. 4, July 1987, pp. 558-567.

[16] Julier, S. J., and J. K. Uhlmann, "A New Extension of the Kalman Filter to Nonlinear Systems," *Proceedings of AeroSense: The 11 th International Symposium on Aerospace/Defense Sensing, Simulation, and Controls*, 1997.

[17] Elsaesser, D. S., and R. G. Brown, "The Discrete Probability Density Method for Emitter Geo-Location (U)," Defense Research & Development Canada, Ottawa Technical Memorandum 2003-068, June 2002.

[18] Simon, M. K., and M. S. Alouini, *Digital Communication over Fading Channels*, New York: Wiley, 2000, p. 51.

[19] Paradowski, L., "Unconventional Algorithm for Emitter Location in Three-Dimensional Space Using Data from Two-Dimensional Direction Finding," *Proceedings of the IEEE 1994 National Aerospace and Electronic Systems Conference*, *NAECON 1994*, May 23-27, 1994, pp. 246-250.

[20] Levanon, N., "Interferometry against Differential Doppler: Performance Comparison of Two Emitter Location Airborne Systems," *IEE Proceedings*, Vol. 136, Pt. F., No. 2, April 1989, pp. 70-74.

[21] Gavish, M., and A. J. Weiss, "Performance Analysis of Bearing-Only Target Location Algorithms," *IEEE Transactions on Aerospace and Electronic Systems*, Vol. 28, No. 3, July 1992, pp. 817-828.

[22] Poisel, R. A., *Introduction to Communication Electronic Warfare Systems*, Norwood, MA: Artech House, 2002, pp. 381-382.

[23] Gething, P. J. D., *Radio Direction Finding and Resolution of Multicomponent Wave-Fields*, London: Peter Peregrinus, Ltd, 1978, pp. 271-275.

[24] Fu, S. J., J. L. Vian, and D. L. Grose, "Determination of Ground Emitter Location," *IEEE Aerospace and Electronic Systems Magazine*, December 1988, pp. 15-18.

[25] Nardone, S. C., A. G. Lindgren, and K. F. Gong, "Fundamental Properties and Performance of Conventional Bearings-Only Target Motion Analysis," *IEEE Transactions on Automatic Control*, Vol. AC-29, No. 9, September 1984, pp. 775-787.

[26] Hammel, S. E., and V. J. Aidala, "Observability Requirements for Three-Dimensional Tracking via Angle Measurements," *IEEE Transactions on Aerospace and Electronic Systems*, Vol. AES-21, No. 2, March 1985, pp. 200-207.

[27] Poisel, R. A., *Introduction to Communication Electronic Warfare Systems*, Norwood, MA: Artech House, 2002, Chapter 11.

[28] Torrieri, D. J., "Statistical Theory of Passive Location Systems," *IEEE Transactions on Aerospace and Electronic Systems*, Vol. AES-20, No. 2, March 1984, pp. 183-198.

[29] Garish, M., and E. Fogel, "Effect of Bias on Bearing-Only Target Location," *IEEE Transactions on Aerospace and Electronic Systems*, Vol. 26, No. 1, January 1990, pp. 22-26.

[30] McCabe, H., and M. Al-Samara, "Application of a Sensor Fusion Algorithm to Nonlinear Data Containing Nonstationary, Multiplicative Noise of Unknown Distribution," *Proceedings of the 33rd Conference on Decision and Control*, Lake Buena Vista, FL, December 1994, pp. 1205-1206.

[31] McCabe, H., "Minimum Trace Fusion of *N* Sensors with Arbitrarily Correlated Sensor-to- Sensor Fusion," *IFAC International Symposium on Distributed Intelligence Systems*, Arlington, VA, August 1991, pp. 229-234.

[32] Manolakis, D. E., and M. E. Cox, "Effect in Range Difference Position Estimation Due to Stations' Position Errors," *IEEE Transactions on Aerospace and Electronic Systems*, Vol. 34, No. 1, January 1998, pp. 328-334.

[33] Wang, Y., K. Ikeda, and K. Nakayama, "Computational Complexity Reduction of Predictor Based Least-squared Algorithm and Its Numerical Property," *Proceedings of the International Conference on Information*, *Communications*, *and Signal Processing*, *ICICS 1997*, Singapore, September 9-12, 1997, pp. 1203-1207.

[34] Rao, Y. N., and J. C. Principe, "Efficient Total Least-squared Method for System Modeling Using Minor Component Analysis," *Proceedings of* 2002 *IEEE Workshop on Neural Networks for Signal Processing*, September 4-6, 2002, pp. 259-268.

[35] Mendel, J. M., "Computational Requirements for a Discrete Kalman Filter," *IEEE Transactions on Automatic Control*, Vol. AC-16, No. 6, December 1971, pp. 748-758.

第3章 测向技术

3.1 简介

第 2 章介绍了一些基于两个或多个接收机测定的信号到达角(angle of arrival,AOA)估计来估算目标辐射源位置的方法,但并没有说明之前如何测定到达角。本章和第 4 章将解决这个问题。本章将介绍几种此类方法,并给出其各自的优缺点,而第 4 章将用整章篇幅来介绍当前最为流行的到达角测定算法之一:MUSIC。

为避免读者有所遗忘,在这里用图 3.1 表示利用两个或多个测向站点(图中为三个站点)来定位。ϕ 表示的是不同的接收机收到的信号的到达角。利用这些到达角建立起来的定位线反过来测定了位置。本章将讨论测定这些定位线的一些方法。为了详尽起见,还将简要介绍比相、比幅系统,基于巴特勒(Butler)矩阵的单脉冲系统(该系统是一种振幅测量系统,其中使用了阵列协方差来计算相位差),波束成形(beamforming);以及最大似然估计和最小平方误差估计。最后一类算法中的许多方法在其他参考资料中有详细的讨论[1]。

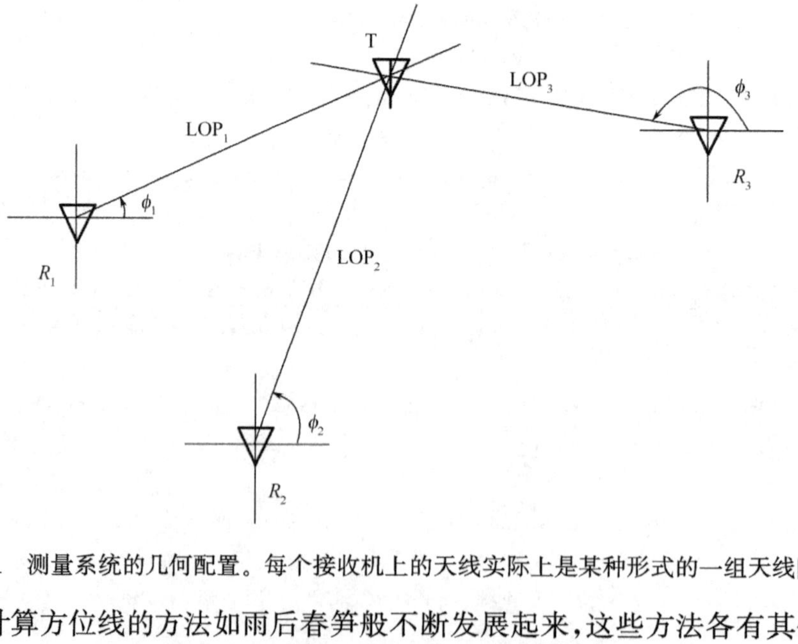

图 3.1 测量系统的几何配置。每个接收机上的天线实际上是某种形式的一组天线阵列

如今许多计算方位线的方法如雨后春笋般不断发展起来,这些方法各有其优缺点。本书包含的方法仅是一些比较典型的方法,并未详尽地包含所有方法。

本章结构安排如下:首先讨论了采用天线阵列时利用统计方法计算估计达到角的技术,然后介绍了其他与硬件相关度较大的几种估算方法,之后讨论了利用最小均方误差测定到达角的相位相干仪,其后讨论了巴特勒矩阵测向,最后介绍了使用经特别配置的声表面波设备来估算并置天线间相位差大小的相关技术。

3.2　波达方向阵列处理测量方法

3.2.1　简介

本节将介绍一些更为常见的计算一个或多个入射信号到达天线阵列的到达角的方法[2]。它们都对利用采样信号计算的协方差矩阵进行数学计算，仅在计算到达角时的具体步骤有所不同。

这些方法的不同点在于到达角获取的硬件方法上，它们通常依赖于某种特定的天线阵列配置，比如爱德考克天线(Adcock)，以及依赖于其他如干涉仪和参考文献[3]中描述的比幅技术等。硬件方法上不同的另一个例子是沃森瓦特(Watson-Watt)到达角测定技术。这里仅对这些技术进行简要介绍，而忽略细节内容。

这样得到的到达角可以应用于第2章中所述的定位算法，用于估计发出信号的目标点源位置。这些算法假定了已经能够将多个方向入射到达一个或多个接收系统的方位角适当地关联起来，这是一项非常重要的工作，但在此并不深入讨论。

本章中考虑的方法主要与短基线技术相关，也就是对于到达不同天线的延时，其相应的相位差在大约 $\lambda/2$ 左右或更小量级。天线间的基线可以更长，但必须至少有一条基线满足这一标准，以防测量过程中出现模糊。相位干涉就是这样一种技术。

第5章将讨论长基线到达时间差(Time Difference of Arrival，TDOA)技术。这些基线可以长达几千米。在这种情况下，相位解缠绕成为去除模糊的必要手段。

本章介绍的阵列处理技术涉及范围有限，对此有兴趣深入研究者可参阅参考文献[4～7]。

3.2.2　模型

假设一个或多个随机波场由远场源产生，用 $s(t)$ 表示该入射信号，当这样的信号存在多个时，用矢量 $\boldsymbol{s}(t)$ 表示该入射信号。假设该信号伴随有随机噪声，使得实际信号为

$$r(t,\boldsymbol{x})=s(t,\boldsymbol{x})+n(t) \tag{3.1}$$

其中，$\boldsymbol{x}$ 表示信号位置矢量，即 $\boldsymbol{x}_1=[x_1\quad y_1\quad z_1]^{\mathrm{T}}$。进一步假设天线配置任意，并假设天线阵元有相同的响应。

只考虑窄带信号，无噪传播信号表示为

$$s(t,\boldsymbol{r})=A\cos[2\pi(f_0t-\boldsymbol{\beta}\cdot\boldsymbol{x})+\xi] \tag{3.2}$$

其中，A 为信号幅度，f_0 为信号频率，$\boldsymbol{\beta}=\boldsymbol{v}_0f_0/|\boldsymbol{v}|^2$ 表示波数，其中 $\boldsymbol{v}$ 为三维速度矢量。注意 $\boldsymbol{v}$ 的方向为传播方向，因此 $\boldsymbol{\beta}$ 也指向传播方向。例如，在 x-y 平面内有

$$\boldsymbol{\beta}=|\beta|[\cos(\angle\boldsymbol{v})\sin(\angle\boldsymbol{v})]^{\mathrm{T}} \tag{3.3}$$

其中，$\angle\boldsymbol{v}$ 表示信号传播方向，定义为相对 x 轴逆时针方向的夹角值。ξ 为**随机变量**(random variable)，在$(0,2\pi)$内服从均匀分布。$\boldsymbol{\beta}$ 的幅度也可表示为 $|\beta|=2\pi/\lambda$。$\boldsymbol{x}=[x\quad y\quad z]^{\mathrm{T}}$ 为三维空间内的任意空间坐标。

假设有一组 M 型全方向传感器位于点 $\boldsymbol{x}_1,\boldsymbol{x}_2,\cdots,\boldsymbol{x}_M$ 上，其中 $\boldsymbol{x}_i=[x_i\quad y_i\quad z_i]^{\mathrm{T}}$ 位于真实三维空间中，并假设 L 个窄带平面波入射阵列(见图3.2)。这些波场在传感器上产生信号，该信号经窄带变换后的形式为 $M\times1$ 维矢量：

$$\boldsymbol{r}(t)=\sum_{k=1}^{M}g_k(t)\boldsymbol{a}_k(\theta_k)+\boldsymbol{n}(t) \tag{3.4}$$

其中,$g_k(t)$表示入射波场的包络信号,$\boldsymbol{n}(t)$表示加性传感器噪声,而相对应的与第 k 个入射波场相关的 $M\times 1$ 维方向矢量如下所示:

$$\boldsymbol{a}_k(\boldsymbol{\theta}_k)=\begin{bmatrix} e^{-j\omega_c\tau_1(\phi_k)} \\ e^{-j\omega_c\tau_2(\phi_k)} \\ \vdots \\ e^{-j\omega_c\tau_M(\phi_k)} \end{bmatrix},\quad 1\leqslant k\leqslant L \tag{3.5}$$

其中 ω_c 为载波频率。方向矢量参数 $\tau_1(\phi_k),\cdots,\tau_M(\phi_k)$与第 k 个入射波场在阵列中的延时有关。该延时由阵列几何分布决定。由于假设这些波场都是平面波,则延时可以表示为

$$\tau_m(\boldsymbol{\theta}),=\frac{1}{c}[x_m\cos(\phi)\cos(\theta)+y_m\sin(\phi)\cos(\theta)+z_m\sin(\theta)],\quad 1\leqslant m\leqslant M \tag{3.6}$$

其中,$\boldsymbol{x}_m=[x_m\quad y_m\quad z_m]^{\mathrm{T}}$ 对应于第 m 个传感器的位置,ϕ 和 θ 分别表示入射平面波的方位角和俯仰角。与第 k 个波场相关的到达角参数由到达角源参数矢量 $\boldsymbol{\theta}_k=[\phi_k\quad \theta_k]^{\mathrm{T}}$ 表示。

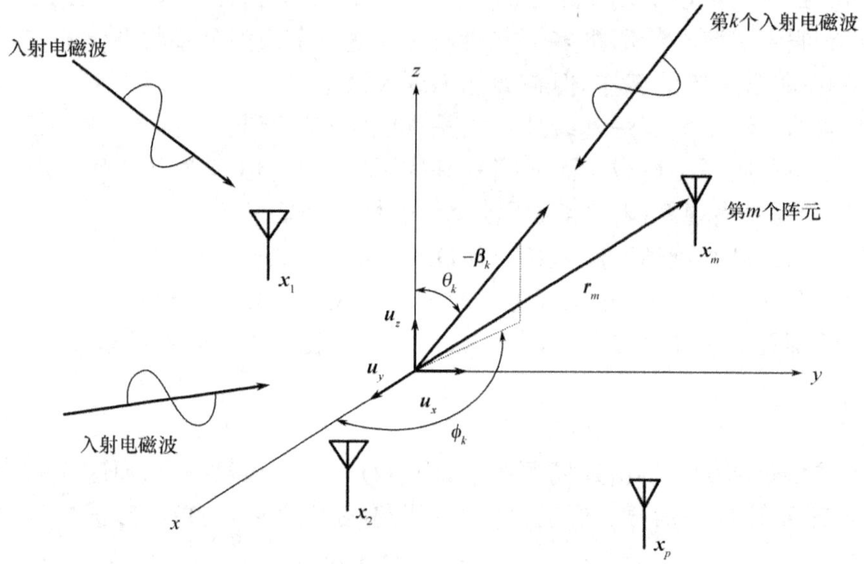

图 3.2 任意三维阵列

式(3.4)用矩阵/矢量形式表示成

$$\boldsymbol{r}(t)=\mathbf{A}(\phi)\boldsymbol{g}(t)+\boldsymbol{n}(t) \tag{3.7}$$

其中,$\boldsymbol{g}(t)$为源信号矢量,其分量为 $g_k(t)$。$M\times L$ 维合成方向矩阵 $\mathbf{A}(\boldsymbol{\theta})$由入射波场方向列矢量组成:

$$A(\boldsymbol{\theta})=[\boldsymbol{a}_1(\boldsymbol{\theta}_1)\quad \boldsymbol{a}_2(\boldsymbol{\theta}_2)\quad \cdots\quad \boldsymbol{a}_L(\boldsymbol{\theta}_L)] \tag{3.8}$$

该方向矩阵是到达角参数矢量 $\boldsymbol{\theta}$ 的函数,$\boldsymbol{\theta}$ 由 m 个独立到达角源参数矢量连接而成。假设 $\mathbf{A}(\boldsymbol{\theta})$是满秩的(该假设在我们感兴趣的多个应用中一般是成立的,其中 $L\leqslant M$)。

3.2.3 阵列协方差建模

进一步假设源包络信号和加性噪声为互不相关且为**广义平稳的**(wide-sense stationary, wss)随机过程,则快拍矢量也是广义平稳的,其协方差矩阵为

$$\mathbf{C}_{\mathrm{rr}}=\mathcal{E}\{[\boldsymbol{r}(t)-\mathcal{E}\{\boldsymbol{r}(t)\}][\boldsymbol{r}(t)-\mathcal{E}\{\boldsymbol{r}(t)\}]^{\mathrm{H}}\}=\mathcal{E}\{\boldsymbol{r}(t)\}\mathcal{E}\{\boldsymbol{r}^{\mathrm{H}}(t)\} \tag{3.9}$$

由于假设源信号 $r_k(t)$和传感器噪声 $n(t)$是均值为零[即$\mathcal{E}\{\boldsymbol{r}(t)\}=0,\mathcal{E}\{\boldsymbol{n}(t)\}=0$],且为广义平

稳的随机过程，又因源信号和加性噪声互不相关，进一步可得

$$\boldsymbol{C}_{\mathrm{rr}}=\boldsymbol{A}(\boldsymbol{\theta})\boldsymbol{C}_{\mathrm{gg}}\boldsymbol{A}^{\mathrm{H}}(\boldsymbol{\theta})+\sigma^2\boldsymbol{C}_{\mathrm{nn}} \tag{3.10}$$

其中，$\mathcal{E}\{\cdot\}$为期望值算子，^{H}表示复共轭转置运算。$L\times L$维源信号协方差矩阵为$\boldsymbol{C}_{\mathrm{rr}}=\mathcal{E}\{\boldsymbol{g}(t)\boldsymbol{g}^*(t)\}$，$M\times M$维噪声协方差矩阵为$\sigma^2\boldsymbol{C}_{\mathrm{gg}}=\mathcal{E}\{\boldsymbol{n}(t)\boldsymbol{n}^{\mathrm{H}}(t)\}$。对于非相干源，$\boldsymbol{C}_{\mathrm{gg}}$为对角阵。对于部分相干源，$\boldsymbol{C}_{\mathrm{gg}}$为非对角非奇异矩阵。若该源的一个子集为完全相干源，则$\boldsymbol{C}_{\mathrm{gg}}$为非对角奇异矩阵。最后，假设$\boldsymbol{C}_{\mathrm{nn}}$已知，噪声平均功率$\sigma^2$未知。

可以从协方差域来解决基本的到达角问题。其中，广义特征分析的概念非常重要。矩阵对$(\boldsymbol{C}_{\mathrm{rr}},\boldsymbol{C}_{\mathrm{nn}})$的(广义)特征分析如下：

$$\boldsymbol{C}_{\mathrm{rr}}\boldsymbol{e}_m=\lambda_m\boldsymbol{C}_m\boldsymbol{e}_m,\quad 1\leqslant m\leqslant M \tag{3.11}$$

标量λ_m称为**(广义)特征值**(generalized eigenvalue)。如果给定一些λ值，矢量$\boldsymbol{e}_m$能使式(3.11)成立，则该$M\times1$维矢量称为$\boldsymbol{C}_{\mathrm{rr}}$和$\boldsymbol{C}_{\mathrm{nn}}$的**广义特征矢量**(generalized eigenvector)，λ称为$\boldsymbol{C}_{\mathrm{rr}}$和$\boldsymbol{C}_{\mathrm{nn}}$关于广义特征矢量$\boldsymbol{e}_m$的广义特征值。$\lambda$的可能值应使下式①成立：

$$\det(\boldsymbol{C}_{\mathrm{rr}}-\lambda\boldsymbol{C}_{\mathrm{nn}})=0 \tag{3.12}$$

为了从协方差域来估计入射波场[8]的源到达角参数，先介绍下面几个性质。

● **性质 3.1**

由式(3.7)求得快拍矢量，并且令$M\times L$维方向矩阵$\boldsymbol{S}(\boldsymbol{\theta})$满秩，$L\times L$维源协方差矩阵$\boldsymbol{C}_{\mathrm{gg}}$的秩为$r$，$r\leqslant L$，则式(3.11)中特征值有如下性质：

$$\lambda_1\geqslant\lambda_2\geqslant\cdots\geqslant\lambda_r\geqslant\sigma^2$$

及

$$\lambda_{r+1}=\lambda_{r+2}=\cdots=\lambda_M=\sigma^2$$

其中$M-r$个特征值σ^2为**噪声特征值**(noise eigenvalue)，不同的r个特征值称为**信号特征值**(signal eigenvalue)。按此特征值分类，相关广义特征矢量有如下特征：

噪声特征矢量：噪声特征值σ^2相关的特征矢量包含在矩阵$\boldsymbol{C}_{\mathrm{gg}}\boldsymbol{A}^{\mathrm{H}}(\boldsymbol{\theta})$的零空间中，即

$$\boldsymbol{C}_{\mathrm{gg}}\boldsymbol{A}^{\mathrm{H}}(\boldsymbol{\theta})\boldsymbol{e}_k=\boldsymbol{0},\qquad k=r+1,\ r+2,\ \cdots,\ M$$

另外，如果源仅为部分相干源或不相干源，即$r=L$，则噪声特征矢量与入射平面波的每个方向矢量相互正交，即

$$\boldsymbol{A}^{\mathrm{H}}(\boldsymbol{\theta}_k)\boldsymbol{e}_m=0,\qquad k=r+1,\ r+2,\ \cdots,\ M$$

如果平面波的子集完全相干，则该正交性一般不成立。

信号特征矢量：信号特征值相关的特征矢量与$\boldsymbol{C}_{\mathrm{nn}}$相乘后，得到的每个结果都包含在方向矩阵的列空间中，即

$$\boldsymbol{C}_{\mathrm{nn}}\boldsymbol{e}_m=\boldsymbol{A}(\boldsymbol{\theta})\boldsymbol{a}_m\qquad 1\leqslant m\leqslant r$$

其中$\boldsymbol{a}_m$为$L\times1$维矢量。当且仅当不存在相干源时，矢量$\boldsymbol{C}_{\mathrm{nn}}\boldsymbol{e}_m$构成了$\boldsymbol{A}(\boldsymbol{\theta})$列空间的基。

---

① 这里作相关说明，满足形式$\boldsymbol{A}-\lambda\boldsymbol{B}$的矩阵集成为束，其中$\lambda$为复数。术语“矩阵束”(matrix pencil)也表示矩阵对$(\boldsymbol{A},\boldsymbol{B})$。如果$\boldsymbol{B}$可逆，则原问题可以转化为如下形式：

$$\boldsymbol{B}^{-1}\boldsymbol{A}\boldsymbol{v}=\lambda\boldsymbol{v}$$

该形式属于标准特征值问题。但在大多数情况下，并不提倡如上转换，而是直接按原形式求解广义特征问题，尤其在$\boldsymbol{A}$和$\boldsymbol{B}$为厄米特矩阵时更应注意，这是因为此时$\boldsymbol{B}^{-1}\boldsymbol{A}$一般不再是厄米特矩阵，解的许多重要性质不再有效。如果$\boldsymbol{A}$和$\boldsymbol{B}$为厄米特矩阵且$\boldsymbol{B}$为正定矩阵，则特征值λ为实数且与不同特征值相关的特征矢量$\boldsymbol{v}_1$和$\boldsymbol{v}_2$关于矩阵$\boldsymbol{B}$正交($\boldsymbol{v}_1^*\boldsymbol{B}\boldsymbol{v}_2=0$)。此时，一定存在一组广义特征矢量基。这种情况有时称为厄米特确定束或确定束(definite pencil)。

3.2.4 波达方向

利用快拍数据来估计单个源的到达角参数矢量,这些矢量表征了阵列的多个入射波场。估计的目的在于测定这些入射波场的到达角。这些到达角是对源自天线阵列远场的点源的方向估计。

一些直接方法直接利用原始的快拍采样数据:

$$\boldsymbol{r}(t_1), \boldsymbol{r}(t_2), \cdots, \boldsymbol{r}(t_N) \tag{3.13}$$

来估计源到达角参数。采样方案一般为均匀采样。其中一些直接方法包括典型的波束成形算法[9]、极大似然法及最小平方误差建模法。另外也有一些估计到达角参数矢量的非直接方法。这些方法依赖于具有性质 3.1 阵列协方差矩阵的特征(eigencharacteristics)。非直接方法包括基于噪声子空间的方法(如 MUSIC,该方法将在下一章进行讨论)和其他相似的基于信号子空间的方法。

在这些基于特征的方法中,必须首先用采样快拍矢量估计出阵列协方差矩阵。阵列协方差矩阵的标准估计为

$$\hat{\boldsymbol{C}}_{\mathrm{rr}} = \frac{1}{N}\sum_{n-1}^{N} r(t_n) r^{\mathrm{H}}(t_n) \tag{3.14}$$

其中,N 为快拍数。非直接仰角算法利用阵列协方差估计矩阵的上述特征来获得所需的仰角参数矢量估计值。

3.2.5 子空间方法

基于子空间的阵列处理方法首先需确定与协方差矩阵相关的信号和噪声子空间①。而这些子空间的性质的运用是使用该方法的核心。

子空间方法本质上是在“观察者方向”形成波束,并旋转该波束从而找到最大能量的射入方向。子空间方法间的不同点在于波束的形成方式及其分辨率、准确率和偏移度。

噪声子空间一类的的方法利用了关于噪声级特征值的特征矢量。而信号子空间一类的方法利用了关于信号级特征值的特征矢量。这里仅考虑前者。

3.2.5.1 特征矢量分解

所有基于子空间的方法均以协方差矩阵的特征值分解为基础:

$$\boldsymbol{C}_{\mathrm{rr}} = \mathcal{E}\{\boldsymbol{r}(t)\boldsymbol{r}^{\mathrm{H}}(t)\} \tag{3.15}$$

引入方向矩阵 $\boldsymbol{A}(\boldsymbol{\theta})$后,可以得到协方差矩阵:

$$\boldsymbol{C}_{\mathrm{rr}} = \boldsymbol{A}\,\mathcal{E}\{\boldsymbol{s}(t)\boldsymbol{s}^{\mathrm{H}}(t)\}\boldsymbol{A}^{\mathrm{H}} + \mathcal{E}\{\boldsymbol{n}(t)\boldsymbol{n}^{\mathrm{H}}(t)\} \tag{3.16}$$

以$\mathcal{E}\{\boldsymbol{s}(t)\boldsymbol{s}^{\mathrm{H}}(t)\} = \boldsymbol{C}_{\mathrm{ss}}$表示协方差矩阵。假设噪声符合独立同分布高斯分布,$\boldsymbol{n}(t)$的协方差矩阵为 $\boldsymbol{C}_{\mathrm{nn}} = \sigma^2\boldsymbol{I}$。因此,$\boldsymbol{C}_{\mathrm{rr}}$可以表示为

---

① 此处的子空间的数学结构称为矢量空间。域 F 中的矢量空间 V 为由矢量元素构成的集合,这些矢量应满足如下条件:V 中任意两个矢量α 和β 唯一决定矢量$\alpha+\beta$,且 V 中任意一个矢量α 与 F 中任意标量c 相乘后得到的结果$c \cdot \alpha$ 仍属于V,并具有如下性质:

1. V 中的加法运算满足阿贝尔(Abelian)交换群;
2. $c \cdot (\alpha+\beta) = c \cdot \alpha + c \cdot \beta$, $(c+c') \cdot \alpha = c \cdot \alpha + c' \cdot \alpha$(交换律);
3. $(cc') \cdot \alpha = c \cdot (c' \cdot \alpha)$, $1 \cdot \alpha = \alpha$。

$$\boldsymbol{C}_{rr}=\boldsymbol{A}\boldsymbol{C}_{ss}\boldsymbol{A}^{\mathrm{H}}+\sigma^2\boldsymbol{I} \tag{3.17}$$

又由于 $\boldsymbol{C}_{rr}$ 为正定厄米特矩阵，利用奇异值分解（SVD）方法得到：

$$\boldsymbol{C}_{rr}=\boldsymbol{E}\boldsymbol{\Lambda}\boldsymbol{E}^{\mathrm{H}} \tag{3.18}$$

其中 $\boldsymbol{E}$ 为酉矩阵①且 $\boldsymbol{\Lambda}=\mathrm{diag}[\lambda_1\quad\lambda_2\quad\cdots\quad\lambda_M]$，该对角阵包含的对角元素均为特征值，并按 $\lambda_1\geqslant\lambda_2\geqslant\cdots\geqslant\lambda_M\geqslant0$ 排列。

如果一个矢量 $\boldsymbol{r}$ 与 $\boldsymbol{A}^{\mathrm{H}}$ 正交（从而 $\boldsymbol{A}^{\mathrm{H}}\boldsymbol{r}=0$），则该矢量为 $\boldsymbol{C}_{rr}$ 关于特征值 σ^2 的特征矢量，这是因为

$$\boldsymbol{C}_{rr}\boldsymbol{r}=\boldsymbol{A}\boldsymbol{C}_{ss}\underbrace{\boldsymbol{A}^{\mathrm{H}}\boldsymbol{r}}_{=0}+\sigma^2\boldsymbol{r}=\sigma^2\boldsymbol{r} \tag{3.19}$$

$\boldsymbol{C}_{rr}$ 关于特征值 σ^2 的特征矢量属于 $\mathcal{N}\{\boldsymbol{A}^{\mathrm{H}}\}$，即 $\boldsymbol{A}^{\mathrm{H}}$ 的零空间。当且仅当 $L<M$ 时，则

$$\mathcal{N}\{A^{\mathrm{H}}\}=\mathcal{R}\{Q\},\qquad Q\in\mathcal{C}^{M\times(M-L)},\qquad \mathrm{rank}\{\boldsymbol{Q}\}=M-L \tag{3.20}$$

其中，$\mathcal{R}\{\boldsymbol{Q}\}$ 为 $\boldsymbol{Q}$ 的值域。

基于性质 3.1，可以将特征矢量分解为噪声矢量和信号矢量，且协方差矩阵 $\boldsymbol{C}_{rr}$ 可以表示为

$$\boldsymbol{C}_{rr}=\boldsymbol{E}_s\boldsymbol{\Lambda}_s\boldsymbol{E}_s^{\mathrm{H}}+\boldsymbol{E}_n\boldsymbol{\Lambda}_n\boldsymbol{E}_n^{\mathrm{H}} \tag{3.21}$$

特征矢量 $\boldsymbol{E}=[\boldsymbol{E}_s\quad\boldsymbol{E}_n]$ 构成一组标准正交基（即 $\boldsymbol{E}\boldsymbol{E}^{\mathrm{H}}=\boldsymbol{E}^{\mathrm{H}}\boldsymbol{E}=\boldsymbol{I}$）。

由 L 个矢量 $\boldsymbol{E}_s$ 展开的子空间定义为信号子空间，而由 $\boldsymbol{E}_n$ 展开的正交补空间定义为噪声子空间。该术语的命名是由于 $\mathrm{span}\{\boldsymbol{E}_s\}=\mathrm{span}\{\boldsymbol{A}\}\perp\mathrm{span}\{\boldsymbol{E}_n\}$。

另外，$\boldsymbol{Q}$ 的值域与 $\boldsymbol{A}$ 的值域互为正交补，这是因为

$$\mathcal{R}\{\boldsymbol{Q}\}=\mathcal{N}\{\boldsymbol{A}^{\mathrm{H}}\}=\mathcal{R}^{\dagger}\{\boldsymbol{A}\} \tag{3.22}$$

因此有

$$\mathcal{R}\{\boldsymbol{E}_s\}=\mathcal{R}\{\boldsymbol{A}\} \tag{3.23}$$

$$\mathcal{R}\{\boldsymbol{E}_n\}=\mathcal{R}^{\perp}\{\boldsymbol{A}^{\mathrm{H}}\} \tag{3.24}$$

$\mathcal{R}\{\boldsymbol{E}_s\}$ 称为信号子空间，$\mathcal{R}\{\boldsymbol{E}_n\}$ 称为噪声子空间。这些信号和噪声子空间的投影算子定义为

$$\boldsymbol{P}_A=\boldsymbol{A}\boldsymbol{A}^{\dagger}=\boldsymbol{E}_s(\boldsymbol{E}_s^{\mathrm{H}}\boldsymbol{E}_s)^{-1}\boldsymbol{E}_s^{\mathrm{H}}=\boldsymbol{E}_s\boldsymbol{E}_s^{\mathrm{H}} \tag{3.25}$$

$$\boldsymbol{P}_s=\boldsymbol{I}-\boldsymbol{A}\boldsymbol{A}^{\dagger}=\boldsymbol{E}_n(\boldsymbol{E}_n^{\mathrm{H}}\boldsymbol{E}_n)^{-1}\boldsymbol{E}_n^{\mathrm{H}}=\boldsymbol{E}_n\boldsymbol{E}_n^{\mathrm{H}} \tag{3.26}$$

其中，$\boldsymbol{A}^{\dagger}$ 为 $\boldsymbol{A}$ 伪逆②矩阵。

3.2.6 波束成形到达角估计

快拍矢量式(3.7)由经噪声污染的时变源方向矢量的线性组合构成。第 k 个方向矢量是阵列对来自 $\boldsymbol{\theta}_k=[\phi_k\quad\theta_k]^{\mathrm{T}}$ 方向的信号的响应。因此，在每一个时刻，快拍矢量在每个入射源方向矢量的方向上有一个非零元素。波束成形方法是将采样的快拍矢量数据按一个波前模型来排列。可以采用下述误差准则作为判据：

$$c_{\mathrm{bf}}(\boldsymbol{\theta}_1\{g_1(t_n)\})=\sum_{n=1}^{N}[\boldsymbol{r}(t_n)-g_1(t_n)\boldsymbol{s}(\boldsymbol{\theta}_1)]^{\mathrm{H}}[\boldsymbol{r}(t_n)-g_1(t_n)\boldsymbol{s}(\boldsymbol{\theta}_1)] \tag{3.27}$$

---

① 一个 $n\times n$ 复矩阵 $\boldsymbol{U}$ 若为酉矩阵，则需满足

$$\boldsymbol{U}\boldsymbol{U}^{\mathrm{H}}=\boldsymbol{U}^{\mathrm{H}}\boldsymbol{U}=\boldsymbol{I}_n$$

该条件暗示了 $\boldsymbol{U}^{\mathrm{H}}=\boldsymbol{U}^{-1}$。

② 当 $m\times n$ 维矩阵 $\boldsymbol{F}$ 满秩，其 Moore-Penrose 伪逆计算如下：

$m<n$：$\boldsymbol{F}^{\dagger}=\boldsymbol{F}^{\mathrm{H}}(\boldsymbol{F}\boldsymbol{F}^{\mathrm{H}})^{-1}$

$m>n$：$\boldsymbol{F}^{\dagger}=(\boldsymbol{F}^{\mathrm{H}}\boldsymbol{F})^{-1}\boldsymbol{F}^{\mathrm{H}}$

其中，$g_1(t_n)$和$\boldsymbol{\theta}_1$分别表示采样单一源信号和源到达角参数矢量。要找到

$$\min_{\boldsymbol{\theta}_1 g_1(t_n)} c_{\mathrm{bf}}(\boldsymbol{\theta}_1,\{g_1(t_n)\}) \tag{3.28}$$

当所找到的最小值足够小，则存在极大的可能性在单一源到达角参数向量处出现波前。

对于任何参数矢量，其相应的最优单一源包络信号通过令式(3.27)中单一源信号的实部和虚部的导数为零来获得。如此得到最优单一源包络采样信号：

$$g_1^{\mathrm{opt}}(t_n)=\frac{1}{M}\boldsymbol{s}^{\mathrm{H}}(\boldsymbol{\theta}_1)\boldsymbol{r}(t_n),\quad 1\leqslant n\leqslant N \tag{3.29}$$

将式(3.29)代入式(3.27)可得：

$$c_{\mathrm{bf}}(\boldsymbol{\theta}_1,\{g_1^{\mathrm{opt}}(t_n)\})=\sum_{n=1}^{N}\boldsymbol{r}^{\mathrm{H}}(t_n)\boldsymbol{r}(t_n)-\frac{N}{M}\boldsymbol{s}^{\mathrm{H}}(\boldsymbol{\theta}_1)\hat{\boldsymbol{C}}_{\mathrm{rr}}\boldsymbol{s}(\boldsymbol{\theta}_1) \tag{3.30}$$

其中$\hat{\boldsymbol{C}}_{\mathrm{rr}}$由式(3.14)给出。

当N和M固定不变时，找到使式(3.30)最小的$\boldsymbol{\theta}$值等效于最大化波束成形函数：

$$bf(\boldsymbol{\theta}_1)=\boldsymbol{s}^{\mathrm{H}}(\boldsymbol{\theta}_1)\hat{\boldsymbol{C}}_{\mathrm{rr}}\boldsymbol{s}(\boldsymbol{\theta}_1) \tag{3.31}$$

由于式(3.31)的非线性特性，不可能找到一个$bf(\boldsymbol{\theta}_1)$的闭式解，而会是通过对$\boldsymbol{\theta}_1$细分而得到的解，如此得到的$\boldsymbol{\theta}_1$能使函数局部最大化，该$\boldsymbol{\theta}_1$即为潜在的多个入射源的估计。另外，引入插值方法对此估计进行优化(3.3节将讨论插值方法)。

3.2.7 最大似然到达角估计

如果式(3.7)中的加性噪声服从高斯分布，就采用最小平方估计准则的估计的最小值估算最大似然估计到达角值。这种情况下，噪声级特征值的最大似然估计值为

$$\delta^2=\frac{1}{NM}\sum_{n=1}^{N}[\boldsymbol{r}(t_n)-\boldsymbol{A}(\boldsymbol{\theta})\boldsymbol{g}(t_n)]^{\mathrm{H}}\boldsymbol{C}_{\mathrm{nn}}^{-1}[\boldsymbol{r}(t_n)-\boldsymbol{A}(\boldsymbol{\theta})\boldsymbol{g}(t_n)] \tag{3.32}$$

$\boldsymbol{\theta}$的最大似然估计值通过最小化最大似然准则而得：

$$c_{\mathrm{ml}}(\boldsymbol{\theta})=\sum_{n=1}^{N}[\boldsymbol{r}(t_n)-\boldsymbol{A}(\boldsymbol{\theta})\boldsymbol{g}(t_n)]^{\mathrm{H}}\boldsymbol{C}_{\mathrm{nn}}^{-1}[\boldsymbol{r}(t_n)-\boldsymbol{A}(\boldsymbol{\theta})\boldsymbol{g}(t_n)] \tag{3.33}$$

同样，由于式(3.33)的非线性性质，使式(3.30)的最小$\boldsymbol{\theta}$值没有闭合解。尽管可以通过类似波束成形中的直接赋值方法来计算估计值，但却会有很高的计算复杂度。这是因为该方法所用到的参数个数相当于所有入射波场的未知参数个数。而仅分析单个波场的波束成形时却没有遇到这个问题。当然，也可采用非线性规划的方法迭代找出最优值$\boldsymbol{\theta}^{\mathrm{opt}}$。3.2.9节将讨论这种迭代方法。

3.2.8 最小均方误差到达角估计

快拍矢量是用于估计多个入射信号的单个源到达角参数的。许多到达角算法中需要选择到达角参数矢量，因此快拍矢量模型在一定程度上与这些测量方法相互兼容。为此，下述平方误差和准则即为其常用的准则：

$$c_{\mathrm{lse}}(\boldsymbol{\theta},\{g(t_n)\})=\sum_{n=1}^{N}[\boldsymbol{r}(t_n)-\boldsymbol{A}(\boldsymbol{\theta})\boldsymbol{g}(t_n)]^{\mathrm{H}}\boldsymbol{W}[\boldsymbol{r}(t_n)-\boldsymbol{A}(\boldsymbol{\theta})\boldsymbol{g}(t_n)] \tag{3.34}$$

其中，$\boldsymbol{W}$为正定厄米特矩阵。可以发现，最大似然准则属于这种形式，其中$\boldsymbol{W}=\boldsymbol{C}_{\mathrm{nn}}^{-1}$。该加权准则是到达角参数矢量和采样源信号$\{\boldsymbol{g}(t_n)\}$的函数。希望找到这些矢量的对应值，使得存在一个全局最小值满足式(3.34)，从而在式(3.34)描述的加权最小平方误差意义上，提供了一个与传感器数据尽可能兼容的多源模型。

类似地，使式(3.34)最小的参数 $\boldsymbol{\theta}$ 值和 $\{\boldsymbol{g}(t_n)\}$ 没有闭合解。正如最大似然方法，一般需要采用非线性规划方法迭代产生最优参数值。

3.2.9 从到达角参数中分离采样源信号

采用非线性规划方法时的计算复杂度与未知参数的个数成正比，因此应尽可能减少未知参数的个数。本节将讨论这种方法。

观察平方误差准则式(3.34)，可发现源信号是以加权二次形式呈现的，因此将采用标准微积分计算出与任意到达角参数矢量相关的源信号的最优解。若得到的最优解能代回到平方误差准则中，则该准则即成为到达角参数矢量的唯一函数。Golub 和 Peryra 首先在未加权情况(即 $\boldsymbol{W}=\boldsymbol{I}$)下发现这种可能性，并采用自回归(AR)分解来实现分离操作[10]。同样地，可以采用广义 Gram-Schmidt 正交化方法来实现。对此，可以总结出如下几点性质[11]：

● **性质 3.2**

设 $M\times L$ 维方向矩阵 $\boldsymbol{A}(\boldsymbol{\theta})$ 满秩，从而可以对该矩阵进行因式分解 $\boldsymbol{A}(\boldsymbol{\theta})=\boldsymbol{Q}(\boldsymbol{\theta})\boldsymbol{R}(\boldsymbol{\theta})$，其中 $\boldsymbol{Q}(\boldsymbol{\theta})$ 为 $M\times L$ 维正交矩阵，从而 $\boldsymbol{Q}^*(\boldsymbol{\theta})\boldsymbol{W}\boldsymbol{Q}(\boldsymbol{\theta})=\boldsymbol{I}$ 且 $\boldsymbol{R}(\boldsymbol{\theta})$ 为 $L\times L$ 维非奇异上三角阵(这就是 QR 分解①[12])。因此可以得到仰角参数矢量的最优源信号：

$$g^{\text{opt}}(t_n)=\boldsymbol{R}^{-1}(\boldsymbol{\theta})\boldsymbol{Q}^{\text{H}}(\boldsymbol{\theta})\boldsymbol{W}\boldsymbol{r}(t_n),\quad 1\leqslant n\leqslant N \tag{3.35}$$

这些最优源振幅的加权平方误差准则式(3.34)是

$$c_{\text{lse}}(\boldsymbol{\theta},\{\boldsymbol{g}^{\text{opt}}(t_n)\})=\sum_{n=1}^{N}\boldsymbol{r}^{\text{H}}(t_n)\boldsymbol{W}\boldsymbol{r}(t_n)-\sum_{n=1}^{N}\boldsymbol{r}^*(t_n)\boldsymbol{W}\boldsymbol{Q}(\boldsymbol{\theta})\boldsymbol{Q}^{\text{H}}(\boldsymbol{\theta})\boldsymbol{W}\boldsymbol{r}(t_n) \tag{3.36}$$

基于上述结果，采用以下步骤求解随之而来的到达角问题：

(1) 找到能使式(3.36)最小的到达角参数矢量；

(2) 采用式(3.35)决定相关最优采样源信号。

如前所述，上述第一步由于求解过程中的非线性性而较难实现，因此出于复杂度的考虑，将采用非线性规划方法求解。3.2.11 节将讨论非线性规划方法。

3.2.10 Gram-Schmidt 正交化

给定两个矢量集 $\{\boldsymbol{u}\}$ 和 $\{\boldsymbol{v}\}$，定义映射操作符为

$$\text{proj}_{\boldsymbol{u}}(\boldsymbol{v})=\frac{\langle\boldsymbol{v},\boldsymbol{u}\rangle}{\langle\boldsymbol{u},\boldsymbol{u}\rangle}\boldsymbol{u} \tag{3.37}$$

其中，$\langle\boldsymbol{u},\boldsymbol{v}\rangle$ 表示矢量 $\boldsymbol{u}$ 和矢量 $\boldsymbol{v}$ 的内积。该操作符将矢量 $\boldsymbol{v}$ 正交映射到矢量 $\boldsymbol{u}$ 上。Gram-Schmidt 过程[13~17]则为

$$\boldsymbol{u}_1=\boldsymbol{v}_1,\qquad \boldsymbol{e}_1=\frac{\boldsymbol{u}_1}{\|\boldsymbol{u}_1\|}$$

$$\boldsymbol{u}_2=\boldsymbol{v}_2-\text{proj}_{\boldsymbol{u}_1}(\boldsymbol{v}_2),\qquad \boldsymbol{e}_2=\frac{\boldsymbol{u}_2}{\|\boldsymbol{u}_2\|}$$

$$\boldsymbol{u}_3=\boldsymbol{v}_3-\text{proj}_{\boldsymbol{u}_1}(\boldsymbol{v}_3)-\text{proj}_{\boldsymbol{u}_2}(\boldsymbol{v}_3),\qquad \boldsymbol{e}_3=\frac{\boldsymbol{u}_3}{\|\boldsymbol{u}_3\|}$$

---

① 矩阵的 QR 分解(又称 QR 因式分解)即为将矩阵 $\boldsymbol{A}$ 分解为 $\boldsymbol{A}=\boldsymbol{QR}$，其中 $\boldsymbol{Q}$ 为正交矩阵，$\boldsymbol{R}$ 为上三角阵。如果 $\boldsymbol{A}$ 的列向量间相互独立(设有 n 个)，则 $\boldsymbol{Q}$ 的前 n 个列向量组成了 $\boldsymbol{A}$ 的列空间的正交基。更具体而言，$\boldsymbol{Q}$ 的前 k 个列向量组成了 $\boldsymbol{A}$ 的前 k 个列向量的正交基，其中 $1\leqslant k\leqslant n$。而 $\boldsymbol{R}$ 的三角阵形式保证了 $\boldsymbol{A}$ 的任意 k 个列向量仅与 $\boldsymbol{Q}$ 的前 k 个列向量有关。

$$\vdots$$

$$\boldsymbol{u}_k = \boldsymbol{v}_k - \sum_{j=1}^{K-1} \mathrm{proj}_{\boldsymbol{u}_j}(\boldsymbol{v}_k), \qquad \boldsymbol{e}_k = \frac{\boldsymbol{u}_k}{\|\boldsymbol{u}_k\|}$$

该过程的最初两步如图 3.3 所示。序列 $\boldsymbol{u}_1,\boldsymbol{u}_2,\cdots,\boldsymbol{u}_k$ 为正交矢量所需系统,归一化矢量 $\boldsymbol{e}_1,\boldsymbol{e}_2,\cdots,\boldsymbol{e}_k$ 组成**标准正交**(orthonormal)集。计算序列 $\boldsymbol{u}_1,\boldsymbol{u}_2,\cdots,\boldsymbol{u}_k$ 的过程即为 Gram-Schmidt 正交化过程,计算序列 $\boldsymbol{e}_1,\boldsymbol{e}_2,\cdots,\boldsymbol{e}_k$ 的过程则为 Gram-Schmidt 标准正交化过程。

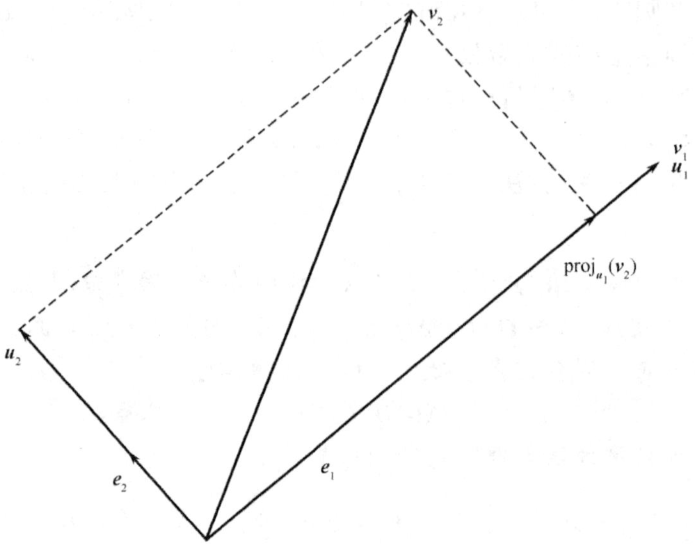

图 3.3 Gram-Schmidt 过程的最初两步

3.2.11 非线性规划

本节讨论最小化式(3.34)所用到的非线性规划方法。首先,寻找最小化辅助函数式(3.36)的到达角参数矢量,该操作等效于最大化式(3.36)中的第二项:

$$d(\boldsymbol{\theta}) = \sum_{n=1}^{N} \boldsymbol{r}^{\mathrm{H}}(t_n)\boldsymbol{W}\boldsymbol{Q}(\boldsymbol{\theta})\boldsymbol{Q}^{\mathrm{H}}(\boldsymbol{\theta})\boldsymbol{W}\boldsymbol{r}(t_n) \tag{3.38}$$

设 $\boldsymbol{\theta}^{\mathrm{opt}}$ 表示使辅助方程最大化的最优到达角参数矢量,则相应的最优源振幅因子由式(3.35)得到。

这些非线性规划方法增量地干扰经系统性优化的参数,使得最大化过程中函数值单调增长。如此得到的参数序列通常收敛于函数的相对极大值上。考虑到 $t\times 1$ 维仰角参数矢量[$t=2L$,每个入射波场有两个参数(一个是方位角,另一个是俯仰角)],增量干扰法的数学形式如下:

$$\boldsymbol{\theta}^{(k+1)} = \boldsymbol{\theta}^{(k)} + \alpha_k \boldsymbol{p}^{(k)} \tag{3.39}$$

其中,$\boldsymbol{\theta}^{(k)}$,$\boldsymbol{p}^{(k)}$ 和 α_k 分别表示第 k 步迭代过程中的到达角参数矢量、扰动矢量和标量步长。不同的非线性规划方法算法各异,因此它们的性质(如收敛率)各异,这取决于所选扰动矢量的不同及标量步长的不同。所有情况下,一旦满足下列增长条件,函数值也有所增长:

$$d_m[\boldsymbol{\theta}^{(k+1)}] > d_m[\boldsymbol{\theta}^{(k)}] \tag{3.40}$$

否则,函数值不增,或函数值并不收敛。

用于求解这些系统的非线性规划算法需要测定梯度矢量和最大化函数的雅可比矩阵。比如,高斯-牛顿法相关的扰动矢量如下:

$$\boldsymbol{p}_{\mathrm{GN}}^{(k)}=[\mathrm{Re}\{\boldsymbol{J}_{\mathrm{d}}^{\mathrm{H}}[\theta^{(k)}]\boldsymbol{J}_{\mathrm{d}}[\theta^{(k)}]\}]^{-1}\nabla d_m[\boldsymbol{\theta}^{(k)}] \tag{3.41}$$

对于 Levenberg-Marquardt 算法①，扰动矢量为

$$\boldsymbol{p}_{\mathrm{LM}}^{(k)}=[\mathrm{Re}\{\boldsymbol{J}_{\mathrm{d}}^{\mathrm{H}}[\theta^{(k)}]\boldsymbol{J}_{\mathrm{d}}[\theta^{(k)}]+\mu\boldsymbol{I}_{\mathrm{p}}\}]^{-1}\nabla d_m[\boldsymbol{\theta}^{(k)}] \tag{3.42}$$

在上述表达式中，最大化辅助函数有关的梯度矢量用$\nabla d_m[\boldsymbol{\theta}^{(k)}]$表示，而雅可比矩阵则用$\boldsymbol{J}_{\mathrm{d}}[\boldsymbol{\theta}^{(k)}]$表示。$NM\times t$ 维雅可比矩阵如下：

$$\boldsymbol{J}_{\mathrm{d}}(\boldsymbol{\theta})=\begin{bmatrix}\dfrac{\partial\boldsymbol{Q}(\boldsymbol{\theta})\boldsymbol{Q}^{\mathrm{H}}(\boldsymbol{\theta})}{\partial\theta(1)}\boldsymbol{r}_1 & \cdots & \dfrac{\partial\boldsymbol{Q}(\boldsymbol{\theta})\boldsymbol{Q}^{\mathrm{H}}(\boldsymbol{\theta})}{\partial\theta(t)}\boldsymbol{r}_1\\ \vdots & \ddots & \vdots\\ \dfrac{\partial\boldsymbol{Q}(\boldsymbol{\theta})\boldsymbol{Q}^{\mathrm{H}}(\boldsymbol{\theta})}{\partial\theta(1)}\boldsymbol{r}_N & \cdots & \dfrac{\partial\boldsymbol{Q}(\boldsymbol{\theta})\boldsymbol{Q}^{\mathrm{H}}(\boldsymbol{\theta})}{\partial\theta(t)}\boldsymbol{r}_N\end{bmatrix} \tag{3.43}$$

其中 $\theta(k)$为 $t\times 1$ 维俯仰角参数矢量中的方位角和俯仰角项。同样地，$t\times 1$ 维梯度矢量为

$$\nabla_{\boldsymbol{\theta}} d(\boldsymbol{\theta})=\mathrm{Re}\left\{\boldsymbol{J}_{\mathrm{d}}^{*}(\boldsymbol{\theta})\begin{bmatrix}\boldsymbol{Q}(\boldsymbol{\theta})\boldsymbol{Q}^{\mathrm{H}}(\boldsymbol{\theta})\boldsymbol{r}_1\\ \boldsymbol{Q}(\boldsymbol{\theta})\boldsymbol{Q}^{\mathrm{H}}(\boldsymbol{\theta})\boldsymbol{r}_2\\ \vdots\\ \boldsymbol{Q}(\boldsymbol{\theta})\boldsymbol{Q}^{\mathrm{H}}(\boldsymbol{\theta})\boldsymbol{r}_N\end{bmatrix}\right\} \tag{3.44}$$

利用上述雅可比矩阵和梯度矢量，可以方便地运用高斯-牛顿法和 Levenberg-Marquardt 算法解决非线性最小二乘问题。采用这两种方法中任意一种产生的到达角矢量序列收敛速度都很快(如二次收敛)。

3.3　其他到达角估计方法

接下来要讨论的一些方法在其他文献中有详细的说明和细致的分析[18~20]。为保持完整性，在此对其进行简要描述，但不再细致地分析。感兴趣的读者请参阅参考文献。

3.3.1　相位相干法

相位相干法利用天线阵列入射信号的相位差来估计到达角。图 3.4 阐述了此方法的概念。图中，两根天线形成了一条基线。这种情况下，信号 $s(t)$入射左侧天线比入射右侧天线延

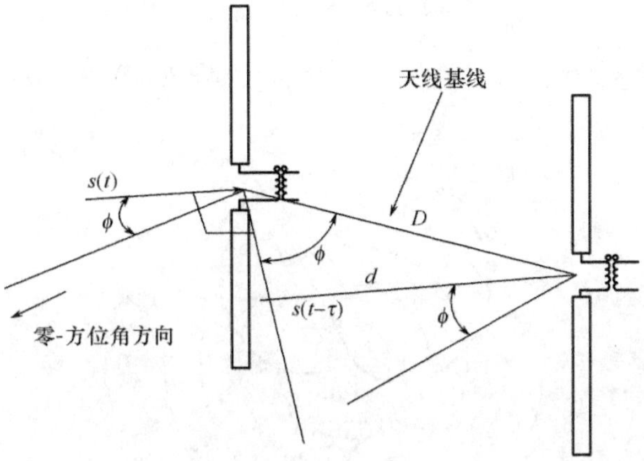

图 3.4　干涉仪

① 这些算法的简要描述见附录 B。

迟了一段时间 τ,这段时间延迟造成了天线信号中的相位偏移。该方法的思想在于通过测量相位差来估计到达角 ϕ。利用下式可以方便地计算到达角值:

$$\tau=\frac{D}{c}\cos\phi \tag{3.45}$$

其中 c 为传播速度。单基线容易造成左右模糊问题,通常通过增加一到多根天线,从而形成多条基线来解决这个问题。

3.3.2 比幅系统

测向方法中历史上应用最为广泛的当属采用爱德考克天线的 Watson-Watt 比幅测向系统。一组四阵元爱德考克天线的阵列如图 3.5 所示。图中四根偶极天线挂在天线杆顶部(单极天线或环形天线以及其他种类的天线也可)。辨向天线很少用一根单独的天线来实现,而是通过四根天线的输出合成来实现。

该配置下简要的方框图如图 3.6 所示,N 和 S 天线输出汇于正确配置的变压器中,E 和 W 天线的输出同理。两幅天线方向图如此组成正交心形图,如图 3.7 所示。这两个信号由各自的接收机接收,并降为基带信号。将两个信号的幅度值相比,该比值(有模糊)给出了到达角值,辨向天线则用于去除模糊。

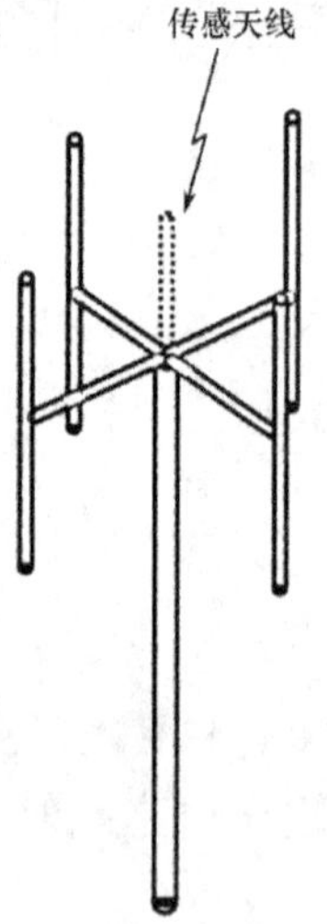

图 3.5 四阵元爱德考克阵列

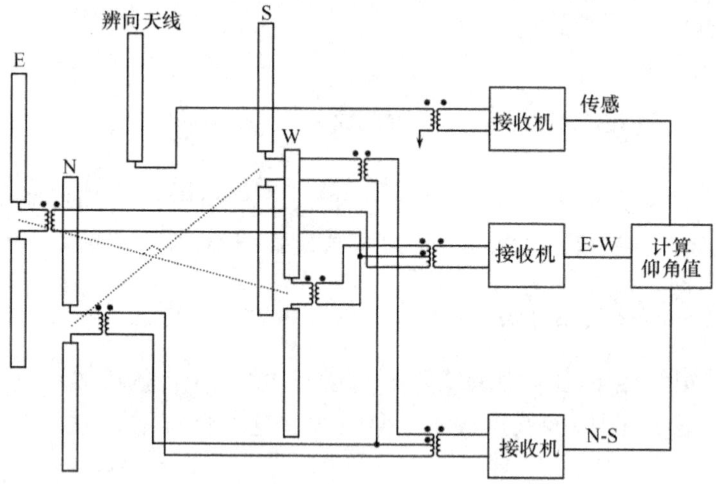

图 3.6 Watson-Watt 比幅测向系统

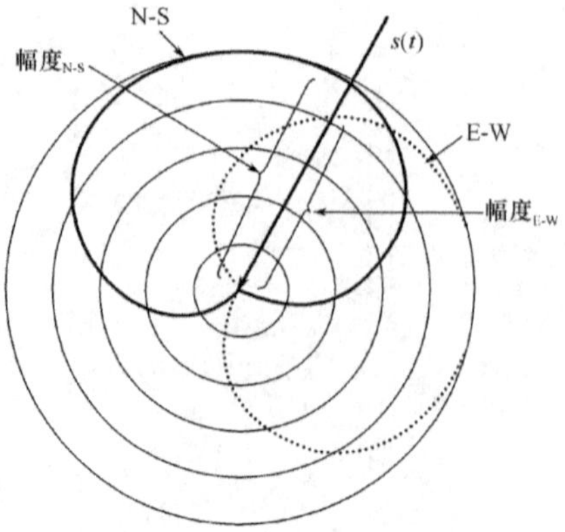

图 3.7 心形图

3.3.3　多普勒测向仪

正如参考文献[21]中所示，多普勒效应可以用于进行到达角估计。当移动传感器移向某一发射设备时，传感器收到的信号频率将比其远离该设备时更高。因此，旋转速率一定的绕着静止天线旋转的天线，其输出的信号相比于静止的天线输出的信号，频率变化具有一定的周期性，见图 3.8，频移量的大小指示了目标信号俯仰角的大小。

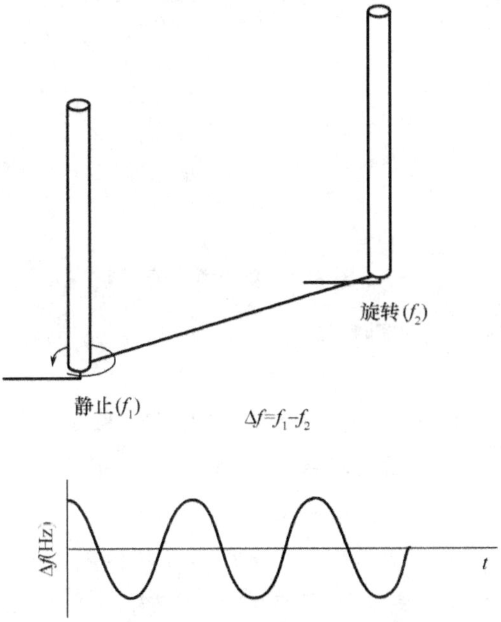

图 3.8　多普勒效应

3.4　最小均方误差相位干涉仪

3.4.1　简介

出于机动性的需要，电子战系统的测向仪通常采用紧凑的偶极天线或单极天线圆形阵列，图 3.9 所示的爱德考克天线阵列就是这种天线之一。N、E、S、W 四个天线单元的输出采用此种组合，从而可以估算入射该阵列信号的到达角。

3.4.2　算法

图 3.9 定义了入射阵列信号 $s(t)$的到角 ϕ。以阵列中心为参考点，天线输出为

$$\begin{aligned}N&=s(t+\tau_1)+n_1(t)=x_1(t)\\E&=s(t+\tau_2)+n_2(t)=x_2(t)\\S&=s(t-\tau_1)+n_3(t)=x_3(t)\\W&=s(t-\tau_2)+n_4(t)=x_4(t)\end{aligned}\tag{3.46}$$

其中，

$$\tau_1=\frac{R\cos\phi}{c},\qquad\tau_2=\frac{R\sin\phi}{c}\tag{3.47}$$

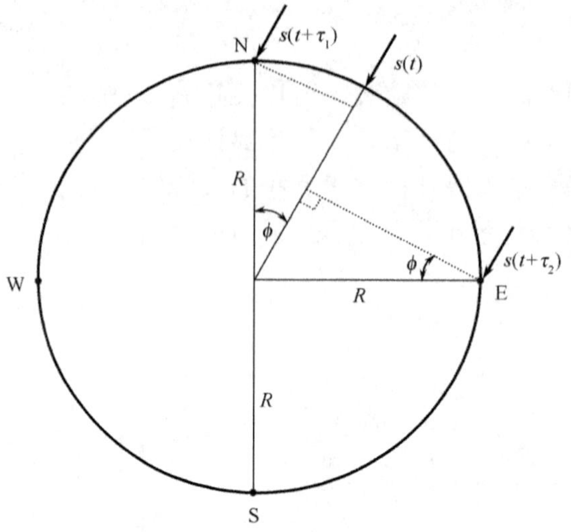

图 3.9 爱德考克阵列

且 R 为阵列半径,c 为信号速度,加性噪声 $n_i(t),i=1,\cdots,4$ 为相互独立且与 $s(t)$ 相独立的随机过程。

对输出按 $f_s=1/T$ 进行采样,不失一般性,假设 $T=1$,则采样输出为

$$\begin{aligned}x_1(n)&=s(n+\tau_1)+n_1(n)\\x_2(n)&=s(n+\tau_2)+n_2(n)\\x_3(n)&=s(n-\tau_1)+n_3(n)\\x_4(n)&=s(n-\tau_2)+n_4(n)\end{aligned}\tag{3.48}$$

其中,$n=0,1,\cdots,N-1$。

噪声样本 $n_i(t)$ 服从零均值、方差为 σ^2 的高斯分布,为**有限带宽白噪声**(band-limited white noise,BLWN),$x_i(n)$ 的离散时间傅里叶变换为

$$X_i(k)=\sum_{n=0}^{N-1}X_i(n)\mathrm{e}^{-\mathrm{j}\omega_k n}\tag{3.49}$$

其中,

$$\omega_k=\frac{2\pi k}{N}\tag{3.50}$$

将式(3.48)代入式(3.49),可得

$$\begin{aligned}X_1(k)&=S(k)\mathrm{e}^{\mathrm{j}\omega k\tau_1}+N_1(k)\\X_2(k)&=S(k)\mathrm{e}^{\mathrm{j}\omega k\tau_2}+N_2(k)\\X_3(k)&=S(k)\mathrm{e}^{-\mathrm{j}\omega k\tau_1}+N_3(k)\\X_4(k)&=S(k)\mathrm{e}^{-\mathrm{j}\omega k\tau_2}+N_4(k)\end{aligned}\tag{3.51}$$

其中,

$$S(k)=\sum_{n=0}^{N-1}s(n)\mathrm{e}^{-\mathrm{j}\omega_k n}\tag{3.52}$$

为 $s(n)$ 的离散时间傅里叶变换,$N_i(k)$ 为 n_i 的离散时间傅里叶变换。根据傅里叶变换中的时变和相变关系,式(3.52)可以写为

$$S(k)\mathrm{e}^{\pm\mathrm{j}\omega_k\tau_i}=\sum_{n=0}^{N-1}s(n\pm\tau_i)\mathrm{e}^{-\mathrm{j}\omega_k n},\quad i=1,2\tag{3.53}$$

$S(k)$则可以写成极坐标形式：

$$S(k)=|S(k)|e^{j\xi_k} \tag{3.54}$$

其中，ξ_k 为 $S(k)$的相位。这样，问题就转化为如何从 $X_i(k)$中估计 ξ。

整个过程是一个干涉仪型的到达时间差估计过程。通过找到 N-S 和 E-W 天线输出间的最小平方差到达时间差估计来确定 τ_1 和 τ_2。N-S 的到达时间差为 $2\tau_1$，该值由 $X_1(k)X_3^*(k)$的相位与通过给定频率所求得的相位经最小均方差拟合后而得。重复该步骤同样可得 E-W 的到达时间差为 $2\tau_2$。由式(3.47)可得

$$\tau_1^2+\tau_2^2=\frac{R^2}{c^2} \tag{3.55}$$

将式(3.55)整体代入两个最小均方差拟合中可以提高拟合精度。

首先考虑 $X_1(k)$和 $X_3(k)$经最小均方差拟合后所得的 τ_1，其解为

$$\hat{\tau}_1=\frac{1}{2}\frac{\sum\limits_{n=1}^{(N/2)N/2-1}W_n\omega_n\varphi_n}{\sum\limits_{n=1}^{(N/2)-1}W_n\omega_n^2} \tag{3.56}$$

其中，

$$\omega_n=\frac{2\pi n}{L} \tag{3.57}$$

$$W_n=\frac{|\hat{\gamma}(n)|^2}{1-|\hat{\gamma}(n)|^2} \tag{3.58}$$

且

$$\varphi_k=\arctan\frac{\text{Im}\{\sum\limits_{l=1}^{N_s}X_{1l}(k)X_{3l}^*(k)\}}{\text{Re}\{\sum\limits_{l=1}^{N_s}X_{1n}(k)X_{3l}^*(k)\}} \tag{3.59}$$

为 $X_1(k)$和 $X_3(k)$的互相关谱的相位。其平方相关性估计为

$$|\hat{\gamma}(k)|^2=\frac{\left|\sum\limits_{l=1}^{N_s}X_{1l}(k)X_{3l}^*(k)\right|^2}{\sum\limits_{l=1}^{N_s}|X_{1l}(k)|\sum\limits_{l=1}^{N_s}|X_{3l}(k)|} \tag{3.60}$$

注意不要与其他地方的信噪比和 γ 相混淆。从式(3.57)到式(3.60)可以看出，谱分量 $X_{1l}(k)$和 $X_{3l}(k)$为 $x_1(n)$和 $x_3(n)$的离散时间傅里叶变换的第 l 段，$n=0,1,\cdots,N-1$。这些谱分量通过将 N 点序列分为 L 个点 N_s 段而得来，这些段相互有 50%的重叠，因此 $N=1024$，$N_s=7$，$L=253$。

同样地，令$\hat{\tau}_2$ 为由 $x_3(n)$和 $x_4(n)$求得的到达时间差，且式(3.56)中 $\tilde{\varphi}_k$ 和$\hat{W}_k$ 为相应相位和权重。

为了将约束式(3.55)与 τ_1 和 τ_2 的联合估计相结合，采用了拉格朗日乘数法[18]。考虑代价函数：

$$J=[\boldsymbol{B\tau}-\boldsymbol{b}]^{\mathrm{T}}[\boldsymbol{B\tau}+\boldsymbol{b}]+l\left[\boldsymbol{\tau}^{\mathrm{T}}\boldsymbol{\tau}-\frac{R^2}{c^2}\right] \tag{3.61}$$

其中 l 为拉格朗日乘数。需要求其值的未知矢量为

$$\boldsymbol{\tau}=[\boldsymbol{\tau}_1 \quad \boldsymbol{\tau}_2]^{\mathrm{T}} \tag{3.62}$$

和

$$\boldsymbol{B}=\begin{bmatrix} \sqrt{W_1}\omega_1 & 0 \\ \vdots & \vdots \\ \sqrt{W_{(L/2)-1}}\omega_{(L/2)-1} & 0 \\ 0 & \sqrt{\widetilde{W}_1}\,\widetilde{\omega}_1 \\ \vdots & \vdots \\ 0 & \sqrt{\widetilde{W}_{(L/2)-1}}\widetilde{\omega}_{(L/2)-1} \end{bmatrix} \tag{3.63}$$

以及

$$\boldsymbol{b}=\frac{1}{2}\begin{bmatrix} \sqrt{W_1}\varphi_1 \\ \vdots \\ \sqrt{W_{(L-2)-1}}\varphi_{(L/2)-1} \\ \cdots \\ \sqrt{\widetilde{W}_1}\,\widetilde{\varphi}_1 \\ \vdots \\ \sqrt{\widetilde{W}_{(L/2)-1}}\widetilde{\varphi}_{(L/2)-1} \end{bmatrix} \tag{3.64}$$

为找到使 J 达到最小值的 $\boldsymbol{\tau}$,分别对 $\boldsymbol{\tau}$ 和 l 求导,并使求导后的式子等于零,则可得

$$\frac{\partial J}{\partial \boldsymbol{\tau}}=2\boldsymbol{B}^{\mathrm{T}}\boldsymbol{A}\boldsymbol{\tau}-2\boldsymbol{B}^{\mathrm{T}}\boldsymbol{b}+2l\boldsymbol{\tau}=0 \tag{3.65}$$

$$\frac{\partial J}{\partial l}=\boldsymbol{\tau}^{\mathrm{T}}\boldsymbol{\tau}-\frac{R^2}{c^2}=0 \tag{3.66}$$

或

$$[\boldsymbol{B}^{\mathrm{T}}\boldsymbol{B}+l\boldsymbol{I}]\boldsymbol{\tau}=\boldsymbol{B}^{\mathrm{T}}\boldsymbol{b} \tag{3.67}$$

又有

$$\boldsymbol{B}^{\mathrm{T}}\boldsymbol{B}=\begin{bmatrix} \sum_{k=1}^{(L/2)-1}W_k\omega_k^2 & 0 \\ 0 & \sum_{k=1}^{(L/2)-1}\widetilde{W}_k\omega_k^2 \end{bmatrix} \tag{3.68}$$

且

$$\boldsymbol{B}^{\mathrm{T}}\boldsymbol{b}=\frac{1}{2}\begin{bmatrix} \sum_{k=1}^{(L/2)-1}W_k\omega_k\varphi_k \\ \sum_{k=1}^{(L/2)-1}\widetilde{W}_k\omega_k\widetilde{\varphi}_k \end{bmatrix} \tag{3.69}$$

则求解式(3.65)可得

$$\begin{bmatrix} \hat{\tau}_1 \\ \hat{\tau}_2 \end{bmatrix}=\frac{1}{2}\begin{bmatrix} \dfrac{a_1}{b_1+l} \\ \dfrac{a_2}{b_2+l} \end{bmatrix} \tag{3.70}$$

其中,

$$\begin{aligned} a_1 &= \sum_{k=1}^{(L/2)-1} W_k\omega_k\varphi_k, \qquad & b_1 &= \sum_{k=1}^{(L/2)-1} W_k\omega_k^2 \\ a_2 &= \sum_{k=1}^{(L/2)-1} \widetilde{W}_k\omega_k\widetilde{\varphi}_k, \qquad & b_2 &= \sum_{k=1}^{(L/2)-1} \widetilde{W}_k\omega_k^2 \end{aligned} \tag{3.71}$$

将 $\hat{\tau}_1$ 和 $\hat{\tau}_2$ 代入约束式(3.55)中,可得

$$\frac{a_1^2}{(b_1+l)^2}+\frac{a_2^2}{(b_2+l)^2}=\frac{4R^2}{c^2} \tag{3.72}$$

对于 l 来说，该式为四次方程。记具有最小幅度值的根为$\ell^\diamond$，则有

$$\hat{\boldsymbol{\tau}}=\begin{bmatrix}\hat{\tau}_1\\\hat{\tau}_2\end{bmatrix}=\frac{1}{2}\begin{bmatrix}\dfrac{a_1}{b_1+\ell^\diamond}\\\dfrac{a_2}{b_2+\ell^\diamond}\end{bmatrix}=\begin{bmatrix}\dfrac{R}{c}\cos\hat{\phi}\\\dfrac{R}{c}\sin\hat{\phi}\end{bmatrix} \tag{3.73}$$

其中，

$$\hat{\phi}=\arctan\frac{\hat{\tau}_2}{\hat{\tau}_1} \tag{3.74}$$

3.4.3　仿真

本节中阐述了两个仿真实验，用于评估上一节所述估值方法的优劣。采样频率为 $f_s=50\ \text{MHz}(T_s=20\ \text{ns})$，将模拟输出信号数字化成 $N=1024$ 个采样的片段，在进行傅里叶变换之前，将长度为 N 的片段分为每份含 $L=256$ 个点的 50%重叠的 7 段。独立噪声源由 4 个单独的零均值、方差为 σ^2 的高斯随机数发生器的输出组成。共 250 个独立试验来计算估计值的均方根误差：

$$\text{RMSE}=\Big[\sum_{i=1}^{250}[\phi(i)-\phi]^2/250\Big]^{1/2} \tag{3.75}$$

其中，$\phi(i)$为第 i 个样本，阵列半径为 $R=2\ \text{m}$，$c=2.997\ 76\times10^8\ \text{m}\cdot\text{s}^{-1}$。

结果：正弦信号

两个正弦互相关函数含多个峰值，任何一个都能作为到达时间差，这使得到达时间差的估计更为困难。实验中的信号频率为 15 MHz，该频率不在频率取值点上。结果如图 3.10 所示，其中 $\delta(\text{dB})=\text{SNR}(\text{dB})$。信号频率位于频率取值点之间造成的信号能量损失降低了有效信噪比[23]，也随之产生了更高的误差。由于假设 Cramer-Rao 界为一个模拟过程，f_s 与正弦频率之间的关系与其无关。在进行离散时间傅里叶变换前，在时域序列中补零可以增加频域取值点，从而从表面上弥补了一部分因频率位于取值点之间造成的能量损失，而取值点之间的噪声成分却具有了相关性。因此，补零并未对到达时间差估计的性能提升有所帮助。

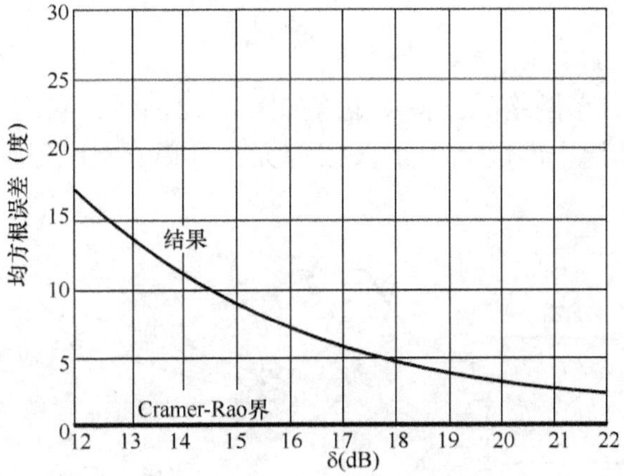

图 3.10　15 MHz 实验

结果:随机信号

信号为有限带宽白噪声,其方差为 σ_s^2,$\mathrm{SNR}(\mathrm{dB})=\delta(\mathrm{dB})=10\log_{10}(\sigma_s^2/\sigma_n^2)$。图 3.11 为该实验结果。该种情况下,实验得到的结果明显较好。有限带宽白噪声在其带宽范围内具有平坦的频谱,从而在时域空间中产生了近似脉冲函数的到达时间差估计。

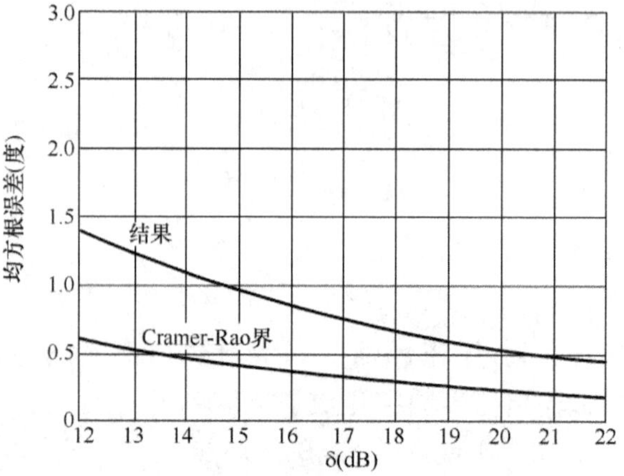

图 3.11　有限带宽白噪声实验

3.5　巴特勒矩阵测向法

3.5.1　简介

一个 $N\times N$ 的巴特勒矩阵由多个正向四端口耦合功率除法器和固定相位移位器组成[24]。它有 N 个输入端口和 N 个输出端口。作为一个波束成形网络,它常常用于驱动一个 N 元天线阵列。因为波束成形器是一个互易器件,所以这里的“驱动”指的是巴特勒矩阵能用于传递和接受两个过程中的波束形成。它能产生 N 个交叠在 -3.9 dB 级并且拥有该阵列完全增益的正交空间波束。这个网络用于产生呈枕形分布的波束(可能是三维的,这取决于阵列结构),这些波束必须是间隔的正交 $(\sin x)/x$ 模式,这样交叉点 $(2/\pi)$ 在 4 dB 左右,第一个旁瓣下降 13.2 dB。加权会改变这些数字。例如,对于余弦加权,为了满足正交性,波束的交叉值变成了 9.5 dB 左右。

3.5.2　波束成形网络

一种常见的用于波束成形网络的巴特勒矩阵如图 3.12 所示。它由一个 3 dB 的分支线耦合器组成,该耦合器用于驱动两个间隔为 d 的天线阵元。这里,应注意耦合结构的振幅和相位的关系。

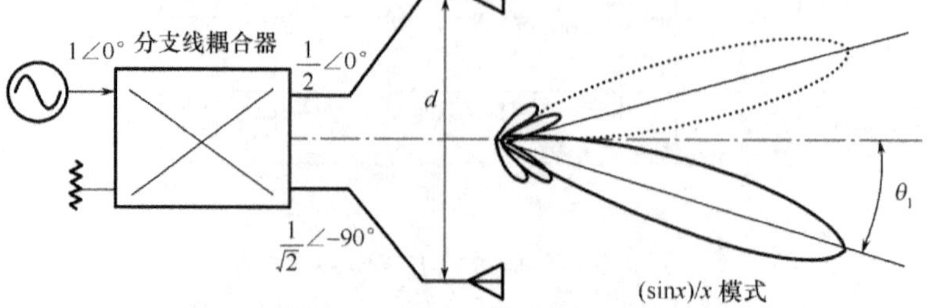

图 3.12　一种两波束巴特勒矩阵(90°)

当该矩阵用于接收信号时,接收信号到达角(AOA)的不同,会使输出端口产生不同电压电平,也就是说这些电平值完全由信号的到达角决定。这样,就可以通过测量和比较这些电压电平值来获取接收信号的到达角。在这种情况下,之所以使用巴特勒矩阵,最大原因就是巴特勒矩阵工作速度极快,无须设置伺服回路。通过巴特勒矩阵,信号到达角的测量可以及时而连续地在它的输出端口获得。这样,当目标信号中包含短时信号(如在调频对讲通信网络中的信号)时,这将具有很大优势。

3.5.2.1 分支线耦合器的散射矩阵

对于图 3.13 中的 N 端口网络,通过散射矩阵 $\boldsymbol{S}$ 可以得到如下关于输入和输出的关系:

$$\begin{bmatrix} O_1 \\ \vdots \\ O_N \end{bmatrix} = \begin{bmatrix} s_{11} & \cdots & s_{1N} \\ \vdots & \ddots & \vdots \\ s_{N1} & \cdots & s_{NN} \end{bmatrix} \begin{bmatrix} I_1 \\ \vdots \\ I_N \end{bmatrix} \tag{3.76}$$

一个四端口网络的散射矩阵如下:

$$\boldsymbol{S} = \begin{bmatrix} s_{11} & s_{12} & s_{13} & s_{14} \\ s_{21} & s_{22} & s_{23} & s_{24} \\ s_{31} & s_{32} & s_{33} & s_{34} \\ s_{41} & s_{42} & s_{43} & s_{44} \end{bmatrix} \tag{3.77}$$

在一个理想的器件中,有些端口是相互独立,不互相影响的。例如,在分支线耦合器中,端口 1 和端口 2,端口 3 和端口 4 都是相互独立的。因此,上面的散射矩阵中的元素满足:

$$s_{12} = s_{21} = s_{34} = s_{43} = 0$$

如果所有的端口相互匹配,这样就没有反射(即 VSWR=1 或者 $\Gamma = 0$ dB),又因为散射矩阵的对角线元素表示反射系数,因此这些对角线元素全都为 0,即

$$s_{11} = s_{22} = s_{33} = s_{44} = 0$$

非对角线元素表示传播系数。由于这个耦合器是互易的,因此该矩阵元素关于对角线对称,所以有

$$s_{12} = s_{21}, \quad s_{23} = s_{32}, \quad s_{41} = s_{14}$$
$$s_{42} = s_{24}, \quad s_{43} = s_{34}, \quad s_{23} = s_{32}$$

图 3.14 中的分支线耦合器和散射矩阵反映了上面的结论。

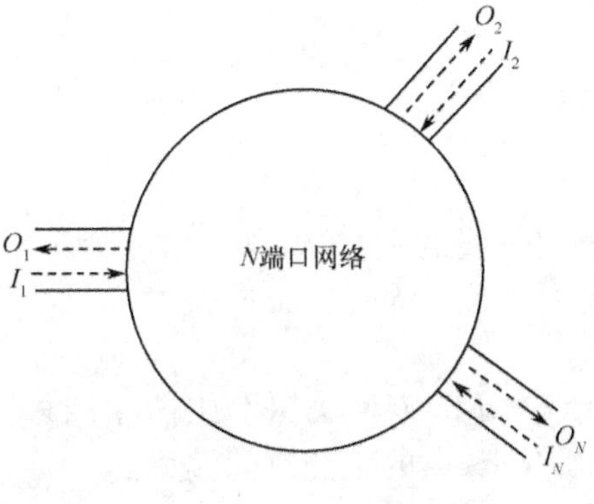

图 3.13 N 端口网络

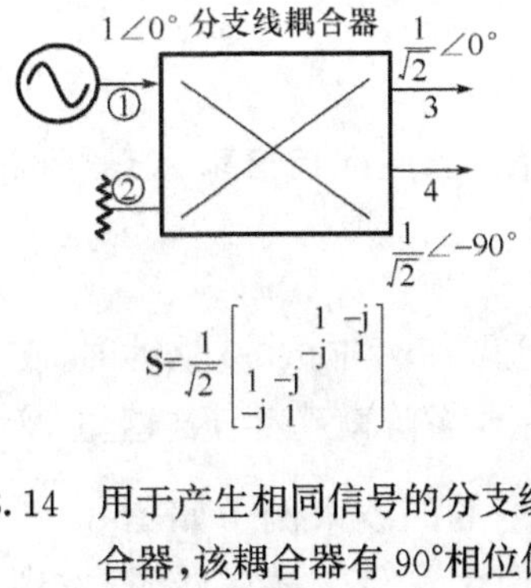

图 3.14 用于产生相同信号的分支线耦合器,该耦合器有 90°相位偏移

通过该矩阵操作,可得

$$\underbrace{\begin{bmatrix} O_1 \\ O_2 \\ O_3 \\ O_4 \end{bmatrix}}_{\text{输出}} = \frac{1}{\sqrt{2}} \begin{bmatrix} 0 & 0 & 1 & -\mathrm{j} \\ 0 & 0 & -\mathrm{j} & 1 \\ 1 & -\mathrm{j} & 0 & 0 \\ -\mathrm{j} & 1 & 0 & 0 \end{bmatrix} \underbrace{\begin{bmatrix} I_1 \\ I_2 \\ I_3 \\ I_4 \end{bmatrix}}_{\text{输入}} \tag{3.78}$$

因此可得

$$O_1 = \frac{1}{\sqrt{2}}(I_3 - \mathrm{j}I_4) \tag{3.79}$$

$$O_2 = \frac{1}{\sqrt{2}}(-\mathrm{j}I_3 + I_4) \tag{3.80}$$

$$O_3 = \frac{1}{\sqrt{2}}(I_1 - \mathrm{j}I_2) \tag{3.81}$$

$$O_4 = \frac{1}{\sqrt{2}}(-\mathrm{j}I_1 + I_2) \tag{3.82}$$

又因为

$$I_2 = I_3 = I_4 = 0$$

因而有

$$O_1 = 0$$
$$O_2 = 0$$
$$O_3 = \frac{I_1}{\sqrt{2}} = \frac{I_1}{\sqrt{2}} \angle 0^\circ$$
$$O_4 = \frac{-\mathrm{j}I_1}{\sqrt{2}} = \frac{I_1}{\sqrt{2}} \angle -90^\circ = \frac{I_1}{\sqrt{2}} \exp\left(-\frac{\pi}{2}\right)$$

其中,O_3 和 O_4 是端口 3 和端口 4 的两个输出,但它们存在相位差。

例 3.1

当向图 3.12 中的巴特勒矩阵的端口 1 输入信号时,天线阵列将被不规则激发,使产生的波峰偏向轴线的右侧,因而产生偏移相位。当这个相位已知时,这个关系变成

$$\frac{2\pi d}{\lambda} \sin \theta_1 - \frac{\pi}{2} = 0$$

或者

$$\sin \theta_1 = \frac{\lambda}{4d}$$

与端口 1 相反,当向端口 2 输入信号时,产生的波束会偏向轴线的左侧,偏移的角度为

$$\theta_2 = \arcsin\left(\frac{\lambda}{4d}\right)$$

而当端口 1 和端口 2 同时被驱动时,在偏移角度为 $\theta = \pm\lambda/4d$ 的方向上将产生两个波束。此时,这个巴特勒矩阵就产生 N(这里 N 为 2)个交叠于 −3.9 dB 点的正交空间波束。

一种常见的四波束例子如图 3.15 所示。它由若干个分支线耦合器和固定相位移位器组成。当跟踪这个网络的移相器时,发现它产生了无瞄准线波束(no boresight beam),且这些波束关于该阵列轴呈对称分布。对于图 3.15 中驱动的端口,可以发现穿过多孔元件的波前相位

为$-45°$,$-90°$,$-135°$和$-180°$。因此,这时就会产生阴影波束。

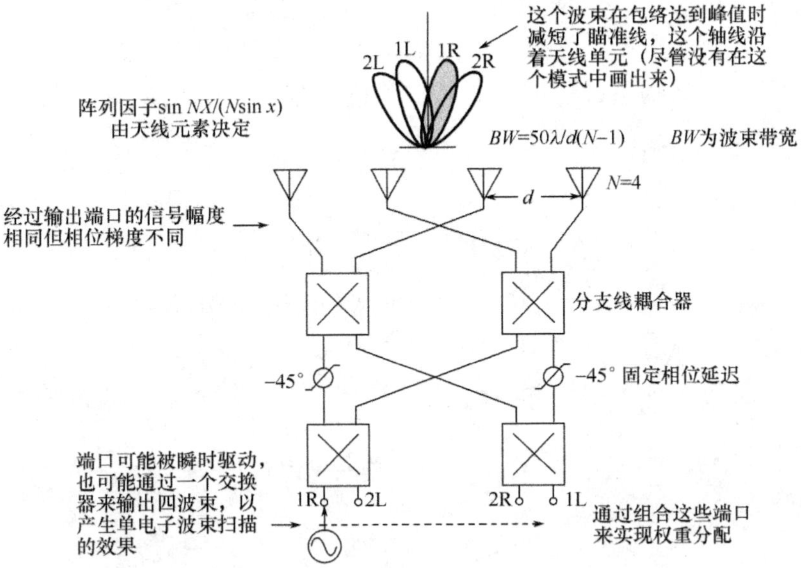

注:

1.如果使用分支线耦合器，将没有侧面波束产生（通过E/H发射台(tee)或者混合环可以产生侧面波束）；

2．对于一个无损系统，交叠点在−3.9 dB(不规则激发)。但是对于更高的交叠点，为了满足正交性和−3.9 dB渐减式天线照射分布，就一定会产生损耗。

3．为了满足正交性，波束频率必须沿着传播方向变化，否则就一定会产生损耗。

图 3.15　四波束巴特勒矩阵

为了扫描图 3.15 所示的四个位置中的任何一个位置,这个四波束矩阵在输入端口可能会有一次频率转换。当然,如果网络更精密,那么它能扫描或者产生的波束将更多。

在基本阵列中,波束的数量与阵元的数量相同,而标准化后的阵元形式为 $\sin(MX)/(M\sin x)$,其中 M 表示阵元数量。而对于由 N 个不规则激发的各向同性辐射器组成的线性阵列,它的远场场强幅度(通过 M 标准化后)为

$$E(\theta)=E_e(\theta)\frac{\sin(M\varphi/2)}{M\sin(\varphi/2)} \tag{3.83}$$

其中,$E_e(\theta)$是阵元因子,它用来衡量阵列因子[26]。由于此处假设天线是各向同性的,所以$E_e(\theta)=1$。$\varphi=\left(\frac{2\pi d}{\lambda}\right)\sin\theta-\delta$ 表示偏离波束轴的角度,δ 是通过这个矩阵获得的积累相位差,它等于 $\delta_k=\frac{(2k-1)\pi}{M}$,$k=1, 2, \cdots, M/2$($k$ 表示波束数量)。

上文列出的二元阵列的 δ 值为

$$\delta_k=(2k-1)\pi/M$$
$$\delta=\pi/M=\pi$$

波束的位置可以通过下面的式子得到:

$$\sin\theta=\frac{\pi}{Md}\left[k-\frac{1}{2}\right] \tag{3.84}$$

第一个旁瓣下降了 13.5 dB,这个数字对于一个有相同励磁和间隔的线性阵列是非常典型的。有趣的是,这个波束穿过了 3.9 dB 这个点,这表明这个波束是正交的,且这个网络是无损的。

通过相干组合两个输出点,这个旁瓣会被明显改善而产生余弦变化,且其下降值将会达到 23 dB,但同时也伴随着波束被扩展 35%。可见更大的衰减会带来波束的扩展,其实这对于波束是一个相当普遍的现象。图 3.16 给出了增加两个不规则照度波束(远场为$(\sin x)/x$)来获得余弦激发的例子。一般而言,增加 $n+1$ 个波束能形成一个 n 元余弦照度(cosine(n) illumination)。

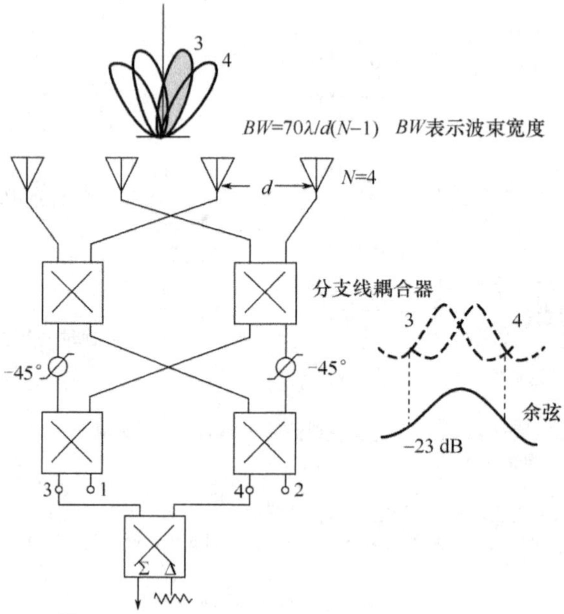

图 3.16　通过组合两个相邻波束来产生余弦照度

巴特勒矩阵还有其他用途。图 3.17 所示的网络可用于产生限制性扫描函数。比如端口 3 和端口 4 的功率不同,且图中的可变功率除法器控制着各个端口的功率。功率分割的不同使波束被控制在各个独立的波束轴间。

需要说明的是,180°耦合器也是可能存在的。它大多用于非线性阵列(比如圆周阵列)形成波束。顾名思义,从这样一个器件输出的信号将是 180°异向的。180°耦合器的 $\boldsymbol{S}$ 矩阵为

$$\boldsymbol{S}=\frac{-\mathrm{j}}{\sqrt{2}}\begin{bmatrix}0 & 1 & 1 & 0\\1 & 0 & 0 & -1\\1 & 0 & 0 & 1\\0 & -1 & 1 & 0\end{bmatrix} \tag{3.85}$$

这里可参考图 3.18 的端口定义。

当端口 2 和端口 3 输入信号,且使用 $\boldsymbol{S}$ 矩阵的第 2 列和第 3 列时,可以推断端口 2 和端口 3 是匹配的,而两个输入信号的和与差分别通过端口 1 和端口 4 输出。正因为如此,端口 1 和端口 4 有时会被分别称为和端口、差端口。接下来将讨论 180°耦合器的应用。

一个与爱德考克天线阵列组合的巴特勒矩阵的配置如图 3.19 所示。这种组合是一种相位比较结构。图中,标记为 $n=0$ 的输出端口的信号作为参考信号,左边的 4 根天线的信号在输出端口 0 汇集时,它们的相位是完全相同的。其中,标记为 N 的天线输出信号穿过底部的

两个 180°耦合器到达端口 0 时，没有产生相位偏移。标记为 E 的天线输出的信号先经过+90°相位偏移器后相位被偏移了+90°，经过 90°耦合器后其相位又被偏移了−90°，最后经过无相位偏移的右下角耦合器，这样最后的相位偏移为 0°。标记为 S 的天线的信号经过底部的两个耦合器，均没有发生相位偏移。标记为 W 的天线信号到达输出端口 0 时，经过了 90°耦合器和右下角的无相位偏移耦合器。

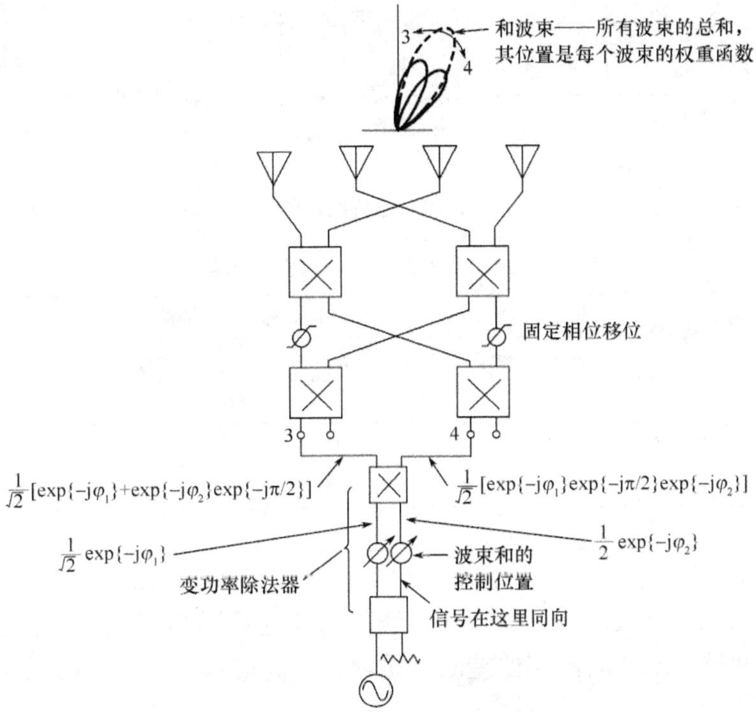

图 3.17　通过变功率除法器在巴特勒矩阵中产生扫描波束

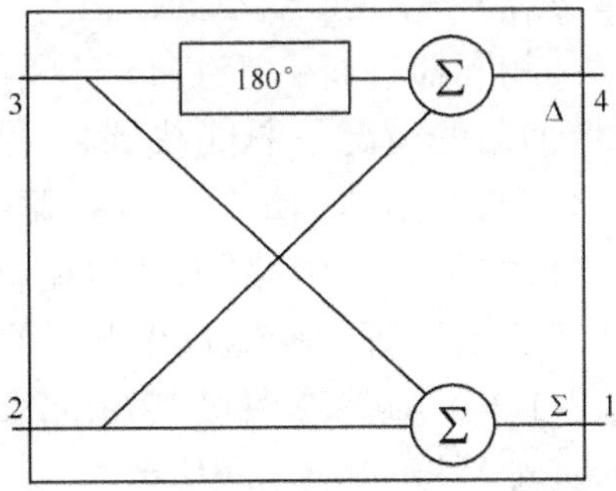

图 3.18　180°耦合器

下面将考虑 $n=1$ 的输出端口的相位。从图 3.19 中，可以发现信号从 N 天线到达这个端口时直接经过了左下角和右上角的耦合器，因而没有发生相位偏移。信号从 E 天线到达端口 1 时，经过了+90°相位偏移器，然后直接通过上面的两个耦合器，所以其净相位偏移为+90°。S 天线的信号到达端口 1 时经过了左下角的 180°相位偏移器，然后直接经过了右上角的耦合器，因而最后产生了 180°的相位偏移。W 天线的信号到达端口 1 时，经过 90°耦合器产生−90°(270°)的相位偏移，之后直接经过右上角的无相位偏移耦合器，因而总共实现了 270°的相位偏移。以上这些结果如表 3.1 所示。

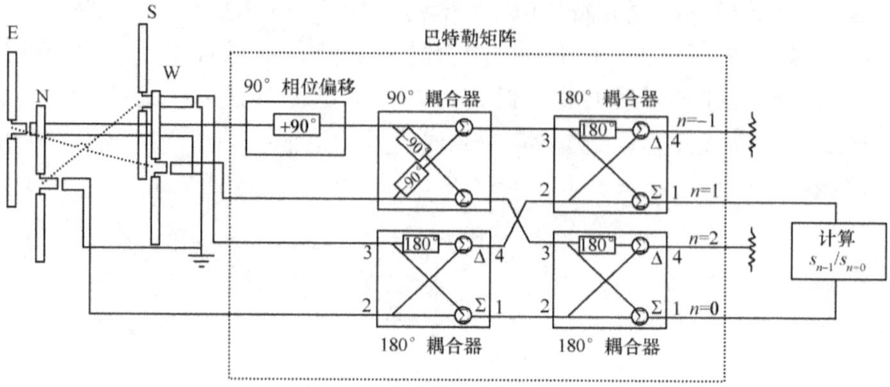

图 3.19 巴特勒矩阵

表 3.1 经过巴特勒矩阵后的相位偏移[27]

天线	空间角度	端口的电相位偏移			
		$n=0$	$n=1$	$n=2$	$n=-1$
N	0°	0°	0°	0°	0°
E	90°	0°	90°	180°	270°
S	180°	0°	180°	0°	180°
W	270°	0°	270°	180°	90°

如图 3.19 所示,端口 0 和端口 1 之间的相位差与环形阵列中的空间角度差相同。另外,由于耦合器的功率衰减特性,对于任何一个天线的对应输出端口,只有四分之一的功率剩余。除此之外,端口 0 和端口 2 之间的相位差刚好是端口 0 和端口 1 之间的相位差的 2 倍(按 360°取模)。

通过测量端口 0 和端口 1 的相位差,也就可以获得它们的方位角。即使当信号处于一个45°的方位角时这也是成立的。此时,N 天线和 E 天线有相同的相位,且它们的输出端也存在45°的相位差(例如,处于 0°和 90°的相同器件将会产生 45°的相位偏移)。只要这两个天线产生的信号幅度相同,在不考虑接收俯仰角的情况下总能找到合适的方位角来满足这种情况。如果耦合器和天线元是宽带宽的,接收俯仰角的测量就可以在宽带宽下进行。

这种接收器可用于测量单一脉冲(又称单脉冲)的接收俯仰角。正因为如此,这个基于巴特勒矩阵的单脉冲接收器已经被用于多种短周期通信信号的测向应用中,如用于测量跳频目标。对于这些跳频目标,信号仅仅在某一频率存留极其短的时间(大约是 1 ms),然后就跳到下一个频道,因而在这类应用中,速度是极其关键的因素。

另一种单脉冲接收器通过方向天线形成波束来测量到达角。这种接收器使用接收信号的幅度来调整天线增益模式,其准确度相当低。

这种单脉冲测向方法最早出现在用于机载自卫的雷达告警接收机上。图 3.20 给出了该方法在实际应用中的两个通道(总共有 4 个或者更多通道)的示意图[28]。图中的天线互相偏斜,彼此隔离,并且它们处于方向敏感模式(即不是全向的)。当天线接收的雷达信号通过平方律检波器完成检波后,经低通滤波进入一组对数放大器中。从这些放大器输出的对数信号之间的差别包含着信号间的相关振幅信息,而信号幅度的比值正是两个天线信号到达角的一个表征量,因此这些幅度可用于测量信号的到达角,这就是一种基于幅度的测向系统。幅度测量不如相位测量准确,因而这种单脉冲接收机的准确度一般也不高。在它们的主要应用领域,比如机载自卫设备，对于精度的要求一般不高。然而，它们易于实现，且成本很低，这就是平均标准误差得到应用的最根本原因。

相位干涉是测量信号到达角的另一种单脉冲方法。如上文所述，其精度会大大高于基于幅度的测向方法。然而实现起来相对复杂，成本较高。

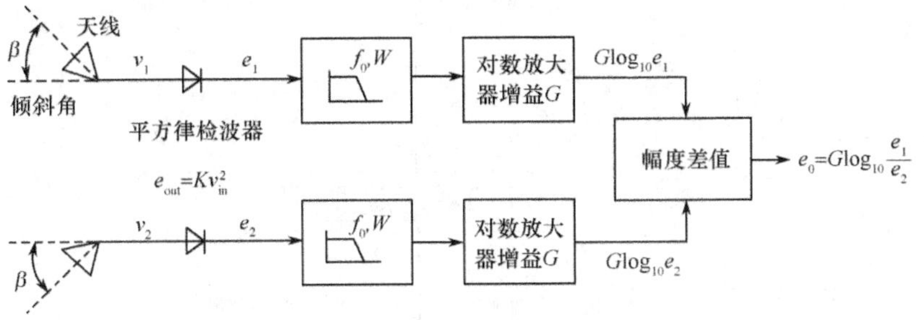

图 3.20　比幅单脉冲接收机

3.5.3　结论

巴特勒矩阵是一种多用途的器件，它可以作为波束成形网络，且允许各个端口拥有全阵列增益。由于其是无源且互易的，在天线阵列中，它既可以用于接收信号，也可以用于传输信号。根据巴特勒矩阵的不同应用，其形成的波束既可以是同时产生的，也可以是顺序产生的。

3.6　声表面波器件测量相位差法

3.6.1　简介

这一节将介绍一种快速测量两个分立天线间信号的到达时间差的方法，这种方法以一种特殊的方式应用**声表面波**（surface acoustic wave，SAW）器件，并辅以相应的处理声表面波器件输出信号的处理算法[27,30]。从输出信号得到时间差，可以快速获得信号到达角。在下面的分析中，假定存在多个信号。

回顾一下，将要考虑的三角定位系统如图 3.1 所示，其中两个或者更多接收点的定位线是已知的，需要预测的辐射源位置就处于图上的直线相交点处。当存在三个或者更多系统时，由于噪声的干扰，这些线就基本不会在同一点相交。

用于测量定位线的系统框图如图 3.21 所示。其中，切换开关决定选择哪一根天线向每个声波表面元件的末端输入信号，每一次可以选择两根天线。这样，可以只使用单个声表面波元件。一种更复杂的切换开关能用于逆变声波表面元件的信号输入，可用于减少器件误差带来的影响。在每一对天线元之间放置一个声表面波器件，则可能实现持续的检测，可以使到达时间差的获取变得更快。当然，这样做的代价就是实现起来更复杂，所需的硬件也更昂贵。

总的来说，这种声表面波处理器有以下两个优点：

1. 速度快。这种声表面波器件可以快速地得到时间差，因而可以实现短时信号到达角的快速获取。
2. 具备在低信噪比条件下工作的能力。

接收信号到达角 ϕ 与时间差 t_{12} 的关系如下：

$$\phi=2\pi\frac{c}{\lambda}t_{12} \tag{3.86}$$

所以,如果知道两个天线接收到信号的时间差,就可以通过上式得到接收信号到达角 ϕ,下面将介绍如何如何通过配置恰当的声表面波器件来估计这个时间差。

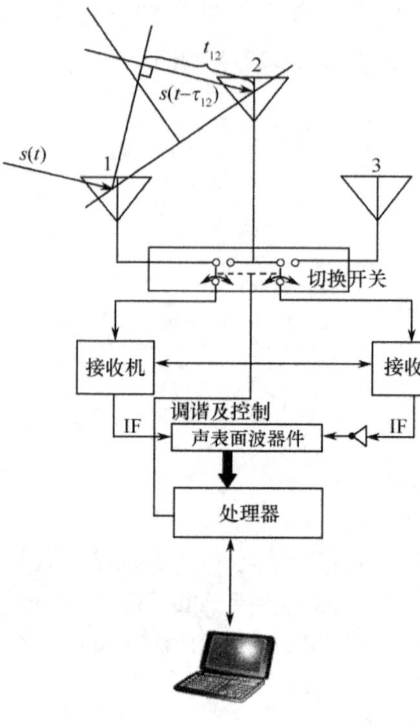

图 3.21 三天线测向系统框图

3.6.2 声表面波器件特性

如图 3.22 所示,当反向传输信号进入声表面波器件延迟线的两端时,由于波形交叠,第二个负波和第一个延迟波将在声表面波器件内形成驻波。这些驻波的形式如下:

$$\alpha_i(x)=A_i\sin(\beta x-\pi f\tau_i) \tag{3.87}$$

其中,x 代表离声波表面元件内部活跃区域的横向距离,该活跃区域长度为 L_A,β 是一个与声表面波器件相关的常数,f 是声表面波器件的工作频率,A_i 表示第 i 个波形的幅度,τ_i 表示声表面波器件两端信号 i 的延迟时间差。在任何给定的时间内,会有一个与之对应的准确驻波数,这里用 L 来表示。一般而言,L 是已知的,需要解决的问题是如何通过测量声表面波器件的输出信号来获取这些波形的具体参数。

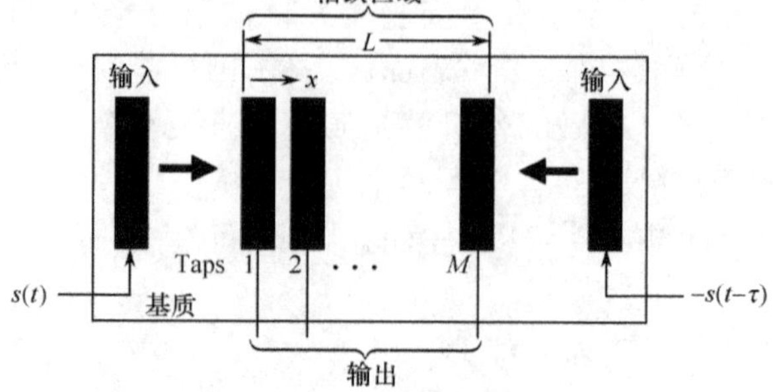

图 3.22 声表面波器件

M 表示声表面波器件的抽头数。典型的 M 值为 16 到 64 之间的整数。图 3.23 给出了该器件中的典型驻波示意图，图中仅仅只有一个信号，且不考虑噪声。由于展示驻波形状与时间延迟的关系图会更有意义，图 3.24 给出了这样一个曲线，并附上了参数说明。

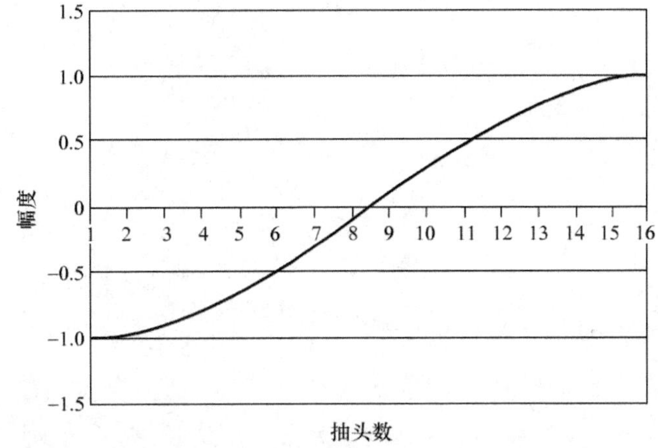

图 3.23　声表面波器件内由信号对向传播形成的驻波的幅度与抽头数之间的关系图。在这个例子中，$A_1=1$ V，$\tau_1=0$ ns，$\beta=180\times10^3\,°/\text{m}$，$L=1$ mm，$f=125$ MHz

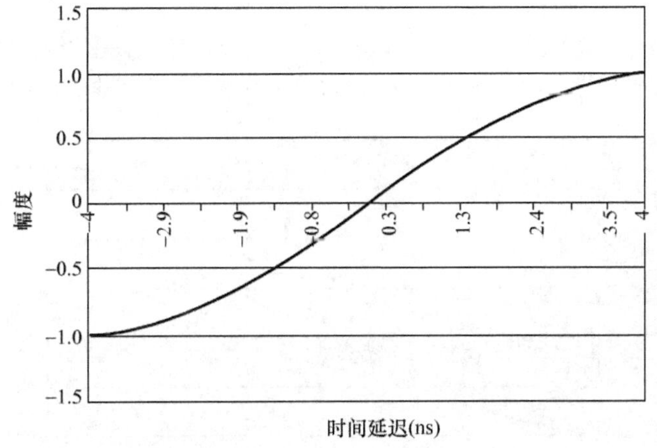

图 3.24　声表面波器件内由信号对向传播形成的驻波的幅度与时间延迟之间的关系图。在这个例子中，$A_1=1$ V，$\tau_1=0$ ns，$\beta=180\times10^3\,°/\text{m}$，$L=1$ mm，$f=125$ MHz

当用 16 抽头时，每一个抽头的角度分辨率就为 360°/16，即 22.5°。除了像机载自卫这样的特殊应用外，对于上文提到的单脉冲接收机，这样的分辨率基本是不够精确的。因此，作为替代，一般采用如图 3.25(a)(用于寻找波峰)或者图 3.25(b)(用于寻找零交叉点)中的抛物线插差值方案。通过这种技术，每个抽头的角度分辨率可以到达 1°(这只是估计值，并非精确情况)。

当有超过一个信号存在时，这些信号就会在声表面波器件内部相互作用。三个信号及其叠加信号形成的驻波如图 3.26 所示。需要注意的是三个驻波的叠加与成分波形有着相同的功能结构，且叠加波形的零交叉点受成分波形的幅度影响。

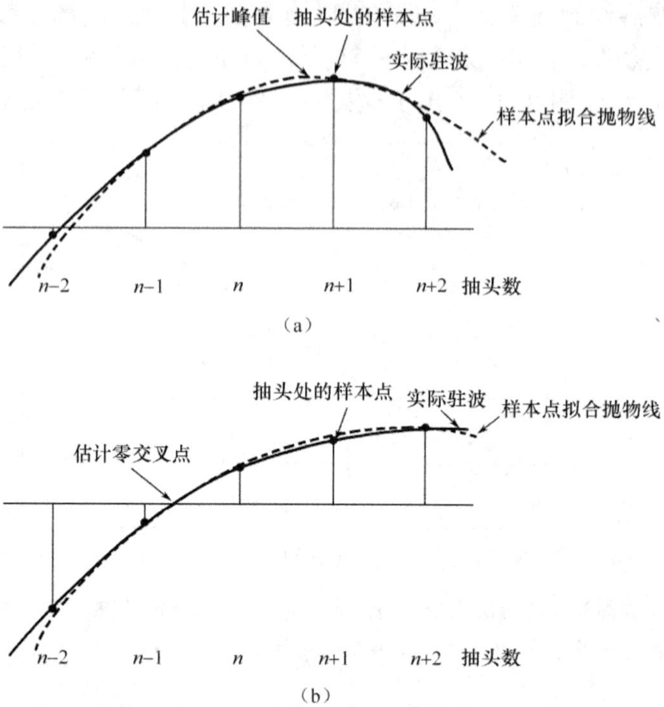

图 3.25　(a)和(b)为抛物线型差值。在这种情况下,用 5 个点定义一个抛物线。常用最小均方误差来估计这个抛物线,即此时满足抛物线模型和实际数据点之间的距离值的平方均值最小

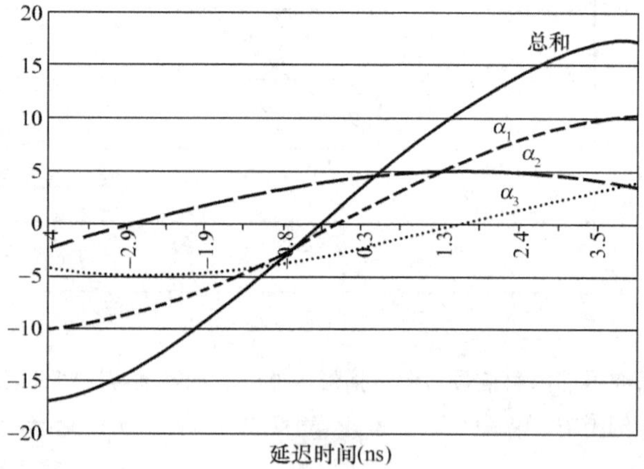

图 3.26　多输入信号在声表面波内部形成的多驻波示意图。这些波形叠加将产生单一驻波(图中标记为“总和”的那个波形)。$A_1=10$ V,$A_2=5$ V,$A_3=5$ V,$\tau_1=0$ ns,$\tau_2=-3.5$ ns,$\tau_3=1.5$ ns,$\beta=180\times10^3\,{}^\circ/\text{m}$,$L=1$ mm,$f=125$ MHz

3.7　结论

对于如何测量接收信号到达角的问题,目前已经有了一些较为通用的方法。其中,在低分辨率的情况下,波束成形是目前使用得最多的方法。在存在相干源时,这种方法效率高且鲁棒性强。最大似然估计、最小二乘估计模型及子空间信号到达角测量方法与波束成形具有相同的效果,且能在高分辨率的情况下获得信号到达角。基于子空间噪声的方法也具有高分辨率

的效果，但这种方法会受到强相干源（如多径信号）的影响而产生不良效果。

除此之外还介绍了一种通过配置恰当的声表面波器件来测量信号到达角的新方法。两个天线（其中一个是反向的）发出的信号进入声表面波器件的末端，这些信号在声表面波器件内的相互作用使两个信号之间产生相位差。通过测量这个相位差就可以得到信号的到达角。

参考文献

[1] Poisel, R. A., *Antenna Systems and Electronic Warfare Applications*, Norwood, MA: Artech House, 2012.

[2] Cadzow, J. A., "Methods of Direction of Arrival," *Proceedings IEEE Pacific Rim Conference on Communications, Computers, and Siganl Processing*, May 9-10, 1991.

[3] Poisel, R. A., *Introduction to Communication Electronic Warfare Systems*, 2nd ed., Norwood, MA: Artech House, 2008.

[4] Johnson, D. H., and D. E. Dudgeon, *Array Signal Processing Concepts and Techniques*, Upper Saddle River, NJ: Prentice Hall, 1993.

[5] Van Trees, H. L., *Detection, Estimation, and Modulation Theory, Part IV: Optimum Array Processing*, New York: Wiley, 2002.

[6] Rappaport, T. S., (ed.), *Smart Antennas: Adaptive Arrays, Algorithms, and Wireless Position Location*, Piscataway, NJ: IEEE, 1994.

[7] Gething, P. J. D., *Radio Direction Finding and Superresolution*, London: Peregrinus Press, 1991.

[8] Cadzow, J. A., "Direction of Arrival Estimation Using Signal Subspace Modeling," *IEEE Transactions on Aerospace and Electronic Systems*, Vol. 28, No. 1, January 1992, pp. 64-79.

[9] Poisel, R. A., *Principles of Electronic Warfare Antenna Systems*, Norwood, MA: Artech House, 2001, Ch. 10.

[10] Golub, G. H., and V. Pereyra, "The Differentiation of Pseudo-Inverses and Nonlinear Least Squares Problems Whose Variables Separate," *SIAM Journal on Numerical Analysis*, Vol. 10, April 1973, pp. 413-432.

[11] Cadzow, J. A., "Direction of Arrival Estimation Using Signal Subspace Modeling," *IEEE Transactions on Aerospace and Electronic Systems*, Vol. 28, No. 1, January 1992, pp. 64-79.

[12] Strange, G., *Introduction to Applied Mathematics*, Wellesley, MA: Wellesley-Cambridge Press, 1986, pp. 78-79.

[13] Indritz, J., *Methods in Analysis*, New York: Macmillan, 1963, p. 16.

[14] Gantmacher, F. R., *The Theory of Matrices*, Vol. I, New York: Chelsea, 1959.

[15] Curtis, C. W., *Linear Algebra, an Introductory Approach*, 3rd ed., Boston: Allyn and Bacon, 1974.

[16] Herstein, I. N., *Topics in Algebra*, Waltham, MA: Zerox College Publishing, 1964.

[17] Birkhoff, G., and S. MacLane, *A Survey of Modern Algebra*, Revised Edition, New York: Macmillan, 1953.

[18] Poisel, R. A., *Introduction to Communication Electronic Warfare Systems*, 2nd ed., Norwood, MA: Artech House, 2008, Ch. 8.

[19] Poisel, R. A., *Antenna Systems and Electronic Warfare Applications*, Norwood, MA: Artech House, 2011.

[20] Jenkins, H. H., *Small-Aperture Radio Direction-Finding*, Norwood, MA: Artech House, 1991.

[21] Poisel, R. A., *Introduction to Communication Electronic Warfare Systems*, 2nd ed., Norwood, MA: Artech House, 2008.

[22] Poisel, R. A., *Target Acquisition in Communication Electronic Warfare Systems*, Norwood, MA: Artech House, 2004, Appendix A.

[23] Poisel, R. A. , *Introduction to Communication Electronic Warfare Systems*, Norwood, MA: Artech House, 2002, Sectin 9. 3. 2.

[24] Patten, B. ,"The Versatile Butler Matrix,"*Microwave Journal*, Vol. 47, No. 11, Novermber 2004, p. 126 http://www. mwjournal. com/article. asp? HH_ID=AR_919& title=The+Versatile+Butler+Matrix.

[25] Stutzman, W. L. , and G. A. Thiele,*Antenna Theory and Design*, New York: Wiley, 1981, p. 125.

[26] Poisel, R. A. , *Principles of Electronic Warfare Antenna Systems*, Norwood, MA: Artech, 2011.

[27] Wiley, R. G. , *Electronic Intelligence: The Interception of Radar Signals*, Norwood, MA: Artech House, 1985, pp. 101-103.

[28] Poisel, R. A. , *Antenna Systems and Electronic Warfare Applications*, Norwood, MA: Arech House, 2011.

[29] Ward, R. B. , "Continuous-Wave Surface-Acoustic-Wave Delay-Difference Device,"*IEEE Transactions on Ultrasonics, Ferroelectrics, and Frequency Control*, Vol. 36, No. 3, May 1989, pp. 300-303.

[30] Minter, T. C. , M. Hankamer, and R. E. Reid,"Precision Direction Finding Using the Surface Acoustic Wave Device,"*Proceedings MILCOM*, 1992, San Diego, CA, 1992.

第4章 MUSIC

4.1 简介

这一章将讨论现今使用的更为流行的一种到达角测定的方法，称之为**多重信号分类**(multiple signal classification，MUSIC)法。MUSIC 算法是由 Schmidt 在参考文献[1]中首次提出的。然而这篇文献出版数量有限，且因其广受欢迎并在其他文献中有很高的引用率，故以参考文献[2]的形式再次发布。

根据 Schmidt 的定义：

MUSIC 一词用于描述利用对天线阵列单元中接收到的信号所做的测量来测定抵达天线阵列的多个波前的参数时所用到的实验层面和理论层面上的各项技术。

正如在第3章中曾经介绍过的，MUSIC 算法属于一类称为子空间方法的算法，这些子空间方法能够测定同时入射阵列的多个信号的到达角值。本章中讨论的 MUSIC 算法作为同时处理多信号的首选方法，这里将描述什么是 MUSIC 并对其作为子空间方法的实例所拥有的性能特点进行研究。当然，该算法的鲁棒性早已显现，且其得到了广泛的运用。其主要缺点在于无法对全相关信号进行处理。

在介绍完该算法的常规形式后，将对可能干扰阵列中一些天线单元的接收信号的幅度和相位的一些误差模型进行探究，并对在这些误差源存在时的 MUSIC 性能进行评估。章末将对 MUSIC 和其他一些测定多信号到达角的超分辨率技术进行比较。

4.2 MUSIC 概述

一般情况下，超分辨测向系统中信号到达角 $\boldsymbol{\theta}_0$ 并不由数据直接计算得到，而是通过寻找哪个已有阵列增益矢量[$\boldsymbol{a}(\boldsymbol{\theta})$代表 $\boldsymbol{\theta}$ 方向的矢量]对应于入射方向为 $\boldsymbol{\theta}_0$ 的信号[这里的 $\boldsymbol{\theta}_0$ 用一个二维矢量来表示，$\boldsymbol{\theta}_0=[\phi \quad \varphi]^{\mathrm{T}}$，$\phi$ 和 φ 分别表示信号的方位角和俯仰角①]的增益矢量 $\boldsymbol{b}$ 来获取的。找到在某种意义上与 $\boldsymbol{b}$ 最为相近的矢量，如 $\boldsymbol{a}(\boldsymbol{\theta}'_0)$后，将 $\boldsymbol{\theta}'_0$ 作为信号到达角的估计值。$\boldsymbol{\theta}$ 方向的阵列增益矢量是一系列复振幅因子的集合，这些因子和相应位置的单位增益单元对应，通过阵列单元作用于来自该方向下的任何信号的波形。利用该矢量的共轭矢量或其相应缩放值进行波束形成，将使该方向上的阵列增益达到最大，称之为 $\boldsymbol{\theta}$ 方向的**指向矢量**(steering vector)。

在 MUSIC 中，处理由 M 个阵列单元得到的数据后并不会直接得到 L 个信号矢量 $\boldsymbol{b}_1,\boldsymbol{b}_2,\cdots,\boldsymbol{b}_L$，而是得到一组信号矢量张成的 L 维矢量空间的基集，即包含增益矢量的 M 维(假定 $L<M$)希尔伯特空间的子空间。该矢量空间称为**信号空间**(signal space)或**子空间**(subspace)。对所有感兴趣的到达角值，在某种分辨率下(因此构成了一个采样集而非连续集)均存储了一组阵

---

① 注意，这里的到达角并不是通常意义下的到达角，后者是在顶点处测得的，而这里使用的 φ 是在水平面处测得的。

列增益矢量集,或者说取得了对阵列的数学描述,根据需要通过其能够计算得到这些矢量。这类矢量的全部(连续)集称为**阵列流形**(array manifold)。

对每一流形矢量依次测定其到信号空间的距离。离该空间最近的矢量将被取为信号增益矢量,据此得到信号的到达角值。实际上,是通过计算流形矢量投影于(规范化的)信号空间的正交空间的平方幅度,给出 MUSIC 函数 $f(\boldsymbol{\theta})$及 L 个最小值所处的位置来实现的。

寻找信号空间的基矢量有多种方法,但是最常用的方法是对数据协方差矩阵 $\boldsymbol{C}$(估计的)进行特征分析。

4.3 MUSIC

MUSIC 算法是以高分辨率测向技术的形式设计的,旨在从诸多天线中处理信号,以获得对多个信号到达角的估计[3]。这是一系列称为基于子空间①处理的处理方式,该方式基于对数据样本(矢量)中获取的协方差矩阵进行特征值分解。

在大多数感兴趣的情况下,协方差矩阵 $\boldsymbol{C}_{\mathrm{rr}}$,如上所述是奇异的,因为一般情况下 $R<N-1$,使得在缺乏噪声和测量误差的情况下无法为最大似然处理进行矩阵求逆,因此需要特殊的技术。其中一种方法是基于数据矩阵的奇异值分解方法。

4.3.1 MUSIC 算法

基于子空间分解的最简算法便是 MUSIC 算法。假设有 L 个信号入射传感器阵列,现将 $\boldsymbol{a}(\boldsymbol{\theta})$投影到噪声子空间$\mathcal{R}\{\boldsymbol{E}_{\mathrm{n}}\}$,得到投影矩阵:

$$\boldsymbol{z}=P_{\mathrm{A}}^{\perp}\boldsymbol{a}(\boldsymbol{\theta}) \tag{4.1}$$

$\boldsymbol{z}$ 的平方模可写成:

$$f(\boldsymbol{\theta})=\boldsymbol{z}^{\mathrm{H}}\boldsymbol{z}=\boldsymbol{a}^{\mathrm{H}}(\boldsymbol{\theta})(P_{\mathrm{A}}^{\perp})^{\mathrm{H}}(P_{\mathrm{A}}^{\perp})\boldsymbol{a}(\boldsymbol{\theta})=\boldsymbol{a}^{\mathrm{H}}(\boldsymbol{\theta})E_{\mathrm{n}}E_{\mathrm{n}}^{\mathrm{H}}\boldsymbol{a}(\boldsymbol{\theta}) \tag{4.2}$$

显然,$\boldsymbol{\theta}\in\{\boldsymbol{\theta}_1,\boldsymbol{\theta}_2,\cdots,\boldsymbol{\theta}_L\}$时 $f(\boldsymbol{\theta})=0$。因此搜索阵列流形,也就是说,对所有 $\boldsymbol{\theta}$,均对 $f(\boldsymbol{\theta})$进行检验。选取使 $f(\boldsymbol{\theta})=0$ 成立的点作为到达角的估计值。

对于相干或者全相关信号,其自协方差矩阵 $\boldsymbol{C}_{\mathrm{ss}}$是秩亏的。因此,式(3.29)需由下式替换:

$$\mathcal{R}\{\boldsymbol{E}_{\mathrm{s}}\}\in\mathcal{R}\{\boldsymbol{A}\} \tag{4.3}$$

这个条件是 MUSIC 算法最主要的缺陷(也就是说,对于相关的或者完全一致的信号,性能显著下降)。接下来将看到,该算法其实对于相关比在 0.8～0.9 之间的信号或者实际情况下加入了相当一部分噪声的信号甚至是多径信号,都表现出了相当不错的性能。

峰越尖锐,越容易确定 MUSIC 函数就是由式(4.2)的倒数形成了各个来波方向 $\boldsymbol{\theta}_i\in\{\boldsymbol{\theta}_1,\boldsymbol{\theta}_2,\cdots,\boldsymbol{\theta}_D\}$能量谱的估计值:

$$P_{\mathrm{MU}}(\boldsymbol{\theta}_i)=\frac{1}{\boldsymbol{a}^{\mathrm{H}}(\boldsymbol{\theta}_i)\boldsymbol{E}_{\mathrm{n}}\boldsymbol{E}_{\mathrm{n}}^{\mathrm{H}}\boldsymbol{a}(\boldsymbol{\theta}_i)} \tag{4.4}$$

其中,D 是可能的来波方向角的个数(矩阵流形的大小)。一个典型的仅考虑了方位到达角的 MUSIC 谱的例子如图 4.1 所示。

如果加性噪声不是空间域的白噪声,它的协方差矩阵$\mathcal{E}\{\boldsymbol{n}(t)\boldsymbol{n}^*(t)\}=\sigma^2\boldsymbol{\Sigma}$就不是单位阵($\boldsymbol{\Sigma}\neq\boldsymbol{I}$),并且在 $\boldsymbol{\Sigma}$ 矩阵里面必须完成对 $f(\boldsymbol{\theta})$的最小化。假设 $\boldsymbol{\Sigma}$ 是已知的,最小化的实现可以

① 此处的"空间"指一个包含一或多个 n 元组(矢量)的数学结构。子空间指的是该空间中所有矢量集的子集。

通过对矩阵对$(\boldsymbol{C}_{\mathrm{rr}},\boldsymbol{\Sigma})$进行一般的特征分解，或者对预白化以后的协方差矩阵进行特征分解：

$$\begin{aligned}\boldsymbol{\Sigma}^{-1/2}\boldsymbol{C}_{\mathrm{rr}}\boldsymbol{\Sigma}^{1/2} &= \boldsymbol{\Sigma}^{-1/2}\boldsymbol{A}\boldsymbol{C}_{\mathrm{ss}}\boldsymbol{A}^{*}\boldsymbol{\Sigma}^{1/2}+\sigma^{2}\boldsymbol{I} \\ &= \sum_{m=1}^{M}\lambda_{m}\boldsymbol{e}_{m}\boldsymbol{e}_{m}^{\mathrm{H}} = \boldsymbol{E}_{\mathrm{s}}\boldsymbol{\Lambda}_{\mathrm{s}}\boldsymbol{E}_{\mathrm{s}}^{\mathrm{H}}+\sigma^{2}\boldsymbol{E}_{\mathrm{n}}\boldsymbol{E}_{\mathrm{n}}^{\mathrm{H}}\end{aligned} \tag{4.5}$$

其中，$\boldsymbol{E}_{\mathrm{s}}=[\boldsymbol{e}_{1} \quad \cdots \quad \boldsymbol{e}_{L}]$，$\boldsymbol{E}_{n}=[\boldsymbol{e}_{L+1} \quad \cdots \quad \boldsymbol{e}_{M}]$。子空间之间的关系满足

$$\mathrm{span}\{\boldsymbol{E}_{\mathrm{s}}\}=\mathrm{span}\{\boldsymbol{\Sigma}^{-1/2}\boldsymbol{A}\}\perp\mathrm{span}\{\boldsymbol{E}_{\mathrm{n}}\}$$

这时 MUSIC 函数就变成了

$$f(\boldsymbol{\theta})=\mathrm{Tr}(\boldsymbol{P}_{\Sigma,\theta}\hat{\boldsymbol{E}}_{\mathrm{n}}\hat{\boldsymbol{E}}_{\mathrm{n}}^{\mathrm{H}}) \tag{4.6}$$

其中，$\boldsymbol{P}_{\Sigma,\theta}=\boldsymbol{\Sigma}^{-1/2}\boldsymbol{a}(\boldsymbol{\theta})[\boldsymbol{a}^{\mathrm{H}}(\boldsymbol{\theta})\boldsymbol{\Sigma}^{-1}\boldsymbol{a}(\boldsymbol{\theta})]^{-1}\boldsymbol{a}^{\mathrm{H}}(\boldsymbol{\theta})\boldsymbol{\Sigma}^{-1/2}$。MUSIC 这个更一般的公式将会用于下一节的误差分析中。

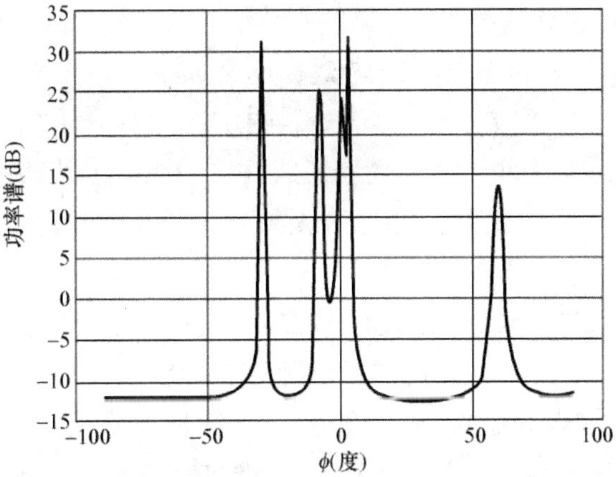

图 4.1 MUSIC 谱(针对均匀线阵的 MUSIC 功率谱范例)

4.4 建模误差下的 MUSIC 性能分析

在 MUSIC 算法中，来波方向的估计误差来源于很多方面。其中最重要的几个如下：

- 有限样本影响
- 噪声协方差矩阵 $\boldsymbol{\Sigma}$ 误差
- 阵列流形扰动$\{a(\theta)\}$(幅度、相位或两者兼有)

有限的样本使得无法得到真实的协方差矩阵 $\boldsymbol{C}_{\mathrm{rr}}$的精确测量。实际上，用定义的采样协方差矩阵$\hat{\boldsymbol{C}}_{\mathrm{rr}}$来估计真实的 $\boldsymbol{C}_{\mathrm{rr}}$。

$$\hat{\boldsymbol{C}}_{\mathrm{rr}}=\frac{1}{N}\sum_{n=1}^{N}r(t_{n})\boldsymbol{r}^{*}(t_{n}) \tag{4.7}$$

对于有限的 N，时间还不足以满足信号和噪声的去相关，并且噪声协方差矩阵也还没有收敛到一个极限值。当 N 很大或者信噪比很高的时候，有限采样所造成的影响通常可以忽略掉。现实中有很多这样的例子，即限制系统性能的因素并不是由于有限采样所造成的影响，而是由于模型固有的误差。

4.4.1 模型误差

为了将来波方向估计中存在的各个模型误差分离开，假设由加性噪声所造成的有限采样

误差可以忽略,且对于扰动后的协方差矩阵$\hat{\boldsymbol{C}}_{\rm rr}$的精确测量是可实现的。包含误差的$\hat{\boldsymbol{C}}_{\rm rr}$的模型如下:

$$\hat{\boldsymbol{C}}_{\rm rr}=(\boldsymbol{I}+\boldsymbol{\Delta})[(\boldsymbol{A}+\tilde{\boldsymbol{A}})\boldsymbol{C}_{\rm ss}(\boldsymbol{A}+\tilde{\boldsymbol{A}})^{\rm H}+\sigma^2(\boldsymbol{\Sigma}+\tilde{\boldsymbol{\Sigma}})](\boldsymbol{I}+\boldsymbol{\Delta})^{\rm H} \tag{4.8}$$

其中$\boldsymbol{\Delta}$,$\tilde{\boldsymbol{A}}$和$\tilde{\boldsymbol{\Sigma}}$是多种模型干扰后的结果。$\boldsymbol{\Delta}$包含了既影响信号分量又影响噪声分量的误差。这些错误包含了接收通道的不均衡,信道的交叉干扰,以及天线的互耦影响。矩阵$\tilde{\boldsymbol{A}}$代表了阵列响应中存在的误差,包括了对传感器定位的不准确、天线中相位和幅度扰动、信号之间互耦等因素。最后,矩阵$\boldsymbol{\Sigma}$加上加性噪声造成的偏差用厄米特矩阵$\tilde{\boldsymbol{\Sigma}}$来表示。

一开始对于$\boldsymbol{\Delta}$,$\tilde{\boldsymbol{A}}$和$\tilde{\boldsymbol{\Sigma}}$怎样影响噪声子空间比较感兴趣,因为那是用于MUSIC算法的子空间。用$\hat{\boldsymbol{E}}_{\rm n}=\boldsymbol{E}_{\rm n}+\tilde{\boldsymbol{E}}_{\rm n}$代表被扰动后的噪声子空间的特征向量。假设$\hat{\boldsymbol{E}}_{\rm n}$已经被归一化,即$\hat{\boldsymbol{E}}_{\rm n}\hat{\boldsymbol{E}}_{\rm n}^{\rm H}=\boldsymbol{I}$。干扰$\tilde{\boldsymbol{E}}_{\rm n}$一般同时有信号子空间和噪声子空间的成分。简单地说,就是只有$\tilde{\boldsymbol{E}}_{\rm n}$中信号子空间中的部分才对估计误差产生影响。

下面讨论$\boldsymbol{\Sigma}^{-1/2}\hat{\boldsymbol{C}}_{\rm rr}\boldsymbol{\Sigma}^{-1/2}$中的噪声特征向量。定义如下:

$$\boldsymbol{\Sigma}^{-1/2}\hat{\boldsymbol{C}}_{\rm rr}\boldsymbol{\Sigma}^{-1/2}\hat{\boldsymbol{E}}_{\rm n}=\hat{\boldsymbol{E}}_{\bf n}(\sigma^2\boldsymbol{I}+\tilde{\boldsymbol{\Lambda}}) \tag{4.9}$$

使式(4.8)中的误差项和$\tilde{\boldsymbol{E}}_{\rm n}$之间建立了联系。式(4.9)中的$\tilde{\boldsymbol{\Lambda}}$代表受到干扰后的噪声特征向量。用式(4.8)中的模型展开此式并去掉二阶误差部分[例如项$\mathrm{O}(\|\tilde{\boldsymbol{A}}\|^2)$,$\mathrm{O}(\|\tilde{\boldsymbol{A}}\|\ \|\boldsymbol{\Delta}\|)$等等]及包含$\tilde{\boldsymbol{A}}^{\rm H}\boldsymbol{\Sigma}^{-1/2}\boldsymbol{E}_{\rm n}=0$的项,就得到了:

$$\begin{aligned}&\boldsymbol{\Sigma}^{-1/2}\tilde{\boldsymbol{A}}\boldsymbol{C}_{\rm ss}[(\tilde{\boldsymbol{A}}+\boldsymbol{\Delta A})^{\rm H}\boldsymbol{\Sigma}^{-1/2}\boldsymbol{E}_{\rm n}+\boldsymbol{A}^{\rm H}\boldsymbol{\Sigma}^{-1/2}\tilde{\boldsymbol{E}}_{\rm n}]\\&\quad+\sigma^2\boldsymbol{\Sigma}^{-1/2}(\tilde{\boldsymbol{\Sigma}}+\boldsymbol{\Delta\Sigma}+\boldsymbol{\Sigma\Delta}^{\rm H})\Sigma^{-1/2}\boldsymbol{E}_{\rm n}=\boldsymbol{E}_{\rm n}\tilde{\boldsymbol{\Lambda}}\end{aligned}$$

左乘矩阵$\boldsymbol{A}^{\rm H}\boldsymbol{\Sigma}^{-1/2}$并变换结果的位置,就得到了

$$\boldsymbol{E}_{\rm n}^{\rm H}\boldsymbol{\Sigma}^{-1/2}\boldsymbol{A}=-\boldsymbol{E}_{\rm n}^{\rm H}\boldsymbol{\Sigma}^{-1/2}\boldsymbol{\Xi} \tag{4.10}$$

其中,定义误差矩阵$\boldsymbol{\Xi}$为

$$\boldsymbol{\Xi}=\tilde{\boldsymbol{A}}+\boldsymbol{\Delta A}+\sigma^2(\tilde{\boldsymbol{\Sigma}}+\boldsymbol{\Sigma\Delta}^{\rm H}+\boldsymbol{\Delta\Sigma})\boldsymbol{\Sigma}^{-1/2}(\boldsymbol{\Sigma}^{-1/2}\boldsymbol{A})^{\rm H}\boldsymbol{C}_{\rm ss}^{-1} \tag{4.11}$$

显然,从式(4.10)中可以看出,这些由信号子空间之外的成分引起的模型误差(即导致来波方向估计错误的那些误差),将会产生一个在噪声子空间之外的干扰噪声特征向量$\tilde{\boldsymbol{E}}_{\rm n}$。

将式(4.10)左乘$\tilde{\boldsymbol{E}}_{\rm n}$并代入$\hat{\boldsymbol{E}}_{\rm n}^{\rm H}\boldsymbol{\Sigma}^{-1/2}\boldsymbol{A}=\tilde{\boldsymbol{E}}_{\rm n}^{\rm H}\boldsymbol{\Sigma}^{-1/2}\boldsymbol{A}$,得到

$$\hat{\boldsymbol{E}}_{\rm n}\hat{\boldsymbol{E}}_{\rm n}^{\rm H}\boldsymbol{\Sigma}^{-1/2}\boldsymbol{a}(\boldsymbol{\theta}_i)=\boldsymbol{E}_n\tilde{\boldsymbol{E}}_{\rm n}^{\rm H}\boldsymbol{\Sigma}^{-1/2}\boldsymbol{a}(\boldsymbol{\theta}_i)=-\boldsymbol{E}_{\rm n}\boldsymbol{E}_{\rm n}^{\rm H}\boldsymbol{\Sigma}^{-1/2}\epsilon_i,\quad i=1,\cdots,L \tag{4.12}$$

这里第i个信号源的误差向量$\boldsymbol{\epsilon}_i$被定义为$\boldsymbol{\Xi}$的第i列:

$$\boldsymbol{\epsilon}_i=\boldsymbol{a}(\boldsymbol{\theta}_i)+\Delta\boldsymbol{a}(\boldsymbol{\theta}_i)+\sigma^2(\tilde{\boldsymbol{\Sigma}}+\boldsymbol{\Sigma\Delta}^{\rm H}+\boldsymbol{\Delta\Sigma})\boldsymbol{\Sigma}^{-1/2}(\boldsymbol{\Sigma}^{-1/2}\boldsymbol{A})^{\rm H}\boldsymbol{C}_{{\rm ss},i}^{-1} \tag{4.13}$$

并且$\boldsymbol{C}_{{\rm ss},i}^{-1}$表示$\boldsymbol{C}_{\rm ss}^{-1}$的第$i$列。因此,真实的指向向量$\boldsymbol{\Sigma}^{-1/2}\boldsymbol{a}(\boldsymbol{\theta}_i)$在扰动的噪声子空间里的投影近似等于扰动向量$\boldsymbol{\Sigma}^{-1/2}\boldsymbol{\epsilon}_i$在真实的噪声子空间里的投影。这是下面用来推导来波方向估计误差表达式的关键关系。

4.4.2 误差表示

把$\hat{\boldsymbol{f}}'$对估计的方向$\hat{\boldsymbol{\theta}}_i$展开,对于足够微小的误差,可得

$$0=\hat{f}'(\hat{\boldsymbol{\theta}}_i)+\hat{f}''(\hat{\boldsymbol{\theta}}_i)(\hat{\boldsymbol{\theta}}_i-\boldsymbol{\theta}_i) \tag{4.14}$$

其中,$\hat{f}'(\boldsymbol{\theta})=\partial\hat{f}/\partial\boldsymbol{\theta}$并且

$$\hat{f}'(\boldsymbol{\theta}_i)\triangleq\hat{f}'(\boldsymbol{\theta})|_{\boldsymbol{\theta}=\boldsymbol{\theta}_i}$$

在计算式(4.14)中的误差$\hat{\boldsymbol{\theta}}_i-\boldsymbol{\theta}_i$之前,求出对于每一和项的近似。

为了估计$\hat{f}'$,给出:

$$\frac{\partial \boldsymbol{P}_{\Sigma,\theta}}{\partial \boldsymbol{\theta}}=\boldsymbol{P}_{\Sigma,\theta}^{\perp}\boldsymbol{\Sigma}^{-1/2}\boldsymbol{d}(\boldsymbol{\theta})[\boldsymbol{\Sigma}^{-1/2}\boldsymbol{a}(\boldsymbol{\theta})]^{\dagger}+\{[\boldsymbol{\Sigma}^{-1/2}\boldsymbol{a}(\boldsymbol{\theta})]^{\dagger}\}^{\mathrm{H}}\boldsymbol{d}^{\mathrm{H}}(\boldsymbol{\theta})\boldsymbol{\Sigma}^{-1/2}\boldsymbol{P}_{\Sigma,\theta}^{\perp}$$

其中，

$$\boldsymbol{d}(\boldsymbol{\theta})=\frac{\partial \boldsymbol{a}(\boldsymbol{\theta})}{\partial \boldsymbol{\theta}}$$

$$\boldsymbol{P}_{\Sigma,\theta}^{\perp}=\boldsymbol{I}-\boldsymbol{P}_{\Sigma,\theta}$$

运用以上表达式和等式 $\boldsymbol{E}_{\mathrm{n}}^{\mathrm{H}}\boldsymbol{\Sigma}^{-1/2}\boldsymbol{a}(\boldsymbol{\theta}_i)=0$，一阶倒数可以写为

$$\begin{aligned}\hat{f}'(\boldsymbol{\theta}_i)&=2\mathrm{Re}\{\boldsymbol{d}^{\mathrm{H}}(\boldsymbol{\theta}_i)\boldsymbol{\Sigma}^{-1/2}\boldsymbol{P}_{\Sigma,\theta}^{\perp}\hat{\boldsymbol{E}}_{\mathrm{n}}\hat{\boldsymbol{E}}_{\mathrm{n}}^{\mathrm{H}}\{[\boldsymbol{\Sigma}^{-1/2}\boldsymbol{a}(\boldsymbol{\theta}_i)]^{\dagger}\}^{\mathrm{H}}\}\\&=2\mathrm{Re}\{\boldsymbol{d}^{\mathrm{H}}(\boldsymbol{\theta}_i)\boldsymbol{\Sigma}^{-1/2}\boldsymbol{E}_{\mathrm{n}}\widetilde{\boldsymbol{E}}_{\mathrm{n}}^{\mathrm{H}}\{[\boldsymbol{\Sigma}^{-1/2}\boldsymbol{a}(\boldsymbol{\theta}_i)]^{\dagger}\}^{\mathrm{H}}+\mathrm{O}(\|\boldsymbol{E}_{\mathrm{n}}\|^{2})\\&=\frac{2\mathrm{Re}\{\boldsymbol{d}^{\mathrm{H}}(\boldsymbol{\theta}_i)\boldsymbol{\Sigma}^{-1/2}\boldsymbol{E}_{\mathrm{n}}\widetilde{\boldsymbol{E}}_{\mathrm{n}}^{\mathrm{H}}\boldsymbol{\Sigma}^{-1/2}\boldsymbol{a}(\boldsymbol{\theta}_i)\}}{\boldsymbol{a}^{\mathrm{H}}(\boldsymbol{\theta}_i)\boldsymbol{\Sigma}^{-1}\boldsymbol{a}(\boldsymbol{\theta}_i)}\end{aligned}\tag{4.15}$$

由于式(4.14)中的二阶倒数乘以了误差项 $\hat{\boldsymbol{\theta}}_i-\boldsymbol{\theta}_i$，并且假设该误差项很小，可以做如下的近似：

$$\hat{f}''(\boldsymbol{\theta}_i)(\hat{\boldsymbol{\theta}}_i-\boldsymbol{\theta})=f''(\hat{\boldsymbol{\theta}}-\boldsymbol{\theta}_i)$$

该式再结合式(4.14)，得到

$$\hat{\boldsymbol{\theta}}_i-\boldsymbol{\theta}_i=-\frac{\hat{f}'(\boldsymbol{\theta}_i)}{f''(\boldsymbol{\theta}_i)}\tag{4.16}$$

可以很直观地有

$$f''(\boldsymbol{\theta}_i)=2\mathrm{Re}\left\{\frac{\boldsymbol{d}^{\mathrm{H}}(\boldsymbol{\theta}_i)\boldsymbol{\Sigma}^{-1/2}\boldsymbol{E}_{\mathrm{n}}\boldsymbol{E}_{\mathrm{n}}^{\mathrm{H}}\boldsymbol{\Sigma}^{-1/2}\boldsymbol{d}(\boldsymbol{\theta}_i)}{\boldsymbol{a}^{\mathrm{H}}(\boldsymbol{\theta}_i)\boldsymbol{\Sigma}^{-1}\boldsymbol{a}(\boldsymbol{\theta}_i)}\right\}\tag{4.17}$$

因此，用式(4.12)、式(4.15)至式(4.17)就可以得到如下估计误差的一阶表达式：

$$\begin{aligned}\hat{\boldsymbol{\theta}}_i-\boldsymbol{\theta}_i&=-\frac{\mathrm{Re}\{\boldsymbol{d}^{\mathrm{H}}(\boldsymbol{\theta}_i)\boldsymbol{\Sigma}^{-1/2}\boldsymbol{E}_{\mathrm{n}}\boldsymbol{E}_{\mathrm{n}}^{\mathrm{H}}\boldsymbol{\Sigma}^{-1/2}\boldsymbol{a}(\boldsymbol{\theta}_i)\}}{\boldsymbol{d}^{\mathrm{H}}(\boldsymbol{\theta}_i)\boldsymbol{\Sigma}^{-1/2}\boldsymbol{E}_{\mathrm{n}}\boldsymbol{E}_{\mathrm{n}}^{\mathrm{H}}\boldsymbol{\Sigma}^{-1/2}\boldsymbol{d}(\boldsymbol{\theta}_i)}\\&=\frac{\mathrm{Re}\{\boldsymbol{d}^{\mathrm{H}}(\boldsymbol{\theta}_i)\boldsymbol{\Sigma}^{-1/2}\boldsymbol{E}_{\mathrm{n}}\boldsymbol{E}_{\mathrm{n}}^{\mathrm{H}}\boldsymbol{\Sigma}^{-1/2}\boldsymbol{\epsilon}_i\}}{\boldsymbol{d}^{\mathrm{H}}(\boldsymbol{\theta}_i)\boldsymbol{\Sigma}^{-1/2}\boldsymbol{E}_{\mathrm{n}}\boldsymbol{E}_{\mathrm{n}}^{\mathrm{H}}\boldsymbol{\Sigma}^{-1/2}\boldsymbol{d}(\boldsymbol{\theta}_i)}\end{aligned}\tag{4.18}$$

假设 $\boldsymbol{\epsilon}_i$ 无法精确地知道，但是由一些已知的干扰模型来产生。我们对某一具体的估计误差值 $\hat{\boldsymbol{\theta}}_i-\boldsymbol{\theta}_i$ 并不感兴趣，更关心的是它们的平均取值情况。这里假设干扰模型已经有特殊的概率形式(例如 $\boldsymbol{\epsilon}_i$ 是随机的)，来推导与所得的 $\hat{\boldsymbol{\theta}}_i-\boldsymbol{\theta}_i$ 的偏差和方差。

对于 $\boldsymbol{\epsilon}_i$ 是零均值的情况，从式(4.18)中可以得到 $\mathcal{E}\{\hat{\boldsymbol{\theta}}_i-\boldsymbol{\theta}_i\}=0$。对本文所考虑的所有情况都采用该假设，因为偏差项是一种可以被测量出来的系统误差，所以没有必要再把偏差因子考虑在内，并且在后面的推导中都不再讨论该问题。

至于 MUSIC 中估计误差的方差(或者，在这里称为 RMS 值)

$$\begin{aligned}\boldsymbol{C}_{\mathrm{MU},ik}&\triangleq\mathcal{E}\{(\hat{\boldsymbol{\theta}}_i-\boldsymbol{\theta}_i)(\hat{\boldsymbol{\theta}}_k-\boldsymbol{\theta}_k)\}\\&=\frac{\mathrm{Re}\{\boldsymbol{f}_i^{\mathrm{H}}\boldsymbol{E}_{\mathrm{n}}^{\mathrm{H}}\boldsymbol{\Sigma}^{-1/2}(\boldsymbol{C}_{\xi,1}^{ik}\boldsymbol{\Sigma}^{-1/2}\boldsymbol{E}_{\mathrm{n}}\boldsymbol{f}_k+\boldsymbol{C}_{\xi,2}^{ik}\overline{\boldsymbol{\Sigma}^{-1/2}\boldsymbol{E}_{\mathrm{n}},\boldsymbol{f}_k})\}}{2(\boldsymbol{f}_i^{\mathrm{H}}\boldsymbol{f}_i)(\boldsymbol{f}_k^{\mathrm{H}}\boldsymbol{f}_k)},\quad i,k=1,\cdots,L\end{aligned}\tag{4.19}$$

其中，

$$\boldsymbol{f}_i=\boldsymbol{E}_{\mathrm{n}}^{\mathrm{H}}\boldsymbol{\Sigma}^{-1/2}\boldsymbol{d}(\boldsymbol{\theta}_i)$$

$$\boldsymbol{C}_{\xi,1}^{ik}=\mathcal{E}\{\boldsymbol{\epsilon}_i\,\boldsymbol{\epsilon}_k^{\mathrm{H}}\}$$

$$\boldsymbol{C}_{\xi,2}^{ik}=\mathcal{E}\{\boldsymbol{\epsilon}_i\,\boldsymbol{\epsilon}_k^{\mathrm{T}}\}$$

因此，MUSIC 来波方向估计的误差的方差在任何情况下都是可计算的，只需估计出干扰协方差矩阵 $\boldsymbol{C}_{\xi,1}^{ik}$ 和 $\boldsymbol{C}_{\xi,2}^{ik}$。这又反过来提供了 $\widetilde{\boldsymbol{A}}$,$\boldsymbol{\Delta}$ 和 $\widetilde{\boldsymbol{\Sigma}}$ 的二阶统计值。

例 4.1[4]

有多种模型可以用来描述 $\tilde{\boldsymbol{A}}$。一个广泛运用的相当简单的模型假设 $\tilde{\boldsymbol{A}}$ 的列是独立零均值随机复高斯随机向量,其协方差为

$$\tilde{\boldsymbol{a}}(\boldsymbol{\theta}_i)\sim\mathcal{N}_e(0,\boldsymbol{B}_i),\qquad \mathcal{E}\{\tilde{\boldsymbol{a}}(\boldsymbol{\theta}_i)\tilde{\boldsymbol{a}}^{\mathrm{T}}(\boldsymbol{\theta}_i)\}=0,\quad i=1,\cdots,L \tag{4.20}$$

如果传感器之间的误差是独立的,则显然 $\boldsymbol{B}_i$ 是对角阵。非对角的元素表示传感器之间的相关性,例如假设存在未测量的互耦误差,或者有些传感器做一致的扰动(相同的或相邻的阵元)。

如果式(4.20)中的误差是独立同分布的,那么 $\boldsymbol{C}_{\xi,2}^{ik}=0$ 并且 $\boldsymbol{C}_{\xi,1}^{ik}=\boldsymbol{B}=\sigma_{\mathrm{a}}^2\boldsymbol{I}\delta_{ik}$,其中 σ_{a}^2 表示每个传感器上的扰动的方差,δ_{ik} 是 delta 函数。它对应于加上一个独立的圆型复高斯随机变量。该变量在阵列的每一个阵元和每一个信号方向上的响应的方差为 σ_{a}^2。虽然传感器误差是与角度相关的,但在该模型中其统计特征与角度 ϕ 不相关。在这种简单的情况下,MUSIC 估计的协方差矩阵就由式(4.19)给出,并且可以写为

$$\boldsymbol{C}_{\mathrm{MU}}=\frac{\sigma_{\mathrm{a}}^2}{2}(\boldsymbol{H}\odot\boldsymbol{I})^{-1}(\boldsymbol{F}^{\mathrm{H}}\boldsymbol{E}_{\mathrm{n}}^{\mathrm{H}}\boldsymbol{\Sigma}^{-1}\boldsymbol{E}_{\mathrm{n}}\boldsymbol{F}\odot\boldsymbol{I})(\boldsymbol{H}\odot\boldsymbol{I})^{-1} \tag{4.21}$$

其中,$\boldsymbol{X}\odot\boldsymbol{Y}$ 是 Schur(Hadamard)乘积:

$$(\boldsymbol{X}\odot\boldsymbol{Y})_{ik}=\boldsymbol{X}_{ik}\boldsymbol{Y}_{ik}$$

$$\boldsymbol{F}=[\boldsymbol{f}_1\quad\cdots\quad\boldsymbol{f}_L]=\boldsymbol{E}_{\mathrm{n}}^{\mathrm{H}}\boldsymbol{\Sigma}^{-1/2}\boldsymbol{D}$$

$$\boldsymbol{D}=[\boldsymbol{d}(\boldsymbol{\theta}_1)\quad\cdots\quad\boldsymbol{d}(\boldsymbol{\theta}_L)]$$

并且

$$\boldsymbol{H}=\boldsymbol{F}^{\mathrm{H}}\boldsymbol{F}=\boldsymbol{D}^{\mathrm{H}}\boldsymbol{\Sigma}^{-1/2}\boldsymbol{E}_{\mathrm{n}}\boldsymbol{E}_{\mathrm{n}}^{\mathrm{H}}\boldsymbol{\Sigma}^{-1/2}\boldsymbol{D}$$

注意,如果 $\boldsymbol{\Sigma}=\boldsymbol{I}$,式(4.21)就简化为

$$\boldsymbol{C}_{\mathrm{MU}}=\frac{\sigma_{\mathrm{a}}^2}{2}(\boldsymbol{D}^{\mathrm{H}}\boldsymbol{P}_{\mathrm{A}}^{\perp}\boldsymbol{D}\odot\boldsymbol{I})^{-1}$$

其中,$\boldsymbol{P}_{\mathrm{A}}^{\perp}\triangleq\boldsymbol{I}-\boldsymbol{A}(\boldsymbol{A}^{\mathrm{H}}\boldsymbol{A})^{-1}\boldsymbol{A}^{\mathrm{H}}=\boldsymbol{E}_{\mathrm{n}}\boldsymbol{E}_{\mathrm{n}}^{\mathrm{H}}$。

扰动的方差 σ_{a}^2 确定幅度和相位响应与其正常值之间的偏差。为了量化该偏差,第 k 个天线在方向 $\boldsymbol{\theta}_i$ 上的**相关响应误差幅度**(relative gain error amplitude,RGEA)和**相位误差幅度**(phase error amplitude,PEA)分别被定义为 $20\log_{10}[\sigma_{\mathrm{a}}/a_k(\boldsymbol{\theta}_i)]$和 $180(\sigma_{\mathrm{a}}/\pi)$度。

4.4.3 结论

对更多不同扰动模型(perturbation model)的推导过程,感兴趣的读者可以参阅文献[4],本节将展示其中的一些仿真结果。

4.4.3.1 相位误差幅度

首先考虑扰动对相位误差幅度的影响。假设阵列是 12 阵元的 $\lambda/2$ **均匀线阵**(uniform linear array,ULA),模拟两个相对侧面呈 10°和 15°角的不相关辐射源,每个辐射源相对于加性噪声来说能量为 0 dB,即 SNR=γ=0 dB。感兴趣的信号位于在 10°角。对阵列响应施加角度、传感器独立的高斯相位扰动,将 MUSIC 的性能作为扰动方差的函数来评估。模拟的结果如图 4.2 所示。实线是 MUSIC 算法的样本标准偏差,虚线表示的是这种情况下的 Cramer-Rao 界。在这种情况下,MUSIC 相比非常接近 Cramer-Rao 界。

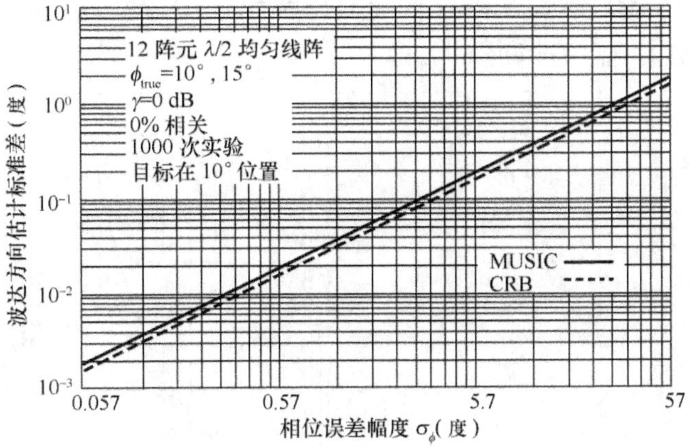

图 4.2　MUSIC 与误差幅度的对比

4.4.3.2　噪声协方差扰动

下面考虑信号相关性与噪声协方差扰动产生影响之间的关系。除了将信噪比增加到 5 dB 以外，这次的阵列、辐射源配置和上一个例子完全相同。假设噪声的名义协方差(nominal covariance)是单位阵，模拟两种类型的扰动。第一种是对协方差的对角扰动，$\boldsymbol{B}_\sigma=\sigma_s^2\boldsymbol{I}$；第二种是方差 σ_s^2 的随机误差被加到噪声协方差的所有元素上。图 4.3 展示了当两个信号之间相关系数在 $\sigma_s=0.2$ 时，这两种类型扰动下 MUSIC 的性能。实线对应的是非对角扰动的情况，虚线对应的是对角扰动的情况。这个例子里，对角阵元 $\widetilde{\boldsymbol{\Sigma}}$ 结果的不确定度在 0.6～1.4 之间，非对角的幅度达到了 0.3～0.5。在相关度值较低时到达角的错误估计是非常小的，然而在相关度系数接近 0.8～0.9 时，性能会急剧地下降。

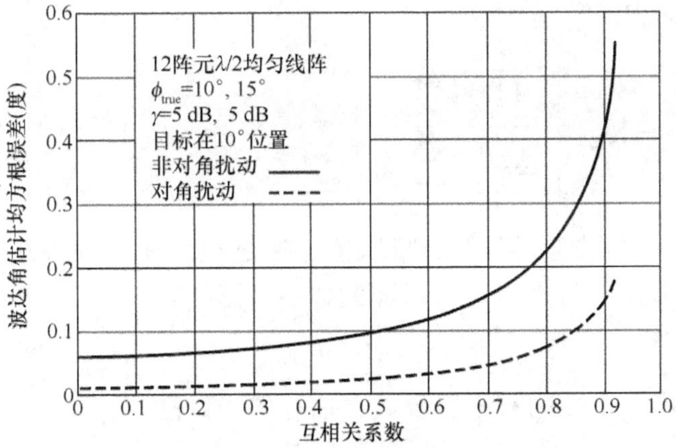

图 4.3　MUSIC 互相关性

4.4.3.3　互耦合

在下一个例子中，将研究由于未校正的互耦合导致的性能下降。入射源在 10°和 15°，SNR＝0 dB。天线是一个半径为 3λ 的均匀线阵。在圆周上相邻的传感器以角度、传感器独立的方差为 σ_m^2 的复高斯系数耦合。

除了互耦合误差，相关响应误差幅度 $\sigma_g=0.01$～-40dB 的角度独立的增益扰动，与相位误差幅度 $\sigma_\varphi=0.06°$的角度独立的相位扰动，同样会产生标准阵元响应。模拟的结果如图 4.4

所示。注意,正如所预料的,仅当互耦合扰动的振幅超过增益幅度和相位误差时,才会造成恶化,理论表示准确描述了 σ_m 增加的效果。

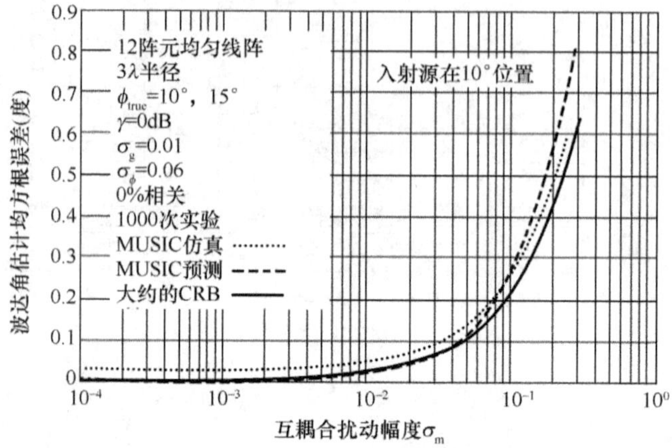

图 4.4　互耦合扰动幅度 σ_m

4.5　波场数目估计

估计入射信号($\hat{L}$)的数目在大多数阵列处理特征分析算法中起着至关重要的作用。也许目前最简单的估计波数的方法是在一些规则中设定一个特征值的阈值,然后将这些特征值中所有小于阈值的当成噪声特征值,所有大于阈值的当成信号特征值。然而,设置阈值通常不是一件容易的事情。

Wax 和 Kailath[5]为此测定发明了一种非常简单的方法。它直接利用了阵列协方差矩阵估计特征分析。这个准则可表示如下:

$$\mathrm{MDL} = -\log_{10}\left[\frac{\prod\limits_{n=m+1}^{M}\hat{\lambda}_n^{1/(M-m)}}{\dfrac{1}{M-m}\sum\limits_{n=m+1}^{M}\hat{\lambda}_n}\right]^{(M-m)N} + \frac{1}{2}m(2M-m+1)\log_{10}N \tag{4.22}$$

在式(4.22)中,$\hat{\lambda}_i$ 是样本协方差矩阵 $\hat{R}$ 的特征值。通过找出一个使最小描述长度(MDL)最小的整数 $m\in\{0,1,2,\cdots,M-1\}$ 来确定入射源的数目。这样,

$$\hat{L}=m_{\min} \tag{4.23}$$

Wax 和 Kailath 展示了这个准则对入射源数目估计的一致性[5]。

例 4.2[5]

考虑一个阵列,包括 7 个传感器($M=7$)和两个到达角为 20°和 25°的源($L=2$)。这两个信号的 SNR=10 dB。以 $N=100$ 为例,样本协方差矩阵的特征值为 21.2359,2.1717,1.4279,1.0979,1.0544,0.9432 和 0.7324。观察这些逐渐下降的特征值。显然,从两个“大的”特征值中分离出三个“最小的”特征值是一项艰难的任务。然而应用这里描述的方法产生的值见表 4.1。正如所预期的,得到了最小描述长度(MDL)的最小值,尽管 $L=2$ 和 $L=1$ 时的差别并不大。

表 4.1　示例中的特征值[5]

L	0	1	2	3	4	5	6
λ	590.4	67.2	64.9	80.7	94.5	104.2	110.5

4.6　相位误差对 MUSIC 精度的影响

Brandwood 发表了一篇关于相位误差对 MUSIC 算法影响的研究报告[6]。这个报告考虑了方位角和俯仰角测量误差的影响。它假定相位误差很大，以至于噪声(包括振幅和相位)的影响可忽略不计。这一节将给出报告的结论。

4.6.1　简介

在实际的参数估计系统中，经常会校准系统误差，而不是直接接受会使性能恶化的噪声。在用于测量到达角的天线系统中，相位误差是主要的误差来源。相位误差用来描述阵列的相位存储值(计算或校正所得)和实际可见信号值之间的差值。相位误差可能会变大，例如当阵元位置上的小误差或由于接收端信道的不匹配而导致本地阵列站点多通道效应时。在天线位于直立桅杆上的战术电子支援系统中，升高或降低桅杆会导致天线在阵列中相对位置的漂移，反过来会使校正在一定程度上失效。当然，振幅误差也会上升，这也会限制性能，但是一般来说这并不太严重，而且可以很好地进行控制(例如，阵元位置误差对振幅响应几乎没有影响)。

显然需要知道误差怎样影响性能，或者在给定要求的性能下，多大的误差容限是允许的。通常在方位角和俯仰角都要测量的高频测向中，或者在所有频段下，在如美军飞机、直升机平台和高空定翼飞机(higher flying fixed winged aircraft)的升空传感器平台上的测向操作中，这一点尤为重要。类似地，在高频中，阵列通常是二维的，其中地波信号水平地到达阵列，其他信号以**近垂直入射**(near vertical incidence，NVI)的形式到达。在这种阵列中，地波信号的俯仰角精度非常差，几乎垂直入射的信号的方位角精度也非常差。

这一节给出了 MUSIC 作为测向方法时，对应于相位误差方差和阵列结构，方位角和俯仰角测量方差的表示式。MUSIC 是一个广为人知并得到应用的超分辨率方法，这一章的最后介绍其他方法时，将其作为一个比较的标准。这里导出的结果只适用于单个信号的情况下，对于多个分离信号(要考虑的信号数目比阵列的阵元少)，其精度接近这里的结果。然而，对于相邻信号的精度和分辨力问题[1]，这里给出的分析并不适用。本节根据表达式，针对数个阵列画出了方位角和俯仰角的预期精度方差。仿真结果显示其与理论曲线符合得很好。

4.6.2　精确度

即便有了一个包含信号精确增益矢量的完备流形，由于干扰信号空间基的预测的接收噪声永远存在，系统的性能仍然受到限制。这里忽略这种噪声的影响，考虑单个大信号的情况，这里随机相位误差比噪声对性能的限制更多。假设信号的可见增益矢量作为单个信号空间基矢量。假设 $\boldsymbol{r}$ 在每个分量上的相位误差和表示信号方向的流形矢量 $\boldsymbol{a}(\boldsymbol{\theta}_0)$ 有关，同时忽略由于对流形进行有限采样所带来的误差。我们希望测定 $\boldsymbol{\theta}$ 的值，比如 $\boldsymbol{\theta}_0+\boldsymbol{\delta}_\theta$，以得到最靠近 $\boldsymbol{r}$ 的流形矢量，其中对 $\boldsymbol{r}$ 在 MUSIC 中会给出，$\boldsymbol{\delta}_\theta$ 是 $\boldsymbol{\theta}_0$ 的测量误差。

在单个信号的情况下，已知信号空间基 $\boldsymbol{r}$，以平凡模型的形式使 $\boldsymbol{a}(\boldsymbol{\theta})$ 正交映射到 $\boldsymbol{r}$ 的 MU-

SIC 函数是

$$f(\boldsymbol{\theta})=1-|\boldsymbol{r}^{\mathrm{H}}\boldsymbol{a}(\boldsymbol{\theta})|^2 \tag{4.24}$$

其中,不考虑一般的损耗,对 $\boldsymbol{a}$ 和 $\boldsymbol{r}$ 进行了归一化。$\boldsymbol{a}$ 和 $\boldsymbol{r}$ 分量分别表示为

$$a_k=A_k\exp(\mathrm{j}\alpha_k)$$

$$r_k=\rho_k\exp(\mathrm{j}\beta_k)$$

这里的 x_k 和 y_k 是实振幅因子,α_k 和 β_k 是实相位值。由式(4.24)可得

$$f(\boldsymbol{\theta})=1-\left|\sum_k x_k y_k \exp[\mathrm{j}\,\boldsymbol{\epsilon}_k(\boldsymbol{\theta})]\right|^2 \tag{4.25}$$

其中,

$$\boldsymbol{\epsilon}_k(\boldsymbol{\theta})=\alpha_k(\boldsymbol{\theta})-\beta_k(\boldsymbol{\theta})$$

现在考虑所有阵元在任何给定方向上有相同增益幅度的情况。这是一种实际的常见情况,即当阵元都是同样的并具有相同的方向性,例如垂直单极天线时。在这种情况下,对所有的 k,$A_k=\rho_k=1/\sqrt{M}$,给定

$$f(\boldsymbol{\theta})=1-\left|\sum_k \frac{1}{M}\exp[\mathrm{j}\,\boldsymbol{\epsilon}_k(\boldsymbol{\theta})]\right|^2 \tag{4.26}$$

$\exp(x)$级数展开的前几项由式 $\exp(x)=1+x+x^2/2$ 给出,所以 ν_k 相对于 $x=\exp[\mathrm{j}\gamma_k(\boldsymbol{\theta})]$有

$$\begin{aligned}\left|\frac{1}{M}\sum\exp(\mathrm{j}\nu_k)\right|^2 &\approx \left|1+\frac{1}{M}\sum(\mathrm{j}\nu_k-\nu_k^2)\right|^2\\ &=\left|\mathrm{j}\bar{\nu}-\frac{\bar{\nu^2}}{2}\right|^2=\left(1-\frac{\bar{\nu^2}}{2}\right)^2+\bar{\nu}^2\\ &=-(\bar{\nu^2}-\bar{\nu}^2)+\left(\frac{\bar{\nu^2}}{2}\right)^2\approx-(\bar{\nu^2}-\bar{\nu}^2)=1-\mathrm{Var}(\nu)\end{aligned}$$

类似地,式(4.26)变成

$$f(\boldsymbol{\theta})\approx\mathrm{Var}[\boldsymbol{\epsilon}_k(\boldsymbol{\theta})] \tag{4.27}$$

这样,可以看到 f 的最小值和 $\mathrm{Var}[\boldsymbol{\epsilon}(\boldsymbol{\theta})]$的最小值相同。

4.6.3 误差校正

现在用测量误差 $\boldsymbol{\delta}_\theta$(假定很小)和相位误差 $\boldsymbol{\delta}_\alpha$ 来表示$\boldsymbol{\epsilon}$,这样就有 $\boldsymbol{\beta}(\boldsymbol{\theta}_0)=\boldsymbol{\alpha}(\boldsymbol{\theta}_0)+\boldsymbol{\delta}_\alpha$。在 $\boldsymbol{\theta}=\boldsymbol{\theta}_0+\boldsymbol{\delta}_\phi$ 时,同样使用一阶(线性)泰勒近似(回想 $\boldsymbol{\theta}=[\phi\quad\varphi]^{\mathrm{T}}$),一个阵元相位的流形矢量可以表示为

$$\alpha_k(\boldsymbol{\theta})\approx\alpha_k(\boldsymbol{\theta}_0)+\frac{\partial\alpha_k(\boldsymbol{\theta}_0)}{\partial\phi}\delta_\phi+\frac{\partial\alpha_k(\boldsymbol{\theta}_0)}{\partial\varphi}\delta_\theta \tag{4.28}$$

或者

$$\alpha_k(\boldsymbol{\theta})\approx\alpha_k(\boldsymbol{\theta}_0)+[\boldsymbol{p}\quad\boldsymbol{q}]\begin{bmatrix}\delta_\phi\\ \delta_\varphi\end{bmatrix}=\alpha(\boldsymbol{\theta}_0)+\boldsymbol{P}\boldsymbol{\delta}_\theta \tag{4.29}$$

其中,

$$\boldsymbol{P}=[\boldsymbol{p}\quad\boldsymbol{q}]$$

$$\boldsymbol{p}=\frac{\partial\alpha_k(\boldsymbol{\theta}_0)}{\partial\phi}$$

$$\boldsymbol{q}=\frac{\partial\alpha_k(\boldsymbol{\theta}_0)}{\partial\varphi}$$

$$\boldsymbol{\delta}_\theta=[\delta_\phi\quad\delta_\varphi]^{\mathrm{T}}$$

所以

$$\boldsymbol{\epsilon}(\underline{\theta})=\boldsymbol{\alpha}(\boldsymbol{\theta})-\boldsymbol{\beta}(\boldsymbol{\theta}_0)=\boldsymbol{\alpha}(\boldsymbol{\theta}_0)+\boldsymbol{P}\delta_\theta-[\boldsymbol{\alpha}(\boldsymbol{\theta}_0)+\boldsymbol{\delta}_\alpha]=\boldsymbol{P}\boldsymbol{\delta}_\theta-\boldsymbol{\delta}_\alpha \tag{4.30}$$

用 $\boldsymbol{\delta}_\theta$ 和 $\boldsymbol{\delta}_\alpha$ 表示 $\mathrm{Var}[\boldsymbol{\epsilon}(\boldsymbol{\theta})]$，可得：

$$\begin{aligned}\mathrm{Var}[\boldsymbol{\epsilon}(\boldsymbol{\theta})] &= \frac{1}{M}\sum \epsilon_k^2-\left(\frac{1}{M}\sum \epsilon_k\right)^2=\frac{1}{M}\|\boldsymbol{\epsilon}\|^2-\left[\frac{1}{M}\mathbf{1}^{\mathrm{T}}\boldsymbol{\epsilon}\right]^2\\ &=\frac{1}{M}\boldsymbol{\epsilon}^{\mathrm{T}}\boldsymbol{\gamma}-\frac{1}{M^2}\boldsymbol{\epsilon}^{\mathrm{T}}\mathbf{1}\mathbf{1}^{\mathrm{T}}\boldsymbol{\epsilon}=\boldsymbol{\epsilon}^{\mathrm{T}}\boldsymbol{V}\boldsymbol{\epsilon}\end{aligned} \tag{4.31}$$

其中，

$$\boldsymbol{V}=\frac{1}{N^2}(M\boldsymbol{I}-\mathbf{1}\mathbf{1}^{\mathrm{T}})$$

是方差矩阵，矢量 $\mathbf{1}$ 为适当规模的 $\mathbf{1}=[1\quad 1\quad \cdots\quad 1]^{\mathrm{T}}$。替换掉 $\boldsymbol{\epsilon}$ 则有

$$\begin{aligned}\mathrm{Var}[\boldsymbol{\epsilon}(\boldsymbol{\theta})]&=(\boldsymbol{P}\boldsymbol{\delta}_\theta-\boldsymbol{\delta}_\alpha)^{\mathrm{T}}\boldsymbol{V}(\boldsymbol{P}\boldsymbol{\delta}_\theta-\boldsymbol{\delta}_\alpha)\\ &=\boldsymbol{\delta}_\theta^{\mathrm{T}}\boldsymbol{P}^{\mathrm{T}}\boldsymbol{V}\boldsymbol{P}\boldsymbol{\delta}_\theta-2\boldsymbol{\delta}_\theta^{\mathrm{T}}\boldsymbol{P}^{\mathrm{T}}\boldsymbol{V}\boldsymbol{\delta}_\alpha+\boldsymbol{\delta}_\alpha^{\mathrm{T}}\boldsymbol{V}\boldsymbol{\delta}_\alpha\end{aligned} \tag{4.32}$$

注意，对于两个变量 z 和 c，两个矢量 $\boldsymbol{x}$ 和 $\boldsymbol{m}$，以及矩阵 $\boldsymbol{B}$，如果 $z=\boldsymbol{x}^{\mathrm{T}}\boldsymbol{B}\boldsymbol{x}-2\boldsymbol{x}^{\mathrm{T}}\boldsymbol{m}+c$ 并且 $\boldsymbol{B}$ 是对称矩阵，则对于 $\boldsymbol{x}$ 的微分形式，$\boldsymbol{\nabla}_z=2\boldsymbol{B}\boldsymbol{x}-2\boldsymbol{m}$，当 $\boldsymbol{\nabla}_z=\mathbf{0}$，也就是 $\boldsymbol{x}=\boldsymbol{B}^{-1}m$ 时，可以得到函数是一个常量。

使 $\mathrm{var}[\boldsymbol{\epsilon}(\boldsymbol{\theta})]$ 取最小值的 $\boldsymbol{\delta}_\theta$ 值如下：

$$\boldsymbol{\delta}_\theta=(\boldsymbol{P}^{\mathrm{T}}\boldsymbol{P})^{-1}\boldsymbol{P}^{\mathrm{T}}\boldsymbol{V}\boldsymbol{\delta}_\alpha=\boldsymbol{S}\boldsymbol{\delta}_\alpha \tag{4.33}$$

其中，

$$\boldsymbol{S}=\begin{bmatrix}\boldsymbol{p}^{\mathrm{T}}\boldsymbol{V}\boldsymbol{p} & \boldsymbol{p}^{\mathrm{T}}\boldsymbol{V}\boldsymbol{q}\\ \boldsymbol{q}^{\mathrm{T}}\boldsymbol{V}\boldsymbol{p} & \boldsymbol{q}^{\mathrm{T}}\boldsymbol{V}\boldsymbol{q}\end{bmatrix}^{-1}\begin{bmatrix}\boldsymbol{p}^{\mathrm{T}}\boldsymbol{V}\\ \boldsymbol{q}^{\mathrm{T}}\boldsymbol{V}\end{bmatrix}$$

代入 $\boldsymbol{S}=[\boldsymbol{s}_1^{\mathrm{T}}\quad \boldsymbol{s}_2^{\mathrm{T}}]^{\mathrm{T}}$ 和 $\boldsymbol{\delta}_\theta=[\delta_\phi\quad \delta_\varphi]^{\mathrm{T}}$，可得

$$\delta_\phi=\boldsymbol{s}_1^{\mathrm{T}}\boldsymbol{\delta}_\alpha=\sum_k s_{1k}\delta_{\alpha_k}=s_{11}\delta_{\alpha_1}+s_{12}\delta_{\alpha_2}+\cdots+s_{1N}\delta_{\alpha_N} \tag{4.34}$$

$$\delta_\varphi=\boldsymbol{s}_2^{\mathrm{T}}\boldsymbol{\delta}_\alpha=\sum_k s_{2k}\delta_{\alpha_k}=s_{21}\delta_{\alpha_1}+s_{22}\delta_{\alpha_2}+\cdots+s_{2N}\delta_{\alpha_N} \tag{4.35}$$

4.6.4 统计特性

给定阵列结构、$\boldsymbol{S}$ 及实际相位误差 $\boldsymbol{\delta}_\alpha$，根据上述结果就能够得出测量误差。如果误差未知，但它们的统计量可以被估计，也可以获得测量误差的统计量。δ_ϕ 的均值是 $\mathcal{E}\{\delta_\phi\}=\overline{\delta_{\phi_k}}=\sum_k s_{1k}\delta_{\alpha_k}\overline{\delta_{\alpha_k}}$，如果假设平均相位误差在所有信道上都有相同的值(一个合理的一阶假设)，如 $\boldsymbol{\delta}_\alpha$，则有

$$\overline{\delta_{\phi_k}}=s_1^{\mathrm{T}}\boldsymbol{\delta}_\alpha=\sum_k s_{1k}\delta_\alpha=s_1^{\mathrm{T}}\mathbf{1}\boldsymbol{\delta}_\alpha \tag{4.36}$$

类似地有

$$\overline{\delta_{\varphi_k}}=s_2^{\mathrm{T}}\boldsymbol{\delta}_\alpha=s_2^{\mathrm{T}}\mathbf{1}\boldsymbol{\delta}_\alpha \tag{4.37}$$

δ_ϕ^2 的值由公式 $\delta_\phi^2=\sum_i\sum_j s_{1i}s_{1j}\delta_{\alpha_i}\delta_{\alpha_j}$ 给出，所以 δ_ϕ 的均方值由交叉项 $\mathcal{E}\{\delta_{\alpha_i}\quad \delta_{\alpha_j}\}$ 和平方项 $\mathcal{E}\{\delta_{\alpha_1}^2\}$ 决定。如果假设交叉项均值为零，平方项都是相等的，则有

$$\overline{\delta_\phi^2}=\sum_k s_{1k}^2\overline{\delta_\alpha^2}=\boldsymbol{s}_1^{\mathrm{T}}\boldsymbol{s}_1\overline{\delta_\alpha^2}=\|\boldsymbol{s}_1\|^2\delta_\alpha^2 \tag{4.38}$$

和

$$\overline{\delta_\varphi^2}=\boldsymbol{s}_2^{\mathrm{T}}\boldsymbol{s}_2\,\overline{\delta_\alpha^2}=\|\boldsymbol{s}_2\|^2\,\overline{\delta_\alpha^2} \tag{4.39}$$

因此 δ_ϕ 和 δ_φ 的方差由下列公式给出：

$$\mathrm{Var}(\delta_\phi)=\overline{\delta_\phi^2}-\overline{\delta_\phi}^2=\|\boldsymbol{s}_1\|^2\,\overline{\delta_\phi^2}-(\boldsymbol{s}_1^{\mathrm{T}}\mathbf{1}\,\overline{\delta_\alpha})^2 \tag{4.40}$$

和

$$\mathrm{Var}(\delta_\varphi)=\overline{\delta_\varphi^2}-\overline{\delta_\varphi}^2=\|\boldsymbol{s}_2\|^2\,\overline{\delta_\varphi^2}-(\boldsymbol{s}_2^{\mathrm{T}}\mathbf{1}\,\overline{\delta_\alpha})^2 \tag{4.41}$$

如果相位误差分布的均值为 $0(\overline{\delta}_\alpha=0)$，然后有 $\delta_\phi=0,\delta_\varphi=0$，

$$\mathrm{Var}(\delta_\phi)=\overline{\delta_\phi^2}=\|\boldsymbol{s}_1\|^2\delta_\alpha^2 \tag{4.42}$$

和

$$\mathrm{Var}(\delta_\varphi)=\overline{\delta_\varphi^2}=\|\boldsymbol{s}_2\|^2\delta_\alpha^2 \tag{4.43}$$

为了得到 $\boldsymbol{S}$，需要矢量 $\boldsymbol{p}$ 和 $\boldsymbol{q}$。对于一个在方向 $\boldsymbol{\theta}=[\phi\quad\varphi]^{\mathrm{T}}$ 上的信号，阵元 k 的相位为

$$\alpha_k=\frac{2\pi}{\lambda}\boldsymbol{x}_k^{\mathrm{T}}\boldsymbol{u}(\boldsymbol{\theta}) \tag{4.44}$$

其中，$\boldsymbol{x}_k$ 是阵元 k 的位置矢量，$\boldsymbol{u}(\boldsymbol{\theta})$ 是 $\boldsymbol{\theta}$ 方向上的单位矢量，λ 是波长。对天线 k 使用圆柱坐标$(\tilde{r}_k,\psi_k,z_k)$，可得

$$\begin{aligned}\alpha_k(\boldsymbol{\theta})&=\frac{2\pi}{\lambda}[\tilde{r}_k\cos\psi_k\quad\tilde{r}_k\sin\psi_k\quad z_k][\cos\varphi\cos\phi\quad\cos\varphi\sin\phi\quad\sin\varphi]^{\mathrm{T}}\\&=\frac{2\pi}{\lambda}[\tilde{r}_k\cos\varphi\cos(\psi_k-\phi)+z_k\sin\varphi]\end{aligned} \tag{4.45}$$

导出 $\boldsymbol{p}$ 和 $\boldsymbol{q}$ 的分量为

$$p_k=\frac{\partial\alpha_k(\boldsymbol{\theta}_0)}{\partial\phi}=\frac{2\pi}{\lambda}\tilde{r}_k\cos\varphi_0\sin(\psi_k-\phi_0) \tag{4.46}$$

$$q_k=\frac{\partial\alpha_k(\boldsymbol{\theta}_0)}{\partial\varphi}=\frac{2\pi}{\lambda}[-\tilde{r}_k\sin\varphi_0\cos(\psi_k-\phi_0)+z_k\cos\varphi_0] \tag{4.47}$$

4.6.5 水平平面阵列

当考虑水平平面阵列(一种典型情况)这个特例时，有 $z_k=0$，且对于 $\varphi=0$ 的地波信号，可以发现这些阵列满足 $\boldsymbol{q}=0$。虽然这个表达式针对的是低俯仰角的情况，但在这种情况下俯仰角误差表达式是无界的，因为这个假设在此种情况下不成立。但是，地波信号的方位角误差表达式可以通过用 $\boldsymbol{p}$ 替代 $\boldsymbol{P}$，用 $\boldsymbol{s}=\boldsymbol{p}^{\mathrm{T}}\mathbf{V}/\boldsymbol{p}^{\mathrm{T}}\mathbf{V}\boldsymbol{p}$ 替代 $\boldsymbol{S}$ 来获得，具体表达式如下：

$$\delta_\phi=\frac{\boldsymbol{p}^{\mathrm{T}}\mathbf{V}}{\boldsymbol{p}^{\mathrm{T}}\mathbf{V}\boldsymbol{p}}\boldsymbol{\delta}_\alpha \tag{4.48}$$

记 $\mathbf{1}^{\mathrm{T}}\boldsymbol{\delta}_\alpha=M\boldsymbol{\delta}_\alpha$，当误差均值为零时这个式子也为零，此时有

$$\mathbf{V}\boldsymbol{\delta}_\alpha=\frac{1}{M^2}[M\boldsymbol{I}-\mathbf{1}\mathbf{1}^{\mathrm{T}}]=\frac{1}{M}\boldsymbol{\delta}_\alpha \tag{4.49}$$

另外，$\boldsymbol{p}^{\mathrm{T}}\mathbf{V}\boldsymbol{p}$ 是 $\boldsymbol{p}$ 或 $\boldsymbol{p}_{\mathrm{RMS}}^2$ 元素的方差，其中 $\boldsymbol{p}_{\mathrm{RMS}}$ 是成分 $\boldsymbol{p}$ 的均方值，这里假设这个均值很小[①]。这样，如果 δ_α 的方差矩阵是上面假设的$\overline{\delta_\alpha^2}I$，则有

$$\boldsymbol{\delta}_\theta=\frac{\boldsymbol{p}^{\mathrm{T}}}{M\boldsymbol{p}_{\mathrm{RMS}}^2}\boldsymbol{\delta}_\alpha \tag{4.50}$$

且

$$\overline{\delta_\phi^2}=\frac{1}{M^2p_{\mathrm{RMS}}^4}\sum_k p_k^2\,\overline{\delta_\alpha^2} \tag{4.51}$$

---

① 实际上，如果这个阵列的质心是它的坐标原点，那么这个均值就为零。

将 $\sum_k p_k^2 = Mp_{\mathrm{RMS}}^2$ 代入上式，则有

$$\overline{\delta_\phi^2}=\frac{1}{Mp_{\mathrm{RMS}}^2}\delta_\alpha^2 \tag{4.52}$$

或者

$$\phi_{\mathrm{RMS}}=\frac{1}{\sqrt{M}p_{\mathrm{RMS}}}\delta_{\alpha_{\mathrm{RMS}}} \tag{4.53}$$

当 $\varphi=0$ 时，有 $p_k=(2\pi/\lambda)\tilde{r}_k\sin(\psi_k-\phi)=(2\pi/\lambda)y_k(\phi)$，其中 $y_k(\phi)$ 是与信号方向正交的阵元位置矢量的投影长度。因此，最终得到

$$\phi_{\mathrm{RMS}}=\frac{1}{\sqrt{M}(2\pi/\lambda)y_{\mathrm{RMS}}(\phi)}\delta_{\alpha_{\mathrm{RMS}}} \tag{4.54}$$

4.6.6 仿真

下面列出了一些典型仿真实验的结果，以证明上文提到的理论分析结果。在这些图中，实线表示的是理论结果，而仿真结果则用虚线表示。在这些仿真中，使用单元信噪比 SNR=40 dB 的一个类噪声强信号，通过 50 个快拍和 40 次运行来综合产生均方根误差。天线相位误差来自于一个均方根值为 3°的零均值正态分布。

图 4.5 和图 4.6 是针对半径为一个波长的六元**均匀圆阵**(uniform circular array，UCA)。因此每个阵元相隔 60°。图 4.5 给出了对应俯仰角的方位角和俯仰角误差，可以发现仿真结果与理论值非常接近。图 4.6 给出的方位角之所以不存在方差(俯仰角为 30°)，是因为均匀圆阵是圆对称的。

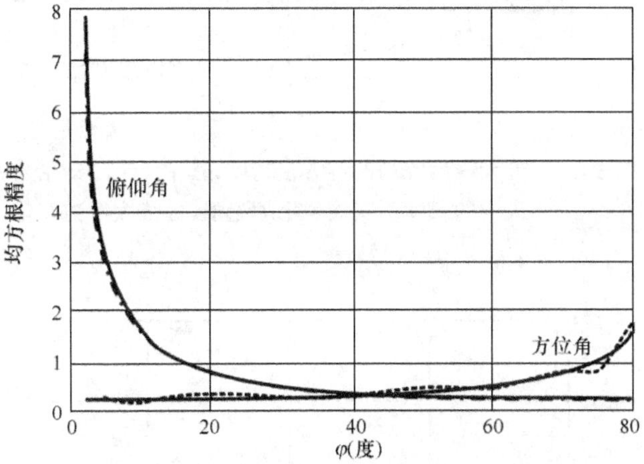

图 4.5　均匀圆阵的均方根精度。实线表示理论值，虚线表示仿真值

对于略不对称的例子，下面的仿真中使用的阵列是一个长度为两个波长，宽度为半个波长的五元阵列。图 4.7 给出了俯仰角变化而方位角为 0°的误差(对于俯仰角变化的信号，顺着阵列的长度为阵列孔径最大值)。可以发现，此时的仿真结果仍然与理论相符。当方位角为 90°时(见图 4.8)，即视向阵列的窄尺度上时，俯仰角的误差将相当大，特别是对于较小的俯仰角。当低角度时，理论曲线与仿真曲线出现了偏差，这是因为此时误差近似为零已经不再正确了。当方位角为 30°时(见图 4.9)，理论值似乎一直高达仿真值的 2 倍，而图 4.10 也如预期的，随着方位角和相对孔径的变化，其变化因子为 4 倍。仿真结果与理论曲线的趋势几乎相同，但大约比理论结果低了一个量级。

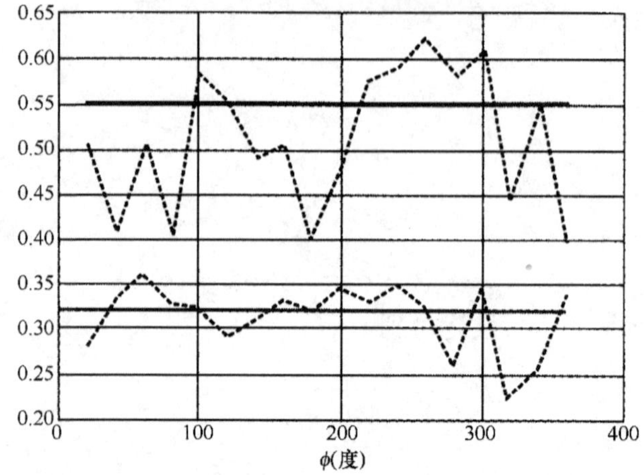

图 4.6 均匀圆阵的均方根精度。实线表示理论值,虚线表示仿真值

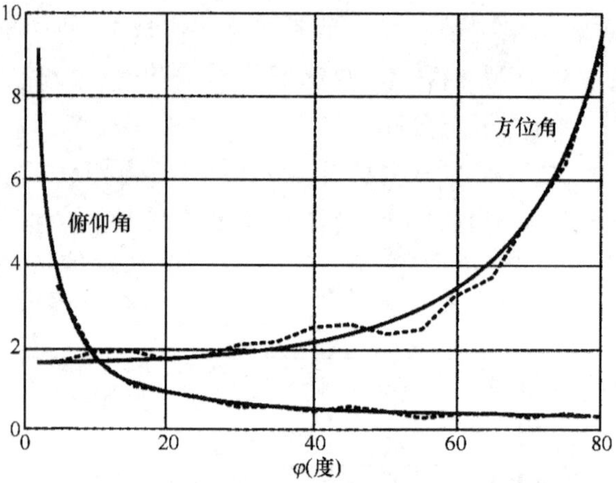

图 4.7 五元线性阵列的均方根精度,其中 $\phi=0°$,即沿着最长的长度。实线表示理论值,虚线表示仿真值

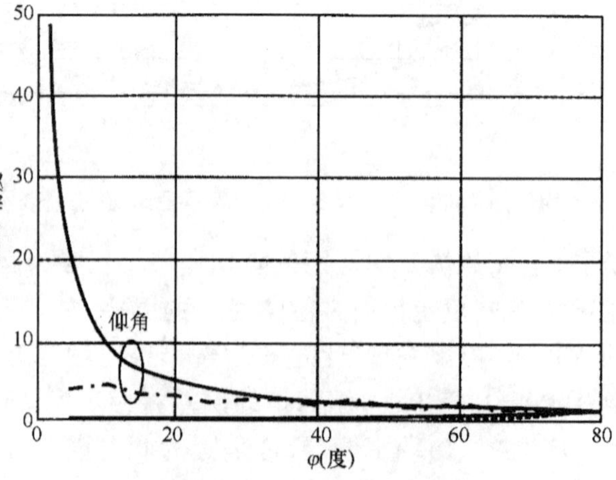

图 4.8 五元线性阵列的均方根精度,其中 $\phi=90°$,即沿着最短的长度。实线表示理论值,虚线表示仿真值

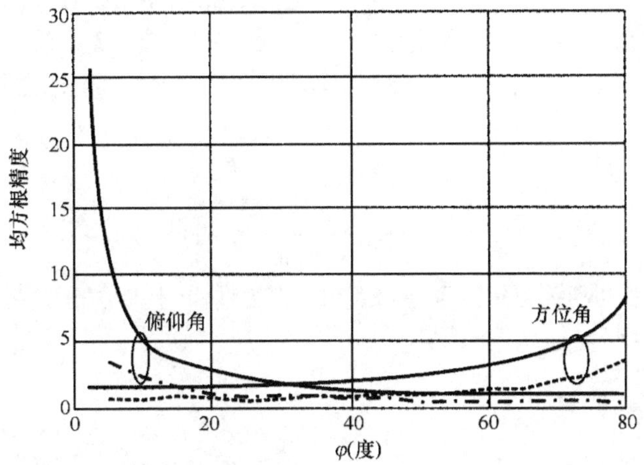

图 4.9　五元线性阵列的均方根精度，其中 $\phi=30°$，实线表示理论值，虚线表示仿真值

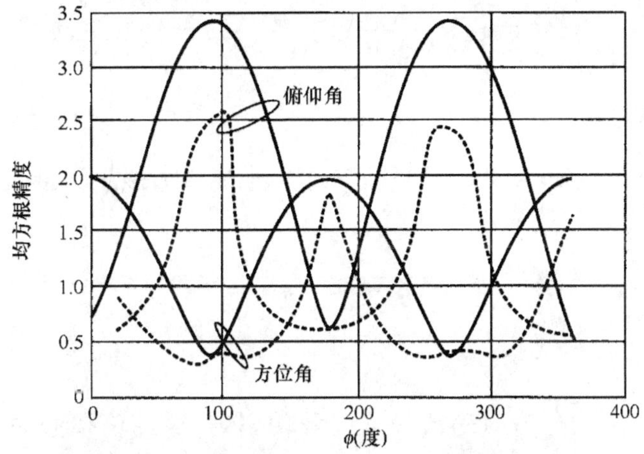

图 4.10　五元线性阵列的均方根精度，其中 $\varphi=30°$，实线表示理论值，虚线表示仿真值

4.6.7　小结

本节推导出了一些理论表达式，在相位误差限制下较准确地利用 MUSIC 方法估计了仰角测量值的精度。这些结果在许多具体实例中利用仿真得以证明。

对于多数系统来说，相位误差可能是最主要的一种误差。系统的性能表现取决于这些误差，通过研究这些系统的性能表现，就能有力地协助设计者进行系统设计，因为这些研究有助于了解在给定误差水平下会有怎样的系统性能，或者需要减少怎样的误差水平来实现所需的性能。

4.7　其他超分辨率算法

这一节将介绍其他一些高分辨率到达角估计算法。这里并不进行深入分析，而只是对这些算法进行简单介绍，还包括各种算法之间的比较，以及 Johnson 和 Miner 提出的 MUSIC[7]。

4.7.1　最大似然法

最大似然法(maximum likelihood method，MLM)是通过在一系列给定阵列样本中最大化对数似然函数,来估计到达角的方法[8,9]。似然函数是在给定各到达角的值时,样本数据的联合概率密度函数(PDF),它可看成以到达角为自变量的函数。该方法本质上就是寻找这个函数的对数值最大时对应的方向。最大似然法则意味着从这些方向来的平面波将使产生给定样本的可能性最大。

最大似然法概率谱如下所示:

$$P_{\mathrm{MLM}}(\boldsymbol{\theta}_k)=\frac{1}{\boldsymbol{a}^{\mathrm{H}}(\boldsymbol{\theta}_k)\boldsymbol{C}_{\mathrm{rr}}^{-1}\boldsymbol{a}(\boldsymbol{\theta}_k)},\quad k=1,2,\cdots,D \tag{4.55}$$

基于式(4.55),寻找那些处于功率谱波峰的方位角和俯仰角的角度,这些角度将被视为输入信号的到达角。

4.7.2 自适应角度响应法

自适应角度响应(adaptive angular response,AAR)是上文提到的最大似然法的一种改进方法。这种算法将阵列的输出功率标准化成热噪声形式[7,8,10]。它的功率谱为

$$P_{\mathrm{AAR}}(\boldsymbol{\theta}_k)=\frac{\boldsymbol{a}^{\mathrm{H}}(\boldsymbol{\theta}_k)\boldsymbol{C}_{\mathrm{rr}}^{-1}\boldsymbol{a}(\boldsymbol{\theta}_k)}{\boldsymbol{a}^{\mathrm{H}}(\boldsymbol{\theta}_k)\boldsymbol{C}_{\mathrm{rr}}^{-1}\boldsymbol{a}(\boldsymbol{\theta}_k)},\quad k=1,2,\cdots,D \tag{4.56}$$

4.7.3 热噪声算法

热噪声算法(thermal noise algorithm,TNA)也是从最大似然法推导得到的。这种方法用到了式(4.56)的分母形式的热噪声,所以它的功率谱[7,8]如下所示:

$$P_{\mathrm{TNA}}(\boldsymbol{\theta}_k)=\frac{1}{\boldsymbol{a}^{\mathrm{H}}(\boldsymbol{\theta}_k)\boldsymbol{C}_{\mathrm{rr}}^{-2}\boldsymbol{a}(\boldsymbol{\theta}_k)},\quad k=1,2,\cdots,D \tag{4.57}$$

4.7.4 最大熵法

最大熵(maximum entropy,ME)法找到一种功率谱,这种功率谱的傅里叶变换等于服从约束的相关系数,且其具有最大的熵。① 功率谱为 $S(f)$ 的高斯带限时间序列的熵定义如下:

$$H(S)=\int_{-f_{\mathrm{N}}}^{f_{\mathrm{N}}}\ln S(f)\mathrm{d}f \tag{4.58}$$

其中,f_{N} 为奈奎斯特频率。

对于使用一组传感器阵列来测量到达角,最大熵法可以找到一个使熵函数最大化的连续函数 $P_{\mathrm{ME}}(\boldsymbol{\theta})>0$,即

$$\max_{\boldsymbol{\phi}} H[P(\boldsymbol{\theta})]=\max_{\boldsymbol{\phi}}\int_0^{2\pi}\ln P_{\mathrm{ME}}(\boldsymbol{\theta})\mathrm{d}\boldsymbol{\theta} \tag{4.59}$$

其中,第 i 个元素和第 j 个元素之间的相关系数 ρ_{ij} 满足下面的约束条件:

$$\rho_{ij}=\int_0^{2\pi}P_{\mathrm{ME}}(\boldsymbol{\theta})\cos[2\pi f\tau_{ij}(\boldsymbol{\theta})]\mathrm{d}\boldsymbol{\theta} \tag{4.60}$$

其中,$\tau_{ij}(\boldsymbol{\theta})$ 表示在 $\boldsymbol{\theta}$ 方向的源使阵元 i 和 j 产生的时间延迟差。这个问题的解需要在一个无限维空间中寻找,所以可以根据对偶原理将这个问题的解转化到一个有限维空间,因此有

$$P_{\mathrm{ME}}(\boldsymbol{\theta})=\frac{1}{\hat{w}\boldsymbol{q}(\boldsymbol{\theta})} \tag{4.61}$$

---

① “熵”这个名词源自于热力学。一个过程的熵指的是该过程“随机性”的总和,因此它反映的是这个过程中信息量的多少。

在式(4.61)中，$\hat{w}$通过最小化下面的式子来获得：

$$\min_{w} H(\boldsymbol{w}) = \min_{w} \int_0^{2\pi} \ln[\boldsymbol{w}^{\mathrm{T}} \boldsymbol{q}(\boldsymbol{\theta})] \mathrm{d}\boldsymbol{\theta} \tag{4.62}$$

同时满足

$$\boldsymbol{w}^{\mathrm{T}} \boldsymbol{\rho} = 2\pi \tag{4.63}$$

及

$$\boldsymbol{w}^{\mathrm{T}} \boldsymbol{q}(\boldsymbol{\theta}) = 0 \quad \forall \boldsymbol{\theta} \tag{4.64}$$

其中，$\boldsymbol{q}(\boldsymbol{\theta})$和 $\boldsymbol{\rho}$ 分别定义如下：

$$\boldsymbol{q}(\boldsymbol{\theta}) = [1 \quad \sqrt{2}\cos[2\pi f \tau_{12}(\boldsymbol{\theta})] \quad \sqrt{2}\cos[2\pi f \tau_{13}(\boldsymbol{\theta})] \quad \cdots]^{\mathrm{T}} \tag{4.65}$$

$$\boldsymbol{\rho} = [\rho_{11} \quad \sqrt{2}\rho_{12} \quad \sqrt{2}\rho_{13} \quad \cdots]^{\mathrm{T}} \tag{4.66}$$

需要注意的是，这些向量的维度取决于阵列结构，且等于每个可能的 i 和 j 间的相关系数的数目，此处这个数目是已知的。

上文提到的最小化问题可以通过标准的梯度最小均方迭代算法来解出。

LANG 和 McClellan 给出了最大熵法的变形[12]，最大熵谱等于下面定义的正多项式 P：

$$P_{\mathrm{MEM}} = \frac{1}{P} = \frac{1}{\sum p(x) \mathrm{e}^{-\mathrm{j}\beta x}} \tag{4.67}$$

4.7.5 对比分析

Johnson 和 Miner 对包括 MUSIC 在内的这些技术进行了相互比较[7]。特别是，他们比较了这些方法在高频天波测向应用中的性能。这意味着，方位角和俯仰角的角度都需要被测量。因此，他们在 4 MHz 针对一个七元阵列进行了三维仿真。具体如图 4.11 所示。其中，两个阵元之间的距离是 30 m，即阵列具有 0.4λ 大小的间隔。

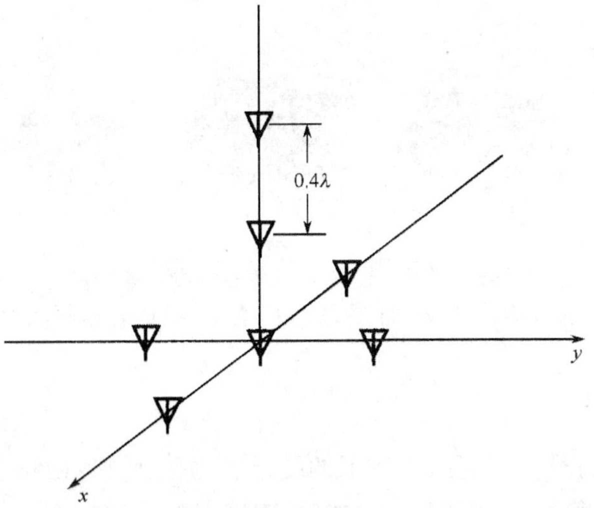

图 4.11　七元天线阵列

4.7.5.1　信号分离度

首先进行的比较是检验这些方法分离混合信号的能力。这些结果如图 4.12 所示。从左到右，这些方法分别是最大似然法(MLM)、热噪声算法(TNA)、自适应角度响应(AAR)、MU-

SIC 法和最大熵(ME)法。其中,两个信号用垂直箭头线表示。在俯仰角为 10°的情况下,除了最大熵法,所有方法都准确地分离了信号。对于最大熵法,其结果与正确值偏离了 1°。当俯仰角为 5°时,最大似然法波谱仅仅只有一个宽波峰。在俯仰角为 1°时,热噪声算法波谱和自适应角度响应波谱分离了两个窄波峰,与正确值相差 2°,而 MUSIC 波谱分离了两个无误差的窄波峰。对于 4°的分离度,最大似然法波谱、热噪声算法波谱和自适应角度响应波谱都只有一个俯仰角为 42°的波峰,然而 MUSIC 的所有波峰都是正确的。

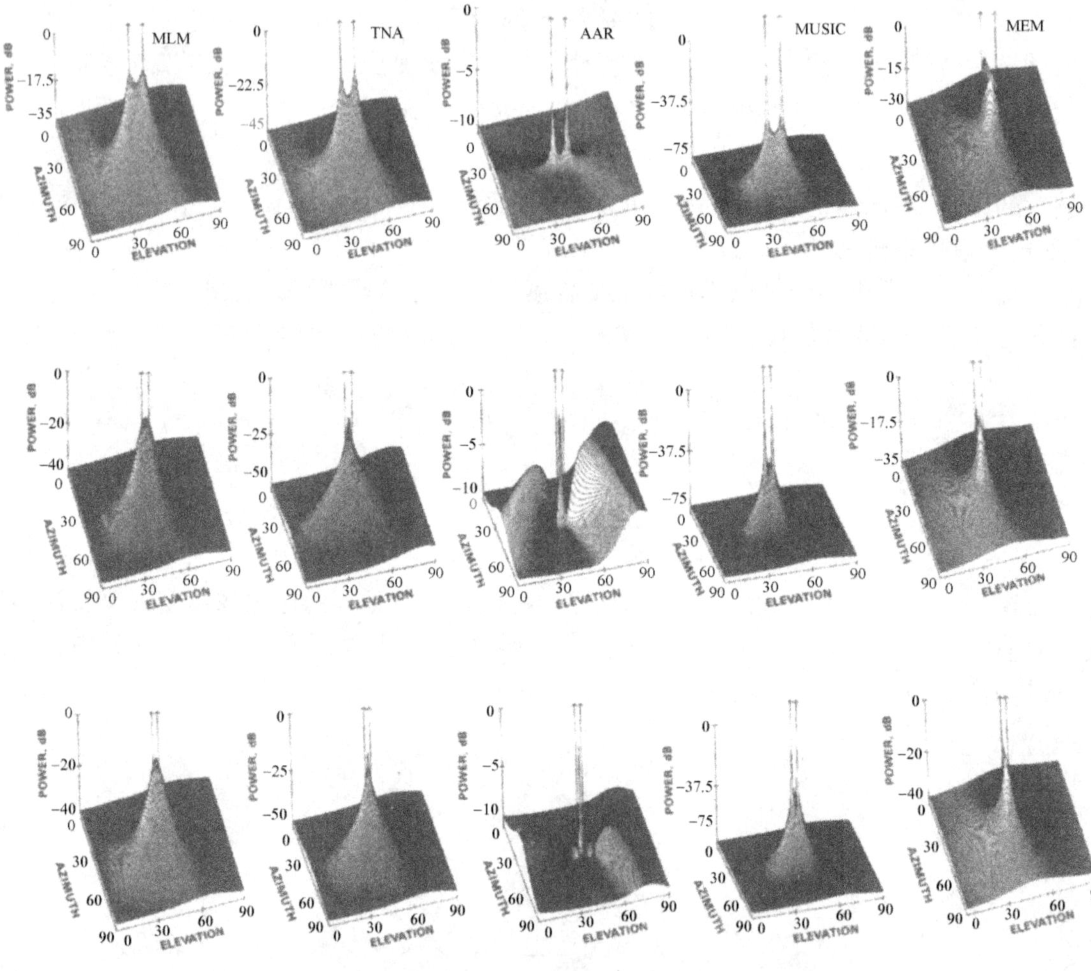

图 4.12　信号分离度。其中,输入信号为相同幅度、不相干的混合信号,$\gamma=30$ dB,$\phi=45°$,名义 $\varphi=45°$,$\Delta\varphi=10°,5°,4°$

4.7.5.2　信噪比仿真

图 4.13 给出了各信号在不同信噪比下的结果。当 γ 为 10 dB 时,除了最大熵法以外,其余方法均正确地分离了信号。MUSIC 法的信号波峰最好,其次是自适应角度响应,再次是热噪声算法和最大似然法。而最大熵法的波谱是凹陷的,且在±3°的方位角和 45°的俯仰角有更大的波峰。当 γ 为 5 dB 时,最大似然法产生了单一宽波峰,而热噪声算法、自适应角度响应和 MUSIC 的波谱都是正确的。当 γ 为 0 dB 时,最大似然法仍产生了和 5 dB 一样的单一宽波峰,同时热噪声算法波谱有两个几乎未被分离出的波峰。然而,自适应角度响应和 MUSIC 的波峰都在正确位置被分离出了。

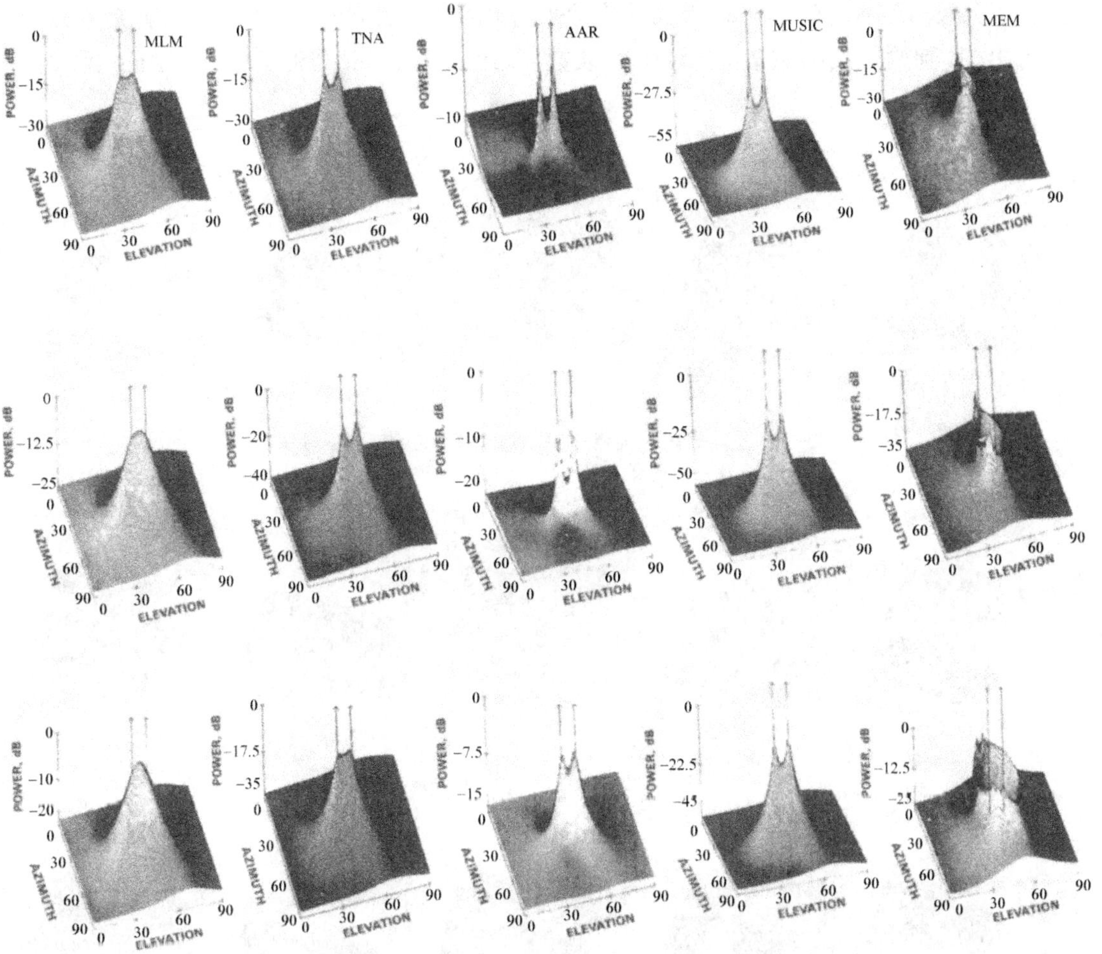

图 4.13　信噪比仿真，其中输入信号为相同幅度、不相干的混合信号，$\varphi=45°,40°,5°$，$\gamma=10$ dB，5 dB，0 dB

4.7.5.3　相干信号

虽然文献[7]还介绍了这些算法的其他方面的比较，但本书最后仅介绍当输入信号具有不同相干程度时的性能比较。比较的具体结果如图 4.14 所示。

虽然这些算法的性能没有仅限于高频范围，但由于在这个范围内混合反射很可能离开电离层，高频范围内的信号就极有可能产生相关的同信道干扰。

从图 4.14 所示的第一行的仿真结果可以发现，当输入信号具有相同的幅度且相干系数为 0.8 时，这些信号没有被最大似然法、热噪声算法和自适应角度响应法分离。而此时，MUSIC 算法能准确地分离出波峰，最大熵法也仅仅提取了两个不正确的波峰。对于图 4.14 所示的第二行结果，其方位角为 45°，俯仰角为 40°的输入信号具有单位振幅，而俯仰角为 50°的输入信号的振幅为 0.1，此时两个信号的相干系数都为 0.8。此时，最大似然法、热噪声算法和自适应角度响应法的波谱出现了强信号的单个分离波峰，与较弱信号方向的偏移为 1°。此时，MUSIC 仍产生了正确的波谱，而最大熵法也只是产生了一个介于两信号之间的波峰。图 4.14 最下方的第三行仿真结果对应的输入信号具有相同的振幅，且相关系数为 0.3。此时。最大似然法产生了两个几乎未分离的波峰，而热噪声算法、自适应角度响应法和最大熵法无法分离出这个信号，MUSIC 算法则依然正确地提取了信号的波峰。

MUSIC 的最大不足就是当输入信号完全相干时,它的性能经常会受到影响。可以从这些例子中看出,直到输入信号显著相干(相关系数大于 0.9 时),MUSIC 在分离两个相关信号时才会出现问题。

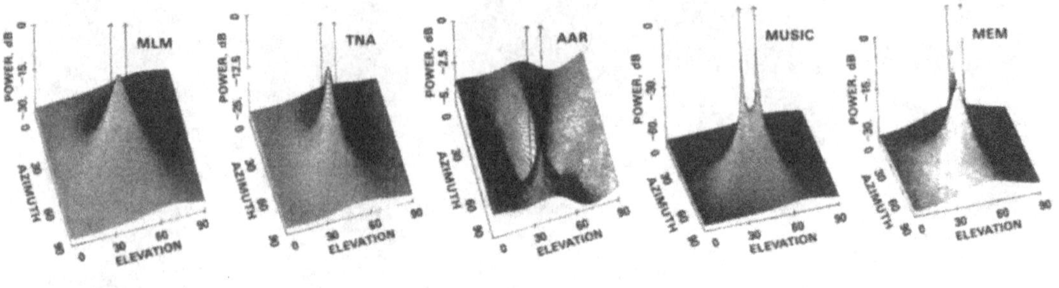

输入信号具有相同振幅，相关系数为0.8

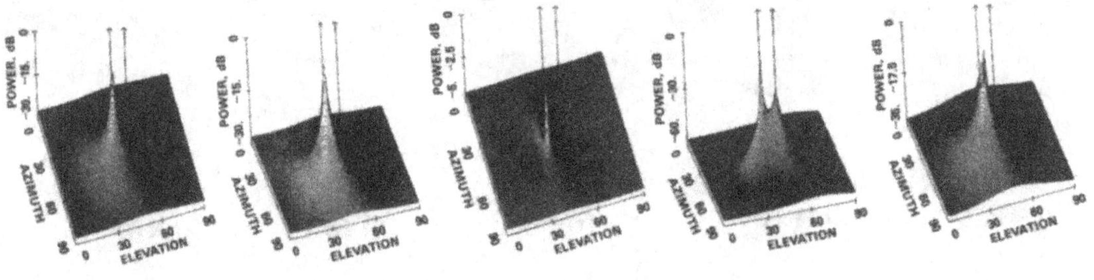

输入信号振幅比为10∶1，相关系数为0.8

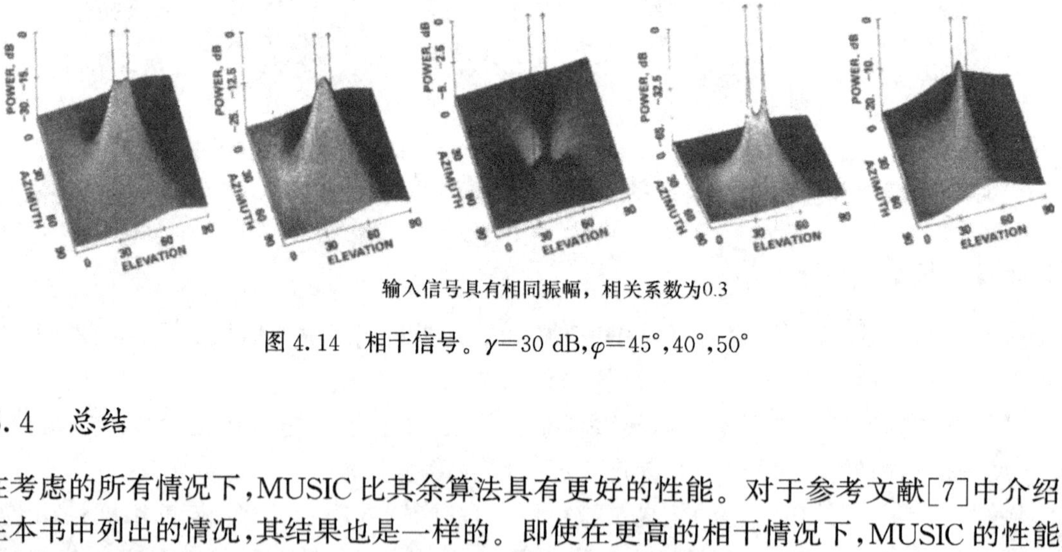

输入信号具有相同振幅，相关系数为0.3

图 4.14　相干信号。γ=30 dB,φ=45°,40°,50°

4.7.5.4　总结

在考虑的所有情况下,MUSIC 比其余算法具有更好的性能。对于参考文献[7]中介绍到但未在本书中列出的情况,其结果也是一样的。即使在更高的相干情况下,MUSIC 的性能受到很大削减时,其性能仍然相当好。只有当两个信号直接的相干度达到 80%～90%时,MUSIC 的性能才明显降低。

4.8　结论

本章讨论了 MUSIC 超分辨率算法,并且研究了存在噪声和测量误差的情况下它的性能。可以发现,MUSIC 具有相当的抗噪性。本章还给出了 MUSIC 方法与其他非基于子空间方法的超分辨算法的简单比较。这些比较表明,在所有评估的算法中,MUSIC 方法的鲁棒性最好。

在确定一个阵列中的混合信号的到达角时,MUSIC 算法的最大问题是当存在完全相干信号时，它可能失效。已经证明，相干度在 0.8～0.9 之间或者更小时，MUSIC 算法仍然具有很高的鲁棒性，而我们知道所有真实信号都存在噪声，这些噪声会在一定程度上减小相干程度。

参考文献

[1] Schmidt, R. O., "Multiple Emitter Location and Signal Estimation," *Proceedings of the RADC Spectrum Estimation Workshop*, Griffiss Air Force Base, Rome, NY: October 1979.

[2] Schmidt, R. O., "Multiple Emitter Location and Signal Estimation," *IEEE Transactions on Antennas and Propagation*, Vol. AP-34, No. 3, March 1986, pp. 276-280. Also reprinted in Rappaport, T. S., (ed.), *Smart Antennas*, NJ: IEEE, 1998, pp. 195-199.

[3] Schmidt R., Multiple Emitter Location and Signal Estimation," *IEEE Transactions on Antennas and Propagation*, Vol. AP-34, March1986, pp. 276-290.

[4] Swindlehurst, A., and T. Kailath, "A Performance Analysis of Subspace-Based Methods in the Presence of Model Errors —Part I: The MUSIC Algorithm," *IEEE Transactions on Signal Processing*, Vol. 40, July 1992, pp. 1758-1774.

[5] Wax, M., and T. Kailath, "Detection of Signals by Information Theoretic Criteria," *IEEE Transactions on Acoustics, Speech, and Signal Processing*, Vol. ASSP-33, No. 2, 1985, pp. 387-392.

[6] Brandwood, D. H., "Effects of Phase Errors on the Accuracy of MUSIC" *Proceedings IEE*, London: IEE, 1994.

[7] Johnson, R. L., and G. E. Miner, "Comparison of Superresolution Algorithms for Radio Direction Finding," *IEEE Transactions on Aerospace and Electronic Systems*, Vol. AES-22, No. 4, July 1986, pp. 432-441.

[8] Gabriel, W. F., "Spectral Analysis and Adaptive Array Superresolution Techniques," *Proceedings of the IEEE*, Vol. 68, No. 6 June 1980, pp. 654-664.

[9] Lagunas-Hernandez, M. A., and A. Gasull-Llampallas, "An Improved Maximum Likelihood Method for Power Spectral Density Estimation," *IEEE Transactions on Acoustics, Speech, and Signal Processing*, Vol. ASSP-32, No. 1, February 1984, pp. 170-173.

[10] Borgiotti, G. V., and L. J. Kaplan, "Superresolution of Uncorrelated Interference Sources by Using Adaptive Array Techniques," *IEEE Transactions on Antennas and Propagation*, Vol. AP-27, No. 6, November 1979, pp. 842-844.

[11] McClellan, J. H., and S. W. Lang, "Duality for Multidimensional MEM Spectral Analysis," *Proceedings IEE*, Vol. 130, Part F, 1983, pp. 230-234.

[12] Lang, S. W., and J. H. McClellan, "Multidimensional MEM Spectral Estimation," *IEEE Transactions on Acoustics, Speech, and Signal Processing*, Vol. ASSP-30, No. 6, December 1982, pp. 880-887.

第5章　二次定位法

5.1　简介

本章讨论3种目标位置估计技术：基于到达时间的方位估计技术、基于到达时间差的方位估计技术和基于频差，又称为**差分多普勒**(differential Doppler，DD)的方位估计技术。

可使用两个或两个以上分散配置的传感器测得的到达时间或到达时间差(这里用 τ 表示)进行辐射源定位，根据到达时间或到达时间差求得的目标位置线一般为二次曲线。通常取各位置曲线的交点作为辐射源的位置估计。这些交点的计算可能非常烦琐和复杂，需要在很大的参数空间中进行搜索。

从原理上讲，这类位置估计方法的主要优点是：

- 采用该方法时，每个传感器通常只需要安装单天线，而干涉仪定位法及类似的处理方法通常要求传感器安装有天线阵列，因为这些方法是根据多条方位线的交点定位的。
- 采用这种方法通常能实现更高的精确度和准确度。

另一方面，这种方法也有一些不足之处：

- 通常情况下，采用这种方法处理非脉冲调制信号时需要原始数据样值。这就要求在传感器平台之间或传感器平台与数据处理站之间的互联数据链路具有很大的带宽。脉冲信号环境下一般来说不存在这种问题，比如雷达定位、数字数据信号定位等，因为对于这些信号来说，信号的起止(例如，脉冲上升沿)是能够被确定的。

文献[1]给出了一种基于到达时间差的定位技术，采用该技术能够得到位置的闭式估计。这里给出的是一些与之不同的算法，其中两种算法采用了迭代式搜索方法，因而在有噪声或测量误差的情况下，它们有望获得比其他方法更好的性能。

本章首先介绍一些基于到达时间差的定位技术。在给出相关定义后，介绍一种非线性最小二乘技术。之后讨论从相位数据中估计到达时间差的方法，这些相位数据来自间隔很远的传感器。接着讨论到达时间差测量准确度方面的问题。分别讨论信噪比和积分时间这两个参数的影响，这两个参数是影响到达时间差估计性能的决定性因素。随后介绍3种基于到达时间差的定位算法，并且比较三者在噪声下的性能。类似第2章中讨论三角测量法时有关几何精度因子的讨论，接下来介绍到达时间差估计中几何精度因子的影响。

本章还讨论了差分多普勒定位算法。在给出一些基本定义后，简要讨论测量精度方面的问题。接下来给出一种最大似然算法，并对其性能进行评估。**互模糊函数**(cross ambiguity function，CAF)能够综合运用到达时间差和差分多普勒数据，文中将对互模糊函数进行介绍。之后讨论一个非常现实的问题，即加性高斯白噪声下基于相位数据的正弦信号差分多普勒估计问题。

本章最后主要讨论基于距离的定位方法。在给出相关定义后，介绍并比较3种最小二乘距离误差算法:球面插值法、球面相交法和平面相交法。最后讨论基于格拉斯曼(Grassmann)代数数学原理的**距离差**(range difference,RD)定位算法,该方法称为可行二重向量法。

5.2　到达时间差定位技术

5.2.1　简介

可以根据多个传感器测得的信号到达时间确定目标的地理位置。尽管可以直接利用这些时间信息定位,但本章主要介绍基于时差信息的定位技术,这里的时差指信号到达测量传感器和到达参考传感器的时间差。

到达时间技术也可用于定位,而且这种技术已经使用了很多年。罗兰(Loran)等远距离无线电导航系统根据到达时间定位海上的飞机和轮船。Rusu[2]等的研究表明到达时间差和到达时间方法是等价的。Shin 和 Sung[3]的研究表明到达时间和到达时间差方法具有相同的误差性能,它们的精度因子是完全相同的。这里我们仅关注基于到达时间差的定位处理方法。

5.2.2　到达时间差

图 5.1 是到达时间差计算中的节点分布图,为说明方便,这里仅考虑了只有两个接收系统的情况。由于收发信系统可能具有一定的高度,因此一般来说 d_1 和 d_2 是辐射源和传感器系统间的斜向距离。但在以下的初步分析中,先只考虑二维的情况。

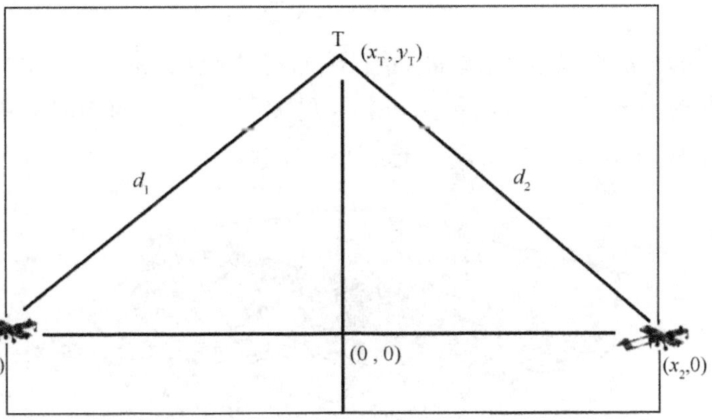

图 5.1　到达时间差计算中的节点分布

在恒速率媒质中,距离可通过下式求得:

$$d_i = ct_i, \qquad i=1,2 \tag{5.1}$$

其中,c 是信号传播的速度,对通信信号来说一般假设该速度为光速,t_i 为信号从辐射源出发到达传感器的时间。

设 τ 为信号到达两个接收站的时间差,则

$$\tau = t_2 - t_1 = \frac{d_2}{c} - \frac{d_1}{c} = \frac{1}{c}(d_2 - d_1) \tag{5.2}$$

由图 5.1 可得

$$d_i = \sqrt{(x_T - x_i)^2 + y_T^2}, \qquad i=1,2 \tag{5.3}$$

从而有

$$\begin{aligned}\Delta d &= d_2 - d_1 \triangleq h(x_T, y_T, \boldsymbol{x}_R, \boldsymbol{y}_R) \\ &= \sqrt{(x_T - x_1)^2 + y_T^2} - \sqrt{(x_T - x_2)^2 + y_T^2}\end{aligned} \tag{5.4}$$

其中,$\boldsymbol{x}_R$ 和 $\boldsymbol{y}_R$ 是传感器的横纵坐标态矢量。令 d 表示基线长度(传感器之间的距离),则

$$d = x_1 + x_2 \tag{5.5}$$

于是式(5.4)可改写为如下双曲线形式:

$$\frac{x^2}{a} - \frac{y^2}{b} = \frac{x^2}{(\Delta d)^2/4} - \frac{y^2}{d^2/4 - (\Delta d)^2/4} = 1 \tag{5.6}$$

这里所得的位置线称为等时差线(isochrones),因为它表示空间中到达两个传感器的时间差为 τ 的所有点。等时差线上的任何点都是目标的可能位置。

设(X,Y)为传感器的全局坐标,而(x,y)为传感器在图 5.1 所示坐标系中的局部坐标,则

$$\begin{bmatrix} X \\ Y \end{bmatrix} = \begin{bmatrix} X_0 \\ Y_0 \end{bmatrix} + \begin{bmatrix} \cos\alpha & -\sin\alpha \\ \sin\alpha & \cos\alpha \end{bmatrix} \begin{bmatrix} x \\ y \end{bmatrix} \tag{5.7}$$

其中,

$$X_0 = \frac{X_i + X_j}{2}, \qquad Y_0 = \frac{Y_i + Y_j}{2} \tag{5.8}$$

$$\begin{bmatrix} x \\ y \end{bmatrix} = \begin{bmatrix} \cos\alpha & \sin\alpha \\ -\sin\alpha & \cos\alpha \end{bmatrix} \begin{bmatrix} X - X_0 \\ Y - Y_0 \end{bmatrix} \tag{5.9}$$

$$\alpha = \arctan\left(\frac{Y_i - Y_j}{X_i - X_j}\right) \tag{5.10}$$

图 5.1 所示的场景对应的时差曲面如图 5.2 所示,图中 $d = 80$ km,τ 从 -130 μs 到 $+130$ μs。图中同时画出了一个时差 $\tau = 90$ μs 的平面。该平面与时差曲面的交线形成一条如图所示的双曲线。图 5.3 中画出了多条这样的双曲线。

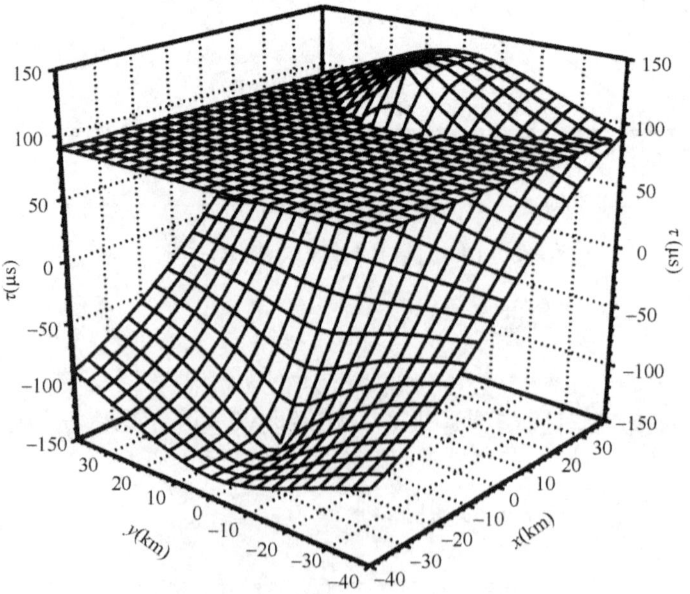

图 5.2　时差曲面与时差为常数 $\tau = 90$ μs 的平面之间的交线形成一条双曲线

设 M 为传感器的数量,则传感器对的数量为

$$K=\binom{M}{2}$$

每对传感器对应一条双曲线,可以利用这些双曲线定位。

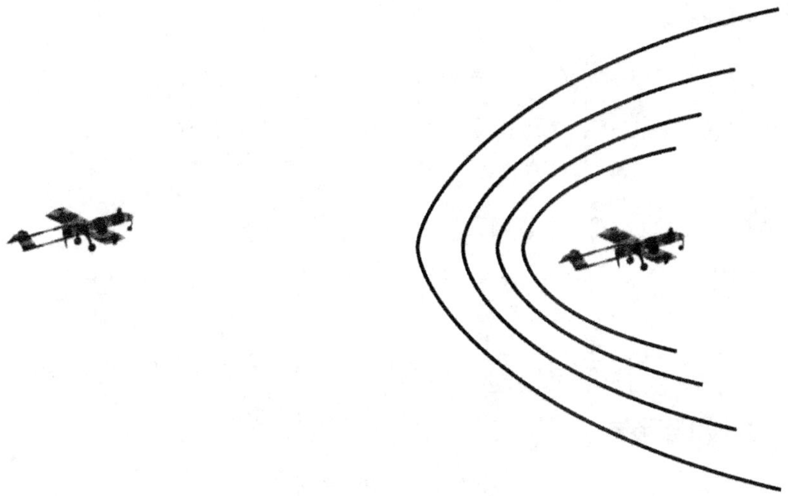

图 5.3　无误差情况下的等到达时间差曲线

5.2.3　基于到达时间差的定位

考虑图 5.4 所示的三维空间分布。不失一般性,假设参考传感器位于原点。同理,假设参考传感器的编号为 1。这里主要采用文献[4]中的分析方法,Mellen 等人[5]给出了类似的推导过程。

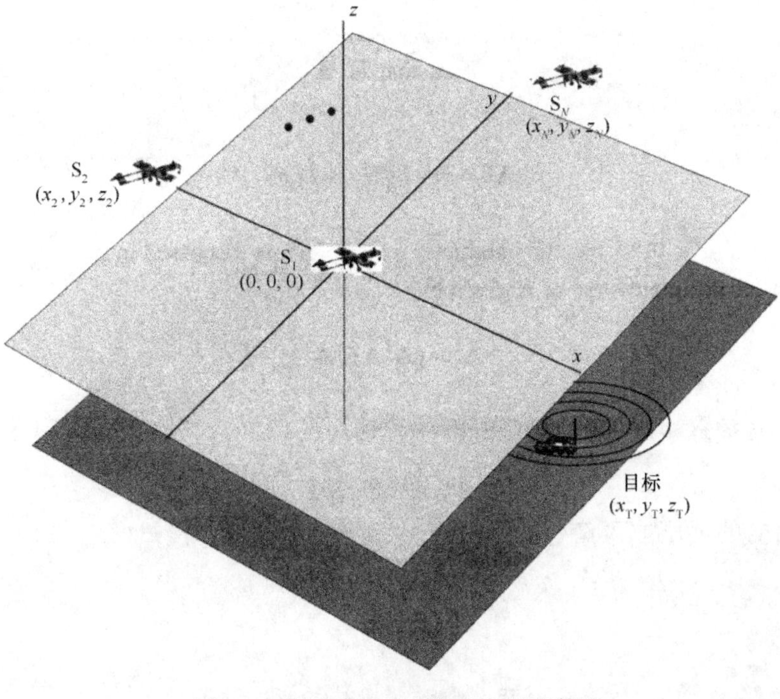

图 5.4　到达时间差定位的几何示意图

第 i 个传感器的测量结果可表示为

$$(x_{\mathrm{T}}-x_i)^2+(y_{\mathrm{T}}-y_i)^2+(z_{\mathrm{T}}-z_i)^2=c^2(\tau_i+t_0) \tag{5.11}$$

其中,t_0 为信号到达位于原点的参考传感器的时间,它是未知的。目标点坐标为 $\boldsymbol{x}=[x_{\mathrm{T}}\ y_{\mathrm{T}}\ z_{\mathrm{T}}]^{\mathrm{T}}$。对于参考传感器有

$$x_{\mathrm{T}}^2+y_{\mathrm{T}}^2+z_{\mathrm{T}}^2=(ct_0)^2=d_0^2=\|\boldsymbol{x}\|_2^2=\boldsymbol{x}^{\mathrm{T}}\boldsymbol{x} \tag{5.12}$$

其中,$\|\boldsymbol{x}\|_2$ 表示 $\boldsymbol{x}$ 的 L_2 范数。结合式(5.11)和式(5.12)可得

$$\begin{aligned}&[x_i\quad y_i\quad z_i]\begin{bmatrix}x_{\mathrm{T}}\\ y_{\mathrm{T}}\\ z_{\mathrm{T}}\end{bmatrix}+c\tau_i\sqrt{x_{\mathrm{T}}^2+y_{\mathrm{T}}^2+z_{\mathrm{T}}^2}\\ &\qquad=-\frac{1}{2}c^2\tau_i^2+\frac{1}{2}(x_i^2+y_i^2+z_i^2),\quad i=1,2,\cdots,M-1\end{aligned} \tag{5.13}$$

将式(5.13)写成矩阵形式

$$\boldsymbol{A}\boldsymbol{x}+\boldsymbol{c}\|\boldsymbol{x}\|_2=\boldsymbol{m} \tag{5.14}$$

其中,

$$\boldsymbol{A}=\begin{bmatrix}\boldsymbol{x}_1^{\mathrm{T}}\\ \boldsymbol{x}_2^{\mathrm{T}}\\ \vdots\\ \boldsymbol{x}_{M-1}^{\mathrm{T}}\end{bmatrix}\in\mathcal{R}^{(M-1)\times 3}$$

$$\boldsymbol{x}_i=[x_i\quad y_i\quad z_i]^{\mathrm{T}}$$

$$\boldsymbol{c}=c\boldsymbol{\tau}\in\mathcal{R}^{(M-1)\times 1}$$

$$\tau=[\tau_1\quad \tau_2\quad \cdots\quad \tau_{M-1}]^{\mathrm{T}}$$

$$\boldsymbol{m}=\left[\frac{1}{2}(\boldsymbol{A}\boldsymbol{A}^{\mathrm{T}}-c^2\boldsymbol{\tau}\boldsymbol{\tau}^{\mathrm{T}})\right]_{mm},\quad m=1,2,\cdots,M\in\mathcal{R}^{(M-1)\times 1}$$

$\mathcal{R}^{m\times n}$ 表示 m 个元组的集合,每个元组含有 n 个实数。

一般来说,式(5.14)是超定的,因为测量值的数量通常大于解该方程所需的最小数量,即 $\boldsymbol{A}\in\mathcal{R}^{m\times n}$,$m>n$。式(5.14)可变形为

$$\boldsymbol{A}\boldsymbol{x}=\boldsymbol{m}-\boldsymbol{c}\|\boldsymbol{x}\|_2=\boldsymbol{f}(p) \tag{5.15}$$

矢量 $\boldsymbol{f}\in\mathcal{R}^{m\times 1}$ 具有参数 p,并且与 2.3 节中讨论的情况一样,对任何 p,利用 $\boldsymbol{A}$ 的伪逆

$$\boldsymbol{A}^{\dagger}=(\boldsymbol{A}^{\mathrm{T}}\boldsymbol{A})^{-1}\boldsymbol{A}^{\mathrm{T}} \tag{5.16}$$

能够得到式(5.15)的最小二乘解,且该解为

$$\hat{\boldsymbol{x}}=\boldsymbol{A}^{\dagger}(\boldsymbol{m}-\boldsymbol{c}p) \tag{5.17}$$

该解能使残差

$$\mathcal{E}=\|\boldsymbol{A}\hat{\boldsymbol{x}}-(\boldsymbol{m}-\boldsymbol{c}p)\|_2 \tag{5.18}$$

最小。

将测量结果代入以下标量方程

$$(\boldsymbol{c}^{\mathrm{T}}\boldsymbol{\Phi}\boldsymbol{c}-1)p^{2}-2\boldsymbol{m}^{\mathrm{T}}\boldsymbol{\Phi}\boldsymbol{c}p+\boldsymbol{m}^{\mathrm{T}}\boldsymbol{\Phi}\boldsymbol{m}=0 \tag{5.19}$$

其中，

$$\boldsymbol{\Phi}=\boldsymbol{A}(\boldsymbol{A}^{\mathrm{T}}\boldsymbol{A}\boldsymbol{A}^{\mathrm{T}}\boldsymbol{A})^{-1}\boldsymbol{A}^{\mathrm{T}} \tag{5.20}$$

在有噪声的情况下，测量结果变为

$$\boldsymbol{A}\boldsymbol{x}=\boldsymbol{f}(p)+\boldsymbol{n} \tag{5.21}$$

其中，

$$\mathcal{E}\{\boldsymbol{n}\}=0,\quad \mathcal{E}\{\boldsymbol{n}\boldsymbol{n}^{\mathrm{T}}\}=\boldsymbol{Q} \tag{5.22}$$

此时伪逆为

$$\boldsymbol{A}^{\dagger}=(\boldsymbol{A}^{\mathrm{T}}\boldsymbol{Q}^{-1}\boldsymbol{A})^{-1}\boldsymbol{A}^{\mathrm{T}}\boldsymbol{Q} \tag{5.23}$$

如果各传感器接收到的噪声不相关且方差均为 σ_n^2，则

$$\boldsymbol{Q}=\sigma_n^2\boldsymbol{I} \tag{5.24}$$

此时，式(5.20)应改写为

$$\boldsymbol{\Phi}=(\boldsymbol{A}^{*})^{-1}\boldsymbol{A}^{*}[(\boldsymbol{A}^{*})^{\mathrm{T}}\boldsymbol{Q}^{-1}\boldsymbol{A}^{*}(\boldsymbol{A}^{*})^{\mathrm{T}}\boldsymbol{Q}^{-1}\boldsymbol{A}^{*}]^{-1}(\boldsymbol{A}^{*})^{\mathrm{T}}\boldsymbol{Q}^{-1} \tag{5.25}$$

以体现噪声的影响。

从式(5.19)可解出 p，它等于参考传感器与目标之间的距离 d_0。因而

$$p=d_0=\|\boldsymbol{x}\|_2=\sqrt{\boldsymbol{x}^{\mathrm{T}}\boldsymbol{x}} \tag{5.26}$$

这样目标的地理位置计算公式为

$$\hat{\boldsymbol{x}}^{*}(d_0)=[x_{\mathrm{T}}\quad y_{\mathrm{T}}\quad z_{\mathrm{T}}]^{\mathrm{T}}=\boldsymbol{A}^{\dagger}(\boldsymbol{m}-\boldsymbol{c}d_0) \tag{5.27}$$

第 1 章中介绍的梯度下降算法(其中使用了泰勒级数展开技术处理非线性问题)是最精确的位置估计方法之一。采用上述方法算得的位置可能还不够精确。但这些位置数据至少可作为梯度下降算法的初值，能够采用该算法提高精度。正如第 1 章所述，梯度下降算法可使用任何类型的测量数据。

5.2.4　非线性最小二乘

现在要解决的问题是在广义坐标系下，求式(5.4)的最优解，这是一个非线性最小化问题。注意，这里由于测量传感器数量较大，式(5.4)可能是超定的。在二维的情况下，目标位置(x_{T}，y_{T})的非线性最小二乘估计为

$$(\hat{x}_{\mathrm{T}},\hat{y}_{\mathrm{T}})=\underset{(x,y)}{\operatorname{argmin}}\sum_{i>j}[\Delta d_{i,j}-h(x_{\mathrm{T}},y_{\mathrm{T}},x_i,y_i,x_j,y_j)]^2,\quad 1\leqslant i<j\leqslant N \tag{5.28}$$

将欲求的目标位置表示为 $\boldsymbol{x}_{\mathrm{T}}=[x_{\mathrm{T}}\ y_{\mathrm{T}}]^{\mathrm{T}}$，则该最小值可表示为

$$\hat{\boldsymbol{x}}_{\mathrm{T}}=\underset{\boldsymbol{x}_{\mathrm{T}}}{\operatorname{argmin}}[\Delta\boldsymbol{d}-\boldsymbol{h}(\boldsymbol{x}_{\mathrm{T}})]^{\mathrm{T}}\boldsymbol{C}_{\Delta d\Delta d}^{-1}[\Delta\boldsymbol{d}-\boldsymbol{h}(\boldsymbol{x}_{\mathrm{T}})] \tag{5.29}$$

其中，

$$\Delta\boldsymbol{d}=[\Delta d_{1,2}\quad \Delta d_{2,3}\quad \cdots\quad \Delta d_{N-1,N}] \tag{5.30}$$

且

$$\mathbf{C}_{\Delta d\Delta d}=\mathbf{Cov}(\Delta \boldsymbol{d}) \tag{5.31}$$

假设计算得到的位置接近位置其值 $\boldsymbol{x}_{T,0}$,则 $\Delta \boldsymbol{d}=\boldsymbol{h}(\boldsymbol{x}_{T,0})+\boldsymbol{\epsilon}$,且如果 $\boldsymbol{R}=\mathbf{Cov}(\boldsymbol{\epsilon})$,则通过泰勒级数展开并保留其中的线性分量,可得

$$\mathbf{C}_{\hat{x}_T}=\{[\boldsymbol{h}_P^H(\boldsymbol{x}_{T,0})]'\mathbf{C}_{\epsilon\epsilon}\}^H\boldsymbol{h}'_P(\boldsymbol{x}_{T,0}) \tag{5.32}$$

其中,上标 H 表示厄米特变换或共轭转置,$\boldsymbol{h}'$ 表示 $\boldsymbol{h}$ 关于 $\boldsymbol{x}$ 的导数。如果 $\boldsymbol{\epsilon}\sim\mathcal{N}(\mathbf{0},\sigma^2)$,则式(5.32)为 Cramer-Rao 界。

5.2.5 到达时间差测量精度

在考虑误差的情况下,到达时间差等时差线不再是图 5.3 所示的规则函数,而是如图 5.5 所示的目标可能出现的区域或范围。

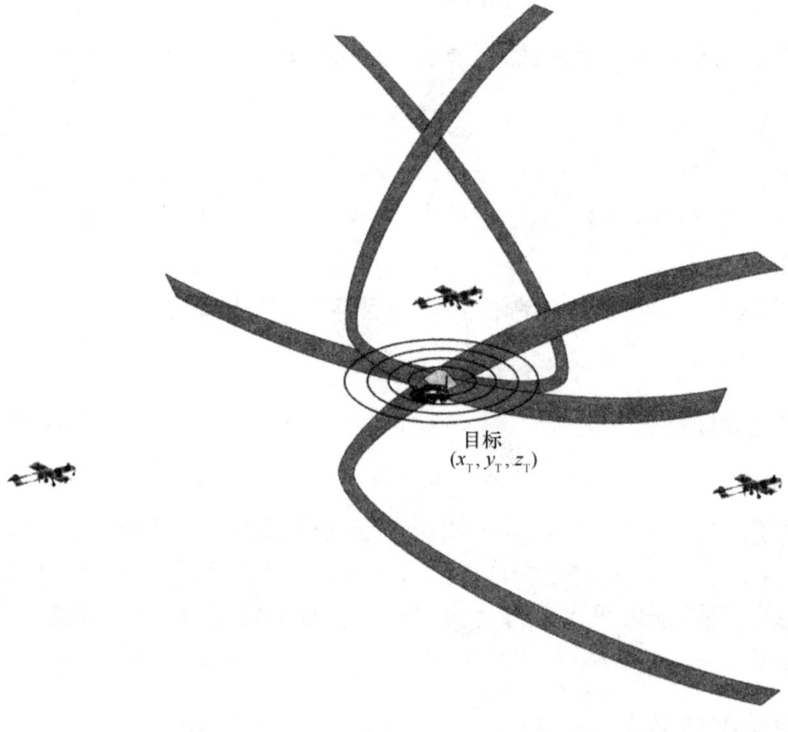

图 5.5 有误差时的到达时间差等时差线,目标可能位于加亮区域内的任何位置

所有基于到达时间差的目标定位方法都会受测量误差的影响。本节从测量标准差的角度讨论到达时间差的测量精度问题。噪声和测量误差是产生定位误差的两个主要原因。这里只讨论噪声的影响,它决定了接收机处的信噪比。测量误差属于系统误差,测量方法不同且误差特性也不同,这里不讨论这方面的问题。

5.2.5.1 到达时间差定位的理论精度

参考文献[1]指出,在估计无偏的情况下,常采用 Cramcr-Rao 界作为参数估计中参数测量精度的度量方法。在某些合理的假设下,Cramer-Rao 界表示在这些假设下测量可以达到的最佳精度。在估计某个传感器处的信号到达时间时,Cramer-Rao 界为[6]

$$\sigma_\tau=\frac{1}{\beta}\frac{1}{\sqrt{WT\gamma}} \tag{5.33}$$

其中，W 为接收机的噪声带宽，T 为积分时间，γ 为两个传感器处的有效输入信噪比。

β 为均方根角频率，它是信号带宽的度量

$$\beta = 2\pi\left[\frac{\int_{-\infty}^{\infty} f^2 \mid S(f) \mid^2 \mathrm{d}f}{\int_{-\infty}^{\infty} \mid S(f) \mid^2 \mathrm{d}f}\right]^{1/2} \tag{5.34}$$

其中，$S(f)$为信号功率谱。例如，对于频谱过渡带很窄，特性比较理想的信号，$\beta=\pi W/\sqrt{3}$（W 的单位为 Hz）。

变量 γ 为两个传感器的合成信噪比，如果两个传感器处的信噪比分别为 γ_i 和 γ_j，则 γ 值由下式确定：

$$\frac{1}{\gamma}=\frac{1}{2}\left[\frac{1}{\gamma_i}+\frac{1}{\gamma_j}+\frac{1}{\gamma_i\gamma_j}\right] \tag{5.35}$$

5.2.5.2　低信噪比的情况

Quazi 比较了多种到达时间差计算模型的理论测量精度[7]。在低信噪比的情况下，采用 Knapp 和 Carter[8]、Schultheiss[9]、Hahn[10]、Tomilinson 和 Sorokowsky[11] 提出的技术进行计算时，其标准差均满足

$$\sigma_\tau \geqslant \sqrt{\frac{3}{8\pi^2 T}}\frac{1}{\gamma}\frac{1}{\sqrt{f_2^3-f_1^3}} \tag{5.36}$$

其中，T 为积分时间，γ 为信噪比（不是 dB），并且假设信号和噪声在给定频带范围 f_1 到 f_2 内均匀分布。图 5.6 和图 5.7 给出了式（5.36）在多种不同积分时间下的函数曲线，图中带宽取为 25 kHz。通过使用中心频率 f_0 和带宽 $W=f_2-f_1$ 进行变量代换，可得

$$\sigma_\tau \approx \sqrt{\frac{1}{8\pi^2}}\frac{1}{\gamma}\frac{1}{\sqrt{TW}}\frac{1}{f_0}\frac{1}{\sqrt{1+\frac{W^2}{12f_0^2}}} \tag{5.37}$$

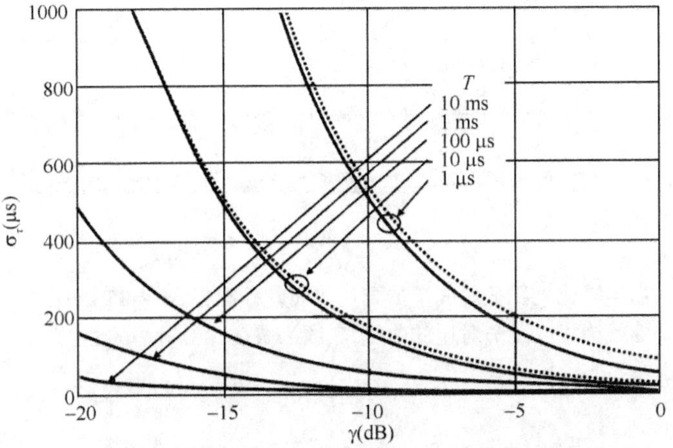

图 5.6　低信噪比和短积分时间下的到达时间差标准差。图中虚线为式（5.33）对应的曲线，实线为式（5.36）对应的曲线。在 $T>10\ \mu s$ 时，两组曲线重叠在一起

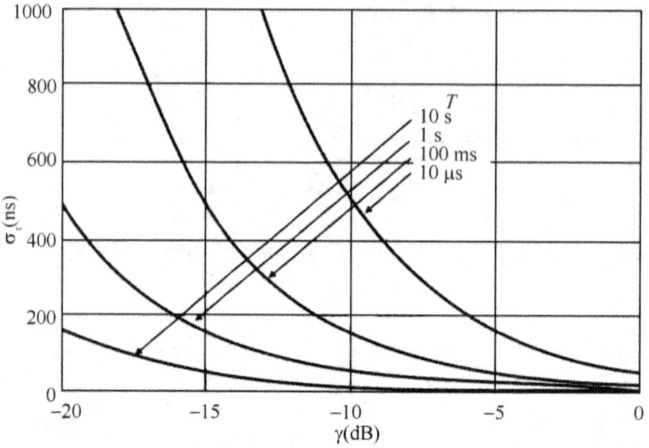

图 5.7 长积分时间下的到达时间差标准差,$W=25$ kHz。图中同时给出了式(5.33)和式(5.36)对应的曲线,其中式(5.33)为虚线,式(5.36)为实线。与图 5.6 的情况一样,相同积分时间的曲线重叠在一起,因为 $T>10\ \mu s$

5.2.5.3 高信噪比的情况

在信噪比较高的情况下($\gamma \gg 1$),标准差为

$$\sigma_\tau \approx \sqrt{\frac{3}{4\pi^2 T}} \frac{1}{\sqrt{\gamma}} \frac{1}{\sqrt{f_2^3 - f_1^3}} \tag{5.38}$$

该式与式(5.36)大体相同,但分母中的信噪比变为信噪比的平方根。该函数对应的曲线如图 5.8和图 5.9 所示。

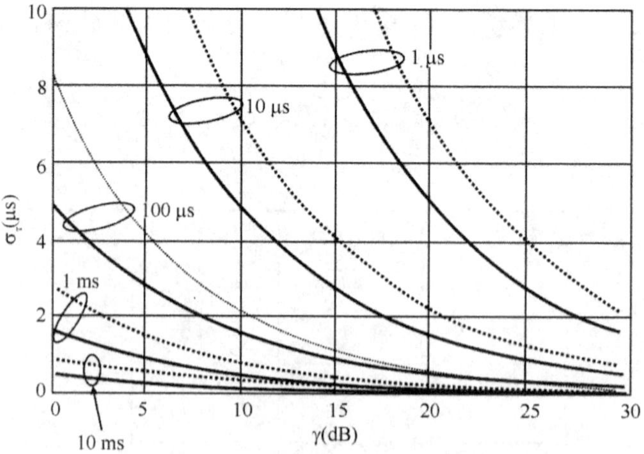

图 5.8 高信噪比短积分时间下的到达时间差标准差,$W=25$ kHz。曲线为式(5.33)对应的曲线,实线为式(5.38)对应的曲线

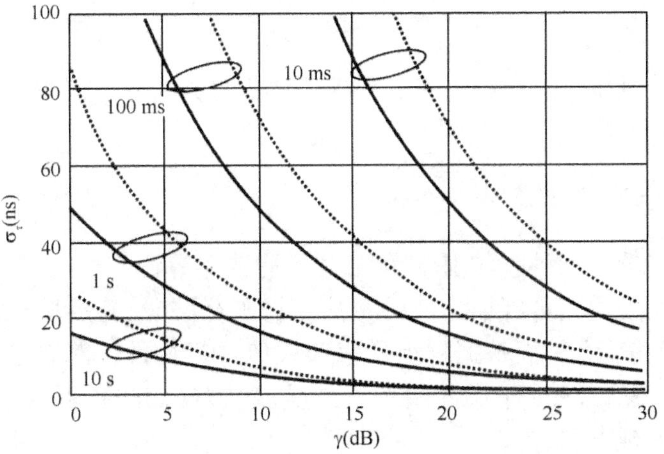

图 5.9　高信噪比长积分时间下的到达时间差标准差，$W=25$ kHz。虚线为式(5.33)对应的曲线，实线为式(5.38)对应的曲线

5.2.6　噪声背景下的到达时间差定位

Gustafsson 和 Gunnarsson[12] 提出了三种基于到达时间差的目标定位算法，其中考虑了到达时间差测量误差。本节对这些算法进行介绍和比较。

5.2.6.1　等时差线交叉算法

第一种算法的基本思想是计算每对等时差线的交点。对应 K 个传感器对，共有 K 条等时差线，这 K 条等时差线产生的交点个数为

$$\binom{K}{2}=\frac{K!}{2!\ (K-2)!} \tag{5.39}$$

取各等时差线经过次数最多的交点作为方位估计。每对等时差线可能有 0、1 或 2 个交点，确定这些交点可能是非常困难的。该算法的提出者认为在噪声背景下进行测量时，相对于其他两种算法，这种算法的性能最差。在有噪声的情况下，可能根本不存在两条以上等时差线的交点。

5.2.6.2　随机梯度算法

第二种算法将随机梯度算法应用到上述非线性最小二乘问题。设 $\boldsymbol{x}_{\mathrm{T}}=[x_{\mathrm{T}}\quad y_{\mathrm{T}}]^{\mathrm{T}}$ 为目标位置，$\hat{\boldsymbol{x}}_{\mathrm{T},i}$ 为第 i 次迭代产生的位置估计。在该算法中

$$\hat{\boldsymbol{x}}_{\mathrm{T},i+1}=\hat{\boldsymbol{p}}_i-\mu_i\boldsymbol{h}'_{\mathrm{P}}(\hat{\boldsymbol{x}}_{\mathrm{T},i})[\Delta\boldsymbol{d}-\boldsymbol{h}(\hat{\boldsymbol{x}}_{\mathrm{T},i})] \tag{5.40}$$

步长 μ_i 由下式确定：

$$\mu_i=\frac{\mu}{[\boldsymbol{h}'_{\mathrm{P}}(\hat{\boldsymbol{x}}_{\mathrm{T},i})^{\mathrm{T}}\boldsymbol{h}'_{\mathrm{P}}(\hat{\boldsymbol{x}}_{\mathrm{T},i})]} \tag{5.41}$$

其中，μ 为最小均方步长。

步长 μ 的选择主要需要考虑稳定性问题。当且仅当

$$0<\mu<\frac{1}{\lambda_{\max}} \tag{5.42}$$

时，序列(5.30)收敛，其中 $\lambda_{\max}$ 为式(5.31)所示的协方差矩阵 $\boldsymbol{C}_{\Delta d \Delta d}$ 的最大特征值。当然，一般来说 μ 值越大，收敛越快。

5.2.6.3 静态粒子滤波器算法

文献[13]中介绍的第三种算法基于静态粒子滤波器算法[13~15]实现。粒子滤波器是一种通过蒙特卡罗仿真实现递归贝叶斯滤波的方法。粒子滤波时，将后验概率密度函数用一组随机样值及相应的权值表示，进而根据这组样值和权值进行估计。静态粒子滤波器是最优贝叶斯滤波器的近似。注意，2.9.1节中介绍的卡尔曼滤波器(而非扩展卡尔曼滤波器)是最优贝叶斯滤波器的一种实现方法。

目标的状态变化可采用如下系统状态方程描述：

$$\boldsymbol{x}_k=\boldsymbol{f}_k(\boldsymbol{x}_{k-1},\boldsymbol{n}_{k-1}) \tag{5.43}$$

其中，$\{\boldsymbol{x}_k, k\in\mathcal{N}\}$。集合 $\{\boldsymbol{x}_k, k\in\mathcal{N}\}$ 为系统在时刻 k 的状态；$\boldsymbol{f}_k:\mathcal{R}^{N_x}\times\mathcal{R}^{N_n}\rightarrow\mathcal{R}^{N_x}$ 表示从 $k-1$ 时刻到 k 时刻的状态变化，它可能是非线性的；$\{\boldsymbol{n}_k, k\in\mathcal{N}\}$ 为独立同分布的噪声样值序列；N_x 和 N_n 分别为状态和噪声向量的维数；$\mathcal{N}$ 为自然数集合。k 时刻的测量值为

$$\boldsymbol{z}_k=\boldsymbol{h}_k(\boldsymbol{x}_k,\boldsymbol{\eta}_k) \tag{5.44}$$

其中，$\boldsymbol{h}_k:\mathcal{R}^{N_x}\times\mathcal{R}^{N_\eta}\rightarrow\mathcal{R}^{N_x}$ 为一个(可能是非线性的)函数，$\{\boldsymbol{\eta}_k:k\in N\}$ 为独立同分布的测量噪声序列，N_η 为噪声的维数。计算目标是根据一组到 k 时刻为止的测量值 $\boldsymbol{z}_{1:k}=\{\boldsymbol{z}_i, i=1,\cdots,k\}$ 估计状态 $\boldsymbol{x}_k$。

为获得 $\boldsymbol{x}_k$ 的最优估计，应使目标函数 $p(\boldsymbol{x}_k|\boldsymbol{z}_{1:k})$(它是一个概率密度函数)最大化。算法中通过反复预测和更新，迭代计算该概率密度函数，并假定初始概率密度函数 $p(\boldsymbol{x}_0|\boldsymbol{z}_0)$ 已知。如果已知概率密度函数 $p(\boldsymbol{x}_{k-1}|\boldsymbol{z}_{1:k-1})$，则可使用式(5.43)和 Chapman-kilmogorov 方程

$$p(\boldsymbol{x}_k \mid \boldsymbol{z}_{1:k-1})=\int p(\boldsymbol{x}_k \mid \boldsymbol{x}_{1:k-1})p(\boldsymbol{x}_{k-1} \mid \boldsymbol{z}_{1:k-1})\mathrm{d}\boldsymbol{x}_{k-1} \tag{5.45}$$

计算 k 时刻状态的先验概率密度函数。上式中应用了以下事实：式(5.43)为一个一阶马尔可夫过程，所以 $p(\boldsymbol{x}_k|\boldsymbol{x}_{1:k-1},\boldsymbol{z}_{1:k-1})=p(\boldsymbol{x}_k|\boldsymbol{x}_{1:k-1})$。概率密度函数 $p(\boldsymbol{x}_k|\boldsymbol{x}_{1:k-1})$ 可根据式(5.43)计算，噪声特性这里假设为已知。

根据贝叶斯准则，k 时刻的概率密度函数可由 $k-1$ 时刻的概率密度函数更新求得

$$p(\boldsymbol{x}_k|\boldsymbol{z}_{1:k})=\frac{p(\boldsymbol{z}_k|\boldsymbol{x}_k)p(\boldsymbol{x}_k|\boldsymbol{z}_{1:k-1})}{p(\boldsymbol{z}_k|\boldsymbol{z}_{1:k-1})} \tag{5.46}$$

其中，

$$p(\boldsymbol{z}_k \mid \boldsymbol{z}_{1:k-1})=\int p(\boldsymbol{z}_k \mid \boldsymbol{x}_{1:k})p(\boldsymbol{x}_k \mid \boldsymbol{z}_{1:k-1})\mathrm{d}\boldsymbol{x}_k \tag{5.47}$$

它是式(5.44)及噪声过程 $\boldsymbol{\eta}_k$ 的函数。

粒子滤波器算法中涉及的4个主要概念如下：

1. 贝叶斯推理(Bayesian inference)；
2. 蒙特卡罗样本(Monte Carlo samples)；
3. 重要性采样(Importance sampling)；

4. 重采样(Resampling)。

基于以上推导过程，贝叶斯推理根据 $\boldsymbol{x}_k$ 展开，它是一个以随机变量为分量的未知向量。$\boldsymbol{z}_k$ 为一组观测向量，它也是一组随机变量。我们的目标是根据 $\boldsymbol{z}_k$ 估计 $\boldsymbol{x}_k$。先验概率密度函数 $p(\boldsymbol{x}_k)$ 中包含了关于 $\boldsymbol{x}_k$ 的先验知识。条件概率密度函数 $p(\boldsymbol{z}_k|\boldsymbol{x}_{1:k})$ 反映了 $\boldsymbol{z}_k$ 和 $\boldsymbol{x}_k$ 之间的关系。后验概率密度函数 $p(\boldsymbol{x}_k|\boldsymbol{z}_{1:k})$ 表示测量值 $\boldsymbol{z}_k$ 中包含的关于 $\boldsymbol{x}_k$ 的信息。

后验概率密度函数 $p(\boldsymbol{x}_k|\boldsymbol{z}_{1:k})$ 可能很难甚至不可能得到闭式表示，因而采用蒙特卡罗样本(也称为粒子)来近似该概率密度函数。每个粒子有一个值和对应的权重。理想情况下，每个粒子表示 $p(\boldsymbol{x}_k|\boldsymbol{z}_{1:k})$ 的一个样本值。因为一般来说无法给出 $p(\boldsymbol{x}_k|\boldsymbol{z}_{1:k})$ 的闭式表达式，所以需要采用重要性采样技术。粒子权重从重要性分布中抽取得到，第 i 个权重为 $q(\boldsymbol{x}_{0:k}^i|\boldsymbol{z}_{1:k})$。重要性分布通常根据某种最优准则设计[14]。

在采用粒子滤波器进行估计时，大部分权重都趋于零，仅有个别权重会变大。这些增大的权重能够很好地与观测值匹配。因此采用重采样技术使粒子集中在 $p(\boldsymbol{x}_k|\boldsymbol{z}_{1:k})$ 较大的区域。

图 5.10 图形化地显示了上述步骤。基于到达时间差测量，采用粒子滤波器算法进行位置估计的计算步骤如下：

1. 依先验分布 $p(\boldsymbol{x}_{\mathrm{T},0})$ 将 L 个可能的目标位置随机化，记为 $\boldsymbol{x}_{\mathrm{T}}^{(i)}$。
2. 选择抖动常数 K_n 和 K_{w}，并令位置随机游动协方差为 $\boldsymbol{C}_{\mathrm{w}}=K_{\mathrm{w}}/k^2$，抖动测量噪声为 $\boldsymbol{C}_{\mathrm{nn}}=\boldsymbol{C}_{\Delta d\Delta d}^{-1}+K_n/k^2$。
3. 对于 $\hat{\boldsymbol{x}}_k$，$k=1,2,\cdots$ 进行迭代计算，直到 $\hat{\boldsymbol{x}}_k$ 收敛。

   a. 使用以下似然公式计算位置权重 $\boldsymbol{w}^{(i)}$

$$\boldsymbol{w}^{(i)}=\exp\{[\Delta\boldsymbol{d}-\boldsymbol{h}(\boldsymbol{x}_{\mathrm{T}}^{(i)})]^{\mathrm{T}}\boldsymbol{C}_{\Delta d\Delta d}^{-1}[\Delta\boldsymbol{d}-\boldsymbol{h}(\boldsymbol{x}_{\mathrm{T}}^{(i)})]\} \tag{5.48}$$

   其中，$\Delta\boldsymbol{d}$ 由式(5.30)给出，$\boldsymbol{C}_{\Delta d\Delta d}$ 由式(5.31)给出，$\boldsymbol{w}^{(i)}$ 归一化为

$$\boldsymbol{w}^{(i)}=\frac{\boldsymbol{w}^{(i)}}{\sum \boldsymbol{w}^{(i)}} \tag{5.49}$$

   b. 计算估计

$$\hat{\boldsymbol{x}}_{\mathrm{T},k}=\sum_i \boldsymbol{w}^{(i)}\boldsymbol{x}_{\mathrm{T}}^{(i)} \tag{5.50}$$

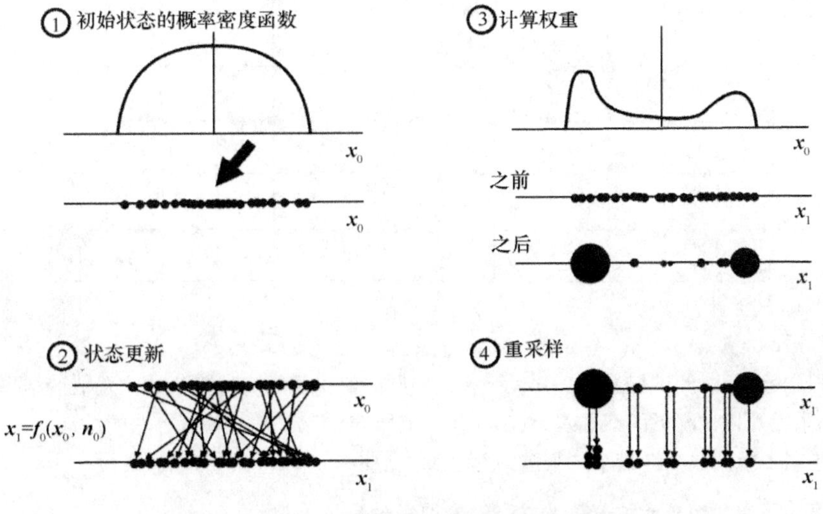

图 5.10　粒子滤波器算法的步骤

c. 进行位置重采样,某个位置的选取概率正比于其权重。重采样之后,权重重置为 $w^{(i)}=1/L$。

d. 将位置表达式展开为 $\boldsymbol{x}_{\mathrm{T}}^{(i)}=\boldsymbol{x}_{\mathrm{T}}^{(i)}+\boldsymbol{w}$,其中 $\boldsymbol{w}\in\mathcal{N}(0,\boldsymbol{C}_{\mathrm{ww}})$。

第 2 步中抖动噪声的作用是使位置的随机游动步长越来越小,以得到更精确的结果。

图 5.11 对这几种算法进行了比较[11]。接收机和目标的布局如图 5.11(a)所示,该图中同时给出了无噪声情况下随机梯度算法的计算结果。各接收机分别位于坐标(−1,0)、(0,−1)、(1,0)和(0,1)处,目标位于坐标(1.2,1.2)处。在无噪声的情况下,所有六条双曲线交于目标所在位置。有噪声时的结果如图 5.11(b)所示。此时无法唯一确定一个目标位置。采用静态粒子滤波器算法得到的计算结果如图 5.11(c)所示,图中同时给出了基于以下非线性最小二乘准则的等值线:

$$\sum_{i<j}[\Delta d_{i,j}-h(x_{\mathrm{T}},y_{\mathrm{T}})]^2 \tag{5.51}$$

可以看出,该算法收敛于正确的目标位置。图 5.11(d)为采用静态粒子滤波器算法实现的归一化最小均方方法进行梯度搜索时的计算结果,该结果也正确地收敛到目标位置。因为在这个例子中不存在局部极小值,所以能够保证收敛到正确的目标位置。

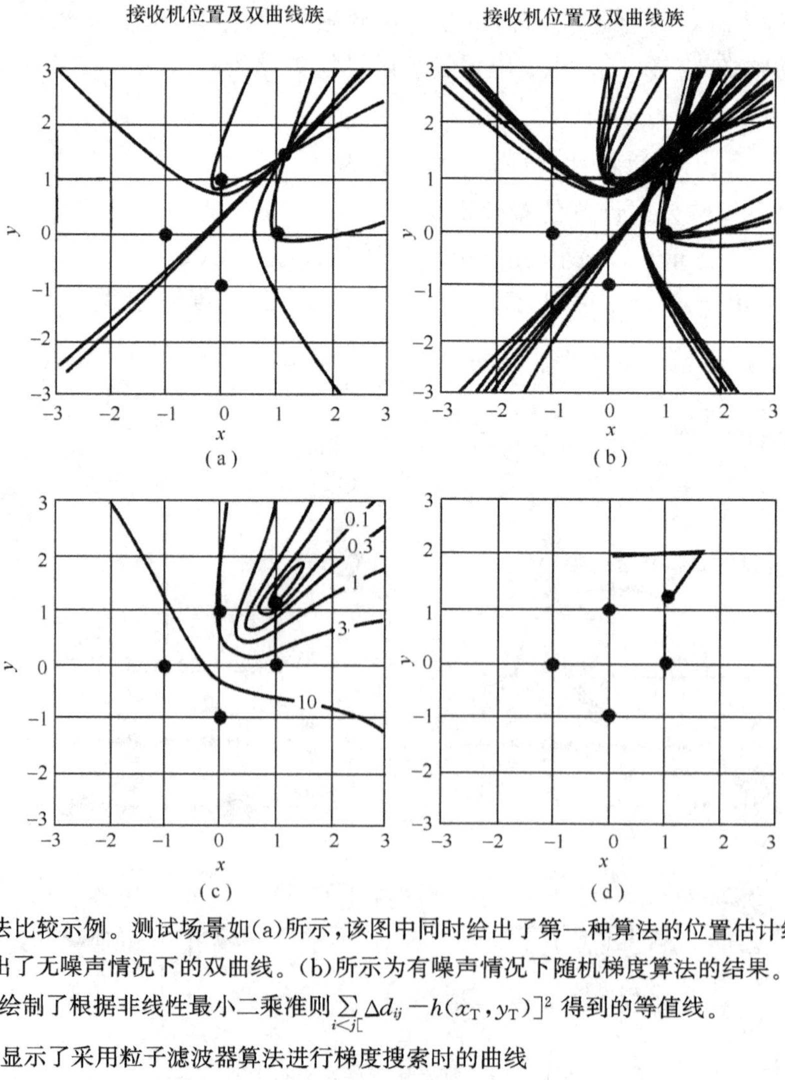

图 5.11　算法比较示例。测试场景如(a)所示,该图中同时给出了第一种算法的位置估计结果,画出了无噪声情况下的双曲线。(b)所示为有噪声情况下随机梯度算法的结果。(c)绘制了根据非线性最小二乘准则 $\sum_{i<j[}\Delta d_{ij}-h(x_{\mathrm{T}},y_{\mathrm{T}})]^2$ 得到的等值线。(d)显示了采用粒子滤波器算法进行梯度搜索时的曲线

5.2.7　到达时间差定位的精度因子

到达时间差定位还会受到另一种误差的影响，它是因目标与传感器节点间的距离大于传感器节点间的基线长度而产生的。考察图 5.12，图中有 3 个传感器，目标与传感器间的距离相对于传感器间的基线长度来说相当大。在目标所在区域中，双曲位置线几乎是平行的，噪声或者很小的测量误差都会产生相当大的定位误差。精度降低的程度常用几何精度因子（geometric dilution of precision，GDOP）表示，有时将其简称为精度因子（DOP）。相对于基线长度，目标的距离越远，精度越差。

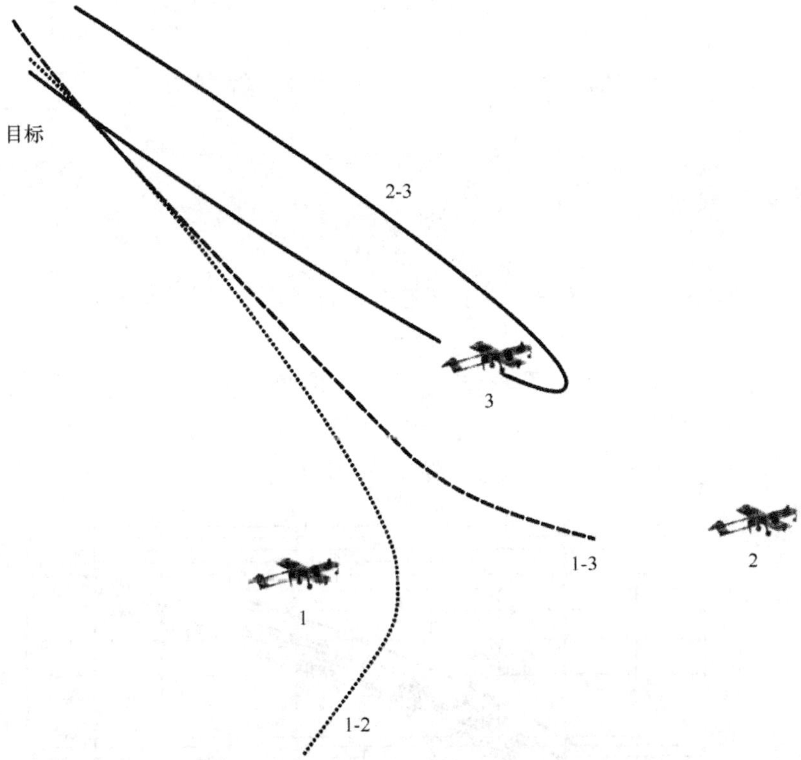

图 5.12　到达时间差定位中由几何精度因子引起的误差示意图

联合式(5.11)和式(5.12)可得式(5.13)。式(5.13)可写成如下向量形式：

$$\boldsymbol{x}_i\boldsymbol{x}+c\tau_i\|\boldsymbol{x}\|_2=-\frac{1}{2}c^2\tau_i^2+\frac{1}{2}\|\boldsymbol{x}_i\|_2^2 \tag{5.52}$$

其中 $\boldsymbol{x}_i=[x_i\quad y_i\quad z_i]^{\mathrm{T}}$。

测量灵敏度可使用式(5.52)的梯度来度量。因为式(5.52)的最后一项为常数，所以其梯度为

$$\frac{\partial\boldsymbol{x}_i\boldsymbol{x}}{\partial\boldsymbol{x}}+c\frac{\partial\tau_i\|\boldsymbol{x}\|_2}{\partial\boldsymbol{x}}=-\frac{1}{2}c^2\frac{\partial\tau_i^2}{\partial\boldsymbol{x}} \tag{5.53}$$

该式可改写为

$$\boldsymbol{x}_i^{\mathrm{T}}+c\left(\tau_i\frac{\boldsymbol{x}}{\|\boldsymbol{x}\|_2}+\|\boldsymbol{x}\|_2\frac{\partial\tau_i}{\partial\boldsymbol{x}}\right)=-c^2\tau_i\frac{\partial\tau_i}{\partial\boldsymbol{x}} \tag{5.54}$$

该偏微分方程的解为[16]

$$\frac{\partial \tau_i}{\partial \boldsymbol{x}}=\frac{1}{c}\left(\frac{\boldsymbol{x}-\boldsymbol{x}_i^{\mathrm{T}}}{\|\boldsymbol{x}-\boldsymbol{x}_i^{\mathrm{T}}\|_2}-\frac{\boldsymbol{x}}{\|\boldsymbol{x}\|_2}\right) \tag{5.55}$$

将以式(5.55)为分量产生的梯度向量记为

$$\boldsymbol{\kappa}=\begin{bmatrix}\frac{\partial \tau_1}{\partial \boldsymbol{x}} & \frac{\partial \tau_2}{\partial \boldsymbol{x}} & \cdots & \frac{\partial \tau_N}{\partial \boldsymbol{x}}\end{bmatrix}^{\mathrm{T}} \tag{5.56}$$

令 g 表示几何精度因子，则 g 的表达式为[17]

$$g=\sqrt{\operatorname{tr}(\boldsymbol{\kappa}^{\mathrm{T}}\boldsymbol{\kappa})^{-1}} \tag{5.57}$$

如果各传感器的测量方差不完全相同，可以采用加权矩阵 $\boldsymbol{W}$ 进行相应处理。此时

$$\boldsymbol{C}_{\Delta d\Delta d}=\begin{bmatrix}\sigma_1^2 & 0 & \cdots & 0\\ 0 & \sigma_2^2 & \cdots & 0\\ \vdots & \vdots & \ddots & \vdots\\ 0 & 0 & \cdots & \sigma_M^2\end{bmatrix} \quad (\mathrm{m}^2) \tag{5.58}$$

几何精度因子表达式变为

$$g=\sqrt{\operatorname{tr}(\boldsymbol{\kappa}^{\mathrm{T}}\boldsymbol{W}\boldsymbol{\kappa})^{-1}} \tag{5.59}$$

其中，$\boldsymbol{W}=\sigma_b^2\boldsymbol{C}_{\Delta d\Delta d}^{-1}$，其中 σ_b^2 起归一化的作用。这样球面不确定度可表示为

$$\sigma_{3\mathrm{D}}=\sigma_{\mathrm{b}}g \tag{5.60}$$

文献[16]给出了几何精度因子影响的图例。传感器排成平面圆阵，圆半径即基线。图 5.13显示了采用该传感器阵列时由几何精度因子引起的误差。虽然目标与阵列之间的距离仅为基线长度的两倍，但是精度因子仍下降了 20～60。

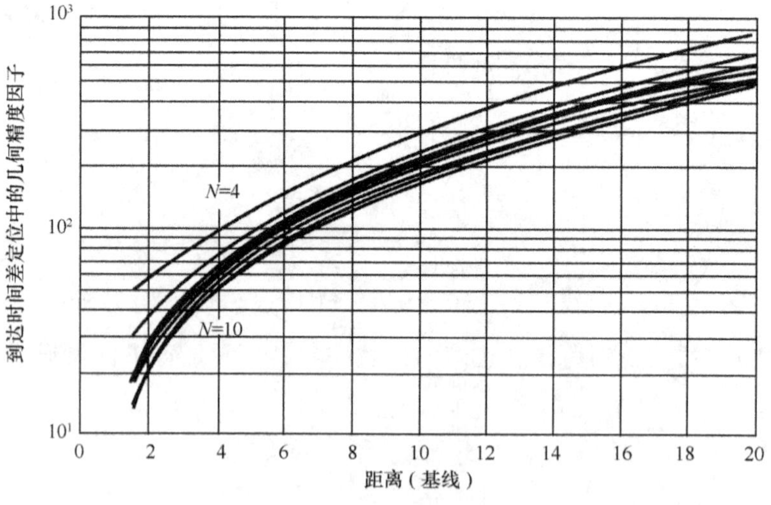

图 5.13　到达时间差定位的几何精度因子，传感单元数量 N 为 4 至 10

5.2.8　测量偏差对到达时间差定位的影响

正如在三角定位中方位角测量偏差会导致定位误差，到达时间差定位同样会受到测量偏差的影响。Koorapaty、Grubeck 和 Cedervall[18] 通过分析和仿真，检验了采用到达时间差和到达角定位技术定位 911 呼叫者的位置时测量偏差的影响。他们针对 911 紧急呼叫的应用需求进行了分析，并采用该领域的专业术语给出了一些相应的结论。他们在研究中探讨了到达时间差定位中偏差的影响。

设系统方程为

$$d_m=f_m(\boldsymbol{x})+b_m+n_m,\qquad m=1,2,\cdots,M \tag{5.61}$$

其中，b_i 表示测量 i 中的偏差，$\boldsymbol{x}=[x_{\mathrm{T}}\quad y_{\mathrm{T}}\quad z_{\mathrm{T}}]^{\mathrm{T}}$ 为目标位置。一般来说，$f_i(\boldsymbol{x})$是非线性的，通过对其进行泰勒展开并仅保留其中的线性项的方法进行线性化处理。之后，将式(5.61)改写为矩阵形式：

$$\boldsymbol{d}=\boldsymbol{f}(\boldsymbol{x})+\boldsymbol{b}+\boldsymbol{n} \tag{5.62}$$

采用最小二乘估计器计算 $\hat{\boldsymbol{x}}$，使

$$Q(\boldsymbol{x})=[\boldsymbol{d}-\boldsymbol{f}(x)-\boldsymbol{b}]^{\mathrm{T}}\boldsymbol{C}_{\Delta d\Delta d}^{-1}[\boldsymbol{d}-\boldsymbol{f}(\boldsymbol{x})-\boldsymbol{b}] \tag{5.63}$$

最小。如果向量 $\boldsymbol{n}$ 的各分量是联合高斯的，$\boldsymbol{C}_{\mathrm{nn}}$为其协方差矩阵，则该估计器也是一种最大似然估计器。

这里假设偏差是未知的，但并不是一个随机参数，而是一个在测量过程中保持不变的常数。同时假设目标在测量过程中位置不变。

在参考点 $\boldsymbol{x}_0$ 处，$f(\boldsymbol{x})$的泰勒级数近似式为

$$\boldsymbol{f}(\boldsymbol{x})\approx\boldsymbol{f}(\boldsymbol{x}_0)+\boldsymbol{G}_0(\boldsymbol{x}-\boldsymbol{x}_0) \tag{5.64}$$

其中，

$$\boldsymbol{G}_0=\begin{bmatrix}\left.\dfrac{\partial f_1(\boldsymbol{x})}{\partial x_1}\right|_{\boldsymbol{x}=\boldsymbol{x}_0} & \cdots & \left.\dfrac{\partial f_1(\boldsymbol{x})}{\partial x_k}\right|_{\boldsymbol{x}=\boldsymbol{x}_0}\\ \vdots & \ddots & \vdots\\ \left.\dfrac{\partial f_M(\boldsymbol{x})}{\partial x_1}\right|_{\boldsymbol{x}=\boldsymbol{x}_0} & \cdots & \left.\dfrac{\partial f_M(\boldsymbol{x})}{\partial x_k}\right|_{\boldsymbol{x}=\boldsymbol{x}_0}\end{bmatrix} \tag{5.65}$$

这样，结合式(5.63)和式(5.64)有

$$Q(\boldsymbol{x})=[\boldsymbol{d}_1-\boldsymbol{G}_0\boldsymbol{x}-\boldsymbol{b}]^{\mathrm{T}}\boldsymbol{C}_{\Delta d\Delta d}^{-1}[\boldsymbol{d}_1-\boldsymbol{G}_0\boldsymbol{x}-\boldsymbol{b}] \tag{5.66}$$

应使该式最小化，其中

$$\boldsymbol{d}_1=\boldsymbol{d}-\boldsymbol{f}(\boldsymbol{x}_0)+\boldsymbol{G}_0\boldsymbol{x}_0 \tag{5.67}$$

为了找到最小值所在的位置，计算以下梯度向量

$$\nabla_{x}Q(\boldsymbol{x})=\begin{bmatrix}\dfrac{\partial Q}{\partial x_1} & \dfrac{\partial Q}{\partial x_2} & \cdots & \dfrac{\partial Q}{\partial x_k}\end{bmatrix}^{\mathrm{T}} \tag{5.68}$$

并求使$\nabla_{x}Q(\boldsymbol{x})=\boldsymbol{0}$ 的 $\boldsymbol{x}$。

假设在传感器周围区域偏差 $\boldsymbol{b}$ 不是 $\boldsymbol{x}$ 的函数，于是$\nabla_{x}\boldsymbol{b}=0$，$\boldsymbol{G}_0^{\mathrm{T}}\boldsymbol{C}_{\Delta d\Delta d}^{-1}\boldsymbol{G}_0$ 非奇异，这样能够使 $Q(\boldsymbol{x})$达到最小的 $\boldsymbol{x}$ 为

$$\hat{\boldsymbol{x}}=(\boldsymbol{G}_0^{\mathrm{T}}\boldsymbol{C}_{\Delta d\Delta d}^{-1}\boldsymbol{G}_0)^{-1}\boldsymbol{G}_0^{\mathrm{T}}\boldsymbol{C}_{\Delta d\Delta d}^{-1}\boldsymbol{d}_1-(\boldsymbol{G}_0^{\mathrm{T}}\boldsymbol{C}_{\Delta d\Delta d}^{-1}\boldsymbol{G}_0)^{-1}\boldsymbol{G}_0^{\mathrm{T}}\boldsymbol{C}_{\Delta d\Delta d}^{-1}\boldsymbol{b} \tag{5.69}$$

如果偏差已知，则式(5.69)可用于计算目标位置的最优估计。如果偏差未知，则假定偏差为零，利用式(5.67)，有

$$\hat{\boldsymbol{x}}=(\boldsymbol{G}_0^{\mathrm{T}}\boldsymbol{C}_{\Delta d\Delta d}^{-1}\boldsymbol{G}_0)^{-1}\boldsymbol{G}_0^{\mathrm{T}}\boldsymbol{C}_{\Delta d\Delta d}^{-1}[\boldsymbol{d}-\boldsymbol{f}(\boldsymbol{x}_0)]+\boldsymbol{x}_0 \tag{5.70}$$

进而利用式(5.62)，有

$$\hat{\boldsymbol{x}}=(\boldsymbol{G}_0^{\mathrm{T}}\boldsymbol{C}_{\Delta d\Delta d}^{-1}\boldsymbol{G}_0)^{-1}\boldsymbol{G}_0^{\mathrm{T}}\boldsymbol{C}_{\Delta d\Delta d}^{-1}[\boldsymbol{f}(\boldsymbol{x})-\boldsymbol{f}(\boldsymbol{x}_0)-\boldsymbol{G}_0(\boldsymbol{x}-\boldsymbol{x}_0)+\boldsymbol{b}+\boldsymbol{n})]+\boldsymbol{x} \tag{5.71}$$

偏差对位置估计的影响程度可用概率误差圆(CEP)表征。以下在假设测量误差服从高斯分布的条件下进行了仿真，仿真中节点的几何分布如图 5.14 所示。图中基站用黑点表示。在如图所示的正方形区域中均匀取 100 个点，以这些点处概率误差圆的均值作为品质因数。假

设基站测量数据的标准差为 50 m。设定两组不同的偏差均值分别为 0、50 m、100 m、150 m、200 m 和 0、25 m、50 m、75 m、100 m。在该正方形中均匀选取 100 个点,并以设定的偏差值计算每点的 CEP 值。图 5.15 对计算结果进行了比较。图中横坐标表示占给定概率误差圆(这里选取概率误差圆值为 125 m)的百分比,纵坐标为累积分布函数,它表示在选取的 100 点中概率误差圆值小于 125 m 的比率。显然,在 125 m 范围内偏差的减小会引起概率误差圆的显著增长(联邦通信委员会规定的半径为 125 m)。

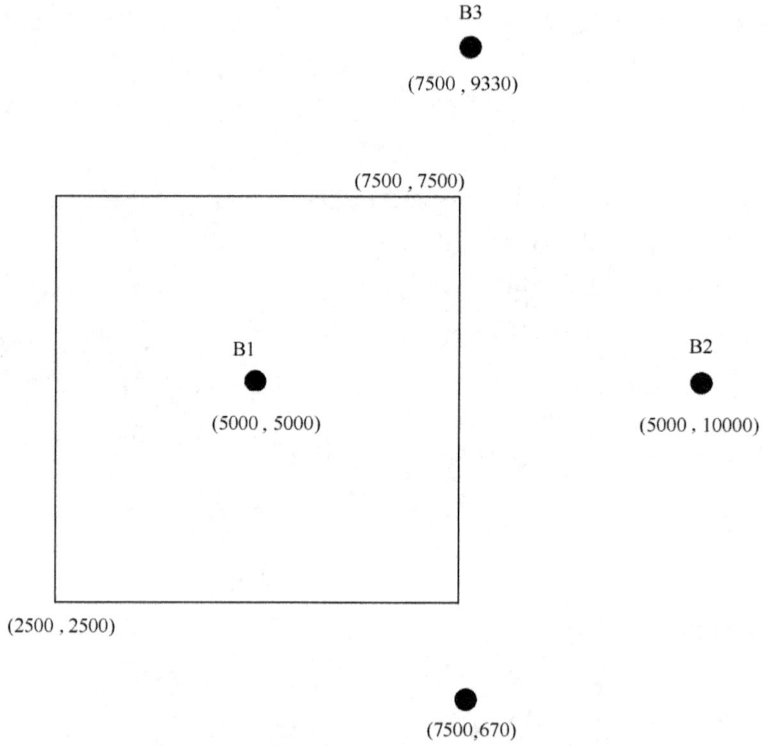

图 5.14 在测量偏差对到达时间差位置估计的影响仿真中,节点的几何分布图(研究对象为蜂窝电话系统)

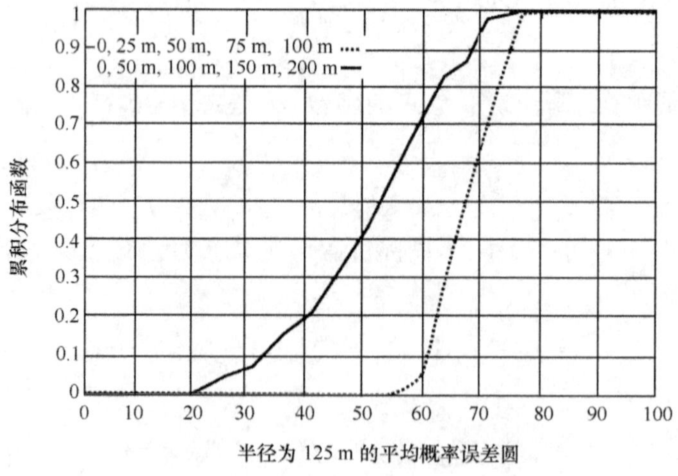

图 5.15 有测量偏差时的概率误差圆累积分布函数。横轴是半径为 125 m 的概率误差圆的百分比。其他数据大于 125 m。平均测量方差为 2500 m^2

5.2.9　运动对到达时间差位置估计的影响

目标和传感器之间可能存在相对运动，采用机载传感器定位通常就属于这种情况。这种相对运动会引起到达时间差测量误差。Chan 和 Ho[19] 将这种效应称为到达尺度差（scale difference of arrival，SDOA），并提出了一种估计其影响的方法。目标和传感器相对运动引起的到达时间差误差与到达尺度差和数据记录长度成比例。

设两传感器收到的信号为

$$r_1(t)=s(t)+n_1(t) \tag{5.72}$$

$$r_2(t)=s\left(\frac{t+D}{a}\right)+n_2(t) \tag{5.73}$$

其中，$s(t)$为发射信号，$n_1(t)$和 $n_2(t)$为与信号独立且相互独立的噪声源，D 为测得的到达时间差，a 为到达尺度差。到达时间差和到达尺度差的联合估计可以根据两个信号之间的互模糊函数(CAF)求得，

$$\mathrm{CAF}=\int_0^T r_1(t)r_2(\alpha t-\tau)\mathrm{d}t \tag{5.74}$$

方法是求 α 和 τ，使 CAF 达到最大。注意，在没有噪声时

$$r_2(\alpha t-\tau)-s\left(\frac{\alpha t-\tau+D}{a}\right) \tag{5.75}$$

所以当 $\alpha=a$ 且 $\tau=D$ 时式(5.74)达到最大值。

在忽略到达尺度差的情况下，通过使式(5.74)最大化可得到达时间差的估计为

$$\tau=(1-a)t+D \tag{5.76}$$

因此偏差误差为

$$t-D=(1-a)t \tag{5.77}$$

将式(5.77)在 N 个数据样值上取平均，得

$$\epsilon\,(a,N)=\frac{1}{N}\int_0^N(1-a)t\mathrm{d}t=\frac{(1-a)N}{2} \tag{5.78}$$

数据长度对到达时间差偏差的影响如图 5.16 所示。图中画出了偏差与数据记录长度之间的关系，其中没有噪声时忽略到达尺度差，参数 $a=1.001$，$D=0$。根据式(5.78)易得偏差是数据记录长度 N 的线性函数。

参考文献中同时给出了根据互模糊函数求到达时间差和到达尺度差的均方误差的快速算法。图 5.17 和图 5.18 分别给出了到达时间差和到达尺度差的估计误差示例。图 5.17 给出了到达时间差的均方误差与信噪比之间的关系，其中信噪比为

$$\gamma=10\log\frac{\sigma_{\mathrm{s}}^2}{\sigma_{\mathrm{n}}^2},\quad \mathrm{dB} \tag{5.79}$$

其中，$\sigma_{\mathrm{n}}^2=\sigma_{\mathrm{n}1}^2=\sigma_{\mathrm{n}2}^2$，噪声为带限高斯白噪声。类似地，图 5.18 给出了到达尺度差的均方误差与信噪比之间的关系。在低信噪比情况下，运动对到达时间差均方误差的影响比对到达尺度差的均方误差的影响更显著。在 $\gamma=0$ dB 时，到达尺度差的均方误差比到达时间差低 45 dB。

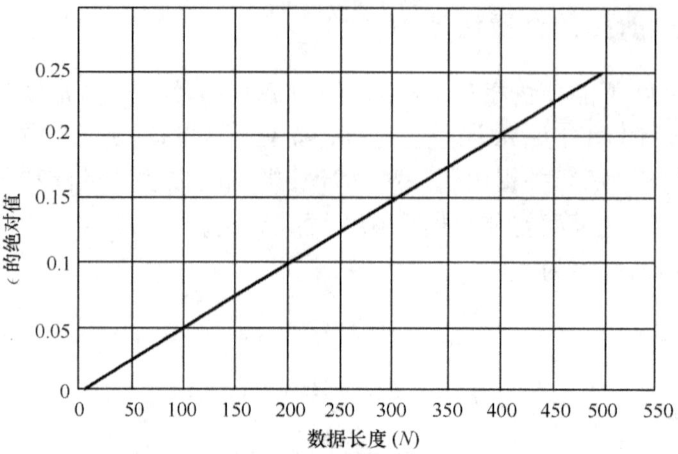

图 5.16 忽略到达尺度差的情况下,数据记录长度对到达时间差测量系统误差的影响

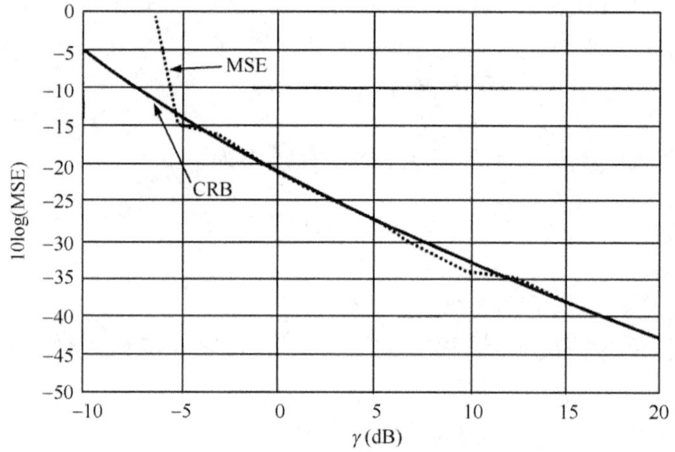

图 5.17 运动产生的到达时间差系统误差

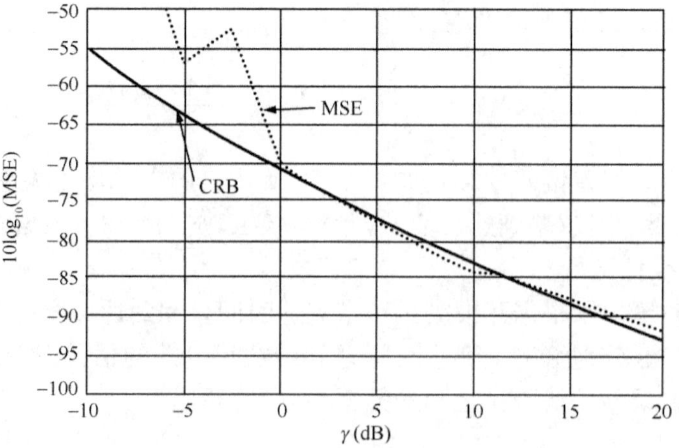

图 5.18 相对运动产生的到达尺度差误差

5.3　差分多普勒定位

本节讨论根据两个或多个传感器之间的频差信息定位的方法。这里的讨论与文献[1]的讨论很相似，但考虑到内容完整性的需要，以下仍对相关内容进行了介绍。

5.3.1　简介

运动物体发出的信号会呈现出一种所谓的多普勒频移(Doppler shift)效应，表现为在接收机处接收到的频率与发射信号频率之间存在一个频差，该频差的大小与物体相对于接收机的运动方向有关。如果在两个(或多个)探测站处测量该信号的频率，则各测量结果之间会存在一个频率差值，该频差称为差分多普勒(Differential Doppler，DD)，可用于目标定位。为了利用差分多普勒效应，只要求一个物体(一个或多个传感器，或者被测目标)是运动的。运动速度越高，频差就越大，就越容易提高差分多普勒测量的精度。

5.3.2　差分多普勒

在传感器及目标运动速度远小于光速时，差分多普勒可采用下式计算：

$$\dot{\tau}=\frac{v_2}{c}f_0-\frac{v_1}{c}f_0=\frac{f_0}{\lambda}(v_2-v_1) \tag{5.80}$$

其中，v_i 为传感器与辐射源之间的径向瞬时相对速度，f_0 为发射信号的频率。差分多普勒常用 $\dot{\tau}$ 表示，这是因为它意味着两个速度的差值，而速度又是距离对时间的微分，也就是

$$\dot{\tau}=\frac{f_0}{c}\left(\frac{\mathrm{d}d_2}{\mathrm{d}t}-\frac{\mathrm{d}d_1}{\mathrm{d}t}\right) \tag{5.81}$$

其中 d_i 为辐射源和传感器之间的距离，如图 5.1 所示。因而，$\mathrm{d}d_i/\mathrm{d}t$ 是径向的距离变化速度。因为距离为

$$d_i=\sqrt{(x_\mathrm{T}-x_i)^2+y_\mathrm{T}^2} \tag{5.82}$$

从而

$$\frac{\mathrm{d}d_i}{\mathrm{d}t}=\frac{d[(x_\mathrm{T}-x_i)^2+y_\mathrm{T}^2]^{1/2}}{\mathrm{d}t} \tag{5.83}$$

$$=\frac{(x_\mathrm{T}-x_i)}{[(x_\mathrm{T}-x_i)^2+y_\mathrm{T}^2]^{1/2}}\frac{\mathrm{d}x_i}{\mathrm{d}t},\quad i=1,2 \tag{5.84}$$

这里假设飞机平行于 x 轴匀速运动，因此 $\mathrm{d}y_i/\mathrm{d}t=0$。记 $v=v_1=\mathrm{d}x_1/\mathrm{d}t=v_2=\mathrm{d}x_2/\mathrm{d}t$，则

$$\dot{\tau}=\frac{f_0 v}{c}\left\{\frac{(x_\mathrm{T}-x_1}{[(x_\mathrm{T}-x_1)^{1/2}+y_\mathrm{T}^2]^{1/2}}-\frac{(x_\mathrm{T}-x_2)}{[(x_\mathrm{T}-x_2)^{1/2}+y_\mathrm{T}^2]^{1/2}}\right\} \tag{5.85}$$

图 5.19 是上式构成的曲面的示例。差分多普勒曲线为复杂的二次函数，而不是到达时间差对应的简单双曲线。这些曲线的俯视形状如图 5.20 所示。该曲面与测得的差分多普勒值对应的平面之间的交线就是可能的辐射源位置。在只有两个传感器时，会发生如图 5.21 和图 5.22 所示的左右模糊问题。与时差定位的情况一样，加入第三个传感器能够解决这种模糊问题，得到唯一解，如图 5.23 所示。

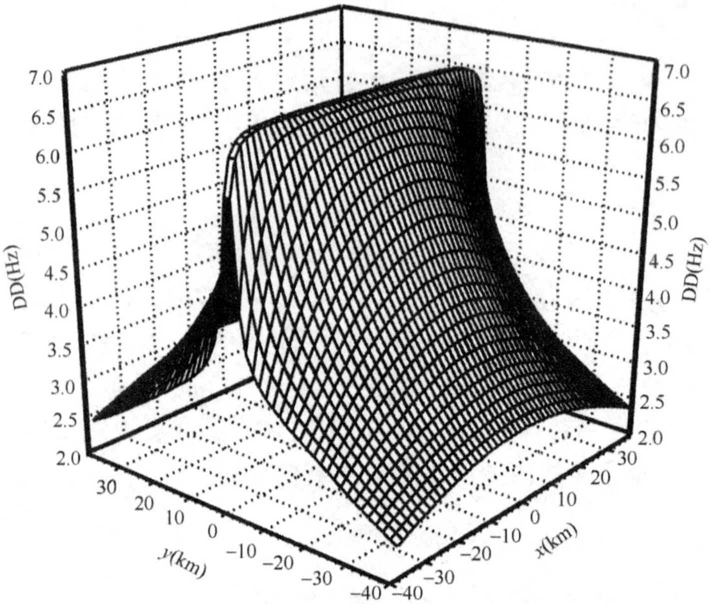

图 5.19 差分多普勒曲面示例。这里 $v=10$ m/s,$f=100$ MHz($\lambda=3$ m)

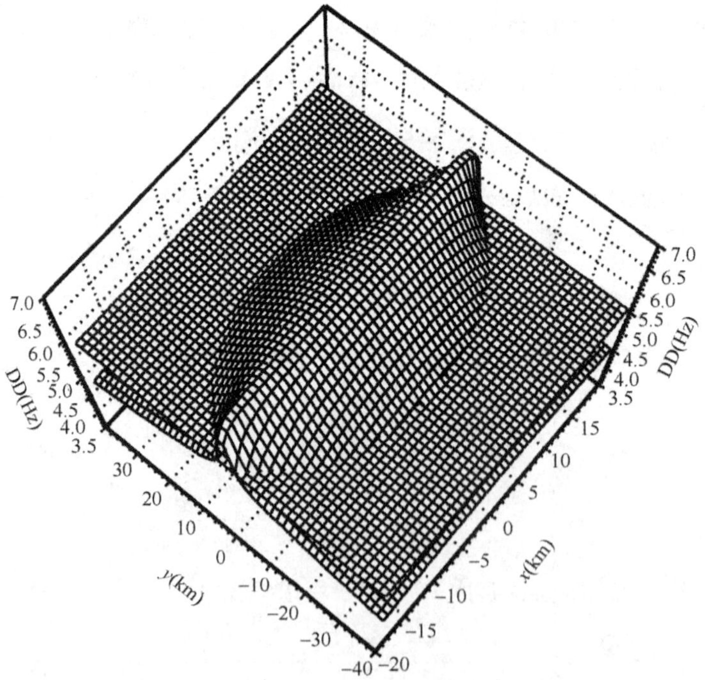

图 5.20 $\dot{\tau}$ 等值线的俯视图。这些等值线看起来像椭圆,但事实上它是复杂的二次曲线

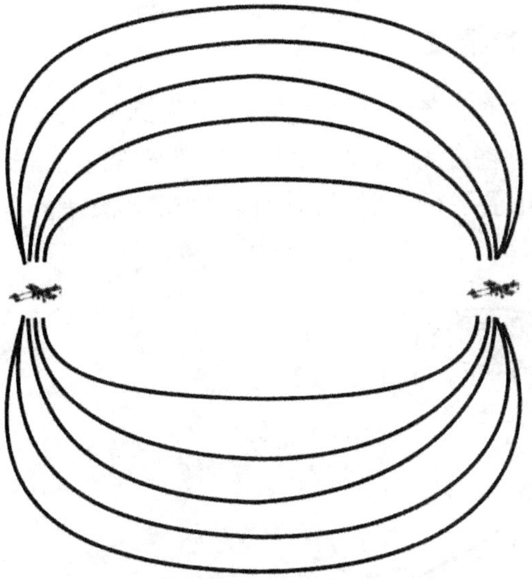

图 5.21　等 $\dot{\tau}$ 值曲线是复杂的二次曲线

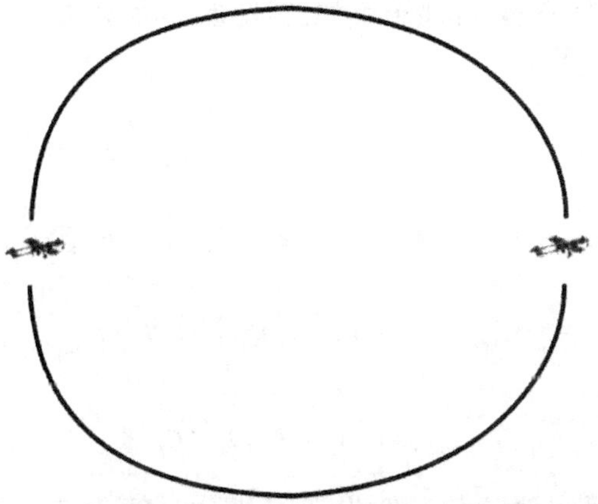

图 5.22　对应同一目标辐射源的差分多普勒等值线，等值线存在左右模糊问题

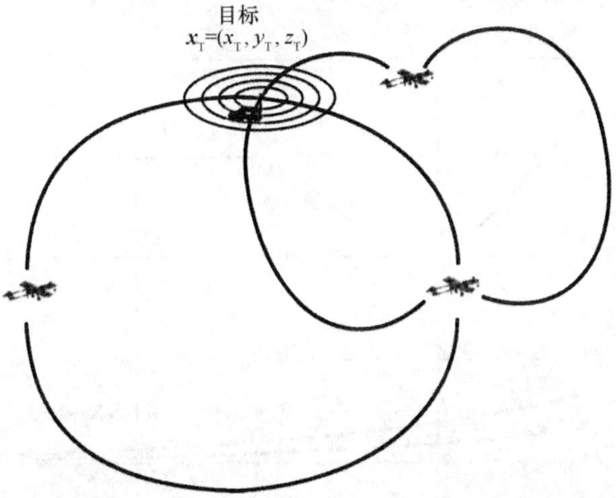

图 5.23　利用三个传感器获得的差分多普勒等值线能够唯一确定目标位置

5.3.3 差分多普勒定位的精度

与时差定位时的情况类似,当目标与基线距离很远时,等多普勒曲线几乎是平行的,如图 5.24所示。为了提高定位精度,等多普勒线之间最好是垂直的。如果它们像图 5.24 所示那样互相之间在目标附近几乎平行,则位置估计精度就会很差。

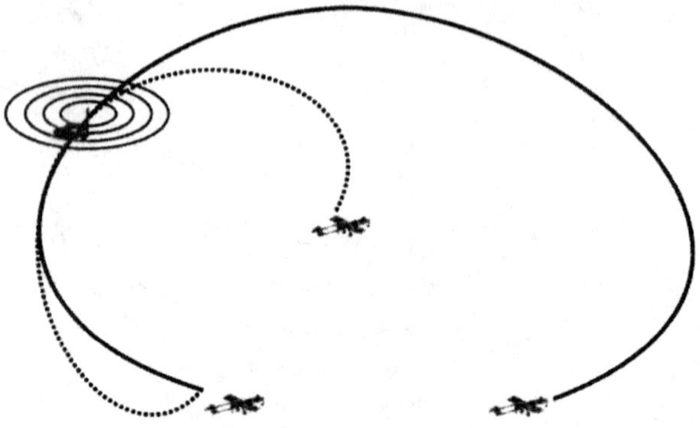

图 5.24　等多普勒等值线在距离较远的目标处几乎是平行的

$\dot{\tau}$ 的 Cramer-Rao 界为

$$\sigma_{\dot{\tau}}=\frac{1}{T_e}\frac{1}{\sqrt{WT\gamma}} \tag{5.86}$$

其中 W、T 和 γ 如上文所述,$\sigma_{\dot{\tau}}$ 为 $\dot{\tau}$ 的测量标准差,T_e 为均方根积分时间,其值为

$$T_e = 2\pi\left[\frac{\int_{-\infty}^{\infty} t^2 \mid u(t) \mid^2 \mathrm{d}t}{\int_{-\infty}^{\infty} \mid u(t) \mid^2 \mathrm{d}t}\right]^{1/2} \tag{5.87}$$

此处 $u(t)$为积分时间的概率密度函数。假设实际积分时间为 T,同上文类似,仍假设积分时间的概率密度函数边缘很陡峭,则 $T_e=\pi T/\sqrt{3}$。

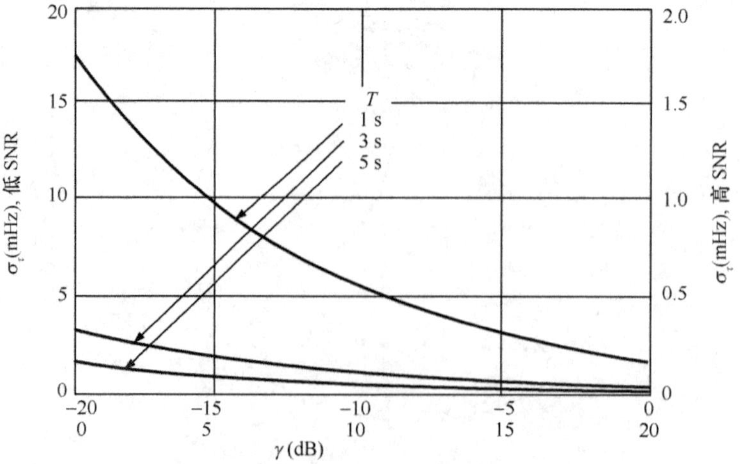

图 5.25　在假设 T_e 均匀分布,带宽 B=25 kHz 的条件下差分多普勒的 CRLB 与信噪比之间的关系曲线

图 5.25 做出了不同积分时间下根据式(5.86)得到的 σ_τ 与信噪比之间的关系曲线。如图 5.21 所示，在典型参数取值下，差分多普勒值在几到几十赫兹的范围内。如图 5.25 所示，在低信噪比下，标准差仅为差分多普勒值的百分之一左右，所以利用图中所示这些积分时间测得结果的精度值得怀疑。高信噪比下能够得到较好的结果。

5.3.4　最大似然差分多普勒定位算法

Levanon[20]设计了差分多普勒最大似然定位算法，该算法与 2.6 节介绍的方位线最大似然定位算法类似。差分多普勒定位系统克服了干涉仪定位系统中固有的模糊问题。同一平台上的天线之间的距离可以大于 $\lambda/2$，并且能够获得更高的测量精度。但在机载传感器平台上需要进行相对密集的测量。对机载传感器来说，必须进行足够密集的多普勒测量，以确保在信号波长决定的每个时间间隔内至少进行一次测量。

相反，对于干涉仪来说，要求定位传感器之间的距离必须小于 $\lambda/2$，以避免模糊问题。

为了计算差分多普勒，需要获得多个相位及沿路径方向的距离差的测量值。每当相位增加 2π，在距离上就经历了一个波长。根据经过 2π 的次数可以求得差分频率。

5.3.4.1　差分多普勒最大似然估计定位算法

图 5.26 给出了与图 2.32 类似的测量目标和探测站的几何分布图[20]，这里未知量为观测间隔的中心 y_c 及目标位置 x_T(假设 $y_T=0$)。因而，未知向量为

$$\boldsymbol{\theta}=[x_T \quad y_c]^T \tag{5.88}$$

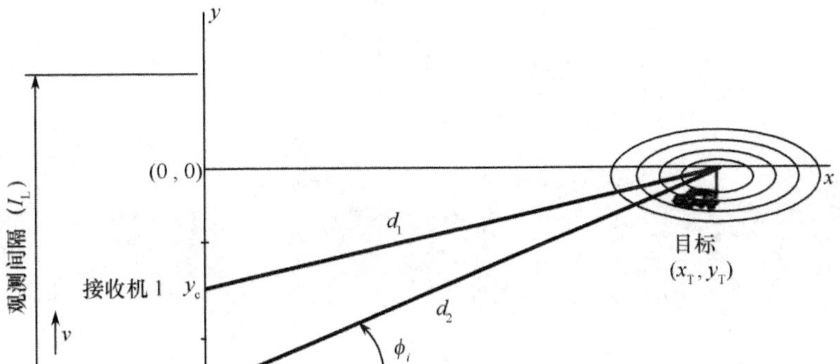

图 5.26　最大似然估计中的分布图

将无噪声情况下第 k 次观测中未知向量与测量值之间的关系记为 $\tilde{z}_k(\boldsymbol{\theta})$。在多普勒测量中，

$$\tilde{z}_k(\boldsymbol{\theta})=R_{1k}-R_{2k}-(R_{10}-R_{20}) \tag{5.89}$$

其中，$k=0,\pm1,\pm2,\cdots,\pm K$，$N=2K+1$ 时，有

$$R_{2k}=\sqrt{\left(y_c-\frac{b}{2}+k\Delta L\right)^2+x_T^2}$$

$$R_{1k}=\sqrt{\left(y_c+\frac{b}{2}+k\Delta L\right)^2+x_T^2}$$

ΔL 为两次测量之间经过的距离。对应这些 k 值，参考点在观测间隔 I_L 的中心。将含有噪声

的 $2K+1$ 个测量结果记为 z_k,其中噪声为高斯噪声过程的样值,记为 n_k,有

$$z_k(\boldsymbol{\theta})=\tilde{z}_k(\boldsymbol{\theta})+n_k,\quad k=0,\pm1,\pm2,\cdots,\pm K \tag{5.90}$$

定位误差由这些观测变量的协方差矩阵给出

$$\mathbf{C}_{\theta\theta}=\mathbf{Cov}(\boldsymbol{\theta})=\sigma_{\mathrm{n}}^2(\mathbf{G}^{\mathrm{T}}\mathbf{G})^{-1} \tag{5.91}$$

在式(5.89)所示的无噪声测量中必须考虑第 0 次距离差测量中的误差ϵ,这样就变为

$$\tilde{z}_k(\boldsymbol{\theta})=R_{1k}-R_{2k}-(R_{10}-R_{20})+\epsilon \tag{5.92}$$

这里 ϵ 是一个未知量,因此和 x_{T} 与 y_{c} 一样也需要被估计。这样,需要估计的未知向量变为

$$\boldsymbol{\theta}=[x_{\mathrm{T}}\quad y_{\mathrm{c}}\quad \epsilon]^{\mathrm{T}} \tag{5.93}$$

为简化运算,假设 $y_{\mathrm{c}}=0$ 且 $K\Delta L\ll x_{\mathrm{T}}$,则

$$\partial_{kx}=\frac{\partial\tilde{z}_k(\boldsymbol{\theta})}{\partial x_{\mathrm{T}}} \tag{5.94}$$

$$\approx-\frac{bk\Delta L}{x_{\mathrm{T}}^2} \tag{5.95}$$

$$\partial_{ky}=\frac{\partial\tilde{z}_k(\boldsymbol{\theta})}{\partial y_{\mathrm{c}}} \tag{5.96}$$

$$\approx-\frac{3b(k\Delta L)^2}{2x_{\mathrm{T}}^3} \tag{5.97}$$

这样,$\boldsymbol{G}$ 矩阵为

$$\boldsymbol{G}=\begin{bmatrix}\partial_{-Kx} & \cdots & \partial_{kx} & \cdots & \partial_{Kx}\\ \partial_{-Ky} & \cdots & \partial_{ky} & \cdots & \partial_{Ky}\\ 1 & \cdots & 1 & \cdots & 1\end{bmatrix}^{\mathrm{T}}$$

利用式(5.94)和式(5.96),可得

$$\boldsymbol{G}^{\mathrm{T}}\boldsymbol{G}=\begin{bmatrix}\partial_{-Kx} & \cdots & \partial_{kx} & \cdots & \partial_{Kx}\\ \partial_{-Ky} & \cdots & \partial_{ky} & \cdots & \partial_{Ky}\\ 1 & \cdots & 1 & \cdots & 1\end{bmatrix}\begin{bmatrix}\partial_{-Kx} & \partial_{-Ky} & 1\\ \vdots & \vdots & \vdots\\ \partial_{kx} & \partial_{ky} & 1\\ \vdots & \vdots & \vdots\\ \partial_{Kx} & \partial_{Ky} & 1\end{bmatrix}$$

$$=\begin{bmatrix}\sum\limits_{k=-K}^{K}(\partial_{kx})^2 & \sum\limits_{k=-K}^{K}\partial_{kx}\partial_{ky} & \sum\limits_{k=-K}^{K}\partial_{kx}\\ \sum\limits_{k=-K}^{K}\partial_{kx}\partial_{ky} & \sum\limits_{k=-K}^{K}(\partial_{ky})^2 & \sum\limits_{k=-K}^{K}\partial_{ky}\\ \sum\limits_{k=-K}^{K}\partial_{kx} & \sum\limits_{k=-K}^{K}\partial_{ky} & \sum\limits_{k=-K}^{K}1\end{bmatrix}$$

假设 ΔL 足够小,可近似为微分,通过在和式外除 $\mathrm{d}L$,在和式内乘 $\mathrm{d}L$,可将上式中的求和式化为积分,可得

$$\boldsymbol{G}^{\mathrm{T}}\boldsymbol{G}=\begin{bmatrix} \dfrac{Nb^2I_{\mathrm{L}}^2}{12x_{\mathrm{T}}^4} & 0 & 0 \\ 0 & \dfrac{9Nb^2I_{\mathrm{L}}^4}{320x_{\mathrm{T}}^6} & \dfrac{NbI_{\mathrm{L}}^2}{8x_{\mathrm{T}}^3} \\ 0 & \dfrac{NbI_{\mathrm{L}}^2}{8x_{\mathrm{T}}^3} & N \end{bmatrix} \tag{5.98}$$

且

$$(\boldsymbol{G}^{\mathrm{T}}\boldsymbol{G})^{-1}=\begin{bmatrix} \dfrac{12x_{\mathrm{T}}^4}{Nb^2I_{\mathrm{L}}^2} & 0 & 0 \\ 0 & \dfrac{80x_{\mathrm{T}}^6}{Nb^2I_{\mathrm{L}}^4} & -\dfrac{10x_{\mathrm{T}}^3}{NbI_{\mathrm{L}}^2} \\ 0 & -\dfrac{10x_{\mathrm{T}}^3}{NbI_{\mathrm{L}}^2} & \dfrac{9}{4N} \end{bmatrix} \tag{5.99}$$

根据式(5.91)和式(5.99)，可得

$$\sigma_x \approx \sqrt{\frac{12}{N}}\frac{\sigma_{\Delta R}}{b}\frac{x_{\mathrm{T}}^2}{I_{\mathrm{L}}} \tag{5.100}$$

$$\sigma_y \approx \sqrt{\frac{80}{N}}\frac{\sigma_{\Delta R}}{b}\frac{x_{\mathrm{T}}^3}{I_{\mathrm{L}}^2} \tag{5.101}$$

如果 $y_{\mathrm{c}}\neq 0$，式(5.100)就会变得更复杂，但式(5.101)将保持不变。此时，

$$\sigma_x \approx \sqrt{\frac{12}{N}}\frac{\sigma_{\Delta R}}{b}\frac{x_{\mathrm{T}}^2}{I_{\mathrm{L}}}\sqrt{1+60\frac{y_{\mathrm{c}}^2}{I_{\mathrm{L}}^2}} \tag{5.102}$$

5.3.4.2　性能

差分多普勒法定位方法的性能如图 5.27 所示[20]。这里使用的参数是无人机(unmanned air vehicle，UAV)探测平台对应的参数，假设在使用该平台探测一个定频工作的目标，且目标发射信号时间较长。如果无人机的飞行速度为 100 km/h，则飞 1.6 km 需要 1 min，所以目标发射信号的时间至少为 1 min。

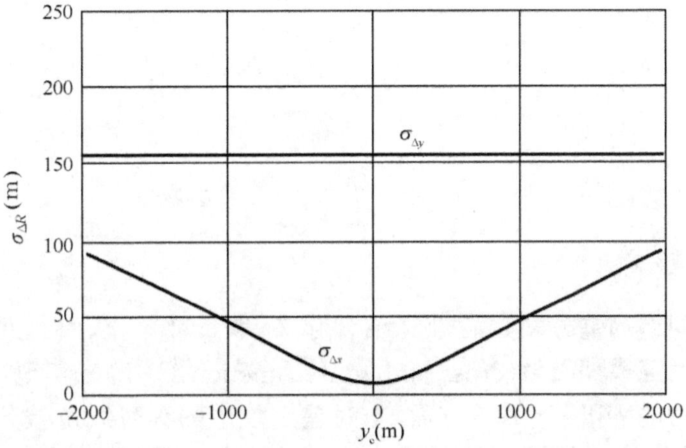

图 5.27　差分多普勒定位方法的性能。该例中 $N=40$，$x_{\mathrm{T}}=10$ km，$L=1.6$ km，$\sigma_{\Delta R}=0.0141$ m

比较图 5.27 和图 2.36(干涉仪算法)可见,差分多普勒定位方法在估计纵向距离方面有优势,而干涉仪法在估计横向距离方面有优势。差分多普勒法一般具有较好的性能,尤其当 $y_c=0$ 时,因为此时在目标点处二次曲线与 x 轴呈直角,差分多普勒测量灵敏度最大(见图 5.28)。$y_c=0$ 时的测量方差最小,这一点可以通过式(5.102)对 y_c 求导并令导数等于零来验证。

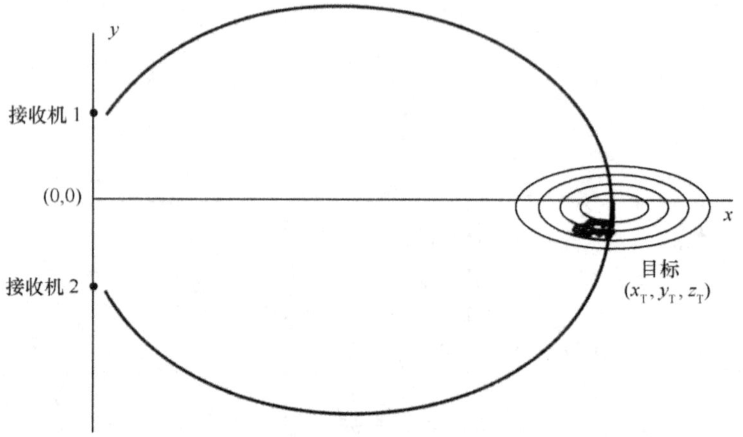

图 5.28 在 $y_c=0$ 的条件下等差分多普勒曲线与 x 轴的交点

如图 5.29 所示,干涉仪法的最大灵敏度点也在 $y_c=0$ 处。在该点处,$\Delta\phi$ 与 y_c 的关系曲线的斜率最大,因为这是一个拐点。由于信号方位角与 y 轴垂直,两天线处的信号相位差为零。同样,最小方差点也在 $y_c=0$ 处,可通过将式(2.125)对 y_c 求导并令导数等于零来验证该结论。

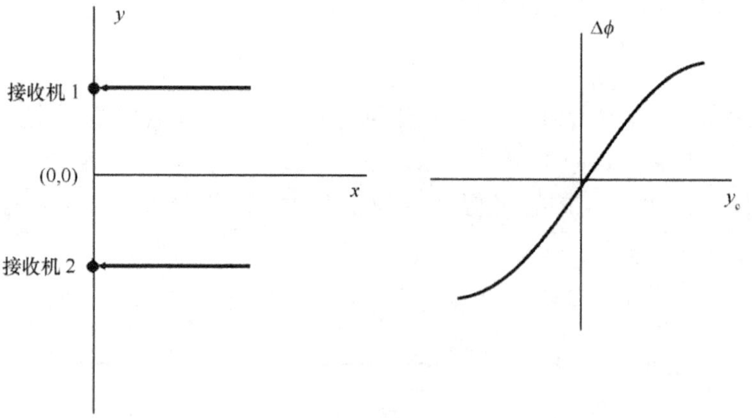

图 5.29 $y_c=0$ 时的最小二乘方位线

5.3.5 互模糊函数

可以将到达时间差和差分多普勒计算结合起来,取长补短,从而达到提高定位精度的目的。这通常需要使用**互模糊函数**(cross ambiguity function,CAF)来实现。使用互模糊函数可同时计算出传感器对的 τ 和 $\dot{\tau}$。另一方面,与时差定位中的等时线及差分多普勒定位中的等多普勒线的计算类似,也要计算每对传感器的互模糊函数,以获得估计中所需的足够信息。互模糊函数是互相关函数的推广,形式如下:

$$\mathrm{CAF}(\tau,t)=\int_0^T s_1(t)s_2(t+\tau)\mathrm{e}^{-\mathrm{j}\omega t}\,\mathrm{d}t \tag{5.103}$$

理想情况下，互模糊函数的幅度与 τ 和 $\dot{\tau}$ 的关系曲线在某个确定的位置上有一个峰值。

如文献[1]所述，如果计算得到的位置坐标在图 5.1 所示的基线的垂直平分线上，则目标位置的标准偏差为

$$\sigma_x-\frac{c\sigma_\tau\sqrt{\left(\frac{b}{2}\right)^2+d^2}}{d} \tag{5.104}$$

$$\sigma_y=\frac{\lambda\sigma_{\dot{\tau}}\left[\left(\frac{b}{2}\right)^2+d^2\right]^{3/2}}{vbd} \tag{5.105}$$

其中，λ 为波长，v 为传感器的速度，b 为基线长度，d 为目标与基线之间的距离。

与独立使用时差定位或差分多普勒定位时的情况一样，当目标偏离基线的垂直平分线时，GDOP 就会起作用，精度就会降低。

5.3.6　噪声背景下利用相位数据估计正弦信号的差分多普勒

Otnes 设计了一种在噪声背景下利用两个或两个以上探测平台上接收到的信号估计正弦信号的差分多普勒的方法，该方法中利用了回归技术[21]。换句话说，该方法将差分多普勒数据的线性回归线的斜率作为差分多普勒的估计。这与 5.1.8 节讨论的方法类似，那里讨论的是 Piersol[22]提出的一种用于估计到达时间差的回归匹配技术。

设目标发射的信号为

$$s(t)=A\mathrm{e}^{\mathrm{j}\omega_0 t+\varphi_0} \tag{5.106}$$

其中，ω_0 为频率，φ_0 为相位偏移。分散布置的两个传感器 j 和 k 接收到的信号分别为

$$r_j(t)=s(t)+n_j(t) \tag{5.107}$$

$$r_k(t)=s(t-D_{jk})+n_k(t) \tag{5.108}$$

此处假设两接收机处的噪声互不相关，且它们与发射信号不相关。同时假设一个或多个传感器与目标之间存在相对运动。计算中对接收信号进行了归一化处理，这样就可以忽略信号的延迟，转而使用相对相位延迟。这样，在假设 $\varphi_0=0$ 的条件下，接收信号可表示为

$$r_j(t)=A_j\mathrm{e}^{\mathrm{j}(\omega_j t+\varphi_j)}+n_j(t) \tag{5.109}$$

$$r_k(t)=A_k\mathrm{e}^{\mathrm{j}(\omega_k t+\varphi_k)}+n_k(t) \tag{5.110}$$

两信号的混频产物[6]为

$$p_{jk}(t)=r_j(t)r_k^*(t) \tag{5.111}$$

由于已经假设噪声与信号之间不相关，所以

$$\varepsilon\{p_{jk}(t)\}=A_jA_k^*\mathrm{e}^{\mathrm{j}(\omega_{jk}t+\varphi_{jk})} \tag{5.112}$$

其中，$\omega_{jk}=\omega_j-\omega_k$ 且 $\varphi_{jk}=\varphi_j-\varphi_k$。

将式(5.109)和式(5.110)代入式(5.111)得，

$$p_{jk}(t)=A_jA_k^*\mathrm{e}^{\mathrm{j}(\omega_{jk}t+\varphi_{jk})}+n_{jk}(t) \tag{5.113}$$

$$=A\mathrm{e}^{\mathrm{j}\omega_{jk}t}+n_{jk}(t) \tag{5.114}$$

其中，$A=A_jA_k^*\mathrm{e}^{\mathrm{j}\phi_{jk}}$，$n_{jk}(t)$为噪声项。

如果忽略噪声，则混频信号相位展开后为

$$y(t)=\arctan\frac{\mathrm{Im}[p_{jk}(t)]}{\mathrm{Re}[p_{jk}(t)]}=\arctan\frac{|A|\sin(\omega_{jk}t+\varphi_{jk})}{|A|\cos(\omega_{jk}t+\varphi_{jk})}=\omega_{jk}t+\varphi_{jk} \tag{5.115}$$

可见,在忽略噪声的情况下,相位是时间的线性函数。在有噪声且假设信噪比足够大的情况下,相位函数可表示为

$$y_{jk}(t)=\omega_{jk}t+\varphi_{jk}+n(t) \tag{5.116}$$

其中,ω_{jk} 和 φ_{jk} 可以使用 2.2 节讨论的线性回归方法确定,可利用式(2.31)得到它们的平均最小二乘误差估计。

考虑离散时间处理的情况,在第 i 时间段内有

$$y_i=\omega_0 x_i+\varphi_0+n_i=\omega_0 iT+\varphi_0+n_i \tag{5.117}$$

其中,$x_i=iT$,T 为采样间隔,差分多普勒的最优估计为

$$\omega_{jk}^{*}=\frac{\sum_{i=1}^{N}y_i(x_i-\bar{x})}{\sum_{i=1}^{N}(x_i-\bar{x})^2} \tag{5.118}$$

其中,$\bar{x}$ 表示 x 的均值。

该表达式可化简为

$$\omega_{jk}^{*}=\frac{\omega_0 TQ(N)+\sum_{i=1}^{N}n_i\left(i-\frac{N+1}{2}\right)}{TQ(N)} \tag{5.119}$$

其中,

$$Q(N)=\frac{2N(N-1)(N+1)}{24} \tag{5.120}$$

相应的方差为

$$\sigma_{\omega_{jk}}^{2}=\frac{\sum_{i=1}^{N}y_i(x_i-\bar{x})-\frac{\left[\sum_{i=1}^{N}y_i(x_i-\bar{x})\right]^2}{\sum_{i=1}^{N}(x_i-\bar{x})^2}}{(N-2)\sum_{i=1}^{N}(x_i-\bar{x})^2} \tag{5.121}$$

在 N 较大的情况下,方差的期望值为

$$\mathcal{E}\{\sigma_{\omega_{jk}}^{2}\}\approx\frac{12\sigma_{\mathrm{n}}^{2}}{T^2N^3} \tag{5.122}$$

其中,σ_{n}^{2} 为相位噪声的方差。这样差分多普勒估计的方差随采样间隔 T 的平方及采样点数 N 的立方下降。这表明可以通过调节 T 和 N 来改善差分多普勒的估计精度,同时可以看出,增大采样点数能带来显著的性能改善。

在某些假设条件下,这种方法也可用于正弦**幅度调制**(amplitude modulation,AM)信号的差分多普勒估计。特别是测量的差分多普勒值较大时,可以假设信号幅度为 1,式(5.109)和式(5.110)仍然适用。而信号幅度可以通过限幅的方法使其等于 1。

因为需要获取的参数为两个探测站接收信号的频差,所以这种估计方法不适用于频率调制(frequency modulation,FM)和相位调制(phase modulation,PM)信号。

5.3.7 运动对差分多普勒位置估计的影响

正如 5.1.8 节所讨论的,在测量到达时间差时,如果未将目标与传感器之间的相对运动考

虑在内，则会产生测量误差，除非计算时将误差考虑在内。尽管在目标和接收机之间存在相对运动是观测多普勒频移的必要条件，但如果计算中假设辐射源是固定的而事实上它在运动，则会带来相当大的差分多普勒估计误差。目标的移动对差分多普勒的影响是很难消除的。一种解决方案是设法确定目标是运动的还是静止的，如果目标是运动的，则不进行定位，因为测量误差很大。

Ullman 和 Geraniotis[23] 提出了两种用于估计辐射源是否在运动的技术。这两种技术都假定目标位于某个表面上，而其速度矢量与该表面相切。同时，这两种技术都建立并检验以下假设：

$$H_0 : \boldsymbol{v}_e = \boldsymbol{0} \tag{5.123}$$

$$H_1 : \boldsymbol{v}_e \neq \boldsymbol{0} \tag{5.124}$$

其中，$\boldsymbol{v}_e$ 为目标的实际速度向量。

前一种技术假设辐射源是固定的。在采集了大量 TDOA/DD 数据后，就可以利用这些测量值计算静止目标的最大似然位置，并能确定目标在该位置时得到这些测量值的概率。记到达时间差/DD 测量向量为 $\boldsymbol{q}(\boldsymbol{p}_e, \boldsymbol{v}_e)$，协方差矩阵为 $\boldsymbol{C}$。测量向量 $\boldsymbol{q}_m$ 由叠加了噪声的测量值组成，假设 $\boldsymbol{q}_m \sim \mathcal{N}[\boldsymbol{q}(\boldsymbol{p}_e, \boldsymbol{v}_e), \boldsymbol{C}]$，这里 $\boldsymbol{p}_e$ 为实际的目标位置向量。这样，位置的最大似然估计为

$$\tilde{\boldsymbol{p}}_e = \underset{p}{\operatorname{argmin}}[\boldsymbol{q}(\boldsymbol{p}, \boldsymbol{0})] - \boldsymbol{q}_m]^{\mathrm{T}} \boldsymbol{C}^{-1} [\boldsymbol{q}(\boldsymbol{p}, \boldsymbol{0}) - \boldsymbol{q}_m] \tag{5.125}$$

后一种技术基于**似然比检测**(likelihood ratio test，LRT)的思想，LRT(事实上为类 LRT，因为它不是真正的 LRT)计算式如下：

$$\mathrm{LRT} = \frac{\max\limits_{\boldsymbol{p}_e, \boldsymbol{v}_e} \Pr_1\{\boldsymbol{q}_m \mid \boldsymbol{p}_e, \boldsymbol{v}_e\}}{\max\limits_{\boldsymbol{p}_e} \Pr_0\{\boldsymbol{q}_m \mid \boldsymbol{p}_e, \boldsymbol{v}_e = \boldsymbol{0}\}} \tag{5.126}$$

这两种技术得到的结果是类似的，尽管它们的计算结果受应用环境影响严重(因为到达时间差定位和差分多普勒定位算法的性能取决于应用环境，例如几何精度因子的影响)，这和预期的情况一致。

一些研究中对这两种技术进行了比较，结果表明它们在目标移动检测上得到的结果相近。固定性检验比 LRT 检验简单一些，相比之下 LRT 检验的计算复杂度要大得多。因此，在大多数情况下，建议使用固定性检验的方法。

在检测到目标移动时，除了忽略数据之外，另一种处理方法是在估计目标位置的同时估计目标速度向量，Rusu[24] 提出了一种这样的技术。在他的算法中，到达时间差和到达频率差数据被转化为到达时间和到达频率数据，并使用目标位置和速度的闭式表达式应用隐函数理论确定未知量。文中将代数结果和仿真结果进行了比较。

Ho 和 Xu[25] 提出了另一种同时估计目标位置和速度的技术。该技术中采用最小二乘法确定未知量。他们的研究结论是，该技术在到达时间差和到达频率差的误差是高斯分布的条件下能够达到 Cramer-Rao 界。研究表明理论结果和代数结果非常一致。

5.4 距离差方法

5.4.1 简介

设在传感器 i 处，信号的到达时间为

$$t_i = \frac{d_i}{c} \tag{5.127}$$

其中,d_i 为传感器 i 与目标之间的距离。相应地,该信号到达两个传感器的到达时间差为

$$(t_i-t_j)=\tau_{ij}=\frac{d_i-d_j}{c} \tag{5.128}$$

由式(5.128)确定的具有等距离差的所有点组成一个双曲面,在没有噪声也没有测量误差的情况下,目标必定位于多个双曲面的交点上。因此,寻找该交点也可作为一种目标定位方法。

然而,噪声和测量误差总是存在的,所以这些双曲面的交点有很多个。可以采用最小二乘技术求与每个双曲面的距离之和最小的点。

5.4.2 最小二乘距离差法

设传感器数量为 N,传感器 i 与目标的距离和传感器 j 与目标的距离之差为 Δ_{ij}。传感器 i 的位置用坐标向量 $\boldsymbol{x}_i=[x_i \quad y_i \quad z_i]^{\mathrm{T}}$ 表示,目标位置用向量 $\boldsymbol{x}_{\mathrm{T}}=[x_{\mathrm{T}} \quad y_{\mathrm{T}} \quad z_{\mathrm{T}}]^{\mathrm{T}}$ 表示。目标与传感器 i 之间的距离为

$$d_i=\|\boldsymbol{x}_i-\boldsymbol{x}_{\mathrm{T}}\|_2 \tag{5.129}$$

从原点到 i 点的距离记为 R_i。

Smith 和 Abel[26] 设计了一种最小二乘意义上的定位误差最小化算法。他们定义了所谓的方程误差(equation error)的概念。考虑图 5.30 所示的几何分布[24],不失一般性,假设节点 j 位于原点。同样,不失一般性,令 $j=1$。于是

$$x_j=0 \quad 且 \quad R_j=0, d_j=R_{\mathrm{T}} \tag{5.130}$$

这样

$$(R_{\mathrm{T}}+d_{ij})^2=R_i^2-2\boldsymbol{x}_i^{\mathrm{T}}\boldsymbol{x}_{\mathrm{T}}+R_{\mathrm{T}}^2 \tag{5.131}$$

所以

$$R_i^2-d_{ij}^2-2R_{\mathrm{T}}d_{ij}=2\boldsymbol{x}_i^{\mathrm{T}}\boldsymbol{x}_{\mathrm{T}}=0 \tag{5.132}$$

这样就可得到 $N-1$ 个有三个未知数的方程。

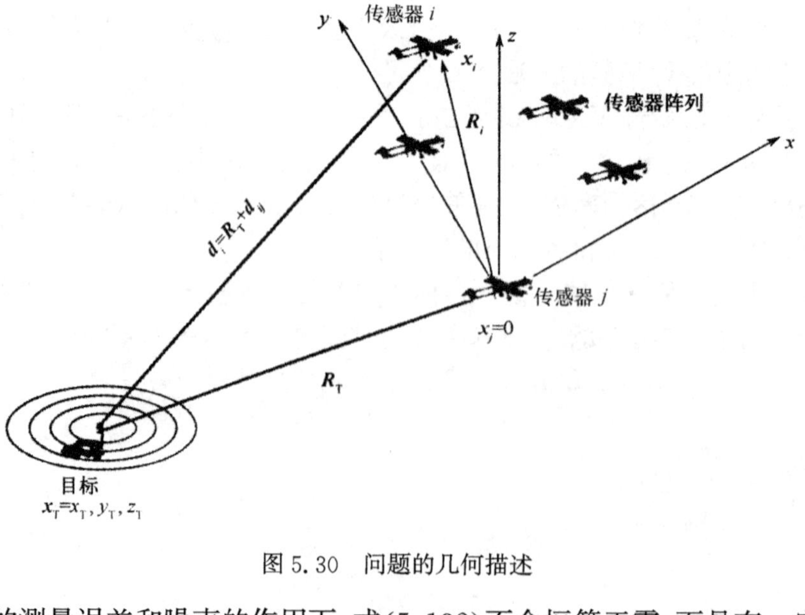

图 5.30 问题的几何描述

在数据中的测量误差和噪声的作用下,式(5.132)不会恒等于零,而是有一定大小的残差,记为ϵ_i,即

$$R_i^2-d_{ij}^2-2R_{\mathrm{T}}d_{ij}-2\boldsymbol{x}_i^{\mathrm{T}}\boldsymbol{x}_{\mathrm{T}}=\epsilon_i,\qquad i=1,2,\cdots,N \tag{5.133}$$

采用矩阵表示,式(5.133)可表示为

$$\boldsymbol{\epsilon}=\boldsymbol{\delta}-2R_{\mathrm{T}}\boldsymbol{d}-2\boldsymbol{S}\boldsymbol{x}_{\mathrm{T}} \tag{5.134}$$

其中,

$$\boldsymbol{\delta}=\begin{bmatrix}R_2^2-d_{21}^2\\ R'^2_3-d_{31}^2\\ \vdots\\ R_N^2-d_{N1}^2\end{bmatrix}\qquad \boldsymbol{d}=\begin{bmatrix}d_{21}\\ d_{31}\\ \vdots\\ d_{N1}\end{bmatrix}\qquad \boldsymbol{S}=\begin{bmatrix}x_2 & y_2 & z_2\\ x_3 & y_3 & z_3\\ \vdots & \vdots & \vdots\\ x_N & y_N & z_N\end{bmatrix}$$

在 R_{T} 及方程误差权值已知,各个距离差的权值 $\boldsymbol{W}$ 也已预知的情况下,$\boldsymbol{x}_{\mathrm{T}}$ 的最小二乘解为

$$\boldsymbol{x}_{\mathrm{T}}=\frac{1}{2}\mathbf{S}_{y\mathrm{W}}^{\diamondsuit}(\boldsymbol{\delta}-2R_{\mathrm{T}}\boldsymbol{d}) \tag{5.135}$$

其中 $\boldsymbol{S}_{\mathrm{W}}^{\diamondsuit}$ 可通过式(2.16)求得,

$$\boldsymbol{S}_{\mathrm{W}}^{\diamondsuit}=(\boldsymbol{S}^{\mathrm{T}}\boldsymbol{W}\boldsymbol{S})^{-1}\boldsymbol{S}^{\mathrm{T}}\boldsymbol{W} \tag{5.136}$$

遗憾的是,如果不知道目标位置,也就无法求得 R_{T},实际情况也正如此。另外,式(5.135)是非线性的,必须使用某种非线性最小化技术来求解。

Smith 和 Abel 提出了一种称为球面插值(spherical interpolation,SI)的算法来求解式(5.135)。进一步地,他们比较了如下3种基于距离差的定位算法:

- 球面插值法;
- 球面相交(spherical intersection,SX)法;
- 平面相交(plane intersection,PX)法。

球面相交法由 Schau 和 Robinson[27] 提出,平面相交法基于 Schmidt 的一项研究提出。

5.4.2.1　球面插值法

球面插值法的基本思想是将式(5.135)代入式(5.134),然后计算使 $\boldsymbol{\epsilon}$ 最小的 R_{T}。首先定义下面两个矩阵:

$$\boldsymbol{P}_{s,N-1\times N-1}\triangleq\boldsymbol{S}(\boldsymbol{S}^{\mathrm{T}}\boldsymbol{W}\boldsymbol{S})^{-1}\boldsymbol{S}^{\mathrm{T}}\boldsymbol{W} \tag{5.137}$$

$$\boldsymbol{P}_{s,N-1\times N-1}^{\perp}=\boldsymbol{I}-\boldsymbol{P}_s \tag{5.138}$$

可得

$$\tilde{R}_{\mathrm{T}}=\frac{1}{2}\frac{\boldsymbol{d}^{\mathrm{T}}\boldsymbol{P}_s^{\perp}\boldsymbol{Y}\boldsymbol{P}_s^{\perp}\boldsymbol{\delta}}{\boldsymbol{d}^{\mathrm{T}}\boldsymbol{P}_s^{\perp}\boldsymbol{Y}\boldsymbol{P}_s^{\perp}\boldsymbol{d}} \tag{5.139}$$

其中,$\boldsymbol{Y}$ 为对称正定权矩阵。

最后求得的 $\boldsymbol{x}_{\mathrm{T}}$ 的最小二乘估计为

$$\hat{\boldsymbol{x}}_s=\frac{1}{2}(\boldsymbol{S}^{\mathrm{T}}\boldsymbol{P}_d^{\perp}\boldsymbol{W}\boldsymbol{P}_d^{\perp}\boldsymbol{S})^{-1}\boldsymbol{S}^{\mathrm{T}}\boldsymbol{P}_d^{\perp}\boldsymbol{W}\boldsymbol{P}_d^{\perp}\boldsymbol{\delta} \tag{5.140}$$

其中,

$$\boldsymbol{P}_d^{\perp}\triangleq\mathbf{I}-\frac{\boldsymbol{d}\boldsymbol{d}^{\mathrm{T}}}{\boldsymbol{d}^{\mathrm{T}}\boldsymbol{d}} \tag{5.141}$$

为一个投影矩阵。

5.4.2.2 球面相交法

将式(5.135)代入 $R_{\mathrm{T}}^2=\boldsymbol{x}_{\mathrm{T}}^{\mathrm{T}}\boldsymbol{x}_{\mathrm{T}}$ 可得 $\boldsymbol{x}_{\mathrm{T}}$ 的球面相交解,代入后可得

$$aR_{\mathrm{T}}^2+bR_{\mathrm{T}}+c=0 \tag{5.142}$$

其中,

$$a=4-4\boldsymbol{d}^{\mathrm{T}}\boldsymbol{S}_{\mathrm{W}}^{\diamond}\boldsymbol{S}_{\mathrm{W}}^{\diamond}\boldsymbol{d} \tag{5.143}$$

$$b=4\boldsymbol{d}^{\mathrm{T}}\boldsymbol{S}_{\mathrm{W}}^{\diamond\mathrm{T}}\boldsymbol{S}_{\mathrm{W}}^{\diamond}\boldsymbol{\delta} \tag{5.144}$$

$$c=-\boldsymbol{\delta}^{\mathrm{T}}\boldsymbol{S}_{\mathrm{W}}^{*\mathrm{T}}\boldsymbol{S}_{\mathrm{W}}^{*}\boldsymbol{\delta} \tag{5.145}$$

这样,式(5.142)的两个解为

$$R_{\mathrm{T}}=\frac{-b\pm\sqrt{b^2-4ac}}{2a} \tag{5.146}$$

将求得的 R_{T} 代入式(5.135)即可得到 $\boldsymbol{x}_{\mathrm{T}}$。

5.4.2.3 平面相交法

该技术基于 Schmidt[28] 的研究成果提出。经推导得

$$\epsilon_{ijk}=2\boldsymbol{\Delta}_{ijk}^{\mathrm{T}}\boldsymbol{S}_{ijk}\boldsymbol{x}_{\mathrm{T}}-[d_{ji}d_{kj}d_{ik}+R_i^2d_{kj}+R_j^2d_{ik}+R_k^2d_{ji}] \tag{5.147}$$

其中 ϵ_{ijk} 为方程误差,d_{jk} 为传感器 j 和传感器 k 测得的与目标的距离差,且

$$R_i^2=x_i^2+y_i^2 \tag{5.148}$$

其中,$\boldsymbol{x}_i=[x_i \quad y_i]^{\mathrm{T}}$,其中 x_i 和 y_i 为传感器 S_i 的两个坐标值。式(5.147)中的 3 个坐标项为

$$\boldsymbol{\Delta}_{ijk}=[d_{kj} \quad d_{ik} \quad d_{ji}]^{\mathrm{T}} \tag{5.149}$$

$$\mathbf{S}_{ijk}\triangleq[\boldsymbol{x}_i^{\mathrm{T}} \quad \boldsymbol{x}_j^{\mathrm{T}} \quad \boldsymbol{x}_k^{\mathrm{T}}]^{\mathrm{T}} \tag{5.150}$$

式(5.147)是 $\boldsymbol{x}_{\mathrm{T}}$ 的线性函数,因而可作为求最小二乘解的基础,这和式(5.133)的情况一样。

5.4.2.4 性能比较

为了比较这 3 种方法的性能,Smith 和 Abel 进行了蒙特卡罗仿真实验,各仿真参数如图 5.31[24] 和表 5.1 所示。在如表所示的 4 种配置下,分别重复执行了 100 次仿真。传感器的坐标为(0,0,0),(0,0,100),(0,0,200),(100,0,0),(100,0,100),(100,0,200),(0,100,0),(0,100,100)和(0,100,200)。

表 5.1 仿真场景[24]

场景	目标位置 $\boldsymbol{x}_{\mathrm{T}}$	距离 R_{T}	方位角余弦值 $\boldsymbol{\Omega}_s$	距离差噪声标准差 σ_{di1}
1	(390,160,170)	454.5	(0.858,0.352,0.374)	0.1
2	(390,160,170)	454.5	(0.858,0.352,0.374)	1.0
3	(540,1360,110)	1467	(0.368,0.927,0.750)	0.1
4	(540,1360,110)	1467	(0.368,0.927,0.750)	1.0

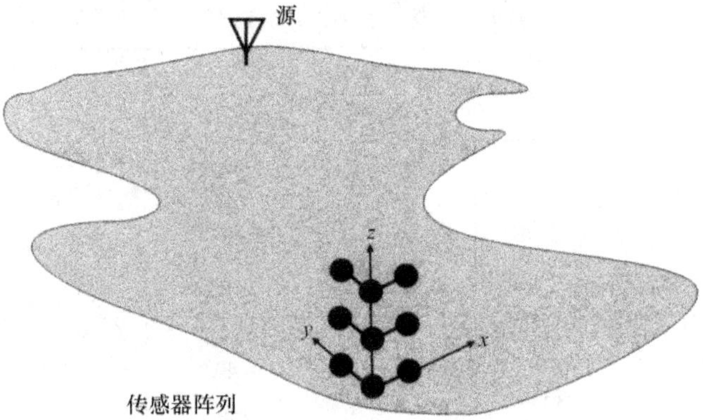

图 5.31　距离差定位举例

仿真得到的结果如表 5.2 和表 5.3 所示，其中表 5.2 为定位偏差，表 5.3 为样本标准差。表 5.4 给出了样本的均方根值。球面相交法比其他两种方法的误差大得多。球面插值法的均方根误差最小，平面相交法的均方根误差与其接近。

表 5.2　定位偏差[24]

方法	仿真序号	辐射源定位偏差			距离	方位角
		$\hat{x}_T - x_T$	$\hat{y}_T - y_T$	$\hat{z}_T - z_T$	$R_T - R_T$	$\hat{\theta}_T - \theta_T$
球面插值法	1	0.239	0.60	0.026	0.225	0.010
	2	5.16	1.47	0.837	5.42	0.174
	3	1.87	4.60	0.003	4.95	0.014
	4	62.7	165	1.40	178	0.500
平面相交法	1	0.195	0.052	−0.035	0.183	0.010
	2	4.24	1.22	0.602	4.19	0.150
	3	0.961	2.18	−0.035	2.37	0.009
	4	26.9	72.5	1.8	76.9	0.2
球面相交法	1	0.341	0.090	0.048	0.341	0.012
	2	0.316	−0.129	−0.057	0.129	0.035
	3	−2.0	−5.76	−0.090	−6.10	0.017
	4	*	*	*	*	*

*：结果过大，没有意义。

表 5.3　仿真的标准差[24]

方法	仿真序号	辐射源定位误差			距离	方位角
		$\sigma_{\hat{x}_T}$	$\sigma_{\hat{y}_T}$	$\sigma_{\hat{z}_T}$	$\sigma_{\hat{R}_T}$	$\sigma_{\hat{\theta}_T}$
球面插值法	1	2.07	0.698	0.445	2.27	0.042
	2	20.4	6.91	4.39	22.4	0.41
	3	9.98	26.2	0.600	28.2	0.07
	4	82	219	5	234	0.7
平面相交法	1	4.17	1.33	0.898	4.37	0.07
	2	40.3	12.8	8.732	42.2	0.66
	3	15.8	42.5	0.817	45.2	0.11
	4	159	421	7	449	1.0
球面相交法	1	3.12	1.10	0.513	3.24	0.066
	2	31.1	11.1	5.13	32.4	0.64
	3	39.4	105	0.958	112	0.28
	4	*	*	*	*	*

*：结果过大，没有意义。

表 5.4　仿真结果的均方根值[24]

方法	仿真序号	辐射源定位误差			距离	方位角
		$\bar{\sigma}_{\hat{x}_T}$	$\bar{\sigma}_{\hat{y}_T}$	$\bar{\sigma}_{\hat{z}_T}$	$\bar{\sigma}_{\hat{R}_T}$	$\bar{\sigma}_{\hat{\theta}_T}$
	1	2.08	0.700	0.446	2.28	0.043
球面插值法	2	21	7.06	4.47	23	0.45
	3	10.1	26.6	0.600	28.6	0.071
	4	103	274	5.2	294	0.7
	1	4.18	1.33	0.898	4.37	0.07
平面相交法	2	40.5	12.9	8.75	42.4	0.68
	3	15.8	42.6	0.818	45.3	0.11
	4	161	427	7	456	1
	1	3.12	1.1	0.515	3.25	0.067
球面相交法	2	31.1	11.1	5.13	32.4	0.64
	3	39.4	105	0.962	112	0.28
	4	*	*	*	*	*

*:结果过大,没有意义。

5.4.2.5　几何解释

上述 3 种技术有的性能好些,有的相对差些,Smith 和 Abel 给出了一种有趣的几何方法来分析其中的物理原因。

图 5.32 为球面插值法中传感器及目标的分布示意图[24]。这里距离差的取值范围较大,这是合乎实际的。这使得该技术相对而言不易受到噪声引起的误差的影响。

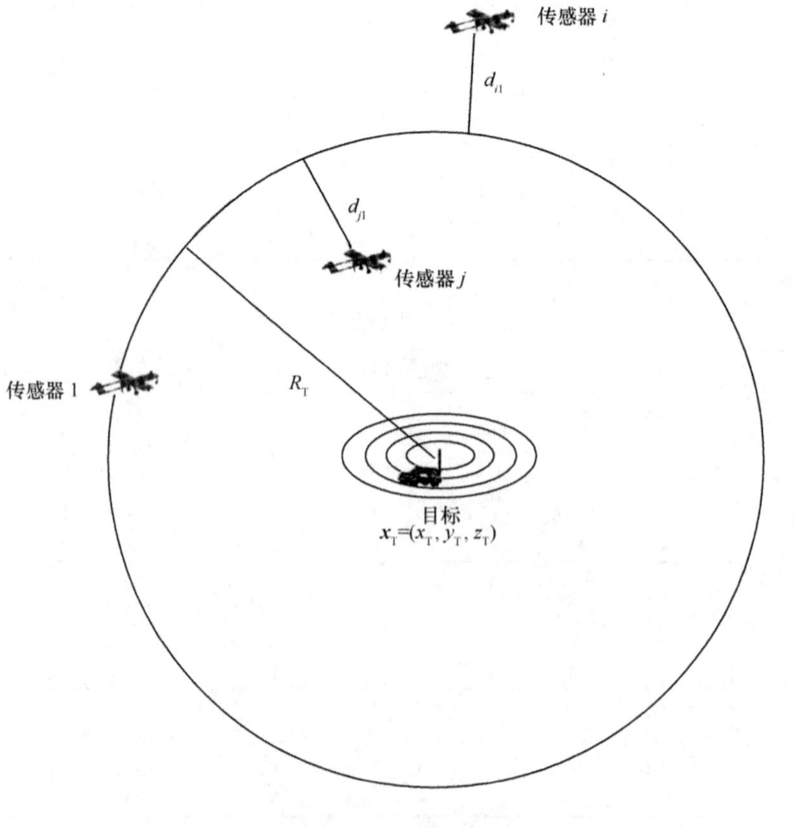

图 5.32　球面插值法中传感器和目标的几何分布

图 5.33 是球面相交法的几何示意图[24]。目标位于以各传感器为中心，半径为 $\hat{R}_{\mathrm{T}}+r_{i1}$ 的球面的交点上。当目标与传感器阵列距离较远时，球面的半径很大，它们在交点处几乎平行，因此交点可能位于很长的一段圆周上。这是导致该方法所固有的在信噪比下降时无法进行精确测量的原因。

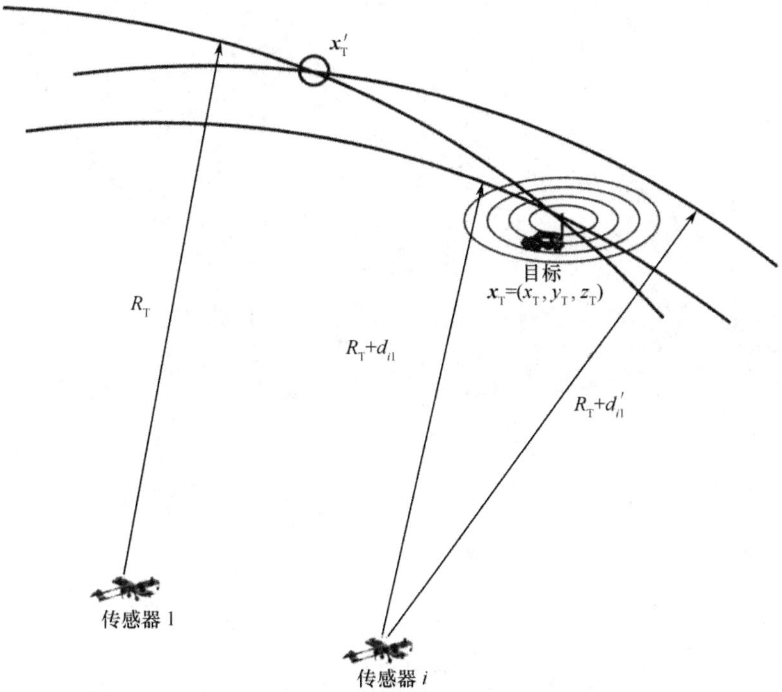

图 5.33　球面相交法中传感器和目标的几何分布

对于平面相交法来说，目标位于某个二次曲线的主轴上。图 5.34 中制作出了两个椭圆。如果同时有 3 个传感器，则它们可确定一个平面。二次曲线位于该平面上，当然它的主轴也位于该平面上。

在两个椭圆的情况下，主轴将交于一点，目标必然位于该交点上(在不考虑测量误差和噪声的情况下)。如果考虑测量误差和噪声的影响，在椭圆数量多于 2 个时，它们的主轴将不会交于同一点，因而需要使用最小二乘法等处理技术。但是，这些指示目标位置的主轴互相之间的夹角一般不会太小，因此自然具有较好的抗噪声性能。

5.4.3　基于可行二重向量的距离差定位法

Schmidt[28]提出了一种新颖的基于距离差的定位方法。该方法中应用了格拉斯曼代数(Grassmann algebra)，关于格拉斯曼代数的有关内容可参考附录 A。

该方法首先对来自 3 个传感器的到达时间差集合进行处理，使它们的总和为零，方法是将各到达时间差值减去到达时间差均值。得自每个传感器的到达时间差集合都会确定一个平面，目标位置可能位于该平面上，也可能不位于该平面上(大部分情况下如此)。由于噪声的存在，这些平面一般不会包含目标点，但目标一般与这些平面非常接近(理论上，两个平面相交可以确定一条直线，三个平面相交可以确定一个点)。在经过上述对到达时间差的处理之后，采用最小二乘法计算与所有平面距离最近的点，该点就是目标位置的估计。

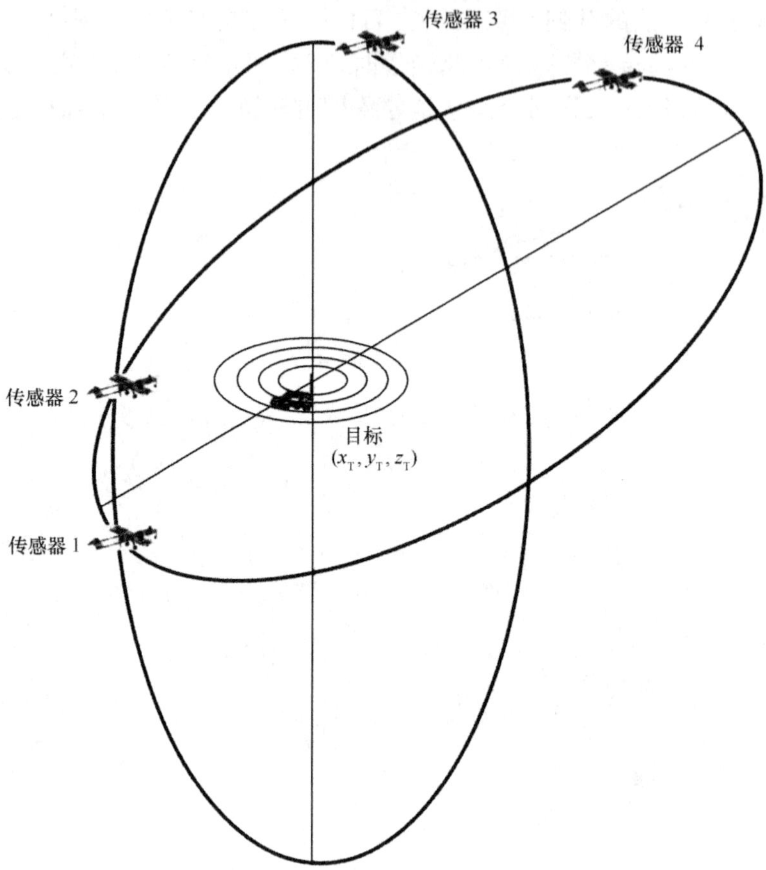

图 5.34　平面相交法中传感器和目标的几何分布

设有 N 个传感器,第 i 个传感器的坐标用(x_i, y_i, z_i)表示,则

$$d_i=\sqrt{(x_T-x_i)^2+(y_T-y_i)^2+(z_T-z_i)^2} \tag{5.151}$$

为第 i 个传感器与目标之间的距离,这里(x_T, y_T, z_T)为目标辐射源位置。这样,距离差为

$$\Delta_{ij}=d_j-d_i, \qquad 1\leqslant i,j\leqslant N \tag{5.152}$$

显然 $\Delta_{ji}=-\Delta_{ij}$,且有 $\Delta_{ii}=0$。定义差分矩阵 $\boldsymbol{D}$ 为

$$\Delta_{ii}=0$$

N 个传感器的差分矩阵定义为 $\boldsymbol{D}_N$。这样,对于 $N=4$,有

$$\boldsymbol{\Delta}=\boldsymbol{D}\boldsymbol{d} \tag{5.153}$$

$$\begin{bmatrix}\Delta_{12}\\ \Delta_{13}\\ \Delta_{14}\\ \Delta_{23}\\ \Delta_{24}\\ \Delta_{34}\end{bmatrix}=\begin{bmatrix}-1 & 1 & 0 & 0\\ -1 & 0 & 1 & 0\\ -1 & 0 & 0 & 1\\ 0 & -1 & 1 & 0\\ 0 & -1 & 0 & 1\\ 0 & 0 & -1 & 1\end{bmatrix}\begin{bmatrix}d_1\\ d_2\\ d\\ d_4\end{bmatrix} \tag{5.154}$$

向量 $\boldsymbol{\Delta}$ 称为二重向量(bivector),因为向量中的每个分量都有两个下标,而不是像线性向量一样只有一个下标。如文献[29]所述,$\boldsymbol{\Delta}$ 不是一个任意的二重向量,它必位于由 $\boldsymbol{D}$ 确定的距离空间之内。如果 $\boldsymbol{\Delta}$ 可表示为式(5.164)的形式,则称其为可行的,否则称其为不可行的。

对于一个可测的实二重向量 $\boldsymbol{\Delta}$，与其最接近的可行二重向量 $\hat{\boldsymbol{\Delta}}$ 可通过求 $\boldsymbol{\Delta}$ 在 $\boldsymbol{D}$ 上的投影得到，这里“最接近”是在最小二乘意义上的。投影公式为

$$\hat{\boldsymbol{\Delta}}=\boldsymbol{P\Delta} \tag{5.155}$$

其中，投影向量为

$$\boldsymbol{P}=\boldsymbol{D}(\boldsymbol{D}^{\mathrm{T}}\boldsymbol{D})^{-}\boldsymbol{D}^{\mathrm{T}} \tag{5.156}$$

其中，$\boldsymbol{D}^{-}$ 为 $\boldsymbol{D}$ 的广义逆①。另外，这里

$$\boldsymbol{D}^{\mathrm{T}}\boldsymbol{D}=N\left(\boldsymbol{I}-\frac{1}{N}\mathbf{1}\mathbf{1}^{\mathrm{T}}\right) \tag{5.157}$$

这里 $\mathbf{1}$ 为全 1 向量。式(5.157)中括号内的项为其自身的广义逆，所以

$$\begin{aligned}\boldsymbol{P}&=\boldsymbol{D}(\boldsymbol{D}^{\mathrm{T}}\boldsymbol{D})-\boldsymbol{D}^{\mathrm{T}}=\boldsymbol{D}(N\boldsymbol{I}-\mathbf{1}\mathbf{1}^{\mathrm{T}})-\boldsymbol{D}^{\mathrm{T}}\\&=\frac{1}{N}\boldsymbol{D}\left(\boldsymbol{I}-\frac{1}{N}\mathbf{1}\mathbf{1}^{\mathrm{T}}\right)\boldsymbol{D}^{\mathrm{T}}\\&=\frac{1}{N}\boldsymbol{D}\boldsymbol{D}^{\mathrm{T}}-\frac{1}{N^2}\boldsymbol{D}\mathbf{1}\mathbf{1}^{\mathrm{T}}\boldsymbol{D}^{\mathrm{T}} \qquad (5.158)\\&=\frac{1}{N}\boldsymbol{D}\boldsymbol{D}^{\mathrm{T}} \qquad (5.159)\end{aligned}$$

因为式(5.158)的第二项等于零。

任何“代数”都是一种数学结构，其中包含向量集合及向量集中的乘法运算，该运算应满足封闭性。在格拉斯曼代数中，这种乘积运算称为楔积(wedge product)，通常记为“∧”。“封闭性”的含义是，如果 $\boldsymbol{a}$ 和 $\boldsymbol{b}$ 为该代数中的向量，则 $\boldsymbol{a}\wedge\boldsymbol{b}$ 也是该代数中的向量。应当注意的是，由某向量的集合产生的二重向量与这些向量本身不在一个空间中，所以不构成代数。但是，如果对该结果进行扩展，将所有高阶形式都包含在内，则构成了代数。如果 $N=4$，则向量 $\boldsymbol{x}=[x_1\quad x_2\quad x_3\quad x_4]^{\mathrm{T}}$ 与 $\boldsymbol{y}=[y_1\quad y_2\quad y_3\quad y_4]^{\mathrm{T}}$ 的楔积为

$$\boldsymbol{x}\wedge\boldsymbol{y}=\begin{vmatrix}x_1 & y_1\\x_2 & y_2\\x_3 & y_3\\x_4 & y_4\end{vmatrix}=\begin{bmatrix}x_1y_2-x_2y_1\\x_1y_3-x_3y_1\\x_1y_4-x_4y_1\\x_2y_3-x_3y_2\\x_2y_4-x_4y_2\\x_3y_4-x_4y_2\end{bmatrix}=\begin{bmatrix}z_{12}\\z_{13}\\z_{14}\\z_{23}\\z_{24}\\z_{34}\end{bmatrix} \tag{5.160}$$

注意

$$\mathbf{1}\wedge\boldsymbol{d}=\begin{vmatrix}1 & d_1\\1 & d_2\\1 & d_3\\1 & r_4d\end{vmatrix}=\begin{bmatrix}d_2-d_1\\d_3-d_1\\d_4-d_1\\d_3-d_2\\d_4-d_2\\d_4-d_3\end{bmatrix}=\begin{bmatrix}\Delta_{21}\\\Delta_{31}\\\Delta_{41}\\\Delta_{32}\\\Delta_{42}\\\Delta_{43}\end{bmatrix}=\boldsymbol{\Delta} \tag{5.161}$$

---

① 矩阵 $\boldsymbol{A}$ 的广义逆指任何满足 $\boldsymbol{ABA}=\boldsymbol{A}$ 的矩阵 $\boldsymbol{B}$。

如果在式(5.161)中再加入一次楔积，则结果必为零，因为

$$\mathbf{1}\wedge\boldsymbol{\Delta}=\mathbf{1}\wedge\mathbf{1}\wedge\boldsymbol{d}=\mathbf{0} \tag{5.162}$$

该表达式是正确的，因为任何二重向量与自身求积结果必为零，例如

$$\mathbf{1}_3\wedge\mathbf{1}_3=\begin{vmatrix}1 & 1\\ 1 & 1\\ 1 & 1\end{vmatrix}=\begin{vmatrix}1-1\\ 1-1\\ 1-1\end{vmatrix}=\mathbf{0}_3 \tag{5.163}$$

其中，$\mathbf{1}_N$ 为 N 维的全 1 向量。称式(5.162)为三向量方程。当且仅当 $\boldsymbol{\Delta}$ 为可行二重向量时，等式(5.162)成立。在考虑噪声及测量误差的情况下，式(5.162)将非恒等，所以需要计算最近可行二重向量。

在考虑测量误差和噪声的情况下，三重向量等式 $1\wedge\boldsymbol{\Delta}=\boldsymbol{s}$ 可写成矩阵和向量的形式，即 $\boldsymbol{S\Delta}=\boldsymbol{s}$。例如，对 $N=4$，有

$$\boldsymbol{S}_4\boldsymbol{\Delta}=\begin{bmatrix}1 & -1 & 0 & 1 & 0 & 0\\ 1 & 0 & -1 & 0 & 1 & 0\\ 0 & 1 & -1 & 0 & 0 & 1\\ 0 & 0 & 0 & 1 & -1 & 1\end{bmatrix}\begin{bmatrix}\Delta_{12}\\ \Delta_{13}\\ \Delta_{14}\\ \Delta_{23}\\ \Delta_{24}\\ \Delta_{34}\end{bmatrix}=\begin{bmatrix}s_{123}\\ s_{124}\\ s_{134}\\ s_{234}\end{bmatrix} \tag{5.164}$$

如果 $\boldsymbol{\Delta}$ 为可行向量，则乘积 $\boldsymbol{S}_n\boldsymbol{\Delta}$ 等于零，否则 $\boldsymbol{S}_n\boldsymbol{\Delta}$ 等于残差三重向量。

$\boldsymbol{D}_n$ 和 $\boldsymbol{S}_n$ 可采用递归的方法计算，即

$$\boldsymbol{D}_{N+1}=\begin{bmatrix}-\mathbf{1}_N & \mathbf{1}_N\\ \mathbf{0} & \boldsymbol{D}_N\end{bmatrix}\qquad \boldsymbol{S}_{N+1}=\begin{bmatrix}-\boldsymbol{D}_N & \boldsymbol{I}\binom{N}{2}\\ \mathbf{0} & \boldsymbol{S}_N\end{bmatrix} \tag{5.165}$$

Schmidt 定义平均到达时间差(距离差)为

$$\hat{\Delta}_{ij}=\Delta_{ij}-\frac{1}{n}\sum_{k\neq i,j}(\Delta_{ij}+\Delta_{jk}+\Delta_{ki})\qquad 1\leqslant i,j\leqslant n \tag{5.166}$$

它简单地将测量得到的 3 个距离差减去所有距离差的均值。括号中的项称为环和(circuital sum)，如果 $\boldsymbol{\Delta}_{ij}$ 是可行的(位于一个平面内)，则该环和等于零。

文献[28]证明到达时间差法(包括距离差法)一般能够得到与最小二乘估计法相同的结果。辐射源目标定位算法如下：

1. 利用式(5.166)或式(5.155)(因为二者等价)，根据测得的距离差二重向量 $\boldsymbol{\Delta}$，计算最近可行二重向量 $\hat{\boldsymbol{\Delta}}$。

2. 计算与 $\binom{N}{3}$ 个位置平面距离最近的点，每个位置平面由 $\hat{\boldsymbol{\Delta}}$ 的 3 个元素确定。

第二步可采用文献[29]中设计的 LOCA(location on the conic axis)算法计算。该算法是式(5.147)的基础，概括介绍如下。

假设传感器 i 位于 (x_i, y_i, z_i)，总共有 N 个传感器，则目标位于下式确定的平面内：

$$Ax+By+Cz=D \tag{5.167}$$

其中，

$$A = x_1\Delta_{23} + x_2\Delta_{31} + x_3\Delta_{12}$$
$$B = y_1\Delta_{23} + y_2\Delta_{31} + y_3\Delta_{12}$$
$$C = z_1\Delta_{23} + z_2\Delta_{31} + z_3\Delta_{12}$$
$$D = \frac{1}{2}(\Delta_{12}\Delta_{23}\Delta_{31} + \tilde{d}_1^2\Delta_{23} + \tilde{d}_2^2\Delta_{31} + \tilde{d}_3^2\Delta_{12})$$
$$\tilde{d}_i = \sqrt{x_i^2 + y_i^2 + z_i^2}$$

对应 N 个传感器，有 $\binom{N}{3}$ 个这样的平面。于是

$$\begin{bmatrix} A_{123} & B_{123} & C_{123} \\ \vdots & \vdots & \vdots \\ A_{ijk} & B_{ijk} & C_{ijk} \\ \vdots & \vdots & \vdots \end{bmatrix} \begin{bmatrix} x \\ y \\ z \end{bmatrix} = \begin{bmatrix} D_{123} \\ \vdots \\ D_{ijk} \\ \vdots \end{bmatrix} \tag{5.168}$$

与这些平面的交线距离最近的点为目标位置的最小二乘估计。

Schmidt 给出了相应的仿真结果，仿真参数与 Smith 和 Abel 进行的仿真中的参数相同。仿真结果见表 5.5 和表 5.6。这里没有球面相交法的仿真结果，因为它的性能远劣于其他方法。

比较表 5.6 和表 5.2 及表 5.4 的结果可见，在上述各种方法中，可行二重向量法的性能最好，可得到几倍到十几倍的性能改善。

表 5.5　最小二乘和加权最小二乘仿真结果[28]

仿真次数	ϵ_x	σ_x	ϵ_y	σ_y	ϵ_z	σ_z	RMS
最小二乘平面相交法							
1	−0.03	1.6	0.0005	0.60	0.002	0.32	1.2
2	−7.7	15.6	−2.8	5.8	−1.2	3.5	18.3
3	−6.2	7.4	−16.7	20	−0.06	0.66	17.5
4	−226	104	−610	283	−4.1	3.0	690
加权最小二乘平面相交法							
1	0.06	1.1	0.01	0.37	0.0002	0.23	1.30
2	−8.3	11.7	−2.7	4.3	−1.6	2.6	13.2
3	−1.2	5.1	−3.4	13.8	−0.05	0.30	14.5
4	−102	27	−276	74.5	−1.6	2.4	156

表 5.6　可行二重向量法仿真结果[28]

仿真次数	ϵ_x	σ_x	ϵ_y	σ_y	ϵ_z	σ_z	RMS
1	−0.02	0.53	−0.01	0.19	0.004	0.12	0.678
2	0.15	5.6	0.10	2.0	0.08	1.3	6.79
3	0.55	3.7	1.7	10.0	−0.01	0.20	0.37
4	−9.4	35	−25	95	−0.13	2.2	93.75

5.5 结论

本章介绍了一些三角定位以外的其他目标定位方法。这些技术根据多个传感器之间的到达时间差、差分多普勒、距离差来定位。这些方法最后都导出了一组用于计算位置坐标的二次方程组。

相对于三角定位,这些方法的主要优点体现在天线配置方面——二次方法通常只需使用单天线,而三角定位法通常需要使用天线阵列。这类方法最大的缺点在于,对很多通信信号来说,到达不同传感器的时间差是很难测量的。这就需要计算来自不同传感器的接收(而不是检测后)信号之间的互相关函数,因而需要交换大量的数据,所以传感器之间的通信链路必须具有很大的通信容量。

二次方法一般能够得到比三角定位法更高的定位精度。在上述各种二次方法中,基于格拉斯曼代数,应用可行二重向量进行计算的距离差方法的定位精度最高。

二次方法也会受到几何精度因子误差、噪声和测量误差的影响。

参考文献

[1] Poisel, R. A. , *Introduction to Communication Electronic Warfare Systems*, 2nd ed. ,Norwood, MA: Artech House, 2008, Chapter 9.

[2] Rusu, P. , "The Equivalence of TOA and TDOA RF Transmitter Location," Applied Research Laboratories, the University of Texas at Austin, 2002.

[3] Shin, D. -H. , and T. -K. Sung, "Comparison of Error Characteristics Between TOA and TDOA Positioning," *IEEE Transactions on Aerospace and Electronic Systems*, Vol. 38,No. 1, January 2002, pp. 307-310.

[4] Bard, J. D. , F. M. Ham, and W. L. Jones, "An Algebraic Solution to the Time Difference of Arrival Equations," *Proceedings of the IEEE SouthEastcon Conference*, Tampa, FL, April 11-14, 1996, pp. 313-319.

[5] Mellen, G. M. II, M. Pachter, and J. Raquet, "Closed-Form Solution for Determining Emitter Location Using Time Difference of Arrival Measurements," *IEEE Transactions on Aerospace and Electronic Systems*, Vol. 39, No. 3, July 2003, pp. 1056-1058.

[6] Stein, S. ,"Algorithms for Ambiguity Functions Processing," *IEEE Transactions on Acoustic, Speech, and Signal Processing*, Vol. ASSP-29, No. 3, June 1981, pp. 588-599.

[7] Quazi, A. H. ,"An Overview on the Time Delay Estimate in Active and Passive Systems for Target Localization," *IEEE Transactions on Acoustics,Speech,and Signal Processing*, Vol. ASSP-29, No. 3, June 1981, pp. 527-535.

[8] Knapp, C. H. , and G. C. Carter,"The Generalized Correlation Method for Estimation of Time Delay," *IEEE Transactions on Acoustics,Speech, and Signal Processing*, Vol. ASSP-24, August 1976, pp. 320-327.

[9] Schultheiss, P. M. ,"Locating a Passive Source with Array Measurements—A Summary Result," *Proceedings ICASSP 1979*, Washington, D. C. , April 24, 1979, pp. 967-970.

[10] Hahn, W. R. , "Optimum Signal Processing for Passive Sonar Range and Bearing Estimation," *Journal Acoustic Society of America*, Vol. 58, July 1975, pp. 201-207.

[11] Tomlinson, G. , and J. Sorokowsky,"Accuracy Prediction Report, Raploc Error Model,"IBM, Manassas, VA, June 30, 1977, pp. B1-B7.

[12] Gustafsson, F. , and F. Gunnarsson, "Positioning Using Time-Difference of Arrival Measurements," *Proceedings IEEE International Conference on Acoustics, Speech, and Signal Processing*, ICAASP *03*, Vol.

6, Hong Kong, April 6-10, 2003, pp. VI-553-556.

[13] Nordlund, P. J., F. Gunnarsson, and F. Gustafsson, "Particle Filters for Positioning in Wireless Networks," *EUSIPCO*, Toulouse, France, September 2002.

[14] Arulampalam, M. S., et al., "A Tutorial on Particle Filters for Online Nonlinear/Non-Gaussian Baysian Tracking," *IEEE Transactions on Signal Processing*, Vol. 50, No. 2, February 2002, pp. 174-188.

[15] Gustafsson, F., et al., "Particle Filters for Positioning, Navigation, and Tracking," *IEEE Transactions on Signal Processing*, Vol. 50, No. 2, February 2002, pp. 425-437.

[16] Bard, J. D., and F. M. Ham, "Time Difference of Arrival Dilution of Precision and Applications," *IEEE Transactions on Signal Processing*, Vol. 47, No. 2, February 1999, pp. 521-525.

[17] Hofman-Wellenhof, B., H. Lichtenegger, and J. Collins, *GPS Theory and Practice*, 3rd ed., New York: Springer-Verlag, 1994, pp. 235-237, 249-255.

[18] Koorapaty, H., H. Grubeck, and M. Cedervall, "Effect of Biased Measurement Errors on Accuracy of Position Location Methods," *IEEE GLOBECOM 98*, Vol. 3, November 8-12, 1998, pp. 1497-1502.

[19] Chan, Y. T., and K. C. Ho, "TDOA-SDOA Estimation with Moving Source and Receivers," *IEEE Transactions ICASSP 2003*, 2003, pp. V-153—V-156.

[20] Levanon, N., "Interferometry against Differential Doppler: Performance Comparison of Two Emitter Location Airborne Systems," *IEE Proceedings*, 1989, pp. 70-74.

[21] Otnes, R. K., "Frequency Difference of Arrival Accuracy," *IEEE Transactions on Acoustic, Speech, and Signal Processing*, Vol. 37, No. 2, February 1989, pp. 306-308.

[22] Piersol, A. G., "Time Delay Estimation Using Phase Data," *IEEE Transactions on Acoustics, Speech, and Signal Processing*, Vol. AS SP-29, No. 3, June 1981, pp. 471-477.

[23] Ullman, R. J., and E. Geraniotis, "Motion Detection Using TDOA and FDOA Measurements," *IEEE Transactions on Aerospace and Electronic Systems*, Vol. 37, No. 2, April 2001, pp. 759-764.

[24] Rusu, P. I., "A TOA-FOA Solution for the Position and Velocity of RF Emitters," Applied Research Laboratories Report # SGL-GR-99-15, The University of Texas at Austin, 1999.

[25] Ho, K. C., and W. Xu, "An Accurate Algebraic Solution for Moving Source Location Using TDOA and FDOA Measurements," *IEEE Transactions on Signal Processing*, Vol. 52, No. 9, September 2004, pp. 2453-2465.

[26] Smith, J. O., and J. S. Abel, "Closed-Form Least-Squares Source Location Estimation from Range-Difference Measurements," *IEEE Transactions on Acoustics, Speech, and Signal Processing*, Vol. ASSP-35, No. 2, December 1987, pp. 1661-1669.

[27] Schau, H. C., and A. Z. Robinson, "Passive Source Localization Employing Intersecting Spherical Surfaces from Time-of-Arrival Differences," *IEEE Transactions on Acoustics, Speech, and Signal Processing*, Vol. ASSP-35, No. 8, August 1987, pp. 1223-1225.

[28] Schmidt, R. O., "Least-Squares Range Difference Location," *IEEE Transactions on Aerospace and Electronic Systems*, Vol. 32, No. 1, January 1996, pp. 234-242.

[29] Schmidt, R. O., "A New Approach to Geometry of Range Difference Location," *IEEE Transactions on Aerospace and Electronic Systems*, Vol. AES-8, November 1972, pp. 821-835.

第6章　时间延迟估计

6.1　简介

第3章讨论了应用时间延迟估计量的基于二次算法的定位估计，但其中并未说明如何获得这些时间延迟估计量。本章将介绍几种估计时间延迟的方法。本章使用 D 表示时间差。

本章研究用于确定一个随机信号到达两个传感器单元之间的时间延迟（到达时间差）的互相关法。首先讨论经典互相关法，接着讨论广义相关法[1~3]，最后分析利用互相关函数的相位来确定到达时间差。

6.2　系统概述

在配有一个发射机和一个目标接收机的军用通信系统中，发射机很可能采取多种措施，如隐身波形（LPI）、功率控制、定向天线等，以防止敌方截获定位。如图6.1所示，在未知波形及其位置的情况下，电子战系统利用两个截获接收机对通信进行窃听。

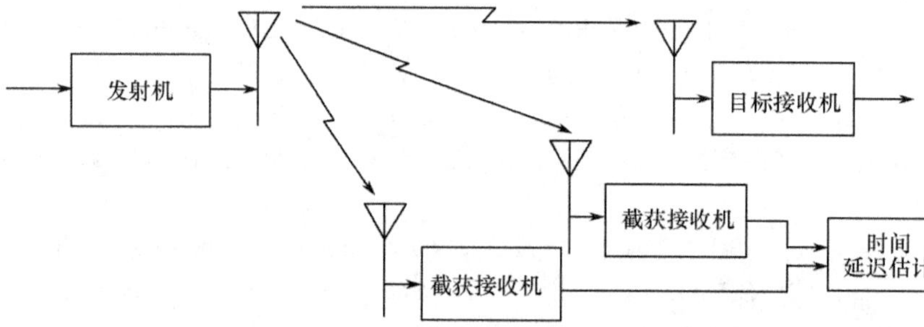

图6.1　图上部表示配有一个发射机和一个目标接收机的通信系统。两个截获接收机非协同地接收发射机发送的信号。利用截获接收机的输出，获得时间延迟估计

如图6.2所示，假设发送信号 $x(t)$ 特性未知，且消息 $s(t)$ 相应的模型为一个复值零均值广义平稳过程，特征函数为 $\rho_{ss}(\tau)$。此外，假设 $s(t)$ 带限，频率范围为 $(-W,W)$（单位Hz）且其功率谱密度相对频率 f 连续，即假设发送信号为带限的宽带信号，中心频率为 f_0，相位 $\varphi_0=0$。

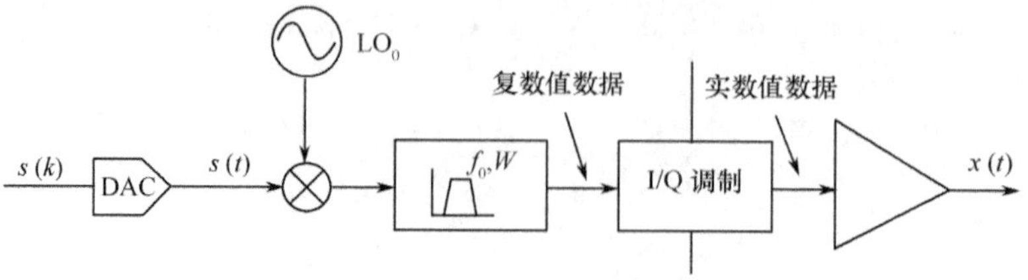

图6.2　发送信号 $x(t)$ 是一个载波频率 f_0（取决于振荡器 LO_0）的带通信号，带宽为 W

信号在非弥散信道中传输并由两个传感器接收,正交混频后,传感器输出[分别为 $z_1(t)$和 $z_2(t)$]包含两个噪声和不同延迟版本的实值带通信号 $x(t)$。具体参见图 6.3。

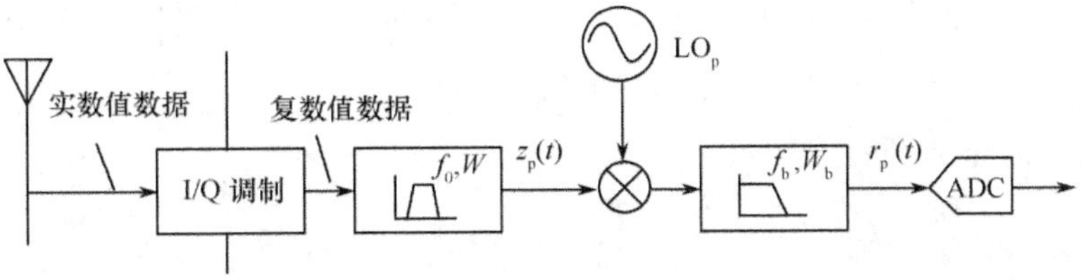

图 6.3 如图 6.2 所示,在非理想接收机系统中,混频振荡器 LO_1 和 LO_2 之间会产生一个频率误差ϵ和一个相位误差 K

现在,$z_1(t)$和 $z_2(t)$为复值带通射频信号。接收机的模型为简单超外差接收机(滤波器,混频器,滤波器),其中滤波器的带宽为 W(单位 Hz),两个接收机的本振频率分别为 f_1 和 f_2,相位分别为 φ_1 和 φ_2。混频后输出为

$$r_1(t)=z_1(t)\mathrm{e}^{-\mathrm{j}2\pi f_1 t-\mathrm{j}\varphi_1}+n_1(t)=s(t)\mathrm{e}^{\mathrm{j}2\pi(f_0-f_1)t-\mathrm{j}_2\varphi_1}+n_1(t) \tag{6.1}$$

和

$$r_2(t)=z_2(t)\mathrm{e}^{-\mathrm{j}2\pi f_2 t-\mathrm{j}\varphi_2}+n_1(t)=s(t-D)\mathrm{e}^{\mathrm{j}2\pi(f_0-f_2)t-\mathrm{j}2\pi f_0 D-\mathrm{j}\varphi_2}+n_2(t) \tag{6.2}$$

如图 6.3 所示。

假设式(6.1)和式(6.2)中的复值噪声项为零均值且频谱密度平缓,即

$$P_{N_p}(f)=\begin{cases}\sigma_p^2, & |f|\leqslant B\\ 0, & |f|>B\end{cases},\qquad p=1,2 \tag{6.3}$$

对应的自相关函数分别用 $\rho_{n_1}\tau$ 和 $\rho_{n_2}\tau$ 表示。

本章假设产生基带信号时发生的混频和滤波不会显著影响基带信号,并且两个接收机接收信号的数据特性仅受相应噪声源和时间延迟干扰。

6.3 互相关

两个传感器接收的信号的模型为[4]

$$\begin{aligned}r_1(t)&=s(t)+n_1(t)\\ r_2(t)&=s(t-D)+n_2(t),\quad 0\leqslant t\leqslant T\end{aligned} \tag{6.4}$$

其中信号 $s(t)$与噪声 $n_1(t)$和 $n_2(t)$为真实基带信号。D 为未知延迟,T 为观测时间。假设信号 $s(t)$与噪声 $n_1(t)$和 $n_2(t)$为互不相关的平稳带限零均值随机信号。信号 $s(t)$、$n_1(t)$和 $n_2(t)$的相关时间分别为$|D|+\tau_s$、τ_{n1}和 τ_{n2},进一步假设相关时间远小于观测时间 T。此外,假设$s(t)$是可遍历的。

互相关函数(cross-correlation function,CCF)用 $\rho_{r_1 r_2}(t)$表示,在 $\tau=\hat{D}$时取到最大值,这时可以得到延迟 D 的估计,即

$$\rho_{r_1 r_2}(\hat{D})=\max_{\tau}\rho_{r_1 r_2}(\tau)=\max_{\tau}\int_0^T r_1(t)r_2(t+\tau)\mathrm{d}t \tag{6.5}$$

后文将证明 D 的估计$\hat{D}$是无偏的。另外,后文还将为其均方误差建立一个观测时间与信号 $s(t)$及噪声 $n_1(t)$和 $n_2(t)$的自频谱函数表达式。在推导中假设到达时间差估计误差远小于 $s(t)$的相关时间 τ_s,即$|\hat{D}-D|\ll\tau_s$。

6.3.1 互相关法的误差分析

互相关函数 $\rho_{r_1r_2}(\tau)$包含两项：一个信号项 $\rho_{ss}(t)$和一个噪声项 $\rho_{nn}(\tau)$，即

$$\rho_{r_1r_2}(\tau)=\rho_{ss}(\tau)+\rho_{nn}(\tau) \tag{6.6}$$

其中信号项 $\rho_{ss}(\tau)$由下式确定：

$$\rho_{ss}(\tau)\triangleq\int_0^T s(t)s(t+\tau-D)\mathrm{d}t \tag{6.7}$$

噪声项由下式确定：

$$\rho_{nn}(\tau)\triangleq\int_0^T s(t)n_2(t+\tau)\mathrm{d}t+\int_0^T n_1(t)s(t+\tau-D)\mathrm{d}t+\int_0^T n_1(t)n_2(t+\tau)\mathrm{d}t \tag{6.8}$$

在 $\tau=D$ 的邻域内对信号项 $\rho_{ss}(\tau)$进行二阶泰勒级数展开，得

$$\rho_{ss}(\tau)\approx\rho_{ss}(D)+\frac{1}{2}\rho''_{ss}(D)(\tau-D)^2 \tag{6.9}$$

注意，$\mathrm{d}\rho_{ss}(t)/\mathrm{d}\tau|_{\tau=D}\approx0$，这是因为 $s(t)$、$n_1(t)$和 $n_2(t)$的相关时间远小于观测时间。取式(6.6)的最大值，且设$\hat{D}$为 D 的估计，得

$$\frac{\mathrm{d}\rho_{r_1r_2}(\tau)}{\mathrm{d}\tau}\bigg|_{\tau=\hat{D}}=\frac{\mathrm{d}\rho_{ss}}{\mathrm{d}\tau}\bigg|_{\tau=\hat{D}}+\frac{\mathrm{d}\rho_{nn}}{\mathrm{d}\tau}\bigg|_{\tau=\hat{D}}=0 \tag{6.10}$$

将式(6.9)代入式(6.10)，得

$$\rho''_{ss}(D)(\hat{D}-D)+\rho'_{nn}(\hat{D})=0$$

因此，

$$\hat{D}-D=-\frac{1}{\rho''_{ss}(D)}\rho'_{nn}(\hat{D}) \tag{6.11}$$

其中，

$$\rho''_{ss}(D)=\left[\frac{\mathrm{d}^2}{\mathrm{d}\,\tau^2}\int_0^T s(t)s(t+\tau-D)\mathrm{d}t\right]_{\tau=D} \tag{6.12}$$

而且

$$\rho'_{nn}(\hat{D})=\left[\int_0^T s(t)n'_2(t+\tau)\mathrm{d}t+\int_0^T n_1(t)s'(t+\tau-D)\mathrm{d}t\int_0^T n_1(t)n'_2(t+\tau)\mathrm{d}t\right]_{\tau=\hat{D}} \tag{6.13}$$

这里的目标是计算出随机过程 $s(t)$、$n_1(t)$和 $n_2(t)$的综合作用效果$\mathcal{E}\{\hat{D}-D\}$和$\mathcal{E}\{(\hat{D}-D)^2\}$。

注意，$\hat{D}$为随机变量，与 $s(t)$、$n_1(t)$和 $n_2(t)$有关。$\hat{D}$ 为 D 的无偏估计。通过以下条件期望值的性质可以得出这个推论。

性质 6.1 给定两个不相关(且相互独立)的随机变量 u 和 v，则随机值的期望值为$\mathcal{E}\{u|v\}=\mathcal{E}\{u\}$，即 v 的值的事件对 u 的值的事件没有影响。

所以，由式(6.11)可得

$$\mathcal{E}\{\hat{D}-D\}=\mathcal{E}\left\{-\frac{1}{\rho''_{ss}}\mathcal{E}\{\rho''_{nn}|s,D\}\right\}$$

因为 $s(t)$、$n_1(t)$和 $n_2(t)$不相关，所以$\mathcal{E}\{\rho'_{nn}|s,\hat{D}\}=0$，得$\mathcal{E}\{\hat{D}-D\}=0$。所以这个估计是无偏的。

注意，由于 $T\gg\tau_s$ 且 $s(t)$是可遍历的，波动由下式确定：

$$\delta\rho_{ss}(\tau-D)\triangleq\frac{1}{T}[\rho_{ss}(\tau)-T\rho_{ss}(\tau-D)]$$

波动与信号 $s(t)$ 的自相关函数 $\rho_{ss}(\tau-D)$ 相比可以忽略不计，即

$$\frac{|\delta\rho_{ss}(\tau-D)|}{|\rho_{ss}(\tau-D)|}\ll 1$$

忽略波动 $\rho_{ss}(\tau-D)$，式(6.12)可以近似为

$$\rho''_{ss}(\tau)|_{(\tau=D)}\approx T\rho_{ss}(\tau-D)|_{\tau=D}=T\rho_{ss}(0)$$

假设 $\rho_{ss}(0)$ 存在且非零，式(6.11)可写为

$$\hat{D}-D\approx\frac{1}{T\rho_{ss}(0)}\rho'_{nn}(\hat{D})$$

所以，推导得

$$\mathcal{E}\{(\hat{D}-D)^2\}\approx\frac{1}{T^2[\rho_{ss}(0)]^2}\mathcal{E}\{\rho'^2_{nn}(\hat{D})\} \tag{6.14}$$

性质 6.2[5]　随机过程的积分方差由下式给出：

$$\mathrm{Var}\left[\int_0^T u(t)\,\mathrm{d}t\right]=T\int_0^{2T}\left[1-\frac{|v|}{T}\right]\rho_{uu}(v)\,\mathrm{d}v \tag{6.15}$$

其中 $u(t)$ 为自相关函数 $\rho_{uu}(\tau)$ 的一个零均值平稳过程。

假设相关时间 $u(t)$ 远小于观测时间 T，那么 $|v|/T\sim 0$，则式(6.15)可以近似为

$$\int_0^{2T}\left[1-\frac{|v|}{T}\right]\rho_{uu}(v)\,\mathrm{d}v\approx\int_0^{2T}\rho_{uu}(v)\,\mathrm{d}v\approx\int_{-\infty}^{\infty}\rho_{uu}(v)\,\mathrm{d}v \tag{6.16}$$

利用式(6.13)、式(6.16)和性质 6.1，可得

$$\begin{aligned}\mathcal{E}\{\rho'^2_{n}\}&=\mathcal{E}\{\mathcal{E}\{\rho'^2_{n}|\hat{D}\}\}\\&=T\left[\int_{-\infty}^{\infty}\rho_{ss}(v)\rho_{n'_2n'_2}(v)\,\mathrm{d}v+\int_{-\infty}^{\infty}\rho_{ss'}(v)\rho_{n_1n_1}(v)\,\mathrm{d}v+\int_{-\infty}^{\infty}\rho_{n_1n_1}(v)\rho_{n'_2n'_2}(v)\,\mathrm{d}v\right]\end{aligned} \tag{6.17}$$

其中，由于信号与噪声不相关，式(6.13)中向量积的积分为零。

性质 6.3[6]　如果 $u(t)$ 是零均值平稳过程，那么其一阶导数的自相关由下式给出：

$$\rho_{uu'}(\tau)=-\frac{\mathrm{d}^2\rho_{uu}(\tau)}{\mathrm{d}\tau^2} \tag{6.18}$$

利用式(6.14)、式(6.17)和式(6.18)，对式(6.17)中的第一项和第三项部分求积分，得

$$\mathcal{E}\{(\hat{D}-D)^2\}=\frac{1}{T[\rho''_{ss}(0)]^2}\left[-\int_{-\infty}^{\infty}\rho_{n_1n_1}(v)\rho''_{ss}(v)\,\mathrm{d}v-\int_{-\infty}^{\infty}\rho_{n_2n_2}(v)\rho''_{ss}(v)\,\mathrm{d}v+\int_{-\infty}^{\infty}\rho'_{n_1n_1}(v)\rho'_{n_2n_2}(v)\,\mathrm{d}v\right] \tag{6.19}$$

在频域内，式(6.19)等价于

$$\begin{aligned}\mathcal{E}\{(\hat{D}-D)^2\}=\frac{1}{T}\frac{1}{\left[\int_{-\infty}^{\infty}(2\pi f)^2G_{ss}(f)\,\mathrm{d}f\right]^2}&\left[\int_{-\infty}^{\infty}(2\pi f)^2G_{n_1n_1}(f)G_{ss}(f)\,\mathrm{d}f\right.\\&\left.+\int_{-\infty}^{\infty}(2\pi f)^2G_{n_2n_2}(f)G_{ss}(f)\,\mathrm{d}f+\int_{-\infty}^{\infty}(2\pi f)^2G_{n_1n_1}(f)G_{n_2n_2}(f)\,\mathrm{d}f\right]\end{aligned} \tag{6.20}$$

这里分别对自相关函数 $\rho_{uu}(\tau)$ 和 $G_{uu}(f)$，以及 $u(t)$ 的功率谱密度进行 Weiner-Kinchen 傅里叶

逆相关,式(6.19)和式(6.20)是利用互相关法计算到达时间差估计均方误差的一般表达式。

6.3.2 白噪声频谱:任意信号频谱

为了表示均方误差式(6.20),这个信噪比和信号及噪声带宽的函数首先需要假设噪声频谱在特定频谱内不波动,即假设噪声 $n_1(t)$ 和 $n_2(t)$ 的频谱分别在双边带宽 $2W_{n_1}$ 和 $2W_{n_2}$ 范围内不波动,功率谱密度分别为$\overline{G}_{n_1n_1}$ 和$\overline{G}_{n_2n_2}$。现在假设信号频谱是带宽为 $2W_s$ 的任意频谱。假设信号 $s(t)$、噪声 $n_1(t)$ 和 $n_2(t)$ 的自频谱在其带宽外的溢出忽略不计,且

$$W_{n_2}=W_{n_1}=W_n>W_s$$

信噪比由下式给出:

$$\gamma_1=\frac{\rho_{ss}(0)}{2W_{n_1}\overline{G}_{n_1n_1}} \tag{6.21}$$

$$\gamma_2=\frac{\rho_{ss}(0)}{2W_{n_2}\overline{G}_{n_2n_2}} \tag{6.22}$$

有效带宽 W(rad/s)由下式给出:

$$W_s^2=\frac{\int_{-\infty}^{\infty}(2\pi f)^2G_{ss}(f)\mathrm{d}f}{\int_{-\infty}^{\infty}G_{ss}(f)\mathrm{d}f} \tag{6.23}$$

$$W_{n_p}^2=\frac{\int_{-\infty}^{\infty}(2\pi f)^2G_{n_pn_p}(f)\mathrm{d}f}{\int_{-\infty}^{\infty}G_{ss}(f)\mathrm{d}f} \tag{6.24}$$

将式(6.22)和式(6.23)代入式(6.20),因为噪声频谱不波动,可得

$$\mathcal{E}\{(\hat{D}-D)^2\}=\frac{1}{T}\frac{1}{W_s^2}\frac{1}{W_n}\frac{1}{2}\left[\frac{1}{\gamma_1}+\frac{1}{\gamma_2}+\frac{W_n^2}{W_s^2}\frac{1}{\gamma_1}\frac{1}{\gamma_2}\right] \tag{6.25}$$

在低信噪比条件下,如果宽带噪声($W_n \gg W_s$)内嵌窄带信号,则因子 W_n^2/W_s^2很重要。

下面创建忽略不计信号项的泰勒展开的第四项的有效性的条件。

6.3.3 白噪声频谱:平直信号频谱

现在假设信号 $s(t)$、噪声 $n_1(t)$ 和 $n_2(t)$ 的频谱在相同带宽下是不波动的,即

$$W_{n_2}=W_{n_1}=W_s$$

带宽的假设是合理的,这是因为在大多数电子战应用中,目标环境通常易于获知或估计。频谱的假设非常适用于噪声,但因取决于目标的调制类型,可能不适用于信号频谱。然而信噪比越低,越适用于本假设。

在信号项(6.9)的泰勒展开式中,应消去第三项,因为如果 $\tau=0$,则 $R_{ss}(\tau)$ 为对称的,并且泰勒展开式的第四项(也因此更大)与第二项相比可以忽略不计,假设

$$\left|\frac{\text{第四项}}{\text{第二项}}\right|=\left|\frac{\frac{1}{24}\rho_{ss}^{(4)}(D)(\hat{D}-D)^4}{\frac{1}{2}\rho_{ss}^{(2)}(D)(\hat{D}-D)^2}\right|\ll 1 \tag{6.26}$$

因为 $s(t)$、$n_1(t)$ 和 $n_2(t)$ 的相关时间远小于 T,那么式(6.26)可以表示为

$$(\hat{D}-D)^2\ll\frac{5}{\pi^2}\frac{1}{W_s^2} \tag{6.27}$$

而且，因为频谱是平的，由式(6.25)，可得

$$\mathcal{E}\{(\hat{D}-D)^2\}=\frac{3}{4\pi^2}\frac{1}{T}\frac{1}{W_s^3}\frac{1}{\gamma} \tag{6.28}$$

其中信噪比和 γ 的组合由下式确定：

$$\frac{1}{\gamma}=\frac{1}{2}\left[\frac{1}{\gamma_1}+\frac{1}{\gamma_2}+\frac{W_n^2}{W_s^2}\frac{1}{\gamma_1}\frac{1}{\gamma_2}\right] \tag{6.29}$$

联立式(6.27)和式(6.28)，可得

$$W_s T\gamma \gg 0.15 \tag{6.30}$$

这就是近似结果成立的必要条件。

6.4　广义互相关

确定两个信号之间到达时间差[1~3]的广义互相关(generalized cross-correlation，GCC)法，是指分别通过两个线性滤波器 $h_1(t)$ 和 $h_2(t)$ 预过滤两个信号 $r_1(t)$ 和 $r_2(t)$，得到滤波信号 $\tilde{r}_1(t)$ 和 $\tilde{r}_2(t)$：

$$\begin{aligned}\tilde{r}_1(t)&=h_1(t)*r_1(t)=\tilde{s}_1(t)+\tilde{n}_1(t)\\ \tilde{r}_2(t)&=h_2(t)*r_2(t)=\tilde{s}_2(t)+\tilde{n}_2(t)\end{aligned} \tag{6.31}$$

其中，

$$\begin{aligned}\tilde{s}_1(t)&=h_1(t)*s(t)\\ \tilde{s}_2(t-D)&=h_2(t)*s(t-D)\\ \tilde{n}_1(t)&=h_1(t)*n_1(t)\\ \tilde{n}_2(t)&=h_2(t)*n_2(t)\end{aligned} \tag{6.32}$$

其中，$*$ 表示卷积(见图 6.4)①。本节将确定最小化均方误差的最优滤波器。

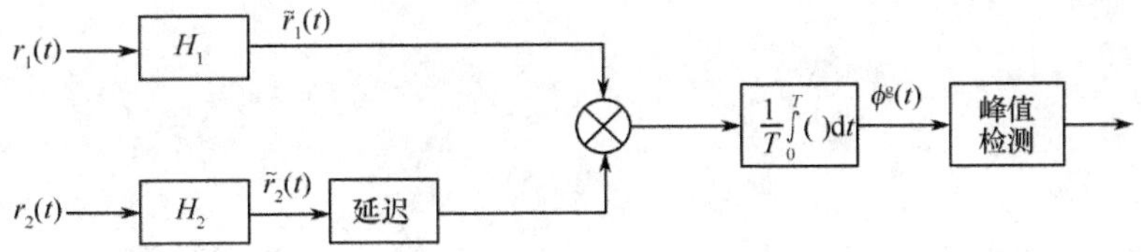

图 6.4　广义互相关函数流图

如前文所述，当 $\tau=\hat{D}$，广义互相关函数函数 $\rho^g_{r_1 r_2}(t)$ 取最大值时，获得延迟 D 的估计，即

$$\rho^g_{r_1 r_2}(\hat{D})\ \max_{\tau}\rho^g_{r_1 r_2}(\tau)=\max_{\tau}\int_0^T\tilde{r}_1(t)\tilde{r}_2(t+\tau)\mathrm{d}t \tag{6.33}$$

在频率范围内，广义互相关法等效于通过下式的加权函数 $\Psi(f)$ 获得 $r_1(t)$ 和 $r_2(t)$ 的乘积。加权函数 $\Psi(f)$ 由下式给出：

$$\Psi(f)=H_1(f)H_2^*(f) \tag{6.34}$$

其中，$H_1(f)$ 和 $H_2(f)$ 分别为 $h_1 f$ 和 $h_2 f$ 的傅里叶变换。

与 6.2 节中的讨论一样，假设

$$\rho_{\tilde{s}_1\tilde{s}_2}(\tau)\approx T\rho_{\tilde{s}_1\tilde{s}_2}(D-\tau)=\int_{-\infty}^{+\infty}\Psi(f)G_{ss}(f)\mathrm{e}^{\mathrm{j}2\pi f(D-\tau)}\mathrm{d}f$$

① 用来表示卷积和共轭转换。在使用 $*$ 的上下文中应当清楚表明其指代。

那么

$$\rho'_{\tilde{s}_1\tilde{s}_2}(D) \approx T\int_{-\infty}^{+\infty} \mathrm{j}2\pi\Psi(f)G_{\mathrm{ss}}(f)\mathrm{d}f = 0$$

这是因为 $\Psi(f)$是一个实值对称函数。

与 6.2 节一样,可以证明估计$\hat{D}$是无偏的,到达时间差估计的均方误差由下式给出:

$$\mathcal{E}\{(\hat{D}-D)^2\} = \frac{1}{T}\frac{1}{\left[\int_{-\infty}^{\infty}(2\pi f)^2 G_{\tilde{s}_1\tilde{s}_2}(f)\right]^2} \times \left[\int_{-\infty}^{\infty}(2\pi f)^2 [G_{\tilde{n}_1\tilde{n}_2}(f)G_{\tilde{s}_2\tilde{s}_2}(f) + G_{\tilde{n}_1\tilde{n}_2}(f)G_{\tilde{s}_1\tilde{s}_1}(f) + G_{\tilde{n}_1\tilde{n}_1}(f)G_{\tilde{n}_2\tilde{n}_2}(f)]\right]\mathrm{d}f \tag{6.35}$$

将式(6.32)代入式(6.35),得

$$\mathcal{E}\{(\hat{D}-D)^2\} = \frac{1}{T}\frac{1}{\left[\int_{-\infty}^{\infty}(2\pi f)^2 \Psi(f) G_{\tilde{s}_1\tilde{s}_2}(f)\right]^2} \times \int_{-\infty}^{\infty}[(2\pi f)^2 \Psi^2(f)[G_{\mathrm{n}_1\mathrm{n}_1}(f)G_{\mathrm{ss}}(f) + G_{\mathrm{n}_2\mathrm{n}_2}(f)G_{\mathrm{ss}}(f) + G_{\mathrm{n}_1\mathrm{n}_1}(f)G_{\mathrm{n}_2\mathrm{n}_2}(f)]]\mathrm{d}f \tag{6.36}$$

所以,广义互相关法到达时间差估计的均方误差取决于信号和噪声的频谱及加权函数。式(6.36)可以更简短地写为

$$\mathcal{E}\{(\hat{D}-D)^2\} = \frac{1}{T}\frac{\int_{-\infty}^{\infty}\Psi^2(f)A(f)\mathrm{d}f}{\left[\int_{-\infty}^{\infty}\Psi(f)B(f)\mathrm{d}f\right]^2} \tag{6.37}$$

其中,

$$A(f) = (2\pi f)^2[G_{\mathrm{n}_1\mathrm{n}_1}(f)G_{\mathrm{ss}}(f) + G_{\mathrm{n}_2\mathrm{n}_2}(f)G_{\mathrm{ss}}(f) + G_{\mathrm{n}_1\mathrm{n}_1}(f)G_{\mathrm{n}_2\mathrm{n}_2}(f)] \tag{6.38}$$

$$B(f) = (2\pi f)^2 G_{\mathrm{ss}}(f) \tag{6.39}$$

根据文献[7]的推广结果,利用施瓦茨不等式可以得到最优加权函数 $\Psi(f)$,最优加权函数可以满足式(6.37)给出的均方误差最小。

关于两个实函数 f 和 g 的施瓦茨不等式[8]写为下式:

$$\left[\int_{-\infty}^{\infty} f(v)g(v)\mathrm{d}v\right]^2 \leqslant \int_{-\infty}^{\infty} f^2(v)\mathrm{d}v \int_{-\infty}^{\infty} g^2(v)\mathrm{d}v \tag{6.40}$$

在 $f=Kg$ 时,式(6.40)等号成立,其中 K 为任意实常数。

将式(6.40)代入式(6.37)的分母,得

$$\left[\int_{-\infty}^{\infty}\Psi(f)\sqrt{A(f)}\frac{B(f)}{\sqrt{A(f)}}\mathrm{d}f\right]^2 \leqslant \int_{-\infty}^{\infty}[\Psi(f)\sqrt{A(f)}]^2\mathrm{d}f \int_{-\infty}^{\infty}\left[\frac{B(f)}{\sqrt{A(f)}}\right]^2\mathrm{d}f \tag{6.41}$$

假设 $A(f)$ 是一个正值函数①，由式(6.41)可得

$$\frac{1}{\left[\int_{-\infty}^{\infty}\Psi(f)B(f)\mathrm{d}f\right]^2}\geqslant\frac{1}{\int_{-\infty}^{\infty}A(f)\Psi^2(f)\mathrm{d}f\int_{-\infty}^{\infty}\frac{B^2(f)}{A(f)}\mathrm{d}f} \tag{6.42}$$

将式(6.41)乘以式(6.37)的分子，得

$$\mathcal{E}\{(\hat{D}-D)^2\}\geqslant\frac{1}{T}\frac{1}{\int_{-\infty}^{\infty}\frac{B^2(f)}{A(f)}\mathrm{d}f} \tag{6.43}$$

如果

$$\Psi(f)\sqrt{A(f)}=K\frac{B(f)}{\sqrt{A(f)}}$$

或

$$\Psi(f)=K\frac{B(f)}{A(f)} \tag{6.44}$$

则式(6.43)等号式成立，其中 K 是任意常数。

6.5　广义相关法估计时间延迟

上一节讨论的加权函数 $\Psi(f)$（由式(6.34)给出），主要用于提高互相关函数的峰值，从而帮助获得两个信号 $r_1(t)$ 和 $r_2(t)$ 之间时间延迟的更精确的估计。理想条件下，

$$\hat{G}_{\mathrm{r_1 r_2}}(f)\approx G_{\mathrm{r_1 r_2}}(f)\qquad\forall f \tag{6.45}$$

$\Psi(f)$ 的选择应确保 $\rho_{\tilde{\mathrm{r}}_1\tilde{\mathrm{r}}_2}(\tau)$ 的尖锐波峰而不是宽的波峰，这是为了保证时间延迟良好的分辨率。但是，由于有限的观测时间，特别是在低信噪比条件下，尖锐波峰更易受误差影响。所以，与其他频谱估计问题一样，$\Psi(f)$ 的选择也是良好分辨率和稳定性的折中产物。

式(6.31)和式(6.32)描述的模型中，$r_1(t)$ 和 $r_2(t)$ 的互相关系数为

$$\rho_{\mathrm{r_1 r_2}}(\tau)=\alpha\rho_{\mathrm{ss}}(\tau-D)+\rho_{\mathrm{n_1 n_2}}(\tau) \tag{6.46}$$

式(6.46)的傅里叶变换给出了互谱密度：

$$\rho_{\mathrm{r_1 r_2}}(f)=\alpha G_{\mathrm{ss}}(f)\mathrm{e}^{-\mathrm{j}2\pi fD}+G_{\mathrm{n_1 n_2}}(f) \tag{6.47}$$

表 6.1　候选过程[9]

处理加权函数	$\Psi(f)=H_1(f)H_2^*(f)$
互相关	1
Roth 脉冲响应	$1/G_{\mathrm{r_1 r_2}}(f)$
SCOT	$1/\sqrt{G_{\mathrm{r_1 r_2}}(f)G_{\mathrm{r_2 r_2}}(f)}$
PHAT	$1/\lvert G_{\mathrm{r_1 r_2}}(f)\rvert$
Eckart	$G_{\mathrm{ss}}(f)/[G_{\mathrm{n_1 n_1}}(f)G_{\mathrm{n_2 n_2}}(f)]$
最大似然	$\frac{\lvert\gamma_{12}(f)\rvert^2}{\lvert G_{\mathrm{r_1 r_2}}(f)\rvert[1-\lvert\gamma_{12}(f)\rvert^2]}$

① 由式(6.38)可以看出，$A(f)$ 是功率谱密度乘积的和。信号的功率谱密度从不为负，因为它是信号的每赫兹功率的表示，不可能为负值。但是在某些情况下，功率谱密度可能为零而 $A(f)$ 在某些频率下可能为零。不失一般性地，这里假设所有乘积项不会同时为零。

如果 $n_1(t)$ 和 $n_2(t)$不相关,那么 $G_{n_1n_2}(f)=0$ 且 $r_1(t)$和 $r_2(t)$之间的互谱密度等于缩放的信号功率频谱乘以复指数。由于一个域内的乘法运算等于变换域内的卷积,当 $G_{n_1n_2}(f)=0$ 时有

$$\rho_{r_1r_2}(\tau)=\alpha\rho_{ss}(\tau)*\delta(t-D) \tag{6.48}$$

式(6.48)表明脉冲函数被信号频谱的傅里叶变换扩展或“模糊”了。如果 $s(t)$是白噪声源,那么傅里叶变换为脉冲函数且不发生扩展。对于时间波形的其他所有类型会发生某些扩展。无论如何,在所有情况下,自相关函数在延迟 D 处取最大值。

本节将检查 $\Psi(f)=1$ 的 5 种一般化情况,尤其是详细分析表 6.1 中的加权函数[9],其目的是为了最小化模糊。

6.5.1 Roth 过程

文献[10]给出了 Roth 加权函数

$$\Psi_R(f)=\frac{1}{G_{r_1r_2}(f)} \tag{6.49}$$

推导可得

$$\hat{\rho}^{(R)}_{\tilde{r}_1\tilde{r}_2}(\tau)=\int_{-\infty}^{\infty}\frac{\hat{G}_{r_1r_2}(f)}{G_{r_1r_2}(f)}e^{j2\pi f\tau}df \tag{6.50}$$

当 $n_1(t)\neq 0$(实际场景中通常如此,$n_1(t)$在大多数情况下可能偶然通过零,但即便如此 $G_{n_1n_2}(f)\neq 0$)时有

$$G_{r_1r_2}(f)=G_{ss}(f)+G_{n_1n_1}(f) \tag{6.51}$$

并且

$$\hat{\rho}^{(R)}_{\tilde{r}_1\tilde{r}_2}(\tau)=\delta(t-D)*\int_{-\infty}^{\infty}\frac{\alpha G_{ss}(f)}{G_{ss}(f)+G_{n_1n_1}(f)}e^{j2\pi f\tau}df \tag{6.52}$$

该过程的一个优点是它可以抑制 $G_{n_1n_2}(f)$取大值且 $\hat{G}_{r_1r_2}(f)$很可能出现误差的频率区域,Roth 过程可以扩展所求的峰值。

6.5.2 平滑相干变换(SCOT)

$\hat{G}_{r_1r_2}(f)$的误差可能由 $G_{n_1n_1}(f)$的大值和 $G_{n_2n_2}(f)$的大值单独或同时引起。所以,并不确定是否要令 $\Psi_R(f)=1/G_{r_1r_1}(f)$或 $\Psi_R(f)=1/G_{r_2r_2}(f)$。平滑相干变换算法针对这个问题给出加权函数

$$\Psi_S(f)=1/\sqrt{G_{r_1r_2}(f)G_{r_2r_2}(f)} \tag{6.53}$$

式(6.53)产生的互相关函数为

$$\hat{\rho}^{(S)}_{\tilde{r}_1\tilde{r}_2}(\tau)=\int_{-\infty}^{\infty}\hat{\gamma}_{r_1r_1}(f)e^{j2\pi f\tau}df \tag{6.54}$$

其中相干性可以近似表示为

$$\hat{\gamma}_{r_1r_1}(f)\triangleq\frac{\hat{G}_{r_1r_2}(f)}{\sqrt{\hat{G}_{r_1r_2}(f)\hat{G}_{r_2r_2}(f)}} \tag{6.55}$$

在图 6.4 中,$H_1(f)=1/\sqrt{G_{r_1r_1}(f)}$和 $H_2(f)=1/\sqrt{G_{r_2r_2}(f)}$属于平滑相干变换过程。当 $n_1(t)\neq 0$ 且 $n_2(t)\neq 0$ 时,发生与 Roth 过程相同的扩展。

6.5.3　相位变换(PHAT)

特殊的相位变换过程可以避免出现前两个过程中出现的峰值扩展。本过程的加权函数为

$$\Psi_{\mathrm{P}}(f)=\frac{1}{\left|\left|G_{\mathrm{r_1 r_2}}(f)\right|\right.} \tag{6.56}$$

推导可得

$$\hat{\rho}_{\mathrm{r_1 r_2}}^{(\mathrm{P})}(\tau)=\int_{-\infty}^{\infty}\frac{\hat{G}_{\mathrm{r_1 r_2}}(f)}{\left|G_{\mathrm{r_1 r_2}}(f)\right|}\mathrm{e}^{\mathrm{j}2\pi f\tau}\mathrm{d}f \tag{6.57}$$

不相关噪声 $G_{\mathrm{n_1 n_2}}(f)=0$，且

$$\left|G_{\mathrm{r_1 r_2}}(f)\right|=\alpha G_{\mathrm{ss}}(f) \tag{6.58}$$

理想条件下有

$$\hat{G}_{\mathrm{r_1 r_2}}(f)=G_{\mathrm{r_1 r_2}}(f) \tag{6.59}$$

和

$$\frac{\hat{G}_{\mathrm{r_1 r_2}}(f)}{\left|G_{\mathrm{r_1 r_2}}(f)\right|}=\mathrm{e}^{\mathrm{j}\varphi(f)}=\mathrm{e}^{\mathrm{j}2\pi fD} \tag{6.60}$$

显然，式(6.60)具有单位振幅且

$$\rho_{\mathrm{r_1 r_2}}^{(\mathrm{P})}(\tau)=\delta(t-D) \tag{6.61}$$

在更多实际场景中，如果不能满足式(6.59)，那么脉冲函数就不会扩展，从而发生轻微的模糊，但程度远小于前两个过程。

6.5.4　Eckart 滤波器

Eckart 滤波器可以最大化偏移准则，这里的偏移准则指的是信号相关器输出均值与噪声相关器输出标准差变化的比率。对于长平均时间 T，偏移系数由下式给出：

$$d^2=\frac{L\left[\int_{-\infty}^{\infty}H_1(f)H_2^*(f)G_{\mathrm{s_1 s_2}}(f)\mathrm{d}f\right]^2}{\int_{-\infty}^{\infty}\left|H_1(f)\right|^2\left|H_2(f)\right|^2 G_{\mathrm{n_1 n_2}}(f)G_{\mathrm{n_2 n_2}}(f)\mathrm{d}f} \tag{6.62}$$

其中，L 是 T 的比例常数，$G_{\mathrm{s_1 s_2}}(f)$ 是 $s_1(t)$ 和 $s_2(t)$ 之间的互功率谱。对于式(6.31)和式(6.32)中定义的模型，有

$$G_{\mathrm{s_1 s_2}}(f)=\alpha G_{\mathrm{ss}}(f)\mathrm{e}^{\mathrm{j}2\pi fD} \tag{6.63}$$

由此可得

$$H_1(f)H_2^*(f)=\Psi_{\mathrm{E}}(f)\mathrm{e}^{\mathrm{j}2\pi fD} \tag{6.64}$$

其中，当满足

$$\Psi_{\mathrm{E}}(f)=\frac{\alpha G_{\mathrm{ss}}(f)}{G_{\mathrm{n_1 n_1}}(f)G_{\mathrm{n_2 n_2}}(f)} \tag{6.65}$$

可最大化 d^2。

6.5.5　最大似然

当下式：

$$\rho_{\tilde{r}_1\tilde{r}_2}^{(\mathrm{ML})} = \int_{-\infty}^{\infty} \hat{G}_{r_1 r_2}(f) \frac{1}{|G_{r_1 r_2}(f)|} \frac{|\gamma_{12}(f)|^2}{1-|\gamma_{12}(f)|^2} e^{j2\pi f\tau} df \tag{6.66}$$

达到峰值时,最大似然估计器选择此时 τ 的值作为延迟的估计。加权函数为

$$\Psi_{\mathrm{ML}}(f) = \frac{1}{|G_{r_1 r_2}(f)|} \frac{|\gamma_{12}(f)|^2}{1-|\gamma_{12}(f)|^2} \tag{6.67}$$

其中,$|\gamma_{12}(f)|^2 \neq 1$ 实现最大似然估计器。在低信噪比条件下,这个最大似然过程等效于 Eckart 预过滤和互相关过程。

6.5.6 延迟估计器的方差

由文献[11]可知,这些时间延迟估计器在加权函数真实延迟范围内的方差为

$$\mathrm{var}\{\hat{D}\} = \frac{\int_{-\infty}^{\infty} |\Psi(f)|^2 (2\pi f)^2 G_{r_1 r_1}(f) G_{r_2 r_2}(f) [1-|\gamma(f)|^2] df}{T\left[\int_{-\infty}^{\infty} (2\pi f)^2 |G_{r_1 r_2}(f)| \Psi(f) df\right]^2} \tag{6.68}$$

最大似然过程的方差为

$$\mathrm{var}^{\mathrm{ML}}\{\hat{D}\} = \frac{1}{2T\int_0^{\infty} (2\pi f)^2 \frac{|\gamma(f)|^2}{1-|\gamma(f)|^2} df}$$

可以对这些过程进行数值模拟,但是数值模拟取决于使用的特定信号和噪声,因此并不会过多地影响结果。

6.6 利用互谱密度相位进行时间延迟估计

6.6.1 简介

有两种可行的基于互相关的到达时间差估计方法:基于时间和频率域的估计器[12]。两种方法中更常用的是基于时间域的估计器,如上文所述,互相关函数的峰值是已知的,且可用于到达时间差的估计。利用频率域估计器时,可以使用频域滤波和方向滤波,通过抑制除某一个角域外的信号来提高信噪比。由于波束宽度与信号带宽的倒数成正比,如果信号具有大带宽,波束宽度则会非常窄。

本节讨论的基于频率域的估计器,利用两个独立截获站点接收信号的互谱密度相位来确定到达时间差。本节首先假设两个接收系统完美同步,然后放宽假设,讨论非完美同步的影响。

6.6.2 数据模型

发送信号由两个传感器接收,在正交混频后,传感器输出包含两种噪声且延迟版本不同的复值基带信号 $s(t)$。假设发送信号是未知的,且相应 $s(t)$的模型为零均值广义平稳过程,特征函数为其自相关函数 $\rho_{ss}(t)=\mathcal{E}\{s(t+\tau)s^*(t)\}$。进一步,假设 $s(t)$带宽在$(-W, W)$Hz 范围内,且其功率谱密度在频率 f 内连续,即假设发送信号为有限带宽的宽带信号。数字接收机信道的采样频率为 f_s(单位 Hz),$f_s \geqslant 2$ W。不失一般性地,在下文中令 $f_s=1$ Hz。

在接收机理想同步的假设下,两个同步数字接收机的复值输出模型为

$$r_1(n)=s(t)|_{t=n}+n_1(n)$$
$$r_2(n)=s(t)|_{t=n-D}+n_2(n) \tag{6.69}$$

其中，D 表示未知归一化延迟，实际延迟为 D/f_s。假设噪声项 $n_p(n)$，$(p=1,\ 2)$分别为零均值复高斯白噪声(时间的和空间的)，方差为 σ_p^2。

接收信号的互相关函数为

$$\rho_{r_1r_2}(m)=\mathcal{E}\{r_1(n+m)r_2^*(n)\} \tag{6.70}$$

其中 * 表示共轭复数。那么，由于 $n_1(n)$和 $n_2(n)$不相关且 $s(t)$为宽带信号，

$$P_{r_1r_2}(m)=\rho_{ss}(\tau)|_{\tau=m+D} \tag{6.71}$$

一种估计未知延迟 D 的方法是确定最大化互相关函数，即 $\hat{\rho}(m)$的变量，然后通过插值确定子窗口精度的延迟。文献[6]详细讨论了使用三重抛物线插值来确定时间延迟估计。另一种方法是通过互相关函数的谱表示估计延迟。互谱密度由互相关函数的离散傅里叶变换确定：

$$P_{r_1r_2}(\omega)=\mathcal{F}_d\{\rho_{r_1r_2}(m)\}=\mathcal{F}_d\{\rho_{ss}(t)\}|_{\tau=m+D} \tag{6.72}$$

其中，$\mathcal{F}_d\{\cdot\}$表示离散傅里叶变换。时间域内的平移对应频率域内的旋转，即

$$P_{r_1r_2}(\omega)=e^{j\omega D}\mathcal{F}_d\{\rho_{ss}(\tau)\}|_{\tau=m}=e^{j\omega D}P_s(\omega) \tag{6.73}$$

其中，$P_s(\omega)$是基带信号 $s(t)$采样版本的功率谱密度。

上文提到的通过峰值选取互相关函数然后进行抛物线插值的直接相关估计器，在高信噪比条件下在统计上效率不高[13]。因此，子窗口搜索需要替代方法。利用相位数据进行时间延迟估计是可靠的[2]。由式(6.73)可得

$$\Gamma_{r_1r_2}(\omega)=\angle P_{r_1r_2}(\omega)=\omega D \tag{6.74}$$

现在，通过最大化互相关函数幅度，估计时间域内的未知 D，就变成为互相关函数的变量拟合一条直线。在图 6.5 中，相位的线性部分用于估计 D。

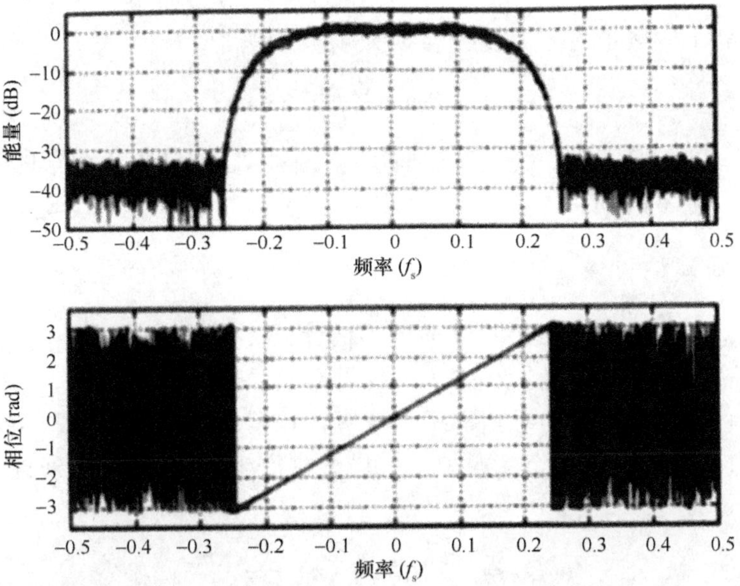

图 6.5　两个电子战系统获得的典型互谱密度能量相位表示[12]

6.6.3 互谱密度样本的性质

有限长度离散信号 $r_1(n)$和 $r_2(n)$由以下两式给出：

$$\{r_1(0),\cdots,r_1(N-1)\} \tag{6.75}$$

和

$$\{r_2(0),\cdots,r_2(N-1)\} \tag{6.76}$$

其中，当 $n<0$ 或 $n\geqslant N$ 时，$r_p(n)=0(p=1,2)$。用一般估计替代式(6.70)中的互相关函数，得

$$\hat{\rho}_{\mathrm{r_1 r_2}}(m)=\begin{cases}\dfrac{1}{N}\sum\limits_{n=0}^{N-1}r_1(n+m)r_2^*(n), & m=1-N,\cdots,N-1\\ 0, & m>|N-1|\end{cases} \tag{6.77}$$

互谱密度估计现在由 $\hat{\rho}_{\mathrm{r_1 r_2}}(m)$的离散傅里叶变换给出，得

$$\hat{P}_{\mathrm{r_1 r_2}}(\omega)=\mathcal{F}_{\mathrm{d}}\{\hat{\rho}_{\mathrm{r_1 r_2}}(m)\}=\sum_{n=1-N}^{N-1}\hat{\rho}_{\mathrm{r_1 r_2}}(n)\mathrm{e}^{-\mathrm{j}\omega n}=\frac{1}{N}\sum_{n=1-N}^{N-1}\sum_{n=1-N}^{N-1}r_1(n+m)r_2^*(n)\mathrm{e}^{-\mathrm{j}\omega n} \tag{6.78}$$

其中，在最后一个等式中使用了零延拓的式(6.77)。令 $p=n+m$，那么

$$\begin{aligned}\hat{\rho}_{\mathrm{r_1 r_2}}(\omega)&=\frac{1}{N}\Big(\sum_{n=1-N}^{N-1}r_2^*(n)\mathrm{e}^{\mathrm{j}\omega n}\sum_{p=n+1-N}^{n+N-1}r_1(p)\mathrm{e}^{-\mathrm{j}\omega p}\Big)\\&=\frac{1}{N}\Big(\sum_{n=1-N}^{N-1}r_2^*(n)\mathrm{e}^{\mathrm{j}\omega n}\Big)\Big(\sum_{p=n+1-N}^{n+N-1}r_1(p)\mathrm{e}^{-\mathrm{j}\omega p}\Big)\end{aligned} \tag{6.79}$$

所以

$$\hat{P}_{\mathrm{r_1 r_2}}(\omega)=\frac{1}{N}\mathcal{F}_{\mathrm{d}}\{r_1(m)\}\mathcal{F}_{\mathrm{d}}^*\{r_2(m)\}=\mathrm{e}^{\mathrm{j}\omega D}P_{\mathrm{s}}(\omega)+E(\omega) \tag{6.80}$$

其中，$E(\omega)$是一个误差项，用于描述有限样本影响和噪声引起的不完美性。注意式(6.73)和式(6.80)的相似性。

利用规则网格上的离散傅里叶变换替换$\mathcal{F}_{\mathrm{d}}$算子，得到

$$\hat{\Gamma}_{\mathrm{r_1 r_2}}(n)=\frac{2\pi nD}{B}+\epsilon(n) \tag{6.81}$$

其中，$B\geqslant 2N-1$ 表示频率窗口，$\epsilon(n)$表示描述有限样本影响和噪声引起的不完美性。$B=2N-1$ 时，频率指数 n 的跨度区间为$n=1-N,\ \cdots,\ N-1$，其中 N 是两个记录样本的长度。

6.6.4 到达时间差估计

通常，假设关注信号是未知的，所以选择的估计器不需要信号的任何概率假设。文献[2，4]表明，对于实值平谱信号，线性最小二乘估计器具有高效的统计性能，但是对于非平谱信号，则需要额外的加权函数。文献[14]给出了任意频谱信号的适合频率加权函数。

根据式(6.81)，通过约束一个一次多项式模型来产生一个零偏项，线性最小二乘估计准则变为

$$J(D)=\sum_{n=1-N}^{N-1}\Big(\hat{\Gamma}_{\mathrm{r_1 r_2}}(n)-\frac{2\pi nD}{2N-1}\Big)^2 \tag{6.82}$$

上式取最小值需满足：

$$D_{\mathrm{LLS}}=\frac{3}{2\pi N(N-1)}\sum_{n=1-N}^{N-1}n\,\hat{\Gamma}_{\mathrm{r_1 r_2}}(n) \tag{6.83}$$

当然，信号的带宽$(-W,\ W)$(单位 Hz)必须已知，这里 $n=1-N,\ \cdots,\ N-1$ 表示信号分配的

频率窗口的数量，信号平稳的假设产生的相位值之间相互独立[2,15]，所以$\hat{\Gamma}_{r_1 r_2}(n)$相互独立。$\hat{\Gamma}_{r_1 r_2}(n)$的方差为[16]

$$\sigma^2[\hat{\Gamma}_{r_1 r_2}(n)] \approx \frac{1-\gamma_{12}(n)}{\gamma_{12}(n)} \tag{6.84}$$

其中，$\gamma_{12}(n)$是离散相干函数(discrete coherence function)[17]，近似式来源于一个误差假设。式(6.83)的方差为

$$\sigma^2(\hat{D}_{\mathrm{LLS}}) \approx \frac{9}{4\pi^2 N^2 (N-1)^2} \sum_{n=1-N}^{N-1} \frac{n^2[1-\gamma_{12}(n)]}{\gamma_{12}(n)} \tag{6.85}$$

对于平谱信号和等信道噪声功率σ_n^2，得

$$\gamma_{12}(n) = \frac{\delta^2}{1+2\delta+\delta^2}$$

其中，$\delta=\sigma_s^2/\sigma_n^2$是信噪比，$\sigma_s^2$ 表示信号功率。

由式(6.85)求得

$$\sigma^2(\hat{D}_{\mathrm{LLS}}) \approx \frac{3(2N-1)}{4\pi^2 N(N-1)} \frac{2\delta+1}{\delta^2} \tag{6.86}$$

6.6.5 Cramer-Rao 界

Cramer-Rao 界(Cramer-Rao bound，CRB)由下式给出[18]：

$$\mathrm{CRB}(D/f_s) = \frac{1}{8\pi^2 T}\left[\int_{-\infty}^{\infty} \frac{f^2 \gamma_{12}(f)}{1-\gamma_{12}(f)} \mathrm{d}f\right]^{-1} \tag{6.87}$$

其中，$T=N/f_s$ 为观测时间，$\gamma_{12}(f)$为相干函数。由文献[18]可知

$$\gamma_{12}(f) = \frac{P_s^2(f)}{P_{r_1}(f) P_{r_2}(f)} \tag{6.88}$$

在式(6.88)中，$P_s(f)$、$P_{r_1}(f)$和 $P_{r_2}(f)$分别为连续时间信号 $s(t)$、$r_1(t)$和 $r_2(t)$的功率谱密度。假设 $s(t)$、$r_1(t)$和 $r_2(t)$的带宽均严格限制在$(-W, W)$(单位 Hz)的频率范围内。不失一般性地，使用奈奎斯特抽样，即 $f_s=2$ W。

6.6.5.1 平谱信号的 Cramer-Rao 界

假设平谱信号(见图 6.6)为

$$C_{12}(f) = \frac{\delta^2}{1+2\delta+\delta^2} \tag{6.89}$$

所以有

$$\mathrm{CRB}(D/f_s) = \frac{f_s}{8\pi^2 N} \frac{2\delta+1}{\delta^2}\left[\int_{-W}^{W} f^2 \mathrm{d}f\right] = 16 \frac{3 f_s}{8\pi^2 N W^2} \frac{2\delta+1}{\delta^2} = \frac{3}{8\pi^2 N W^2} \frac{2\delta+1}{\delta^2} \tag{6.90}$$

其中，在最后一个等式中使用了 $W=f_s/2$。通过合适的缩比，可得

$$\mathrm{CRB}(D) = \frac{3}{2\pi^2 N} \frac{2\delta+1}{\delta^2} \tag{6.91}$$

结果式(6.91)为平谱信号的无偏时间延迟估计器形成的一个性能下界。需要注意，对于大值 N，式(6.86)等效于式(6.91)，因此线性最小二乘估计对平谱信号是渐近高效的。

6.6.5.2 三角频谱 Cramer-Rao 界

将一个滤波信号近似为图 6.6 所示的具有三角频谱的信号。考虑到平功率谱密度 σ_n^2 的等信道噪声，将基于频率的信噪比定义为

$$\delta(f)=\frac{P_s(f)}{\sigma_n^2},\quad |f|\leqslant W \quad (6.92)$$

将式(6.92)代入式(6.87)，因为 $T=N/f_s$，得

$$\mathrm{CRB}(D/f_s)\approx\frac{f_s}{8\pi^2 N}\left[\int_{-W}^{W}\frac{\delta^2(f)}{1+2\delta(f)}f^2\,\mathrm{d}f\right]^{-1} \quad (6.93)$$

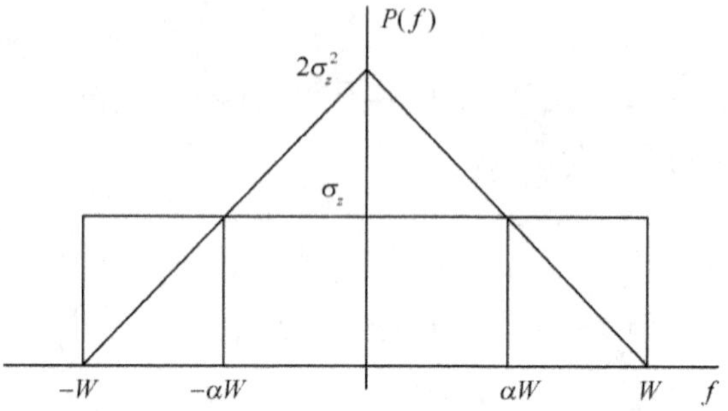

图 6.6 功率谱密度

CRB 主要由高信噪比频率范围确定，即 $\delta(f)\gg 1$。所以式(6.93)可以近似为

$$\mathrm{CRB}(D/f_s)\approx\frac{f_s}{4\pi^2 N}\left[\int_H \delta(f)f^2\,\mathrm{d}f\right]^{-1} \quad (6.94)$$

其中，H 表示高信噪比频率范围。根据图 6.6，考虑三角功率谱密度的信号，其中 $\delta=\sigma_s^2/\sigma_n^2$ 为全带宽 W 内的信噪比。那么

$$\delta(f)=2\delta\left(1-\frac{|f|}{W}\right),\qquad |f|\leqslant W \quad (6.95)$$

高信噪比频率范围的特征为 $H\in(-\alpha W,\alpha W)$，$0<a<1$。将式(6.95)代入式(6.94)，得

$$\mathrm{CRB}(D/f_s)\approx\frac{f_s}{16\pi^2 N\delta}\left[\int_0^{\alpha W}f^2\left(1-\frac{|f|}{W}\right)\mathrm{d}f\right]^{-1}=\frac{3}{2\pi^2 N\delta\alpha^3 W^2(4-3\alpha)} \quad (6.96)$$

其中，$f_s=2W$。通过合适的缩比可以得出归一化延迟 D 的 Cramer-Rao 界：

$$\mathrm{CRB}(D)\approx\frac{6}{\pi^2 N\delta\alpha^3(4-3\alpha)} \quad (6.97)$$

比较式(6.91)和式(6.97)可以发现，后者的结果至少是前者的两倍。通过经过 $P_s(\alpha W)=\sigma_n^2$ 的线确定 α，即 $\alpha=1-\frac{1}{2\delta}$，可以利用 α 定义高信噪比范围。如图 6.7 所示，近似式(6.97)是非常精确的。

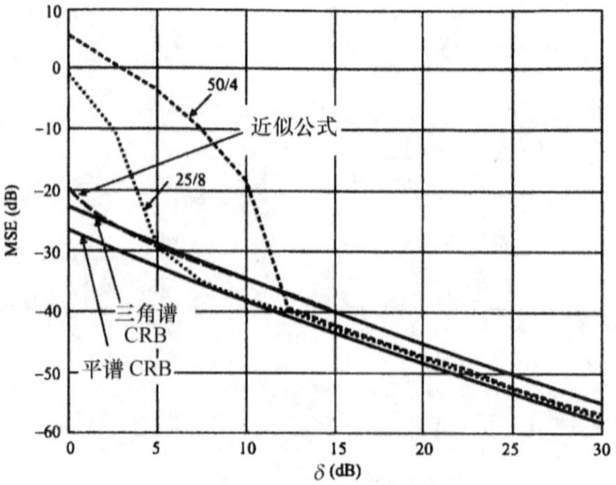

图 6.7 $p=4$ 和 $p=8$ 时各自的信噪比均方误差函数，平谱信号和三角频谱信号的 Cramer-Rao 界为参照

6.6.6 其他考虑

对于长的延迟，非解缠相位可能出现问题并可能由于错误估计导致性能降级。一个自然方法是通过峰值选取互相关函数的幅度，然后得到一个初始估计，并根据该估计值来预补偿数据。然后，在预补偿数据上应用上述方法得到一个子窗口精度的延迟估计。最终时间延迟估计为互相关函数法得出的初始估计与互谱密度相位最小二乘拟合得出的校正的和。

性能可以通过平均互谱密度来提升。在这里，为了简化互谱密度的平均，不进行重叠，即基于 N 个样本在根据 N/p 的测量值得出的 p 不相交区间内计算互谱密度。p 的增大会降低信噪比的阈值。另一方面，增大 p 的值会减少估计器的操作范围，即加倍 p 会减少估计器一半的操作范围。

示例

在本例中模拟平谱信号[12]。基于 500 次独立模拟运行，验证了互谱密度相位最小二乘拟合的性能。高斯数据由整数延迟 $D=3$ 的样本生成。讨论了块长为 $N=200$ 的样本。信噪比均方误差函数如图 6.7 所示。初始整数延迟估计由峰值选取互相关函数获得。校正由最小二乘拟合式(6.83)获得。使用了子块长度为 50 和 25 的样本，即分别为 $p=4$ 和 $p=8$。每个子块的互谱密度利用式(6.77)中互相关函数估计的离散傅里叶变换和一些额外零延拓来计算。

结果见图 6.7 所示。由所示曲线可以看到：与 50/4 相比，25/8(即 25 个样本的子块长度和互谱密度 8 次平均)具有较低的信噪比阈值。在阈值上方两种方法的性能相近，即生成的估计的均方误差与 Cramer-Rao 界相近。图中也包含了由式(6.91)给出的 Cramer-Rao 界，这是一种三角频谱信号 Cramer-Rao 界。

同样还可以看到，对于低信噪比，均方误差是极低的(小于−10 dB)，这对实际电子战系统是非常有利的，因为关注信号目标可能与拦截站点距离相当远。

6.6.7 小结

本节讨论了在电子战场景中进行测向，以及如何利用互谱密度相位分析基于相关性的到达时间差估计器。全带宽平谱信号结果表明，所讨论的估计器是渐近高效的。还推导出了三角频谱信号的近似 Cramer-Rao 界。三角频谱是使用滚降滤波器的关注信号目标波形的粗糙模型。与全带宽平谱信号相比，在性能上至少有 3 dB 的下降。在具有测向能力的电子战系统中使用本方法很有前景。

6.7 电子战到达时间差测向系统中的频率和相位误差的影响

6.7.1 简介

本节讨论的时间延迟估计法是基于频率域的，用来估计基于相关性和互谱密度相位的到达时间差[15,19]。为了数字化期望信号，通常需要利用超外差接收机在频率内下变频，在这里，接收机的振荡器将期望信号混频至基带(见图 6.3)。在基于双信道到达时间差的测向系统中，性能可能由于两个截获接收机中的振荡器的失配而降级。由于捕获时间相对较短，假设振荡器失配在捕获时间内是时不变的。

6.7.2 理想同步

对于完全同步的到达时间差测向系统,发射机和截获接收机严格调谐至同一频率($f_0=f_1=f_2$),并且相位锁定($\varphi_0=\varphi_1=\varphi_2=0$),由此可得文献[4]中所述模型。结果接收信号由式(6.1)和式(6.2)可得

$$r_1(t)=s(t)+n_1(t) \tag{6.98}$$

$$r_2(t)=s(t-D)\mathrm{e}^{-\mathrm{j}2\pi f_0 D}+n_2(t) \tag{6.99}$$

这些信号的互相关函数为$\rho_{\mathrm{r_1 r_2}}(t)=\mathcal{E}\{r_1(t+\tau)r_2^*(t)\}$,且由式(6.98)和式(6.99)可得

$$\rho_{\mathrm{r_1 r_2}}(\tau)=\mathrm{e}^{\mathrm{j}2\pi f_0 D}\rho_{\mathrm{ss}}(\tau+D) \tag{6.100}$$

其中,自相关函数为$\rho_{\mathrm{ss}}(t)=\mathcal{E}\{s(t+t)s^*(t)\}$。互谱密度由式(6.100)的傅里叶变换得出,即

$$P_{\mathrm{r_1 r_2}}(f)=\mathrm{e}^{\mathrm{j}2\pi f_0 D}\mathcal{F}\{\rho_{\mathrm{ss}}(\tau+D)\}=\mathrm{e}^{\mathrm{j}2\pi(f_0+f)D}P_{\mathrm{ss}}(f) \tag{6.101}$$

其中,$\mathcal{F}\{\cdot\}$表示傅里叶变换。在第二个等式中使用了$P_{\mathrm{ss}}(f)=\mathcal{F}\{\rho_{\mathrm{ss}}(t)\}$和傅里叶变换的时移性质。互谱密度相位为

$$\Gamma_{\mathrm{r_1 r_2}}(f)=\angle P_{\mathrm{r_1 r_2}}(f)=2\pi(f_0+f)D \tag{6.102}$$

其在f内是线性的,斜率为$2\pi D$,并且可以用于估计到达时间差D。可以看到,发送机的未知载波频率f_0仅影响相位的偏移,而D的估计会根据斜率偏移。这里提到的估计器如6.5节所述。

6.7.3 同步误差

图6.1中的截获接收机是典型的被动接收机,与发射机不通信,即f_0和φ_0是未知的。截获接收机可能分开数十千米,这很可能导致两个振荡器$\mathrm{LO_1}$和$\mathrm{LO_2}$之间的频率和相位偏离。将这种情况建模为$f_1=f_2+\epsilon,\varphi_1=\varphi_2+\kappa$其中$\epsilon$和$\kappa$为未知常数。为了简化且不失一般性,令$f_0=f_1\neq f_2$且$\varphi_0=\varphi_1\neq\varphi_2$。接收机1接收的信号由式(6.98)给出,而第二个接收机的输出为

$$r_2(t)=z_2(t)\mathrm{e}^{-\mathrm{j}2\pi f_2 t-\mathrm{j}\varphi_2}=s(t-D)\mathrm{e}^{-\mathrm{j}2\pi f_0 D}q(t)+n_2(t) \tag{6.103}$$

其中,

$$q(t)=\mathrm{e}^{\mathrm{j}2\pi\epsilon t+j\kappa} \tag{6.104}$$

式(6.104)为结果数量,描述接收机的不完美性。由于假设$s(t)$,$n_1(t)$和$n_2(t)$为零均值广义平稳,结果$r_1(t)$和$r_2(t)$同样为零均值广义平稳,其自相关由下式给出:

$$\mathcal{E}\{r_1(r+\tau)r_1^*(t)\}=\rho_{\mathrm{ss}}(\tau)+\rho_{\mathrm{n_1 n_1}}(\tau) \tag{6.105}$$

$$\mathcal{E}\{r_2(r+\tau)r_2^*(t)\}=\rho_{\mathrm{ss}}(\tau)+\rho_{\mathrm{n_2 n_2}}(\tau) \tag{6.106}$$

截获接收机的复值模拟和广义平稳输出之间的互相关函数为

$$\rho_{\mathrm{r_1 r_2}}(t+\tau,t)=\mathcal{E}\{r_1(t+\tau)r_2^*(t)\}=\mathrm{e}^{\mathrm{j}2\pi f_0 D}\rho_{\mathrm{ss}}(\tau+D)q^*(t) \tag{6.107}$$

利用式(6.98)和式(6.103)结果如下。注意互相关函数取决于时间,特别是

$$\rho_{\mathrm{r_1 r_2}}(t+\tau,t)=\rho_{\mathrm{r_1 r_2}}\left(t+\tau+\frac{k}{\epsilon},t+\frac{k}{\epsilon}\right)\qquad\forall k \tag{6.108}$$

为得到一个与时间无关的互相关函数,利用时间平均消除t的相关性

$$\bar{\rho}_{\mathrm{r_1 r_2}}(\tau)=\lim_{T\to\infty}\frac{1}{T}\int_{-T/2}^{T/2}\rho_{\mathrm{r_1 r_2}}(t+\tau,t)\mathrm{d}t=\lim_{T\to\infty}\frac{1}{T}\mathrm{e}^{\mathrm{j}2\pi f_0 D}\rho_{\mathrm{ss}}(\tau+D)\int_{-T/2}^{T/2}q^*(t)\mathrm{d}t \tag{6.109}$$

由于观测区间有限,求值可得到$\bar{\rho}_{\mathrm{r_1 r_2}}(\tau)\equiv 0$。也就是说,当接收机振荡器的频率和相位存在误

差时，在互相关函数中得不到关于到达时间差和 D 的任何信息。后文将比较式(6.109)与式(6.100)，在式(6.100)中，通过得到互相关函数的最大值可以得到一个估计。

6.7.4　有限采样时间影响

在实际应用中，完成数据捕获的有限时间区间为 $1<T<T_{\max}$。对于任何固定的 $T<\infty$，捕获区间为 $(-T/2,T/2)$，并假设 D 在 $(-T,T)$ 范围内。那么第一个接收机的信号由下式给出：

$$r_1(t)=s(t)p(t)+n_1(t)p(t) \tag{6.110}$$

其中，$p(t)=u(t+T/2)-u(t-T/2)$，且 $u(t)$ 为阶跃函数，即 $-T/2\leqslant t\leqslant T/2$ 时 $p(t)=1$，其他情况 $p(t)=0$。第二个接收机的延迟信号由下式给出：

$$r_2(t)=s(t-D)\mathrm{e}^{-\mathrm{j}2\pi f_0 D}q(t)p(t)+n_2(t)p(t) \tag{6.111}$$

其中，$q(t)$ 出自式(6.104)。有限观测时间的复值模拟接收机信号之间的互相关函数则为

$$\rho_{\mathrm{r_1 r_2}}(t+\tau,t)=\rho_{\mathrm{ss}}(t+D)\mathrm{e}^{\mathrm{j}2\pi f_0 D}q^*(t)p(t)p(t+\tau) \tag{6.112}$$

同样，通过时间平均消除时间相关性，得

$$\bar{\rho}_{\mathrm{r_1 r_2}}(\tau)=\frac{1}{T_u}\int_{T_u}\rho_{\mathrm{r_1 r_2}}(t+\tau,t)\mathrm{d}t \tag{6.113}$$

其中，u 为 $\rho_{\mathrm{r_1 r_2}}(t+\tau,t)$ 的非零范围，而 T_u 为 u 占用的时间。由式(6.110)至式(6.112)可得，当 $|\tau|>T$ 时，$\bar{\rho}_{\mathrm{r_1 r_2}}(\tau)=0$。当 $|\tau|\leqslant T$ 时有

$$\bar{\rho}_{\mathrm{r_1 r_2}}(\tau)=\begin{cases}\bar{\rho}_-(\tau), & -T<\tau<0\\ \bar{\rho}_+(\tau), & 0\leqslant\tau<T\end{cases} \tag{6.114}$$

当 $0\leqslant\tau<T$ 时，将式(6.112)代入式(6.113)得

$$\bar{\rho}_+(\tau)=\frac{1}{T_u}\rho_{\mathrm{ss}}(\tau+D)\mathrm{e}^{\mathrm{j}2\pi f_0 D}\int_{-T/2}^{T/2-\tau}q^*(t)\mathrm{d}t \tag{6.115}$$

其中，$T_u=T-|\tau|$。积分的极限由式(6.112)直接得出。简单计算可得

$$\bar{\rho}_+(\tau)=\rho_{\mathrm{ss}}(\tau+D)\mathrm{e}^{\mathrm{j}2\pi f_0 D}\frac{\sin[\pi\epsilon(T-\tau)]}{\pi\epsilon(T-|\tau|)}q^*(-\tau/2) \tag{6.116}$$

由对称性可得 $\bar{\rho}_-(\tau)$，即

$$\begin{aligned}\bar{\rho}_-(\tau)&=\frac{1}{T_u}\rho_{\mathrm{ss}}(\tau+D)\mathrm{e}^{\mathrm{j}2\pi f_0 D}\int_{-T/2-\tau}^{T/2}q^*(t)\mathrm{d}t\\&=\rho_{\mathrm{ss}}(\tau+D)\mathrm{e}^{\mathrm{j}2\pi f_0 D}\frac{\sin[\pi\epsilon(T+\tau)]}{\pi\epsilon(T-|\tau|)}q^*(-\tau/2)\end{aligned} \tag{6.117}$$

可以看到当 $|\tau|<T$ 时有

$$\bar{\rho}_{\mathrm{r_1 r_2}}(\tau)=\rho_{\mathrm{ss}}(\tau+D)\mathrm{e}^{\mathrm{j}2\pi f_0 D}\frac{\sin[\pi\epsilon(T-|\tau|)]}{\pi\epsilon(T-|\tau|)}q^*(-\tau/2) \tag{6.118}$$

并且当 $|\tau|>T$ 时有 $\bar{\rho}_{\mathrm{r_1 r_2}}(\tau)=0$。现在，互谱密度由式(6.211)的傅里叶变换给出：

$$P_{\mathrm{r_1 r_2}}(f)=\mathrm{e}^{\mathrm{j}2\pi f_0 D-\mathrm{j}\kappa}\int_{-T}^{T}\rho_{\mathrm{ss}}(\tau+D)\mathrm{e}^{\mathrm{j}2\pi f_0 D}\frac{\sin[\pi\epsilon(T-|\tau|)]}{\pi\epsilon(T-|\tau|)}\mathrm{e}^{-\mathrm{j}2\pi(f-\epsilon/2)\tau}\mathrm{d}\tau \tag{6.119}$$

如6.5节所述，互谱密度相位用于估计到达时间差和 D。

6.7.5　白噪声信号

式(6.119)中描述互谱密度的表达式非常复杂。通过将带限信号近似为零均值白噪声，

则有

$$\rho_{ss}(\tau)=\delta(\tau) \tag{6.120}$$

那么互谱密度由式(6.119)计算得出，当$|D|<T$时有

$$P^{(w)}_{r_1r_2}(f)=e^{j2\pi(f+f_0-\epsilon/2)D-j\kappa}\frac{\sin[\pi\epsilon(T-|D|)]}{\pi\epsilon(-|D|)} \tag{6.121}$$

可以看到常见的 $\mathrm{sinc}(x)$ 函数给互谱密度引入了振动性。注意，对于某些 T、ϵ 和 D 的组合，式(6.121)为零。尤其当

$$\epsilon T=n+\epsilon|D|,\qquad n=0,1,2,\cdots \tag{6.122}$$

时就会发生这种情况。如果 $n=0$，$T=|D|$，或当脉冲长度等于到达时间差，则 $P^{(w)}_{r_1r_2}(f)=0$，且互谱密度不包含任何关于到达时间差的信息。

式(6.121)的相位为

$$\angle P^{(w)}_{r_1r_2}(f)=\begin{cases}2\pi fD+2\pi(f_0-\epsilon/2)D-\kappa, & |D|<T\\ \text{未定义}, & \text{其他}\end{cases} \tag{6.123}$$

注意，在白噪声信号事件中，频率和相位误差仅影响使用傅里叶变换的相位斜率偏移。白噪声近似式仅对真实宽带信号有效，即当信号带宽等于或超过接收机带宽($W_s\geqslant W$)且其频谱平坦时。

6.7.6　模拟结果

运行基于样本数据的模拟结果，以评估本节讨论的频率和相位误差下的性能。考虑到晶体振荡器和 GPS 级铷振荡器，其典型相对频率误差分别为$\epsilon_r\sim10^{-5}$和$\epsilon_r\sim10^{-11}$。对于接收机混频器频率 $f_0=10^9$ Hz，采样率 $f_s=10^7$ Hz，可以得到$\epsilon=10^{-3}f_s$ Hz 和$\epsilon\sim10^{-9}f_s$ Hz，所以数字模拟基于 $10^{-9}f_s<\epsilon<10^{-3}f_s$。参数 κ 从均匀分布$[-\pi,\pi]$中得到。由于快速傅里叶变换用于计算互谱密度，其离散频率窗口与频率误差ϵ的组合会导致向邻近窗口的泄漏和似噪声降级。这个影响在模型式(6.119)中并未说明。此外，在非精确正确时间内采样，同样会导致向邻近窗口的泄漏[20]，式(6.119)中也同样未说明。

使用一个白高斯序列生成一个宽带平谱信号。由于长度数据有限，由延迟版本的式(6.120)得出的互相关函数估计会有所不同。通过加窗接收数据和平均互相关函数估计，可以抑制这个估计误差，但是不能将其消除。模拟中使用的加性噪声为白高斯序列。在具有白噪声信号和等功率白高斯噪声的理想接收机系统中，D 的 Cramer-Rao 界由 6.5 节的式(6.91)给出：

$$\mathrm{CRB}(\Delta)=\frac{3}{2\pi^2N}\frac{2\delta+1}{\delta^2} \tag{6.124}$$

其中，$N=Tf_s$ 为使用的样本数量，δ 为信噪比，而 $\Delta=D/f_s$ 样本。信噪比的定义为

$$\delta=\frac{\rho_{ss}(0)}{\sigma^2_n} \tag{6.125}$$

其中 $\sigma^2_n=\sigma^2_{n_1}=\sigma^2_{n_2}$。

6.7.7　估计器性能

讨论利用互谱密度相位的基于频率的估计器。6.5 节在无误差条件下对该估计器进行了研究，其中将均方误差作为性能准则。利用 $N=2^{19}$(即 524 288)复采样讨论高(30 dB)和低

(−10 dB)信噪比两种情况。在平均过程中,利用频率误差ϵ和块长 Ψ 的不同组合,可以在各情况的模拟中求得均方误差的数值。也就是说,长度为 N 的数据被分为长度为 Ψ 的 Λ 重叠块。结果如图 6.8 和图 6.9 所示,灰度用来定义图中右侧均方误差的量度。对于 $\delta=30$ dB 且 $N=2^{19}$ 的复数据采样,可以看到,当块长大于 28 个样本且频率误差$\epsilon<10^{-7}f_s$ Hz 时,可以得到 Cramer-Rao 界。30 dB 的 Cramer-Rao 界为$\sim5\times10^{-10}$。

低信噪比条件(见图 6.9)表明对频率误差有更高的容差,而利用短块(高度平均)可以求得低频率和中等频率误差的 Cramer-Rao 界。在这两种条件下,在出现大的频率误差时,估计器的性能表现很差。这种降级是由频率误差ϵ引起的快速傅里叶变换中的窗口泄漏导致的。

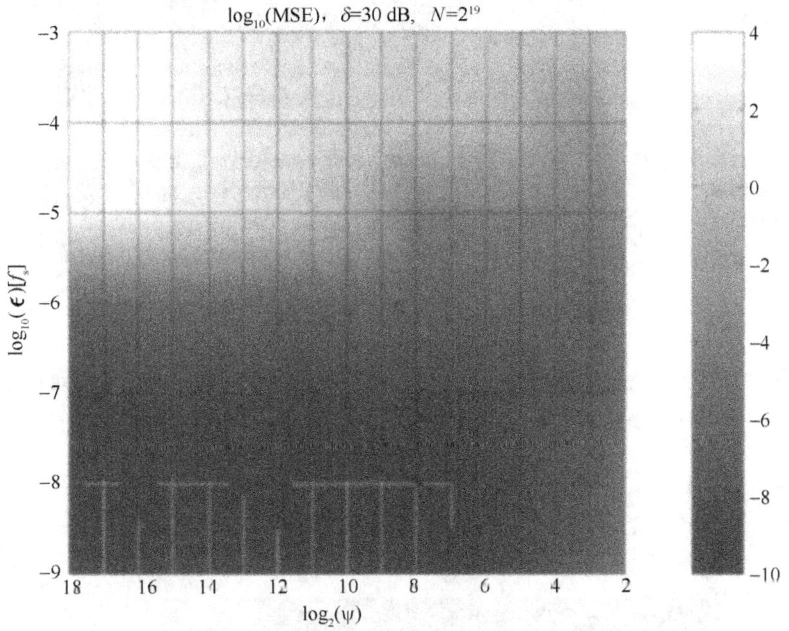

图 6.8　对于高信噪比,此处 $\gamma=30$ dB 并有小值的ϵ,$\Psi\sim2^8-2^{18}$可以得到最小的均方误差。但是在出现大的频率误差时,更短的块长 $\Psi\sim2^2-2^6$ 可以得到最小的均方误差。白网格表示 CRB 等级,在这里即得到的 CRB[19]

6.7.8　结果

从图 6.8 和图 6.9 可以看到,不管是高(30 dB)还是低(−10 dB)信噪比,$\Psi\sim2^6-2^8$ 复采样块长可以利用 $N=2^{19}$的复数据得出的低均方误差。但是,这仅在数据长度 $N=2^{19}$时有效。对于特定数据长度和特定频率误差,应该选择什么样的块长呢?

图 6.10 和图 6.11 显示了长度和频率误差组合的最优块长。高信噪比模拟(见图 6.10)表明在所有数据长度下都应选择大的块长。一种例外情况是,对于大的频率误差,估计器性能表现很差而均方误差的大小等于块长的平方。对于所有数据长度和频率误差,块长 $\Psi\sim2^6-2^{10}$ 都能得到良好的结果。注意,图 6.10 表明对于大的数据长度,最优块长变小(对于所有ϵ),而均方误差变大。由式(6.109)和式(6.118)也可看出,因为大值的 N 等于大值的 T。低信噪比模拟(见图 6.13)表明,无论频率误差为多少,短块可以得到最好的结果。在这里,频率误差ϵ(窗口泄漏)引起的降级小于信道噪声(信噪比)引起的降级。模拟同时证明了相位误差 κ 对估计器的性能不重要,如式(6.123)所示。

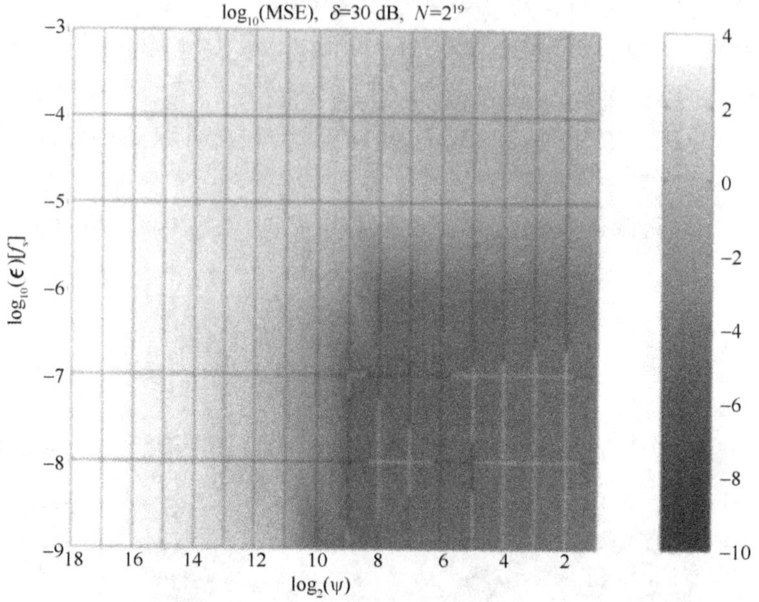

图 6.9　对于低信噪比,这里为－10 dB,与频率误差无关,$\Psi \sim 2^4 - 2^6$ 的块长可以得到最小的均方误差。白网格表示 CRB 等级,在这里即得到的 CRB[19]

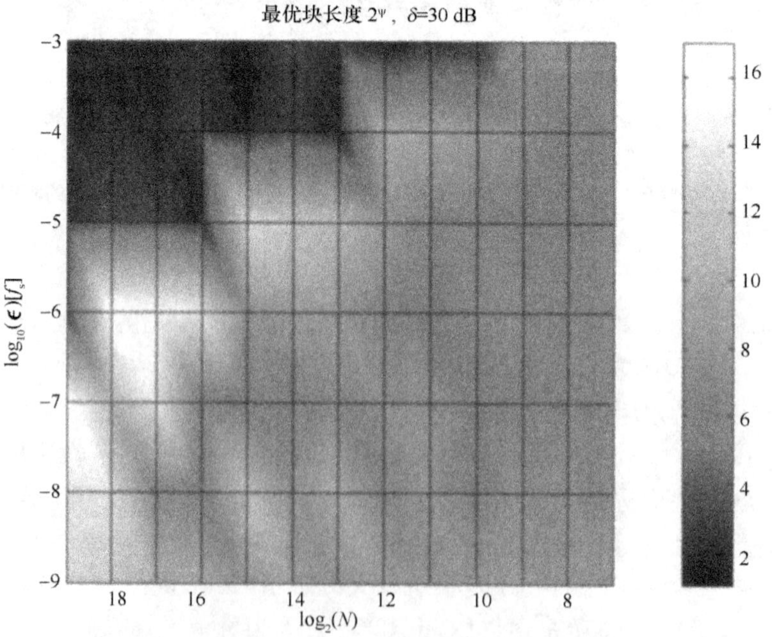

图 6.10　对于高信噪比,结论是尽可能选择最长的块长。但是对于大的频率误差,应当选择较短的块长。锯齿特点是由于模拟过程的有限步长[19]

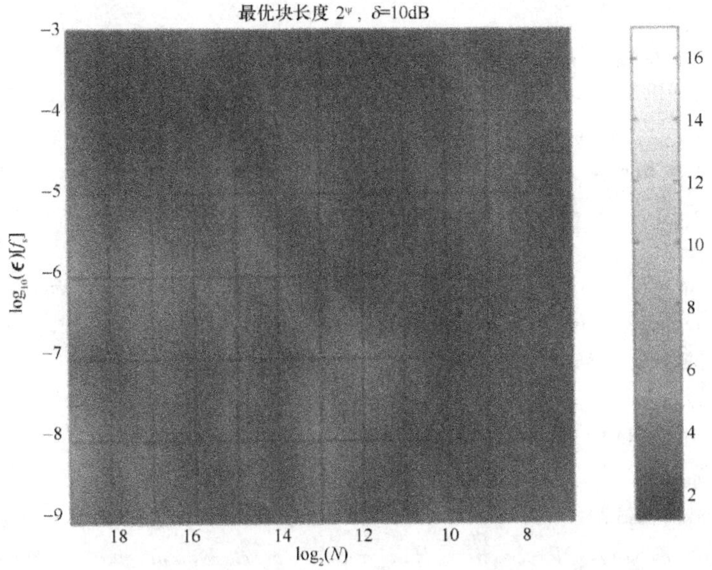

图 6.11　对于低信噪比，较短的块(这里为 $\Psi \sim 2^2-2^4$ 样本)可以得到最小的均方误差[19]

6.7.9　小结

本章为到达时间差测向系统建立了一个描述在接收机振荡器中具有频率和相位不完美性的双信道电子战接收机系统的模型。数值模拟证明了振荡器相位对估计器的性能不重要。模拟同时还表明，普通晶体振荡器中由于频率误差过大基本无法使用，然而铷振荡器可以得出满意的结果，在某些条件下可以达到理想系统(无频率误差)的 Cramer-Rao 界。

6.8　结论

本章研究讨论了确定到达两个分置截获站点信号的到达时间差的几种技术。这些信息可以与第 3 章中讨论的用于估计目标辐射源位置的方法一起使用。这是电子战系统的一个重要功能，被用于确定电子战斗序列，并且具有能够精确确定目标位置以便为火炮或其他动能武器指示目标的潜能。

本章确定了当使用互谱密度相位来确定到达时间差时，两个截获站点的接收机同步的固有误差，即频率和相位偏移，对到达时间差的估计没有影响。

参考文献

[1]　Knapp, C. Y., and G. C. Carter, "The Generalized Correlation Method for Estimation of Time Delay," *IEEE Transactions on Acoustics, Speech, and Signal Processing*, Vol. ASSP-24, No. 8, August 1976, pp. 320-326.

[2]　Carter G. C., "Time Delay Estimation," Ph. D. Dissertation, University of Connecticut, Stores, CT, 1976, PP. 67-70.

[3]　Meyr, H., "Delay-Lock Tracking of Stochastic Signals," *IEEE Transactions on Communications*, Vol. COM-24, No. 3, March 1976, pp. 331-339.

[4]　Azaria, M., and D. Hertz, "Time Delay Estimation by Generalized Cross Correlation Methods," *IEEE Transactions on Acoustics, Speech, and Signal Processing*, Vol. ASSP-32, No. 2, April 1984, pp.

280-285.

[5] Papoulis, A., *Probability, Random Variables, and Stochastic Processes*, New York: McGraw-Hill, 1965, p. 325.

[6] Papoulis, A., *Probability, Random Variables, and Stochastic Processes*, New York: McGraw-Hill, 1965, p. 316.

[7] Hasab, J. C., and R, E. Boucher, "Optimum Estimation of Time Delay by a Generalized Correlator," *IEEE Transactions on Acoustics, Speech, and Signal Processing*, Vol. ASSP-27, No. 8, August 1979, pp. 373-380.

[8] Abramowitz, M., and I. A. Stegun (eds.), *Handbook of Mathematical Functions*, New York: Dover, 1972, p. 11.

[9] Knapp, C. Y., and G. C. Carter, "The Generalized Correlation Method for Estimation of Time Delay," *IEEE Transactions on Acoustics, Speech, and Signal Processing*, Vol. ASSP-24, No. 8, August 1976, pp. 320-326.

[10] Roth, P. R., "Effective Measurements Using Digital Signal Analysis," *IEEE Spectrum*, Vol. 8. April 1971, pp. 62-70.

[11] MacDonald, V. H., and P. M. Schultheiss, "Optimum Passive Bearing Estimation," *Journal of the Acoustic Society of America*, Vol. 46, 1969, pp. 37-43.

[12] Falk J., P. Handel, and M. Jansson, "Direction Finding for Electronic Warfare Systems Using the Phase of the Cross Spectral Density," *Proceedings Radiovetenskap och Kommunikation* 2002, Stockholm, Sweden, June 2002, www. s3. kth. se/signal/reports/02/IR-S3-SB-0215. pdf.

[13] Jacovitti G., G. Scarano, "Discrete Time Techniques for Time Delay Estimation," *IEEE Transactions on Signal Processing*, Vol. 41, No. 2, February 1993, pp. 525-533.

[14] Zhao Z., Z.-Q. Hou, "The Generalized Phase Spectrum Method for Time Delay Estimation," *Proceedings ICASSP* 1984, Vol. 3, March 1984, pp. 46. 2/1-4.

[15] Bendat J. S., "Statistical Errors in Measurement of Coherence Functions and Input/Output Quantities," *Journal Sound and Vibration*, Vol. 59, No. 3, 1978, pp. 405-421.

[16] Piersol, A. G., "Time Delay Estimation Using Phase Data," *IEEE Transactions on Acoustics, Speech, and Signal Processing*, Vol. 29, No. 3, Part 2, June 1981, pp. 471-476.

[17] Carter, G. C., C. H. Knapp, and A. H. Nuttall, "Estimation of the Magnitude-Squared Coherence Function via Overlapped Fast Fourier Transform Processing," *IEEE Transactions Audio and Electroacoustics*, Vol. 21, No. 4, August 1983, pp. 337-344.

[18] Carter, G. C., "Coherence and Time Delay Estimation," *Proceedings of the IEEE*, Vol. 75, No. 2, February 1987, pp. 236-255.

[19] Falk J., P. Handel, and M. Jansson, "Effects of Frequency and Phase Errors in Electronic Warfare TDOA Direction-Finding Systems," *Proceedings IEEE MILCOM*, 2003.

[20] Poisel, R. A., *Introduction to Communication Electronic Warfare Systems*, Norwood, MA: Artech House, 2002, Section 9. 3. 2.

第7章　单站定位技术

7.1　简介

与其他波段一样，利用两个以上测向站，通过三角定位法能够对天波**高频**(high freguency,HF)信号定位。本章将讨论使用单个传感器对高频辐射源定位的相关技术。因为远距离高频通信信号在电离层被反射回地面(实际是折射)，所以在已知反射点的高度后，就可以通过测量到达信号的三维角度来计算辐射源的坐标，由此可见，这种技术是可行的。当然，电离层高度信息并不是必不可少的，当到达传感器的电波传播路径有两条或两条以上，并且各条路径的信号到达角能够被识别和测量时，定位中就不一定需要电离层高度信息了。

7.2　高频信号传播特性

在某些条件下，高频信号可以传播相当远的距离。在卫星通信系统被应用以前，这种高频信号的远距离传播能力被世界各国海军广泛用于舰对岸及舰船之间的通信中。事实上，直到现在这种通信方式仍然被广泛使用。

高频信号能够远距离传播的原因是地球表面电离层的存在。在白天，电离层中有4层会对高频信号的传播产生影响：离地球表面最近的D层，其次是E层，接下来是F1和F2层。如图7.1所示，在夜晚，两个F层合为一层，D层和E层消失。电离层是由太阳光子轰击原子产生的离子和自由电子组成的。人们普遍认为，在电离层对高频信号的折射中，自由电子的作用较大，而正离子的作用较小。电离层与高频信号和地球磁场相互作用，使电磁波的折射成为可能。通常可反射的电波频率低于10 MHz，但也可能更高一些，这主要取决于自由电子的密度大小。

电离层的D层实际上并不能折射高频信号，但是能够削弱这些信号，因此高频信号一般不能穿透电离层。E层能够折射信号，F层也可以。E层中会偶然出现高度电离的小区域，称为偶发E层，它能够很明显地改变电离层反射特性。电离层的频率特性及其反射能力是不断变化的。

在某些情况下通过VHF波段低端(100 MHz以下)的信号也可通过电离层传播，其机制与高频一样，传播距离有可能达到2000 km。

从电离层反射回来的电磁波有很多束，其中一些可以回到地面，如图7.2所示。如果地面条件允许，信号又会被向上反射(这里是反射，不是折射)回去。这种反射过程有时可以持续多次。

电离层有时会发生一定区域范围内的成分短期混乱，影响高频信号的传播。这些高度电离的区域只持续一段短暂的时间，这一现象称为**电离层行扰**(traveling ionospheric disturbance,TID)。

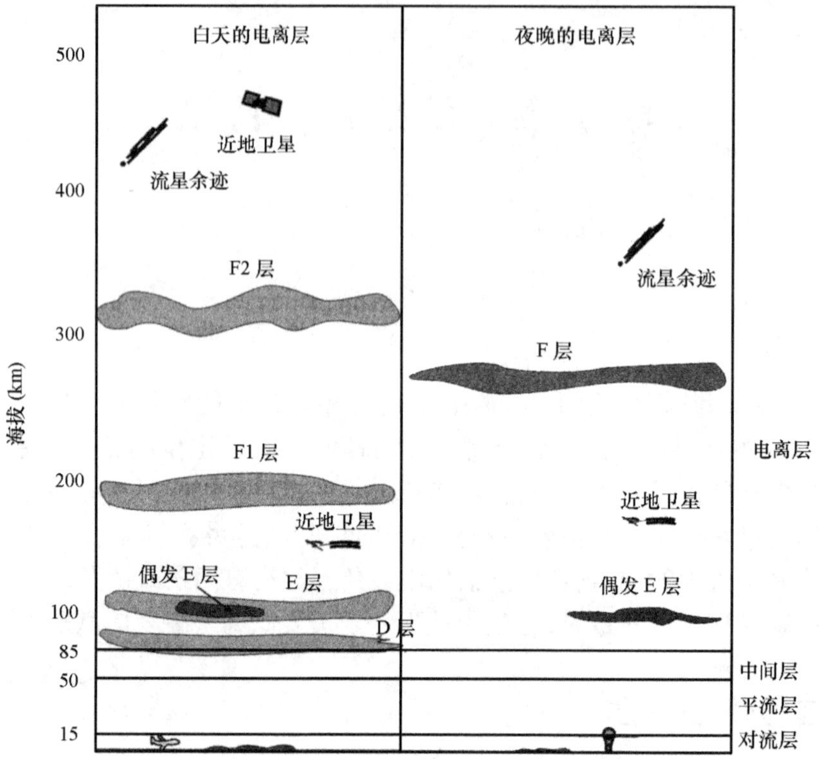

图 7.1 地球附近的大气层结构

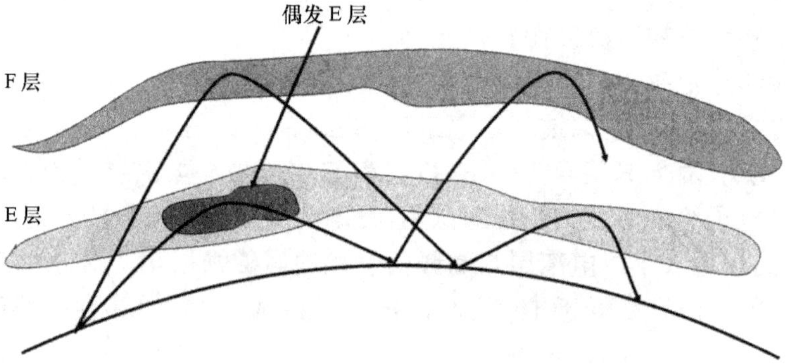

图 7.2 电离层传播方式的变化,可以持续多次

当然,高频信号也可以进行短距离传播,此时其传播规律与 VHF 及更高频信号的传播规律相同。直射波从发射天线直接传播到接收天线。这种传播方式仅在两个天线互相在视距范围内时才是可用的。

绝大多数的表面波传播都发生在短波频段,而不是更高频段。这是由地表及紧邻地表的空气的特性(主要指传播路径上的介电常数)交互作用引起的。这种电波沿着地球曲面传播,可以达到好几百千米远。

可以采用 VHF 及以上频段信号的定位方法,以定位这种传播方式的高频信号源,有关这方面的问题可参考其他文献。本章关注的电波传播模式是电离层反射传播模式,这种传播模式通常用于远距离通信。本章介绍的**近垂直入射天波**(nearvertical incidence sky wave,NVIS)是一个例外,它是用于近距离通信的。

图 7.1 和图 7.2 中对尺寸进行了放大处理以体现其中的细节，因此有可能会使读者误解，这一点需要引起注意。高频信号实际的传播路径与图 7.3 所示的情况更接近。

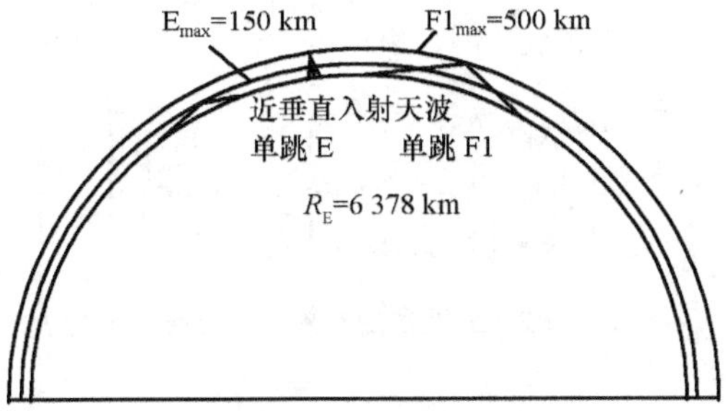

图 7.3　地球和电离层的正确透视图

7.2.1　频高图

可以使用电离层**测高仪**(sounder)测得电离层各层的高度。测高仪向上发射一个信号，然后测量接收到的反射信号的延迟时间。不断改变发射频率（通常是扫频），就可测得不同频率对应的电离层虚高。根据频率及相应的虚高制成的图表称为**频高图**(ionogram)。

垂直探测(vertical sounding)技术是指直接测量接收点上空电离层的垂直高度。因为被定位目标可以在任意方位角上，而测量其他点的电离层高度需要更多的测高仪，因此这是单站定位系统中唯一可用的电离层高度探测方式。在测量某点的电离层高度时，如果测量位置不在该点正下方，则称为**斜向探测**(oblique sounding)。对于高频通信线路，这种测量方式是可行的，但是对于目标定位来说却没有什么实际意义。

用于测量不同频率对应的电离层虚高的装置称为**电离层测高仪**(ionospheric sounder)。通常来说，垂测仪垂直发射一个扫频信号，而斜向测高仪以某个角度发射一个扫频信号。通过比较反射信号的到达时间和信号发射时间，即可确定电离层高度。将探测结果合成显示即可得到频高图。一个典型的垂直频高图如图 7.4 所示，该图所示为 1968 年 6 月 29 日 19：30(UT①)哥伦比亚 Boulder 地区的测量结果。

当然，垂测仪测量的是正上方的电离层高度。通常假定电离层是均匀分布的，而且在一定区域内高度不变。这个高度一般在定位系统所在位置测得，而且假设反射点的高度与其相同。由于这种假设往往并不准确，故采用这种技术定位并不怎么精确，误差椭圆的半长轴通常为与目标距离的 10%左右，即如果目标离定位系统有 100 km 的距离，则误差椭圆的长轴可达 10 km甚至更大。应该注意的是，尽管这里讨论的反射面是电离层，但在某些环境下，只要反射面和定位系统之间的距离已知，就可应用于定位。发射机与接收机之间的距离与电离层特性的关系如图 7.5 中的频高图所示。尽管临界频率（通常采用垂直探测的方法得到）保持不变，当发射机与接收机之间距离增大时，可以使用的最高频率也会增大。实际上，根据 Snell 定律，**最高可用频率**(maximum usable frequency，MUF)与临界频率的关系为

$$f_{max}=f_c\sec\theta_0 \tag{7.1}$$

其中，θ_0 为顶角（电波入射线与电离层反射面的法线之间的夹角）。E 层的临界频率用 f_0E 表示，F1 层的临界频率用 f_0F1 表示，F2 层的临界频率用 f_0F2 表示。

---

① 世界时(Universal time，UT)是指英国伦敦郊外格林威治天文台的时间，本初子午线(0°经线)就穿过该地。UT 通常也称为格林威治时间(Greenwich time，GT)、格林威治平均时间(Greenwich mean time，GMT)或祖鲁时间。

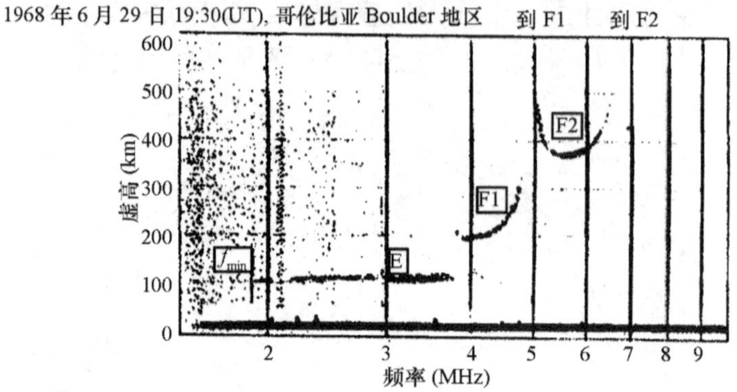

图 7.4 典型的频高图(1968 年 6 月 29 日 19:30(UT),哥伦比亚 Boulder 地区)。由图可得电离层的临界频率和**最低可用频率**(lowest usable frequency,LUF)。LUF 略低于 2 MHz,E 层的临界频率略低于 4 MHz,F1 层的临界频率略低于 5 MHz,F2 层的临界频率约为 6.6 MHz[1]

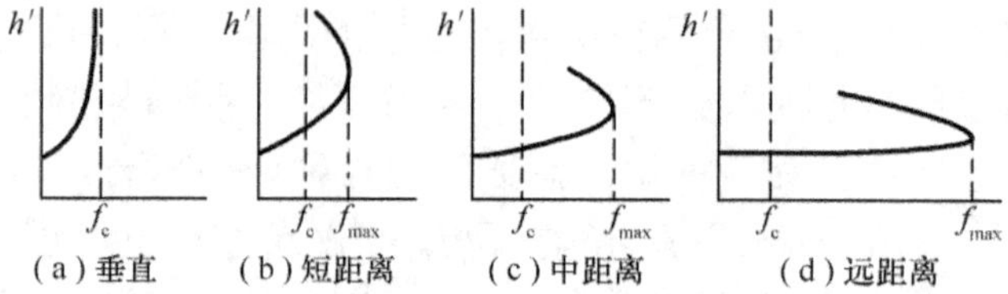

图 7.5 不同发射机与接收机距离下的斜向探测频高图。注意:这些曲线渐近于临界频率且最高可用频率随着距离的增大而增大[1]

7.2.2 磁场的影响

地球磁场对电离层电波的主要影响是将电磁波分成两部分:一部分左旋极化(相对于磁场的方向,这里的方向是指极化矢量的旋转方向),称为寻常波,另一部分右旋极化,称为非寻常波。这两部分电波通过完全不同的路径穿过电离层。当它们离开电离层的时候又合在一起,实际结果是改变了传向接收机的电波的极化特性。

这两部分电波频率是不同的。此外,两频率之间的关系取决于电波传播方向与地球磁场方向之间的关系。因此,电波从北向南或者从南向北传播将会与从东向西或者从西向东传播时的特性不同。

7.3 单站定位技术

天波传播的高频辐射源信号可以采用前面介绍的任何一种三角测量技术定位,但在某些环境下也可以使用单站定位系统进行定位,如图 7.6 所示。如果折射高频信号的电离层的位置,或者更准确地说是反射高频信号的电离层高度已知,则可求得与目标之间的距离,进而可以结合来波方位角确定辐射源的方位。在定位中,假设电波反射点位于辐射源和定位系统之间的中点,仰角可根据距离和电离层高度求得:

$$\tan\theta=\frac{B/2}{h} \tag{7.2}$$

故

$$B=2h\tan\theta \tag{7.3}$$

因而，通过测量信号到达角（angle of arrival，AOA），再结合电离层高度，就可以估算出定位目标的距离。尽管上面的计算过程中假定电离层和地球表面为平面，但如果将电离层和地球表面建模为球面，那么这种算法仍然适用，而且定位精度更高。

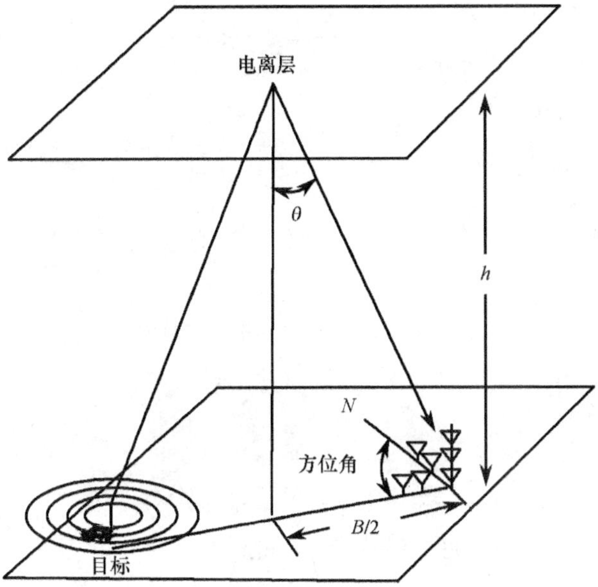

图 7.6　高频辐射源的单站定位

为了实现单站定位，必须确定信号在电离层及地面之间的反射次数，否则就无法确定与定位目标之间的距离。通常从更远距离传来的信号将会以一个更低的仰角到达，据此即可确定电波反射跳数。另外，假定一些不同的跳数分别进行计算也是必要的（通常都假定为单跳）。

7.4　无源单站定位技术

信号可能从两个或者更多的方向抵达接收传感器，这就是所谓的多径传播模式。在这种情况下不需要测量电离层高度就能计算出目标的方位坐标，这种定位技术称为**无源单站定位**（passive SSL）技术。

如图 7.7 所示，信号在电离层的两个不同高度处反射。根据 Briet 和 Tuve 的理论[3,4]，即便信号在电离层中是折射传播的，仍能找到一个等效的信号反射平面。假定地球是平坦的，等效反射面也是平坦的，这样就可以用下式计算距离：

$$\tan\hat{\theta}_{\mathrm{L}}=\frac{\hat{B}/2}{h}\qquad \tan\hat{\theta}_{\mathrm{H}}=\frac{\hat{B}/2}{h+\Delta h}$$

$$h=\frac{\hat{B}/2}{\tan\hat{\theta}_{\mathrm{L}}}=\frac{\hat{B}/2}{\tan\hat{\theta}_{\mathrm{H}}}-\Delta h$$

$$\hat{B}=\frac{2\Delta h}{\dfrac{1}{\tan\hat{\theta}_H}-\dfrac{1}{\tan\hat{\theta}_{\mathrm{L}}}}\tag{7.4}$$

现在考虑图 7.8 所示的信号和电离层之间相互作用的具体情况。两个信号到达接收机的时间差用 τ 表示，传播速度用 c 表示。A 点是信号在较低层的反射点，C 点是信号在较高层的反射点。定义接收点为 R_x（根据图 7.7 中目标与接收点之间的镜像关系，发射点的情况与之相同)，因为从 A 到 R_x 的时间和从 B 到 R_x 的时间相同，所以三角形 ABR_x 为一个等腰三角形。根据三角形 ABC 内角的关系可得

$$\beta=\alpha-\hat{\theta}_{\mathrm{H}} \tag{7.5}$$

根据三角形 ABR_x 的内角关系可得

$$2\alpha=180-(\hat{\theta}_{\mathrm{L}}-\hat{\theta}_{\mathrm{H}})$$

$$\alpha=90-\frac{\hat{\theta}_{\mathrm{L}}-\hat{\theta}_{\mathrm{H}}}{2} \tag{7.6}$$

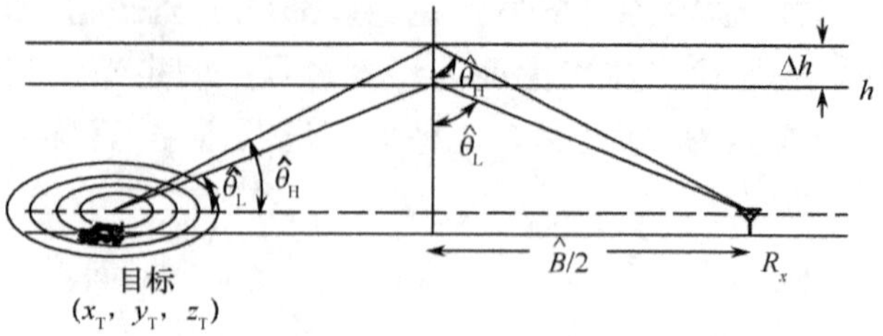

图 7.7　多径反射

以及

$$\angle ABC=180-\alpha$$
$$=90+\frac{\hat{\theta}_{\mathrm{L}}-\hat{\theta}_{\mathrm{H}}}{2} \tag{7.7}$$

由正弦定理可得

$$\frac{c\tau/2}{\sin\left(90-\frac{\hat{\theta}_{\mathrm{H}}+\hat{\theta}_{\mathrm{L}}}{2}\right)}=\frac{\Delta h}{\sin\left(90+\frac{\hat{\theta}_{\mathrm{L}}-\hat{\theta}_{\mathrm{H}}}{2}\right)} \tag{7.8}$$

从式(7.8)计算出 Δh，代入式(7.4)，然后利用三角恒等式得：

$$\hat{B}=\frac{c\tau}{\frac{1}{\tan\hat{\theta}_{\mathrm{H}}}-\frac{1}{\tan\hat{\theta}_{\mathrm{L}}}}\frac{\sin\left(90+\frac{\hat{\theta}_{\mathrm{L}}-\hat{\theta}_{\mathrm{H}}}{2}\right)}{\sin\left(90-\frac{\hat{\theta}_{\mathrm{L}}+\hat{\theta}_{\mathrm{H}}}{2}\right)} \tag{7.9}$$

因此，通过测量信号到达的两个仰角，就可以确定辐射源的距离。如果测得的仰角多于两个，则可以将它们两两结合用式(7.9)计算，然后取求得的距离的平均值。

综上所述，对目标的定位是通过将抵达信号的方位角与距离信息相结合实现的，如图 7.9 所示。

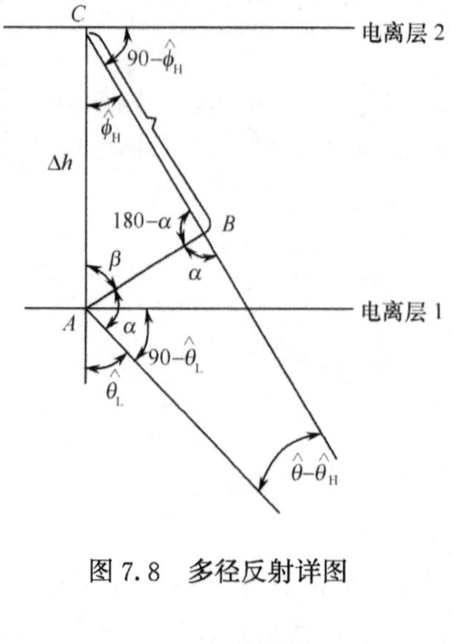

图 7.8　多径反射详图

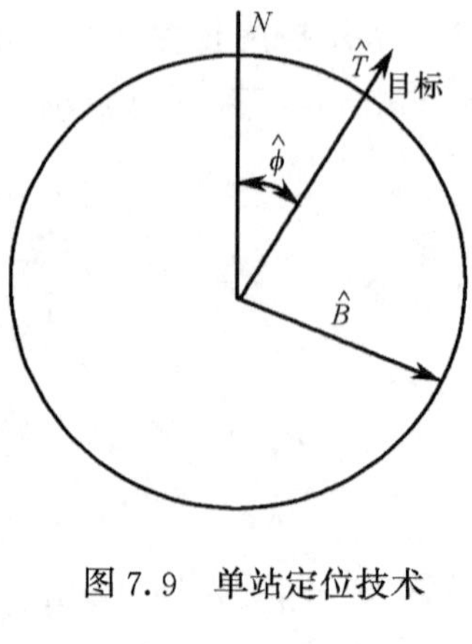

图 7.9　单站定位技术

7.5 采用倒谱计算到达时间差

倒谱是一种信号处理技术，用于计算同一信号两个不同状态之间的时间延迟，或与被反射的回波信号之间的时间延迟。对于单站定位来说，时延信息对于测量抵达信号的方位角和仰角是必要的。除下文介绍的方法之外，人们还提出了一些其他测量到达时间差的方法，包括广义相关法(generalized correlation method，GCM)[5]和自适应特征值分解算法(adaptive eigenvalues decomposition algorithm)[6]等。

倒谱最初用于语音信号处理，但后来它被广泛应用于其他领域。倒谱可用于确定前述的反射波的时间延迟。

一般来说，复倒谱指信号傅里叶变换对数的傅里叶逆变换[7]。有时候也会用到功率倒谱，复倒谱保留了相位信息，因此需要相位展开，而功率倒谱中没有保留相位信息。

如果用 $c(t)$表示传输信道的基带脉冲响应，$g(t)$表示辐射源和接收机的联合基带脉冲响应，那么接收到的解调信号可用下式表示：

$$r(t)=T(t)*c(t)*g(t) \tag{7.10}$$

其中，$T(t)$是源信号，$*$ 表示卷积。因此接收机输出端的源信号可表示为

$$s(t)=g(t)*T(t) \tag{7.11}$$

于是有

$$r(t)=s(t)*c(t) \tag{7.12}$$

目的就是为了根据式(7.12)确定 $c(t)$。$r(t)$的功率谱为

$$|R(f)|=|S(f)||C(f)| \tag{7.13}$$

转换成自然对数的形式为

$$\ln|R(f)|=\ln|S(f)|+\ln|C(f)| \tag{7.14}$$

对式(7.20)进行傅里叶逆变换(用 IFT 表示)可得 $r(t)$的功率倒谱为

$$\hat{r}(t)=\mathrm{IFT}[\ln|R(f)|]=\hat{s}(t)+\hat{c}(t) \tag{7.15}$$

只要 $\hat{s}(t)$和 $\hat{c}(t)$在倒谱范围内不重叠，就可以通过滤波求得 $\hat{c}(t)$。

注意，

$$\mathrm{FT}\{\mathrm{IFT}[\ln|R(f)|]\}=\ln|R(f)|$$
$$\exp\{\ln|R(f)|\}=|R(f)|$$
$$\mathrm{IFT}|R(f)|=\gamma(f)$$

其中，$\gamma(t)$是 $r(t)$的自相关函数。

为了阐明使用倒谱确定两个多径分量的到达时间差的方法，假定信号由一系列冲激信号(根据定义，冲激函数的持续时间极短)组成[8]，这些冲激信号逐个送入信道，每个冲激之间保持足够长的时间间隔，以确保信道和接收设备在下一个冲激发出之前已经稳定下来。在这种情况下，信道冲激响应可写为

$$r(t)=\delta(0)+A\delta(\tau) \tag{7.16}$$

其中，A 是第二个多径分量的归一化信号强度，τ 是需要确定的到达时间差。$r(t)$的功率谱为

$$|R(f)|=1+A^2+2A\cos(2\pi f\tau) \tag{7.17}$$

上式可以写成如下形式：

$$|R(f)|=(1+A^2)\left[1+\frac{2A}{1+A^2}\cos(2\pi f\tau)\right] \tag{7.18}$$

根据 $\ln(1+x)$ 的级数展开式

$$\ln(1+x)=x-\frac{x^2}{2}+\frac{x^3}{3}-\frac{x^4}{4}+\cdots \qquad x<1 \tag{7.19}$$

在忽略第一项后的所有项后,有

$$\ln(1+x)\approx x \qquad x\ll 1 \tag{7.20}$$

对 $\ln[|R(f)|]$ 使用该近似表达式可得

$$\ln[|R(f)|]\approx\ln(1+A^2)+2A\cos(2\pi f\tau) \tag{7.21}$$

上式就是 $r(t)$ 的倒谱。该倒谱中包含了一个延迟时间与到达时间差相同的脉冲。

倒谱是**同态反卷积**(homomorphic deconvolution)信号处理领域中的一个例子[9,10]。系统的同态特性是线性时不变系统叠加原理的推广,同态反卷积是广义滤波的一种。

7.6 基于 MUSIC 倒谱的单站定位

使用式(7.9)来计算探测站与目标的距离时,需要知道接收机两个天线接收到的信号之间的到达时间差 τ(通常使用多个天线接收,然后将结果综合处理)。Johnson,Black 和 Sonsteby 设计了一种用于干扰环境下的计算到达时间差的新方法,这种方法使用了改进的 MUSIC 算法[11]。

算法几何原理如图 7.10 所示。发射信号 $s(t)$ 被较低的电离层和较高的电离层分别反射回地面。接收天线阵列收到的信号分别记为 $r_1(t)$ 和 $r_2(t)$,$r_1(t)$ 为天线 1 收到的信号,$r_2(t)$ 为天线 2 收到的信号,它们都具有两个多径分量。这样,接收信号可表示为

$$r_1(t)=A_g s(t)+A_s s(t-\tau) \tag{7.22}$$

$$r_2(t)=A_g s(t-\tau_g)+A_s s(t-\tau_s-\tau) \tag{7.23}$$

其中,τ_g 是较低电离层反射的两个多径信号的时延差,τ_s 是较高电离层反射的两个多径信号的时延差。A_g 是较低电离层反射信号的路径衰减,因为这里已经假定两个天线之间的距离比反射电离层的高度小得多,所以可以假设 A_g 对于两个接收天线都是一样的。同样,A_s 是较高电离层反射信号的路径衰减。计算式(7.22)和式(7.23)的傅里叶变换可得

$$\mathcal{F}[r_1(t)]=R_1(f)=(A_g-A_s e^{-j2\pi f\tau})s(f) \tag{7.24}$$

$$\mathcal{F}[r_2(t)]=R_2(f)=(A_g e^{-j2\pi f\tau_g}+A_s e^{-j2\pi f(\tau_g+\tau)}s(f) \tag{7.25}$$

其中,$S(f)$ 是 $s(t)$ 的傅里叶变换。

$r_1(t)$ 和 $r_2(t)$ 的归一化互功率谱可用下式计算:

$$P_{r_1r_2}(f)=\frac{R_1(f)R_2^*(f)}{\sqrt{|R_1(f)|^2|R_2(f)|^2}} \tag{7.26}$$

变换为极坐标的形式为

$$P_{r_1r_2}(f)=\frac{|A_1A_2^*|\arg(A_1A_2^*)|S(f)|^2}{\sqrt{A_1A_1^*|S(f)|^2A_2A_2^*|S(f)|^2}} \tag{7.27}$$

其中,

$$A_1=A_g+A_s e^{-j2\pi f\tau}=|A_1|\angle A_1 \tag{7.28}$$

$$A_2=A_g e^{-j2\pi f\tau_g}+A_s e^{-j2\pi f(\tau_s+\tau)}=|A_2|\angle A_2 \tag{7.29}$$

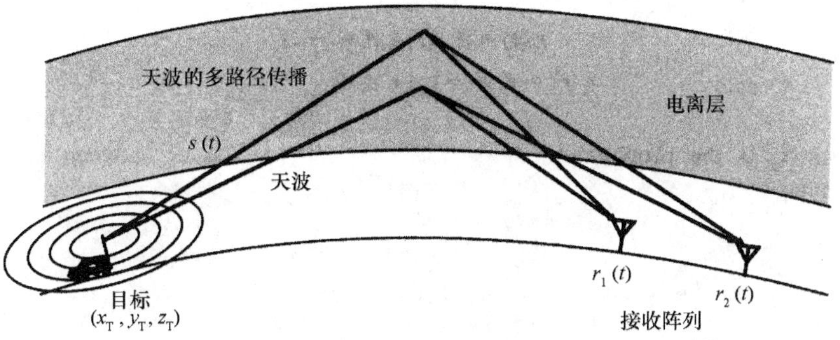

图 7.10　无源测距中的多径干涉信号

经三角变换处理并叠加噪声后，表达式(7.27)简化为

$$P_{r_1 r_2}(f)=e^{j\varphi(f)}+n(f) \tag{7.30}$$

其中，

$$\varphi(f)=\arctan\left\{\frac{A_g^2\sin 2\pi f\tau_g+A_s^2\sin 2\pi f\tau_s+2A_gA_s\cos[\pi f(2\tau+\tau_s-\tau_g)]\sin[\pi f(\tau_g+\tau_s)]}{A_g^2\cos 2\pi f\tau_g+A_s^2\cos 2\pi f\tau_s+2A_gA_s\cos[\pi f(2\tau+\tau_s-\tau_g)]\cos[\pi f(\tau_g+\tau_s)]}\right\} \tag{7.31}$$

假设信号中含有 F 个频率分量，于是

$$\boldsymbol{P}_{r_1 r_2}(f)=\begin{bmatrix} e^{j\varphi(f_1)} \\ e^{j\varphi(f_2)} \\ \vdots \\ e^{j\varphi(f_F)} \end{bmatrix}+\begin{bmatrix} n(f_1) \\ n(f_2) \\ \vdots \\ n(f_F) \end{bmatrix} \tag{7.32}$$

谱互相关矩阵为

$$\boldsymbol{C}(f)=\mathcal{E}\{\boldsymbol{P}_{r_1 r_2}(f)\boldsymbol{P}^{\dagger}_{r_1 r_2}(f)\} \tag{7.33}$$

$\boldsymbol{R}_{r_1 r_2}(f)$的第 ij 个分量为

$$r_{ij}(f)=\mathcal{E}\{[e^{j\varphi(f_i)}+n(f_i)][e^{j\varphi(f_j)}+n(f_j)]\} \tag{7.34}$$

$$=e^{j[\varphi(f_i)-\varphi(f_j)]}+\sigma^2\delta(f_i-f_j) \tag{7.35}$$

MUSIC 处理对象就是谱的互相关矩阵 $\boldsymbol{R}_{r_1 r_2}(f)$。

使用 MUSIC 算法对矩阵 $\boldsymbol{R}$ 进行特征值分解，得到其特征值$\{\lambda_i\}$和相应的特征向量 $\lambda_F\geqslant\lambda_{F-1}\geqslant\cdots\geqslant\lambda_1$，相应的特征向量矩阵为

$$\boldsymbol{E}_e=[\boldsymbol{e}_F \quad \boldsymbol{e}_{F-1} \quad \cdots \quad \boldsymbol{e}_1] \tag{7.36}$$

对于如上所述的一对相干信号来说，E_e 的秩为 1，单特征向量($\boldsymbol{e}_F$)零空间矩阵可由剩下的特征向量得到：

$$\boldsymbol{E}_N=[\boldsymbol{e}_{F-1} \quad \boldsymbol{e}_{F-2} \quad \cdots \quad \boldsymbol{e}_1] \tag{7.37}$$

MUSIC 谱为

$$P(f)=\frac{1}{\boldsymbol{b}^H\boldsymbol{E}_N\boldsymbol{E}_N^H\boldsymbol{b}} \tag{7.38}$$

其中，

$$\boldsymbol{b}=[e^{j\varphi(f_1)} \quad e^{j\varphi(f_2)} \quad \cdots \quad e^{j\varphi(f_F)}]^T \tag{7.39}$$

为了找到式(7.9)中用于计算距离的到达时间差，需要求式(7.38)给出的谱的峰值。

与刚才讨论的两条路径对应,当存在 p 条路径时有

$$\varphi(f)=\arctan\left\{\frac{\sum_{j=1}^{P}\sum_{i=1}^{P}k(i,j)V_iV_j\sin[\pi f(\tau_i+\tau_j)]\cos[\pi f(2\tau_{ij}-\tau_i+\tau_j)]}{\sum_{j=1}^{P}\sum_{i=1}^{P}k(i,j)V_iV_j\cos[\pi f(\tau_i+\tau_j)]\cos[\pi f(2\tau_{ij}-\tau_i+\tau_j)]}\right\} \tag{7.40}$$

$$k(i,j)=\begin{cases}1, & i=j\\ 2, & i\neq j\end{cases} \tag{7.41}$$

$$\tau_{ii}=0,\quad \forall i \tag{7.42}$$

两条路径的特性可分别用

$$A_1=\sum_{i=1}^{p}V_i\mathrm{e}^{-\mathrm{j}2\pi f\tau_{1i}} \tag{7.43}$$

$$A_2=\sum_{i=1}^{p}V_i\mathrm{e}^{-\mathrm{j}2\pi f(\tau_{1i}+\tau_i)} \tag{7.44}$$

表示。第 i 条路径的幅度为 V_i,路径 i 上接收天线之间的延迟为 τ_i,天线 i 和参考天线(1)之间的延迟为 τ_{i1}。

7.7 地球曲率

以上分析中均假定地球表面是一个平面。当目标距离达到或超过 500 km 时,目标定位中就不能忽略地球曲率的影响了。如图 7.11 所示,从接收传感器到路径中点的距离为弧 s,且

$$s=R_{\mathrm{E}}\alpha \tag{7.45}$$

其中,α 为弧 s 的中心角,R_{E} 为地球半径(假定地球为球体),根据三角形 ABC 的内角关系可得

$$\alpha+\beta+\theta_{\mathrm{EL}}=\frac{\pi}{2} \tag{7.46}$$

这里的单位为弧度。最后,根据正弦定律有

$$\frac{R_{\mathrm{E}}}{\sin\theta_{\mathrm{EL}})}=\frac{R_{\mathrm{E}}+h}{\sin(\pi/2+\beta)} \tag{7.47}$$

结合式(7.45)到式(7.47)可得

$$s=R_{\mathrm{E}}\left[\frac{\pi}{2}-\theta_{\mathrm{EL}}-\arccos\frac{(R_{\mathrm{E}}+h)\sin\theta_{\mathrm{EL}}}{R_{\mathrm{E}}}\right] \tag{7.48}$$

及 $B=2s$。

地球曲率的影响之一是降低了最高可用频率。这是因为辐射源与接收机之间的有效距离降低了。

考虑到地球曲率后,最大单跳传播距离为

$$d_{\mathrm{m}}=\sqrt{8R_{\mathrm{E}}h_0} \tag{7.49}$$

最高可用距离为

$$f_{\max}\approx f_{\mathrm{c}}\sqrt{\left(\frac{R_{\mathrm{E}}}{2h_0}\right)} \tag{7.50}$$

其中 h_0 是反射高度。

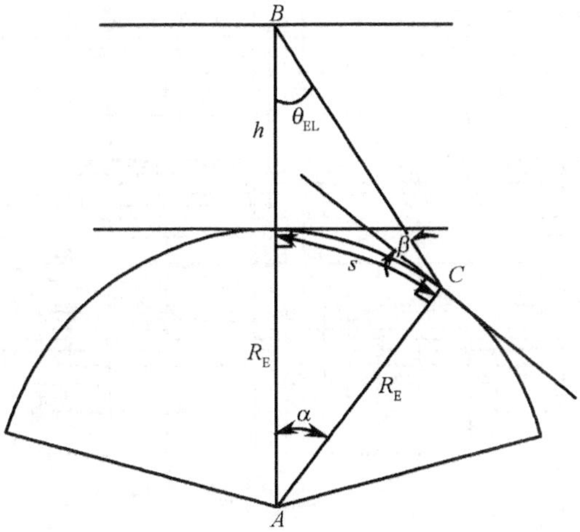

图 7.11　地球表面弧度的影响

7.8　天波测向误差

7.8.1　简介

除了测量工具方面的精度问题以外，基于天波信号的测向误差主要来自于估计等效反射点的**横向偏移**(lateral deviation)。等效反射点的横向偏移是由电离层扰动造成的，这些扰动包括电离层倾斜、电离层行扰、极化旋转和诸如聚焦、散焦等的透镜效应等等。

天波测向中，尤其是单站定位中关于电离层高度的测量一般使用斜向探测方法，即直接在拦截站点顶上测量。而天波信号的发射源与截获站点通常相距甚远。斜向探测的准确性与测量时刻电离层的状态息息相关。如果电离层状态相对稳定，则斜向探测方法十分有效，反之则无效。

7.8.2　磁场影响

如前所述，当考虑到地球磁场的影响时，射线路径可能与预计的路径差别很大。磁场将导致寻常波和非寻常波传播路径分离，从而使虚拟反射点与垂直(斜向)探测的结果不同。

7.8.3　Ross 曲线

Ross 曲线[12]表示基于大量数据得出的测向值的方差相对目标距离的函数，这些数据大部分是在二战时期测得的。该方差反映了电离层干扰(如电离层行扰)对方位误差的影响。随着距离扩大到大约 1000 km，该方差将显著减小。当存在多种传播模式时，该方差将增大。Ross 曲线如图 7.12 所示。

7.8.4　Bailey 曲线

方位角估计偏差 Bailey 曲线如图 7.13 所示[13]。正如 Ross 曲线，可以看到超过 10°的显著误差，特别是在近距离时更是如此。相比于其他误差源(如极化)，这些横向偏移的改变相对较少。

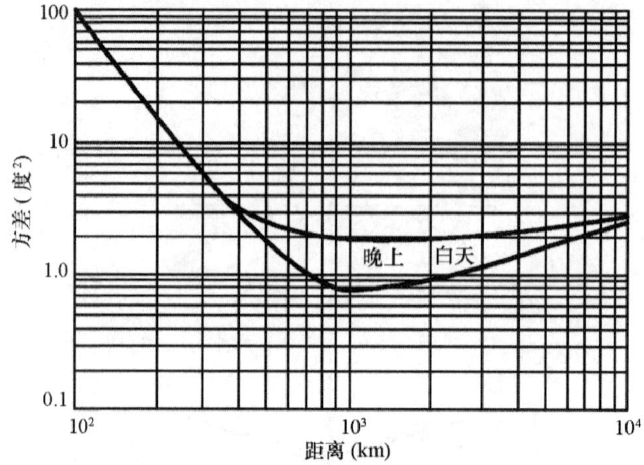

图 7.12　R_{DSS}曲线

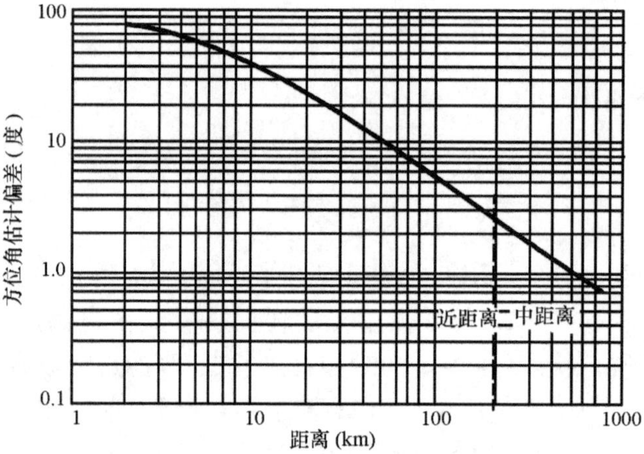

图 7.13　等效反射点 5 km 横向偏移的 Bailey 曲线

7.9　射线追踪

电离层的倾斜可能明显增大单站定位误差。如果电离层与标准的平面模型不同,则测得的方位角就是错误的,因为电离层的倾斜将会导致测得的反射角与平面模型下测得的反射角不一样。

电离层倾斜是由电离层折射率的水平梯度分布造成的,而这种梯度分布是由离子密度的不均匀性造成的。当发生电离层行扰时,电离层倾斜对单站定位系统定位的影响更加明显。

目前提出了一些新的电离层数学模型,在这些模型中电离层不再被建模为平面。射线追踪就是利用这些模型进行定位时的一种提法。从技术的角度看,当电离层被看成一个平面时,这种技术也是适用的。从理论上讲,如果知道了电离层结构的细节,则发射机与接收机之间信号经过的射线路径就可以重构,这样发射机的坐标就可以根据多条追踪路径的交叉点来确定。当然,测量中必然存在误差和噪声,同时电离层特性的测量精度也是有限的,这些都会对射线追踪法的精度产生影响。而且,在对目标辐射源进行定位时,电离层的高度通常在接收机处进行测量,并且电离层被假定成平坦的。当定位目标是敌方目标时,想要测得更多的电离层细节就更不可能了。因此,为了提高波达方位角的测量精度,建模往往是一种有用的工具。

各向同性介质①中的折射问题可以使用费马最小时间原理来分析。费马定律指出，光线总是沿最短时间路径传播，这正是光线在两个不同折射率介质的表面会发生折射的原因。这可以使用变分法描述为：

$$\delta\int_{E_1}^{E_2}\mu \mathrm{d}s = 0 \tag{7.51}$$

其中，E_1 和 E_2 是路径的两个端点，μ 是电离层的折射率。将上式转换成极坐标形式，可得

$$\mathrm{d}s=\sqrt{\mathrm{d}R^2+R^2\mathrm{d}\alpha^2+\mathrm{d}z^2} \tag{7.52}$$

其中，R 是地球半径，α 是大圆中心角，z 是横向距离。且有

$$R'=\frac{\mathrm{d}r}{\mathrm{d}\alpha},\qquad z'=\frac{\mathrm{d}z}{\mathrm{d}\alpha},\qquad L=\mu\sqrt{R'^2+R^2+z'^2}$$

因此，从式(7.51)可得

$$\frac{\mathrm{d}}{\mathrm{d}\alpha}\left(\frac{\partial L}{\partial R'}\right)-\frac{\partial L}{\partial R}=0 \tag{7.53}$$

$$\frac{\mathrm{d}}{\mathrm{d}\alpha}\left(\frac{\partial L}{\partial z'}\right)-\frac{\partial L}{\partial z}=0 \tag{7.54}$$

令

$$Q=\mu R'(R^2+R'^2+z'^2)^{-1/2} \tag{7.55}$$

$$W=\mu z'(R^2+R'^2+R'^2)^{-1/2} \tag{7.56}$$

因为对于路径 P 有

$$\mathrm{d}P=\mu^{-1}\mathrm{d}s \tag{7.57}$$

所以

$$\frac{\mathrm{d}R}{\mathrm{d}P}=Q \tag{7.58}$$

$$\frac{\mathrm{d}Q}{\mathrm{d}P}=\frac{1}{2}\frac{\partial\mu^2}{\partial R}+\frac{\mu^2-Q^2-W^2}{R} \tag{7.59}$$

$$\frac{\mathrm{d}\alpha}{\mathrm{d}P}=\frac{(\mu^2-Q^2-W^2)^{1/2}}{R} \tag{7.60}$$

$$\frac{\mathrm{d}W}{\mathrm{d}P}=\frac{1}{2}\frac{\partial\mu^2}{\partial z} \tag{7.61}$$

$$\frac{\mathrm{d}z}{\mathrm{d}P}=W \tag{7.62}$$

给定了初始条件和折射率，就可以利用式(7.58)到式(7.62)确定沿着 P 上所有点的坐标(R, z,α)。

折射率是电离层中的坐标的函数，可以近似表示为

$$\mu(R,z,\alpha)=\left|1-\frac{\beta N(R,z,\alpha)}{f^2}\right|^{1/2} \tag{7.63}$$

其中，$N(R,z,\alpha)$是电子密度（每立方厘米的电子数量），f 是频率（单位 MHz），$\beta=8.05\times 10^{-5}\ \mathrm{MHz^2cm^3}$。

假定电离层分为三层，E，F1 和 F2，那么电子密度就是距离地球表面高度 h 的函数，并且是球对称的。如果使用柱面坐标系统，则 $N(R,z,\alpha)$是 R 的函数，而不是 z 和 α 的函数，此时

① 介质的各向异性源自磁场与离子之间的相互作用。地球磁场的影响也可以考虑在内，但在这里被忽略。

就不再需要式(7.61)和式(7.62),同时式(7.58)到式(7.60)也简化为二维模型。

电子密度为[14,15]

$$N(R_1)=N_0\mathrm{e}^{[1-R_1-\sec\chi\exp(-R_1)]/2} \tag{7.64}$$

其中,χ 是太阳相对于电离层的天顶角,且已按惯例假定 $\mathrm{d}N(R)/\mathrm{d}t$ 很小。另外

$$R_1=\frac{R-R_0}{H_\mathrm{p}} \tag{6.75}$$

其中,R_0 是参考高度,在参考高度处当太阳垂直入射时产生的离子最多。H_p 是大气气压标高,定义为

$$H_\mathrm{p}=\frac{KT}{\overline{m}g} \tag{7.66}$$

其中,$\overline{m}$ 为平均分子质量; g 为重力加速度; T 为温度(单位为开尔文);电磁场扰动的不规则变化用 K 表示。

当电离层的电子密度中有侧向梯度时,高度 z 和电子密度之间就会有一定的相关性,表示为 $N(R,z)$。由式(7.63)可得

$$\frac{\partial\mu^2(R,z)}{\partial R}=-\frac{\beta}{f^2}\frac{\partial N(R,z)}{\partial R} \tag{7.67}$$

$$\frac{\partial\mu^2(R,z)}{\partial z}=-\frac{\beta}{f^2}\frac{\partial N(R,z)}{\partial z} \tag{7.68}$$

对于一个从海平面上发出的电磁波,初始条件为:R 近似等于地球半径,$Q=\sin\theta_{\mathrm{EL}}$,$W=z=0$。有了这些条件就可以求得式(7.58)到式(7.62)的数值解。

电离层中的电子密度分布可建模为抛物线模型,此时会得到一些重要特性。图 7.14 所示为采用该模型时的一个例子。通常,入射角和反射角并不相等,然而它们的相互关系可以表示为

$$\sin^2\phi_\mathrm{e}-\sin^2\phi_\mathrm{i}=A(x_\mathrm{e}-x_\mathrm{i}) \tag{7.69}$$

$$\cos^2\phi_\mathrm{e}-\cos^2\phi_\mathrm{i}=-C(z_\mathrm{e}^2-z_\mathrm{i}^2) \tag{7.70}$$

其中,

$$A=-\frac{A_0}{f^2}$$

$$C=-\left(\frac{f_\mathrm{c}}{fy_\mathrm{m}}\right)^2$$

A_0 是$(f_0\mathrm{F}2)^2$ 在水平方向上的梯度,$z=h_\mathrm{m}-h$,y_m 是电离层厚度的一半,h_m 是电子密度最大区域的高度。

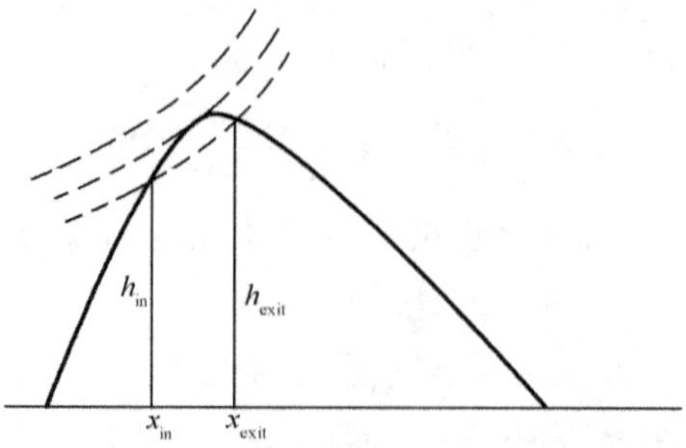

图 7.14 抛物线电离层模型中水平倾斜引起的不对称电波路径

7.9.1　抛物线模型

已经证明电离层的抛物线数学模型是相当可靠的，可以很好地描述电离层特性，模型参数可由频高图得到。Baker 和 Lambert[16] 讨论了多重准抛物电离层模型，该模型最早是由他们[17] 与 Dyson 和 Bennett[18] 提出的。在该模型中，电子密度分布为

$$N(h)=N_{\mathrm{m}}\left[1\mp\left(\frac{h-h_{\mathrm{m}}}{y_{\mathrm{m}}}\right)^{2}\right] \tag{7.71}$$

其中，N 是高度 h 处的电子密度，N_m 是高度 h_{m} 处的最大电子密度，y_{m} 仍表示电离层厚度的一半。负号对应抛物线层，而正号对应反抛物线层。因此，由 E 层和 F 层组成的电离层就可以用两个标准的抛物线层模型来表示，这两个抛物线层之间有一个反抛物线转换段。转换段 2 向第三层弯曲时高度为 h_{t2}，转换段的半厚度为 y_{m2}，它们分别可用下面两式来求得：

$$h_{\mathrm{t2}}=\frac{\left[y_{\mathrm{m3}}^{2}\left(\frac{N_{\mathrm{m1}}}{N_{\mathrm{m3}}}-1\right)+h_{\mathrm{m3}}^{2}-h_{\mathrm{m1}}h_{\mathrm{m3}}\right]}{h_{\mathrm{m1}}-h_{\mathrm{m3}}} \tag{7.72}$$

$$y_{\mathrm{m2}}^{2}=\left(\frac{N_{\mathrm{m1}}}{N_{\mathrm{m3}}}\right)\left(\frac{-h_{\mathrm{t2}}-h_{\mathrm{m1}}}{h_{\mathrm{t2}}-h_{\mathrm{m3}}}\right)y_{\mathrm{m3}}^{2} \tag{7.73}$$

该模型如图 7.15 所示，图中将两个电离层与 Dudeney 模型进行了比较。除了第二个电离层在 h_{m}E 以上包含了一层密度恒定的电子外，这两个电离层是基本相同的。

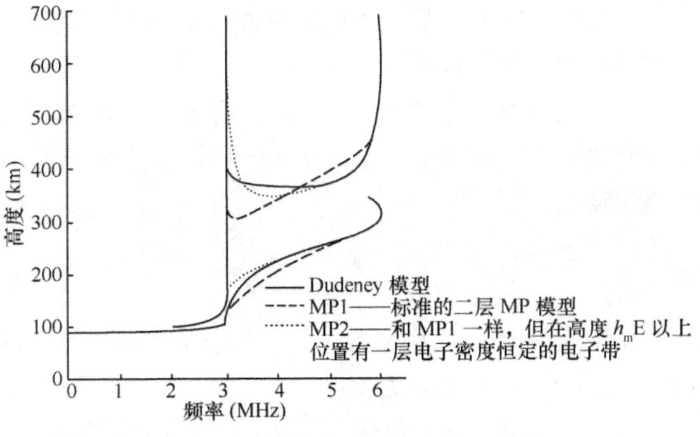

图 7.15　等离子频率剖面(下方的曲线)和相应的频高图(上方的曲线)。f_0E=3 MHz，h_{m}E=110 km，y_{m}E=20 km，f_0F=6 MHz，h_{m}F=320 km，y_{m}F=100 km

7.10　电离层传播信号中的单站定位技术与三角定位法的精确度比较

7.10.1　简介

Horing 开展了针对单站定位技术与三角定位法在高频信号远距离传播[19] 情形下的对比研究。其用于分析的模型如图 7.16 所示。由于分析针对的是单站定位，因此 Horing 假设高频信号传播过程中是单跳的，亦即天波信号在电离层仅有一次反射，因此传播路径在地面上的

映射是一个大圆。而实际过程中多径传输(在不同高度多次反射)、多跳,以及与大圆路径的偏移都有可能出现,因此在测向站必须预期可能有拥有不同方位角、仰角、相位和幅度的相关入射波的出现,这些因素将造成对方位角和仰角的测量偏差,前面已经论述了其会导致对高频辐射源定位结果偏移的有害影响。除了导致定位误差的一般来源(仪器误差、人为和自然噪声、辐射源调制、相邻信道干扰和互调)外,单站定位技术也容易受到电离层异常情况和虚拟高度估计误差等特殊误差因素的影响。

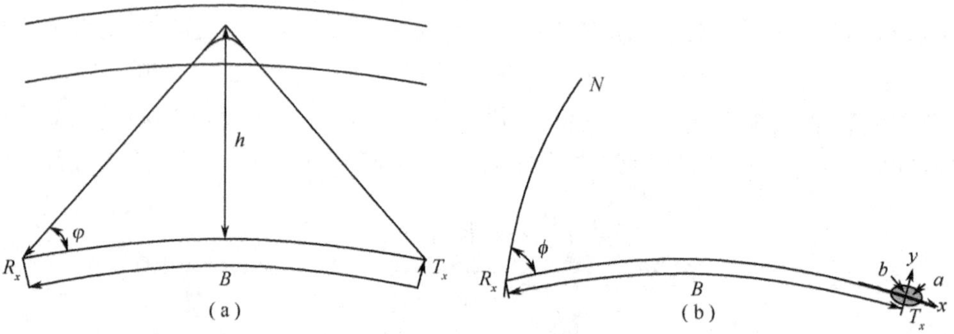

图 7.16 单站定位几何图

下面将推导单站定位技术中定位误差的近似方法,并将这些误差与双站点测向三角定位系统的定位误差相比较。

假设所有影响方位角、仰角和反射高度的因素产生的误差较小,且符合均值为零、相互独立的正态分布。假设理想的波形传播(单跳、大圆定位线(LOP))带有上述类型的误差。在目标辐射源周围,假设地球表面为一个切向平面。

在这些假设前提下,定位误差符合二维正态分布,其恒定概率曲线为椭圆曲线。对于单站定位来说,椭圆的其中一个轴位于定位线上,如图 7.16 所示。这些误差椭圆及由此导出的误差圆半径用于度量定位准确度。

7.10.2 球状模型

给定已测量得到的仰角 φ①和等效反射高度 h,估计定位上的准确度依赖于大圆。北向方位角为 ϕ,测向站与目标 B 之间的大圆距离为

$$B=2R_{\mathrm{E}}\left[\arccos\left(\frac{\cos\varphi}{1+h/R_{\mathrm{E}}}\right)-\varphi\right] \tag{7.74}$$

其中,地球半径 $R_{\mathrm{E}}=6370$ km,并假设地球为一个标准球体。所有的角都以弧度表示。

7.10.2.1 方位角误差对定位的影响

如果方位角误差较小($\Delta\phi \ll 1$),在地球表面上,就可以进行如下近似:

$$\Delta_y \approx \Delta\phi \sin\frac{B}{R_{\mathrm{E}}} \triangleq \Delta\phi R_{\mathrm{E}} A \tag{7.75}$$

方位角误差的影响如图 7.17 所示,会导致误差距离 Δ_y 的增加。

---

① 注意此角度并非一般意义下的仰角,一般意义下的仰角通常是相对于最高点而定义的,如图 7.6 所示。

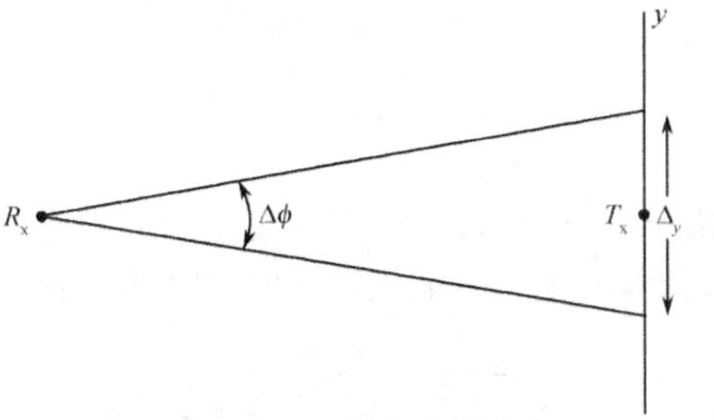

图 7.17　方位角误差影响

7.10.2.2　仰角和高度误差对定位的影响

对弧 B 用非线性表达式进行近似，该表达式为仰角 φ 和反射高度 h 的函数，并按泰勒公式第一项展开。由此得到了定位误差 ΔB_φ 和 ΔB_h 的下列表达式，其中假定仰角和高度的误差 $\Delta\varphi$ 和 Δh 很小：

$$\Delta B_\varphi \approx \Delta\varphi R_E \left\{1-\sin\varphi\left[\left(1+\frac{h}{R_E}\right)^2-\cos^2\varphi\right]^{-1/2}\right\} \triangleq \Delta\varphi R_E E \tag{7.76}$$

$$\Delta B_h \approx \frac{2\Delta h\cos\varphi}{\left(1+\frac{h}{R_E}\right)\left[\left(1+\frac{h}{R_E}\right)^2-\cos^2\varphi\right]^{1/2}} \triangleq \frac{\Delta h}{h}R_E H \tag{7.77}$$

这些测量误差造成的影响如图 7.18 所示，两种误差源的净效果是影响目标的测量范围。

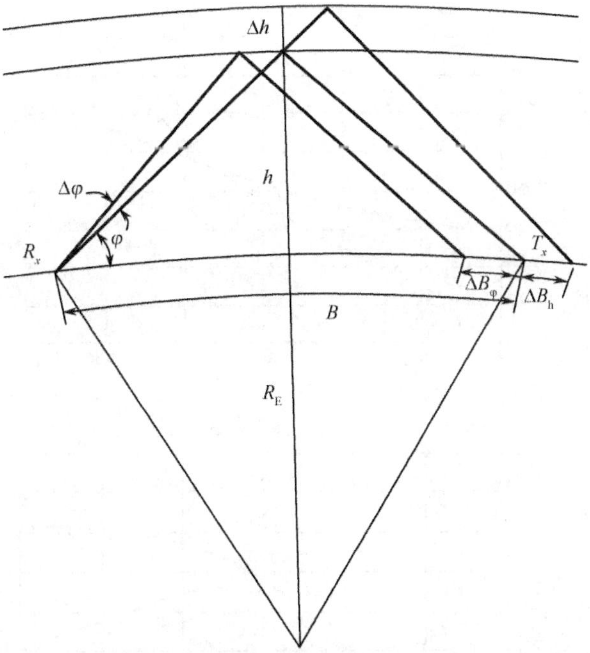

图 7.18　仰角影响

7.10.2.3　误差椭圆和误差圆

目标 x 和 y 方向的标准差由下列公式结合式(7.75)到式(7.77)给出的定位误差而得。假设这些误差符合正态分布，其方位角、仰角和反射高度的标准差分别为 σ_φ、σ_φ 和 $\sigma_{h,rel}=\sigma_h/h$。

$$\sigma_y=\sigma_\phi R_E A \tag{7.78}$$

$$\sigma_{x\varphi}=\sigma_\varphi R_E E \tag{7.79}$$

$$\sigma_{xh}=\sigma_{h,rel}R_E H \tag{7.80}$$

之后,计算出误差椭圆的半径:

$$a=(\sigma_{x\varphi}^2+\sigma_{xh}^2)^{1/2} \tag{7.81}$$

$$b=\sigma_y \tag{7.82}$$

式(7.78)到式(7.80)中的因子 A、E 和 H 为 φ 的函数,因子 E 远大于因子 A 和 H。因此仰角误差的影响占很大的比重,从而产生长短轴比较小的窄椭圆,轴比为

$$\frac{b}{a}=\left[\frac{A^2\sigma_\phi^2}{E^2\sigma_\varphi^2+H^2\sigma_{h,rel}^2}\right]^{1/2} \tag{7.83}$$

定位点位于误差椭圆内的概率为 39.9%,误差椭圆的长短半轴分别由式(7.81)和式(7.82)计算而得。若要得到其他概率 P 下的椭圆长短半轴值,原半轴值应乘上系数$[-2\log_{10}(1-P)]^{1/2}$。

通过椭圆的半轴可以计算称为椭圆误差圆(CEP)的误差圆。RMS 误差 R_{RMS} 为

$$R_{RMS}=0.75[a^2+b^2]^{1/2} \tag{7.84}$$

其精度误差控制在 10%以内。

定位点位于半径为 R_{RMS} 圆内的概率是半轴比 b/a 的函数。如果 $b/a=0$,则概率为 68%;如果 $b/a=1$,则概率为 63%。

对于球状模型,根据式(7.78)至式(7.80),可得

$$R_{RMS}=R_E(A^2\sigma_\phi^2+E^2\sigma_\varphi^2+H^2\sigma_{h,rel}^2)^{1/2} \tag{7.85}$$

图 7.19[19]表示的是 $\sigma_\phi=1°$,$\sigma_\varphi=3°$ 且 $\sigma_{h,rel}=5\%$,以及两个高度 $h=100$ km(E 层反射)和 $h=300$ km(F 层反射)情形下的 RMS 误差。图 7.20 是此情形下误差椭圆的轴比[19]。

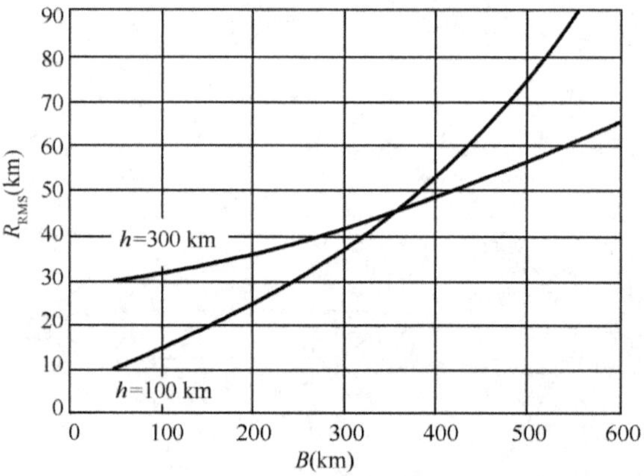

图 7.19　RMS 误差

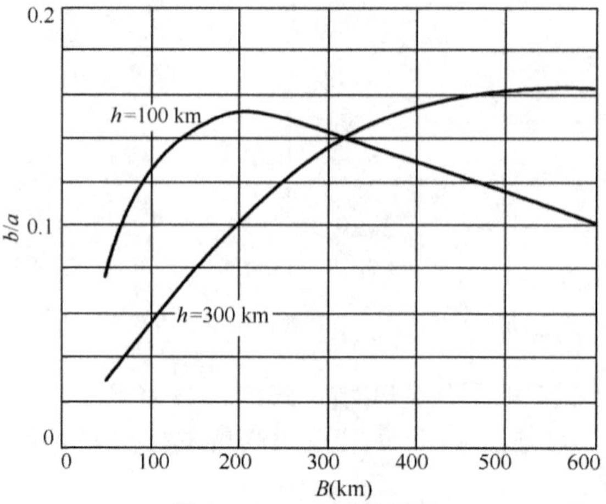

图 7.20　b/a 特殊情况

7.10.3　平面模型

假设地球表面是平的，且定位线是直线，则式(7.81)和式(7.82)可以简化为

$$b=d\sigma_{\phi} \tag{7.86}$$

$$a=d\left[\sigma_{\mathrm{h,rel}}^{2}+4\sigma_{\varphi}^{2}\left(\frac{h}{d}+\frac{d}{4h}\right)^{2}\right]^{1/2} \tag{7.87}$$

其中，d 为目标与接收机所在平面上两者之间的距离。

图 7.21[19]表示的是 RMS 误差在距离为 $D=d$ 条件下，基于平面模型式(7.86)、式(7.87)和式(7.84)所呈现的规律。假设方位角和仰角误差相等，且高度误差为零($\sigma_{\phi}=\sigma_{\varphi}=\sigma$，$\sigma_{\mathrm{h,\,rel}}=0$)。图 7.22 同样表示了 RMS 误差在距离为 $D=B$ 条件下，基于球状模型所呈现的规律。从中可以看出，距离在 800 km 以下时，平面模型的近似效果很好。

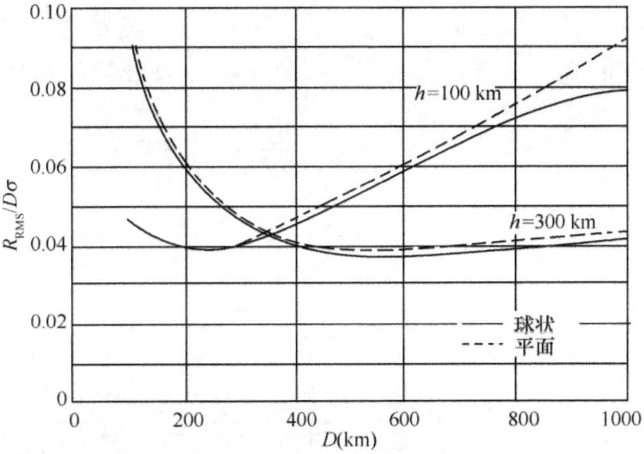

图 7.21　归一化 RMS

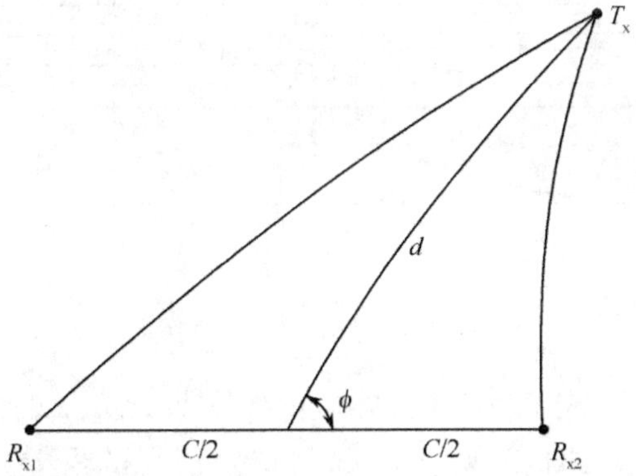

图 7.22　三角定位法几何示意图

7.10.4　单站定位技术与三角定位法的比较

在单站定位技术中，误差圆的半径大小取决于虚拟反射高度及其相对估计误差值、截获站点与目标的距离，以及方位角误差和仰角误差的标准差。而在三角定位法中，误差圆的半径大小取决于两个截获站点的方位角误差的标准差、三角定位基线，以及辐射源相对于三角定位基线的位置。

为了进行比较，对两种方法简化如下：

• 所有角度误差的标准差相同(包括水平三角定位法中的方位角和单站定位技术中的方位角及仰角)；

• 单站定位技术中的虚拟高度误差可以忽略不计(本条假设有点二义性，但出于比较目的需要如此)；

• 采用平面模型。

在三角定位法中，将 RMS 误差除以基准线 C 和标准差 σ(单位是度)之积，经此归一化的 RMS 误差取决于基于基准线 d/C 和定位线交角 ϕ 建立的极坐标系(见图 7.23)。

$$\frac{R_{\text{RMS, tri}}}{C\sigma}=\frac{\pi}{180}\frac{\left\{2\left[\left(\frac{d}{C}\right)^2+\frac{1}{4}\right]\left[\left(\left(\frac{d}{C}\right)^2-\frac{1}{4}\right)^2+\left(\frac{d}{C}\right)^2\sin^2\phi\right]\right\}^{1/2}}{\frac{d}{C}\sin\phi} \tag{7.88}$$

因此，$R_{\text{RMS,SSL}}$的直接比较可以用 $R_{\text{RMS,tri}}$表示。单站定位误差圆半径同样可以除以作为比较的三角定位系统的基准线 C 来进行归一化，结合式(7.84)、式(7.86)和式(7.87)可得

$$\frac{R_{\text{RMS,SSL}}}{C\sigma}=\frac{\pi}{180}\frac{d}{C}\left[1+4\left(\frac{h/C}{d/C}+\frac{1}{4}\frac{d/C}{h/C}\right)^2\right]^{1/2} \tag{7.89}$$

如果传播条件不随入射角变化而变化，根据式(7.89)，常数 $R_{\text{RMS,SSL}}$的曲线就是以接收站点为中心的同心圆。

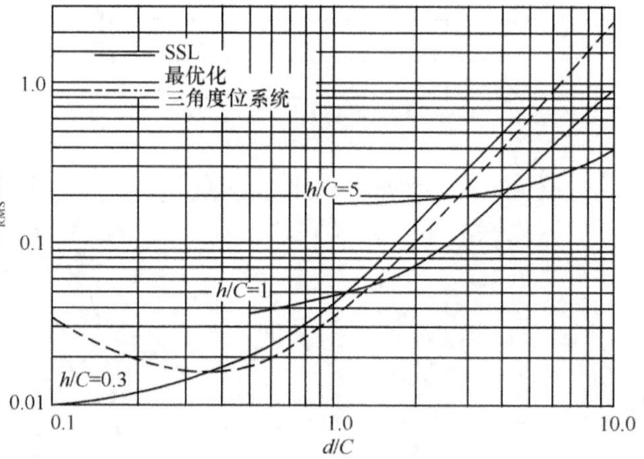

图 7.23　归一化 RMS 误差

利用 d/C 和 $\sin\phi$ 求解出式(7.88)后，即可得到常数 $R_{\text{RMS,tri}}$的曲线。当目标距离基于两个接收机定义的延长基准线，亦即$|\sin\phi|\ll 1$ 时，将产生很大的误差。这就是常见的几何精度因子效应。正如预期的，固定误差是基准线的垂直平分线($|\sin\phi|=1$)上的最小值。换句话说，当辐射源位于此垂直平分线上时，三角定位系统的定位效果是最优的。

图 7.23 给出了单站定位均方根误差与最优布站的三角定位系统的三角定位误差的比较。可注意到，理论分析单站定位误差时所做的假设，在距离小于 50 km 条件下并不现实。在这一距离上，地波和天波以几乎相同的幅度到达；同时由于仰角极大，测向天线系统的有效孔径大大缩减。传播条件引起的误差作用就更为明显。

根据图 7.23 可以总结出以下几点。

• $h/C=0.3$($h=100$ km，$C=333$ km)：单站定位技术与长基线的三角定位系统具有可比

性。两种方法在长距离情况下都能获得相同量级的误差圆半径值。而在短距离情况下，由于三角定位系统中的交角为钝角，该方法不再适用；

- $h/C=1(h=100\ \text{km}, C=100\ \text{km})$：三角定位系统在短距离情况下效果更好，而单站定位技术在长距离情况下效果更好；
- $h/C=5(h=100\ \text{km}, C=20\ \text{km})$：短距离下三角定位法性能优越。正如前面所述，单站定位技术不适用于距离小于50 km的情形。在长距离情况下，三角定位法交角过锐，因此单站定位技术在这种情况下性能更为优越。

我们在距离范围为138 km，频率为7.5 MHz和7.8 MHz的条件下进行了实地试验，并将实地试验数据结果与理论计算数据结果相比较。结果符合得很好。RMS误差在12.5～29 km范围内，占测量距离的大约10%，这正是预料中的结果。

7.10.5 结论

从上述分析中可以看出，长距离情况下，单站定位技术在三角定位法无法建立起长基线时占有较大的优势，其条件是角度误差相等及反射高度误差可忽略这两个假设成立（这是一个合适的粗略假设）。如果仰角误差比方位角误差大得多，且关于电离层反射高度的信息不足，则仅有较短基线的三角定位法都比单站定位具有更好的效果。

高频多普勒单站定位中获得的实验定位误差数据与理论计算数据符合得很好。

7.11 结论

本章讨论了一些使用单个传感器对高频信号源定位的方法。在使用三角定位法和二次定位处理方法对高频辐射源及更高频率的辐射源进行定位时，在某些情况下使用单个传感器可能更加方便。但这种技术通常需要知道电离层的高度信息，故通常会导致较低的定位精度。采用电子战系统以非合作方式测量电离层高度时，通常假定地表上空反射层高度是处处相同的，因此测量精度一般不高。

除了在电子战中的应用之外，单站定位系统还被用于电离层的研究工作，用于测量电离层的特性，并将其用于对大气层的科学研究。

参考文献

[1] Davies, K., *Ionospheric Radio*, London: Peter Peregrinus, 1989, p. 96.

[2] Davies, K., *Ionospheric Radio*, London: Peter Peregrinus, 1989, pp. 164, 165.

[3] Gething, P. J. D., *Radio Direction Finding and Superresolution*, 2nd ed., London: Peter Peregrinus Ltd., 1978, pp. 262-267.

[4] Davies, K., *Ionospheric Radio*, London: Peter Peregrinus, 1989, p. 158.

[5] Knapp, C. H., and G. C. Carter, "The Generalized Correlation Method for Estimation of Time Delay," *IEEE Transactions on Acoustics, Speech, and Signal Processing*, Vol. ASSP-24, No. 4 August 1976, pp. 320-327.

[6] Benesty, J., "Adaptive Eigenvalue Decomposition Algorithm for Passive Acoustic Source Localization," *Journal of the Acoustic Society of America*, Vol. 107, No. 1 January 2000, pp. 384-391.

[7] Childers, D. G., D. P. Skinner, and R. C. Kemerait, "The Cepstrum: A Guide to Processing," *Proceedings*

of the IEEE, Vol. 65, No. 10, October 1977, pp. 1428-1443.

[8] Eken, F., F. Atmaca, and E. Hepsaydir, "HF Multipath Dispersion Measurements Using Cepstral Signal Processing," *Radio Science*, Vol. 26, No. 1, January-February 1991, pp. 15-21.

[9] Roberts, L. R., *Signal Processing Techniques*, Anaheim, CA: Interstate Electronics Corporation, 1981, pp. 9-19-9-21.

[10] Oppenheim, A. V., and R. W. Schafer, *Digital Signal Processing*, Englewood Cliffs, NJ: Prentice-Hall, 1975, Section 10.7.

[11] Johnson, R. L., Q. R. Black, and A. G. Sonsteby, "HF Multipath Passive Single Site Radio Location," *IEEE Transactions on Aerospace and Electronic Systems*, Vol. 30, No. 2, April 1994, pp. 462-470.

[12] Ross, W., "The Estimation of the Probable Accuracy of High-Frequency Direction-Finding Bearings," *Journal of the Institute of Electrical Engineers*, Vol. 94, 1947, p. 722.

[13] Bailey, A. D., "HF Direction-of-Arrival Studies over a Medium Range Path(452 km)," *Proceedings Conference on HF Radio Propagation*, Urbana, IL: University of Illinois, June 2-4, 1969, pp. 13-30.

[14] Coleman, C. J., "On the Simulation of Backscatter Ionograms," *Journal of Atmospheric and Solar-Terrestrial Physics*, Vol. 59, 1997, pp. 2089-2099.

[15] Davies, K., *Ionospheric Radio*, London: Peter Peregrinus, 1989, p. 67.

[16] Baker, D. C., and S. Lambert, "Range Estimation for SSL HFDF Systems By Means of a Multi-quasiparabolic Ionospheric Model," *Proceedings of the IEE*, Vol. 136, Pt. H., No. 2, April 1989, pp. 120-127.

[17] Baker, D. C., and S. Lambert, "Multi-Parabolic Ionospheric Model for SSL Application," *Electronic Letters*, 1988, 24, pp. 425-426.

[18] Dyson, P. L., and J. A. Bennett, "A Model of the Vertical Distribution of the Electron Concentration in the Ionosphere and Its Application to Oblique Propagation Studies," *Journal of Atmospheric Terrestrial Physics*, Vol. 50, 1988, pp. 251-262.

[19] Horing, H. C., "Comparison of the Fixing Accuracy of Single-Station Locators and Triangulation Systems Assuming Ideal Shortwave Propagation in the Ionosphere," *Proceedings IEE*, Vol. 137, Part F, No. 3, June 1990, pp. 173-176.

附录 A　Grassmann 代数学

A.1　背景

Hermann Gunther Grassmann(格拉斯曼)生于 1809 年,出生在靠近德国和波兰边界的一个名叫 Stettin 的小镇。他创建了一种向量几何代数学。他的代数学包含了如今学生在高中阶段应学习的所有普通代数。但当他在世时,他的发现并没有得到认可。约在 1877 年,也就是在 Grassmann 去世时,William Kingdon 才发现了他的工作。Grassmann 代数学至今仍然被用于向量处理和线性数学系统。

本附录对 Grassmann 代数学进行了简要介绍,主要参考了文献[1],更详细的介绍见参考文献[2～21]。

A.2　Grassmann 代数学

Garssmann 代数学是一种"扩展"理论,其基本的乘积运算为外积。在该代数理论中,标量的加法、减法和乘法运算所表示的含义与熟知的一般数学运算是一样的。但是,向量的积运算的含义有所不同。

这种代数结构允许对几何体进行代数运算和处理。也就是说,线可以用点来构造,可以进行代数处理。平面可以用线和(或者)点来构造,也可以进行代数运算。更高级的几何体也可以很容易地构造和处理,这些处理包括确定两个或者更多几何体的交点等。

通常的三维向量也是一种可以用代数来构建的几何形状。这里,向量的定义除了幅度以外还具有方向性。然而,对于完全定义一个向量来说这并不足够。还有必要知道向量在三维空间中表示的具体含义。例如,如果向量代表施加在一个物体上的力,就需要知道这个力施加在物体的什么位置。然而,在向量的原有定义中并没有包含这些信息。Grassmann 代数通过扩展向量的定义解决了这个问题,所有关于力的必要信息都包含在向量的定义中。

平面或者更高维几何体的定义中也包含了向量的方向信息,这样平面也具有了方向性。另一方面,在对几何对象进行代数处理时,向量幅度的概念并不是必要的,尽管在需要时也可以将其包含在内。幅度信息在熟知的向量代数中是必需的,但在这种代数中由于不需要定义尺度①,因此就没有关于幅度的定义。

---

① 尺度是距离概念的推广。对于一个包含有 $\boldsymbol{x}_1$ 和 $\boldsymbol{x}_2$ 等向量的空间来说,尺度是一个满足下述关系的函数 d:

(1) $d(\boldsymbol{x}_1,\boldsymbol{x}_2)=0$,当且仅当 $\boldsymbol{x}_1=\boldsymbol{x}_2$;

(2) $d(\boldsymbol{x}_1,\boldsymbol{x}_2)=d(\boldsymbol{x}_2,\boldsymbol{x}_1)$;

(3) $d(\boldsymbol{x}_1,\boldsymbol{x}_2)\leqslant d(\boldsymbol{x}_1,\boldsymbol{x}_3)+d(\boldsymbol{x}_3,\boldsymbol{x}_2)$

A.3 外积

Grassmann代数是一种对物理实体进行描述和处理的数学系统。它是一种线性代数或向量代数，其积运算为研究线性相关性提供了便利。这种积运算通常称为外积(exterior product)或者楔积(wedge product)，记为∧。如果向量$\boldsymbol{x}_1,\boldsymbol{x}_2,\cdots$是线性相关的，那么这种线性相关性可以简单地用外积为零来描述，即

$$\boldsymbol{x}_1\wedge\boldsymbol{x}_2\wedge\cdots\wedge\boldsymbol{x}_N=0 \tag{A.1}$$

另一方面，如果向量是线性独立的，那么它们的外积就不为零。

一个向量$\boldsymbol{x}_1$可以代表线性空间的一个方向。如果空间中定义了尺度向$|\boldsymbol{x}_1|$(向量的绝对值)，则它表示向量的长度。外积将向量的定义扩展到更高维的空间。两个向量的外积$\boldsymbol{x}_1\wedge\boldsymbol{x}_2$称为二重向量，可以看成一个类似二维空间方向的概念，即为**平面方向**(planar direction)。如果这个二维空间具有尺度，那么$\boldsymbol{x}_1\wedge\boldsymbol{x}_2$的绝对值就是平面的面积。这种定义可以推广到任何维数的空间。

线和平面仅仅是由点所组成高维结构的部分例子。一条直线可以用其上任意两点的外积表示，或者用其上任意一点与平行于这条直线的向量表示。一个平面可以用其上任意三点的外积表示，或者用平面上任意两点和平行于该平面的一个向量表示，或者用平面上任意一点和平行于该平面的一个三维向量表示。

Grassmann代数包含了我们熟知的高中阶段学习过的普通代数学。在普通代数学中，外积简化成一般的积的形式。

A.3.1 外积的性质

给定两个向量$\boldsymbol{x}_1$和$\boldsymbol{x}_2$的外积，$\boldsymbol{x}_1\wedge\boldsymbol{x}_2$就是它们相应的二重向量。该二重向量与向量$\boldsymbol{x}_1$和$\boldsymbol{x}_2$不同，并不属于$\boldsymbol{x}_1$和$\boldsymbol{x}_2$所属的向量空间。实际上这种由向量空间中的向量构成的二重向量形成了属于它们自己的线性空间。

外积表现出了一种**反对称性**(antisymmetry)(或称反交换性)，即

$$\boldsymbol{x}_1\wedge\boldsymbol{x}_2=-\boldsymbol{x}_2\wedge\boldsymbol{x}_1 \tag{A.2}$$

于是有

$$\begin{aligned}\boldsymbol{x}_1\wedge\boldsymbol{x}_1&=-\boldsymbol{x}_1\wedge\boldsymbol{x}_1\\ \boldsymbol{x}_1\wedge\boldsymbol{x}_1+\boldsymbol{x}_1\wedge\boldsymbol{x}_1&=\boldsymbol{0}\\ 2(\boldsymbol{x}_1\wedge\boldsymbol{x}_1)&=\boldsymbol{0}\\ \boldsymbol{x}_1\wedge\boldsymbol{x}_1&=\boldsymbol{0}\end{aligned} \tag{A.3}$$

该式表示向量$\boldsymbol{x}_1$与它本身是线性相关的(相关系数为1，即$\boldsymbol{x}_1=1\boldsymbol{x}_1$)。

性质：

(1) 结合律：$(\boldsymbol{x}_1\wedge\boldsymbol{x}_2)\wedge\boldsymbol{x}_3=\boldsymbol{x}_1\wedge(\boldsymbol{x}_2\wedge\boldsymbol{x}_3)$

(2) 分配律：$\boldsymbol{x}_1\wedge(\boldsymbol{x}_2+\boldsymbol{x}_3)=\boldsymbol{x}_1\wedge\boldsymbol{x}_2+\boldsymbol{x}_1\wedge\boldsymbol{x}_3$

(3) 若a和b是任意标量，则有

$$(a+b)\wedge\boldsymbol{x}_1=a\boldsymbol{x}_1\wedge b\boldsymbol{x}_1$$

$$a\boldsymbol{x}_1 \wedge \boldsymbol{x}_2 = a(\boldsymbol{x}_1 \wedge \boldsymbol{x}_2)$$

(4) 假定 $\boldsymbol{e}_1$，$\boldsymbol{e}_2$ 和 $\boldsymbol{e}_3$ 是三维空间的 3 个基向量，那么空间中的任何向量都可以用这 3 个基向量来表示

$$\boldsymbol{x}_1 = a_1\boldsymbol{e}_1 + a_2\boldsymbol{e}_2 + a_3\boldsymbol{e}_3 \tag{A.4}$$

$$\boldsymbol{x}_2 = b_1\boldsymbol{e}_1 + b_2\boldsymbol{e}_2 + b_3\boldsymbol{e}_3 \tag{A.5}$$

其中，a_i 和 b_i 是恰当选取的标量。$\boldsymbol{x}_1$ 和 $\boldsymbol{x}_2$ 形成的二重向量用下式表示：

$$\begin{aligned}
\boldsymbol{x}_1 \wedge \boldsymbol{x}_2 &= (a_1\boldsymbol{e}_1 + a_2\boldsymbol{e}_2 + a_3\boldsymbol{e}_3) \wedge (b_1\boldsymbol{e}_1 + b_2\boldsymbol{e}_2 + b_3\boldsymbol{e}_3) \\
&= a_1\boldsymbol{e}_1 \wedge b_1\boldsymbol{e}_1 + a_1\boldsymbol{e}_1 \wedge b_2\boldsymbol{e}_2 + a_1\boldsymbol{e}_1 \wedge b_3\boldsymbol{e}_3 + a_2\boldsymbol{e}_2 \wedge b_1\boldsymbol{e}_1 + a_2\boldsymbol{e}_2 \wedge b_2\boldsymbol{e}_2 + a_2\boldsymbol{e}_2 \wedge b_3\boldsymbol{e}_3 \\
&\quad + a_3\boldsymbol{e}_3 \wedge b_1\boldsymbol{e}_1 + a_3\boldsymbol{e}_3 \wedge b_2\boldsymbol{e}_2 + a_3\boldsymbol{e}_3 \wedge b_3\boldsymbol{e}_3 \\
&= a_1b_1\boldsymbol{e}_1 \wedge \boldsymbol{e}_1 + a_1b_2\boldsymbol{e}_1 \wedge \boldsymbol{e}_2 + a_1b_3\boldsymbol{e}_1 \wedge \boldsymbol{e}_3 + a_2b_1\boldsymbol{e}_2 \wedge \boldsymbol{e}_1 + a_2b_2\boldsymbol{e}_2 \wedge \boldsymbol{e}_2 + a_2b_3\boldsymbol{e}_2 \wedge \boldsymbol{e}_3 \\
&\quad + a_3b_1\boldsymbol{e}_3 \wedge \boldsymbol{e}_1 + a_3b_2\boldsymbol{e}_3 \wedge \boldsymbol{e}_2 + a_3b_3\boldsymbol{e}_3 \wedge \boldsymbol{e}_3 \\
&= (a_1b_2 - a_2b_1)\boldsymbol{e}_1 \wedge \boldsymbol{e}_2 + (a_2b_3 - a_3b_2)\boldsymbol{e}_2 \wedge \boldsymbol{e}_3 + (a_3b_1 - a_1b_3)\boldsymbol{e}_3 \wedge \boldsymbol{e}_1
\end{aligned} \tag{A.6}$$

式(A.6)中的系数可以通过 $\boldsymbol{x}_1$ 和 $\boldsymbol{x}_2$ 的叉积来求得。但是，二重向量空间中并不需要定义尺度。叉积产生一个与 $\boldsymbol{x}_1$ 和 $\boldsymbol{x}_2$ 正交的向量，因此已经暗含了尺度的定义。另外，叉积也可用于三维空间中的两个向量。这里介绍的外积可以用于任意维数的向量空间。例如，三重向量也可以像式(A.6)那样推导出来：

$$\boldsymbol{x}_1 \wedge \boldsymbol{x}_2 \wedge \boldsymbol{x}_3 = (a_1b_2c_3 - a_3b_2c_1 + a_2b_3c_1 + a_3b_1c_2 - a_2b_3c_2 - a_2b_1c_3)\boldsymbol{e}_1 \wedge \boldsymbol{e}_2 \wedge \boldsymbol{e}_3 \tag{A.7}$$

(5) 式(A.7)所示的三重向量中仅存在一个向量($\boldsymbol{e}_1 \wedge \boldsymbol{e}_2 \wedge \boldsymbol{e}_3$)，它的系数是构成三重向量的各分量的行列式，其展开式为($a_1b_2c_3 - a_3b_2c_1 + a_2b_3c_1 + a_3b_1c_2 - a_2b_3c_2 - a_2b_1c_3$)。无论空间采用什么尺度定义，该系数都是由这些组成向量构成的三维平行六面体的体积，诸如这里考虑的空间。注意，如果 $\boldsymbol{x}_1$，$\boldsymbol{x}_2$ 和 $\boldsymbol{x}_3$ 都在一个平面上，那么它们是相关的，并且三重向量为 $\boldsymbol{0}$，表明其体积为零。

A.3.2　m 重向量

m 个一维向量的外积称为 m 重向量。数值 m 称为 m 重向量的级数。通常用一个下标来表示 m 重向量的级数。因此，$\boldsymbol{x}_1 \wedge \boldsymbol{x}_2 \wedge \boldsymbol{x}_3 \wedge \boldsymbol{x}_4$ 的级为 4，记为 $\underset{4}{\boldsymbol{\gamma}} = \boldsymbol{x}_1 \wedge \boldsymbol{x}_2 \wedge \boldsymbol{x}_3 \wedge \boldsymbol{x}_4$。一维向量通常不加下标。标量的级数为 0。如果线性空间的维数为 N，则 m 重向量的补向量级数为 $N-m$。

性质：交换律。交换外积中任意相邻或者不相邻元素的顺序，外积的符号要发生改变：

$$\cdots \wedge \boldsymbol{x}_i \wedge \cdots \boldsymbol{x}_j \cdots = -(\cdots \wedge \boldsymbol{x}_j \wedge \cdots \boldsymbol{x}_i \cdots) \tag{A.8}$$

性质：m 重向量的级。一个 m 重向量 $\underset{m}{\boldsymbol{\alpha}}$ 和一个 k 重向量 $\underset{k}{\boldsymbol{\beta}}$ 的外积是一个($m+k$)重向量：

$$\underset{m}{\boldsymbol{\alpha}} \wedge \underset{k}{\boldsymbol{\beta}} = \underset{m+k}{\boldsymbol{\gamma}} \tag{A.9}$$

性质：单位元素。外积的单位元素是单位标量：

$$\underset{m}{\boldsymbol{\alpha}} = 1 \wedge \underset{m}{\boldsymbol{\alpha}} = \underset{m}{\boldsymbol{\alpha}} \wedge 1 \tag{A.10}$$

性质：标量因子。标量因子可以从积运算中提出来：

$$(a\underset{m}{\boldsymbol{\alpha}})\wedge\underset{k}{\boldsymbol{\beta}}=\underset{m}{\boldsymbol{\alpha}}\wedge(a\underset{k}{\boldsymbol{\beta}})=a(\underset{m}{\boldsymbol{\alpha}}\wedge\underset{k}{\boldsymbol{\beta}}) \tag{A11}$$

性质:反交换律。当两个向量的级数都是奇数时,外积具有反交换性:

$$(\underset{m}{\boldsymbol{\alpha}})\wedge\underset{k}{\boldsymbol{\beta}}=(-1)^{mk}\underset{k}{\boldsymbol{\beta}}\wedge\underset{m}{\boldsymbol{\alpha}} \tag{A. 12}$$

只有奇数级的向量才具有反对称性。如果外积中至少有一个向量的级数为偶数,那么外积是对称的,也就是互易的,即

$$(\boldsymbol{x}_1\wedge\boldsymbol{x}_2)\wedge\boldsymbol{x}_3=\boldsymbol{x}_3\wedge(\boldsymbol{x}_1\wedge\boldsymbol{x}_2) \tag{A. 13}$$

性质:分配律。外积满足下面的左或右分配律:

$$(\underset{m}{\boldsymbol{\alpha}}+\underset{m}{\boldsymbol{\beta}})\wedge\underset{k}{\boldsymbol{\gamma}}=\underset{m}{\boldsymbol{\alpha}}\wedge\underset{k}{\boldsymbol{\gamma}}+\underset{m}{\boldsymbol{\beta}}\wedge\underset{k}{\boldsymbol{\gamma}} \qquad \underset{m}{\boldsymbol{\alpha}}\wedge(\underset{k}{\boldsymbol{\beta}}+\underset{k}{\boldsymbol{\gamma}})=\underset{m}{\boldsymbol{\alpha}}\wedge\underset{k}{\boldsymbol{\beta}}+\underset{m}{\boldsymbol{\alpha}}\wedge\underset{k}{\boldsymbol{\gamma}} \tag{A. 14}$$

性质:结合律。外积具有结合性:

$$(\underset{m}{\boldsymbol{\alpha}}\wedge\underset{k}{\boldsymbol{\beta}})\wedge\underset{n}{\boldsymbol{\gamma}}=\underset{m}{\boldsymbol{\alpha}}\wedge(\underset{k}{\boldsymbol{\beta}}\wedge\underset{n}{\boldsymbol{\gamma}}) \tag{A. 15}$$

A. 4　回归积

回归积可以看成外积的双重积(dual product),用于计算地理区域的交集。回归积记为 $\vee$。

A. 4. 1　空间的并集与交集

任意给定一个一重向量 $\boldsymbol{z}$,如果 $\boldsymbol{x}\wedge\boldsymbol{y}$ 与 $\boldsymbol{z}$ 的外积为零,那么 $\boldsymbol{z}$ 就在 $\boldsymbol{x}$ 与 $\boldsymbol{y}$ 张成的子空间中。因此,可以使用外积 $\boldsymbol{x}\wedge\boldsymbol{y}$ 代替单独的一重向量 $\boldsymbol{x}$ 和 $\boldsymbol{y}$ 来定义子空间。

因此,$\boldsymbol{x}\wedge\boldsymbol{y}$ 确定的空间中所有的一重向量 $\boldsymbol{z}$ 都满足 $\boldsymbol{x}\wedge\boldsymbol{y}\wedge\boldsymbol{z}=0$。我们可以将该结论进行推广,即由 $\underset{m}{\boldsymbol{\alpha}}$ 确定的子空间中的所有元素 $\boldsymbol{\beta}$ 满足 $\underset{m}{\boldsymbol{\alpha}}\wedge\boldsymbol{\beta}=0$。

一个元素如果等于另一个元素乘以一个标量因子,则称这两个元素是一致的。这等于说,在三维空间中如果两个向量指向同一方向,那么它们就是一致的。这两个向量不需要同样的大小,也不需要相同的起点。实际上,对于一般的线性空间,幅度并不是一个必要的概念,只有当空间中定义了尺度的时候才需要这个概念。并集与交集的概念仅对一致性有意义。一致的元素确定了同一个子空间。

元素的并集定义为这样一个元素,该元素能够确定它们张成的子空间的并。这与通常所说的集合的并集在概念上是相似的。如果 A 和 B 表示两个对象的集合(这两个集合不必是完全不同的),则 A 和 B 的并集通常用 $A\cup B$ 来表示,它是所有来自 A 和 B 中的元素的集合。元素的交集定义为这样一个元素,该元素能够确定它们张成的子空间的交。同样,由集合的概念可知,A 和 B 的交集用 $A\cap B$ 来表示,它是所有既属于 A,又属于 B 的元素的集合,如图 A. 1 所示。

给定三个独立的一重元素 $\boldsymbol{x}$、$\boldsymbol{y}$ 和 $\boldsymbol{z}$,那么 $\boldsymbol{x}\wedge\boldsymbol{y}$ 与 $\boldsymbol{y}\wedge\boldsymbol{z}$ 的并集是任何与 $\boldsymbol{x}\wedge\boldsymbol{y}\wedge\boldsymbol{z}$ 一致的元素。$\boldsymbol{x}\wedge\boldsymbol{y}$ 与 $\boldsymbol{y}\wedge\boldsymbol{z}$ 的交集是与 $\boldsymbol{y}$ 一致的元素。

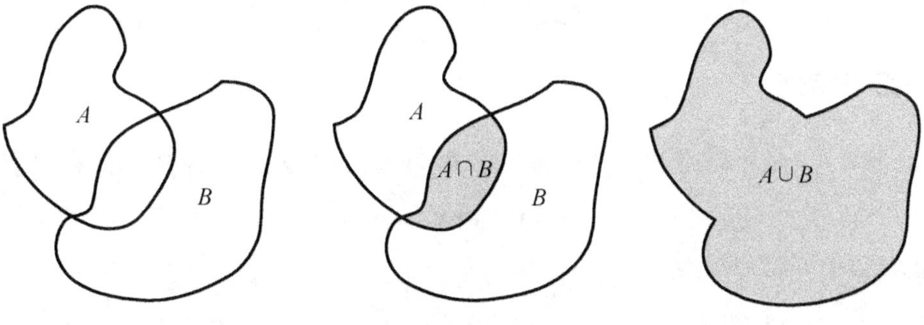

图 A.1　并集与交集

A.4.2　回归积的性质

在 N 维空间中的一个 m 重元素和一个 k 重元素的回归积是一个 $(m+k-N)$ 重元素。

性质:结合律。回归积满足结合律:

$$(\underset{m}{\boldsymbol{\alpha}} \vee \underset{k}{\boldsymbol{\beta}}) \vee \underset{n}{\boldsymbol{\gamma}} = \underset{m}{\boldsymbol{\alpha}} \vee (\underset{k}{\boldsymbol{\beta}} \vee \underset{n}{\boldsymbol{\gamma}}) \tag{A.16}$$

性质:单位元素。n 重单位向量 $\underset{N}{\mathbf{1}}$ 是回归积的单位元素,如果

$$\underset{m}{\boldsymbol{\alpha}} = \underset{N}{\mathbf{1}} \vee \underset{m}{\boldsymbol{\alpha}} = \underset{m}{\boldsymbol{\alpha}} \vee \underset{N}{\mathbf{1}} \tag{A.17}$$

性质:标量因子。标量因子可以从积运算中提出来:

$$(a\underset{m}{\boldsymbol{\alpha}}) \vee \underset{k}{\boldsymbol{\beta}} = \underset{m}{\boldsymbol{\alpha}} \vee (a\underset{k}{\boldsymbol{\beta}}) = a(\underset{m}{\boldsymbol{\alpha}} \vee \underset{k}{\boldsymbol{\beta}}) \tag{A.18}$$

性质:反交换律。当两个向量的级数都是奇数时,回归积具有反交换性:

$$\underset{m}{\boldsymbol{\alpha}} \vee \underset{k}{\boldsymbol{\beta}} = (-1)^{(N-m)(N-k)} \underset{k}{\boldsymbol{\beta}} \vee \underset{m}{\boldsymbol{\alpha}} \tag{A.19}$$

性质:分配律。外积满足下面的左或右分配律:

$$(\underset{m}{\boldsymbol{\alpha}} + \underset{m}{\boldsymbol{\beta}}) \vee \underset{k}{\boldsymbol{\gamma}} = \underset{m}{\boldsymbol{\alpha}} \vee \underset{k}{\boldsymbol{\gamma}} + \underset{m}{\boldsymbol{\beta}} \vee \underset{k}{\boldsymbol{\gamma}} \quad \underset{m}{\boldsymbol{\alpha}} \vee (\underset{k}{\boldsymbol{\beta}} + \underset{k}{\boldsymbol{\gamma}}) = \underset{m}{\boldsymbol{\alpha}} \vee \underset{k}{\boldsymbol{\beta}} + \underset{m}{\boldsymbol{\alpha}} \vee \underset{k}{\boldsymbol{\gamma}} \tag{A.20}$$

A.4.3　公因子公理

假设 $\boldsymbol{x}$,$\boldsymbol{y}$ 和 $\boldsymbol{z}$ 是三维空间中的三个独立向量。公因子公理指明两个二重向量 $\boldsymbol{x} \wedge \boldsymbol{z}$ 与 $\boldsymbol{y} \wedge \boldsymbol{z}$ 的回归积可以表示为一个三重向量 $\boldsymbol{x} \wedge \boldsymbol{z} \wedge \boldsymbol{z}$ 与 $\boldsymbol{z}$ 的回归积:

$$(\boldsymbol{x} \wedge \boldsymbol{z}) \vee (\boldsymbol{y} \wedge \boldsymbol{z}) = (\boldsymbol{x} \wedge \boldsymbol{y} \wedge \boldsymbol{z}) \vee \boldsymbol{z} \tag{A.21}$$

由于空间是三维的,我们可以将任何三重向量表示成一个单位三重向量的倍数,因此有

$$(\boldsymbol{x} \wedge \boldsymbol{y} \wedge \boldsymbol{z}) \vee \boldsymbol{z} = (a\underset{3}{\mathbf{1}}) \vee \boldsymbol{z} = a\boldsymbol{z} \tag{A.22}$$

这样,两个包含同一元素的外积的回归积与该元素一致。也就是说,两个元素的回归积定义了它们的交集:

$$(\boldsymbol{x} \wedge \boldsymbol{z}) \vee (\boldsymbol{y} \wedge \boldsymbol{z}) \equiv \boldsymbol{z} \tag{A.23}$$

设元素 $\underset{m}{\boldsymbol{\alpha}}$,$\underset{k}{\boldsymbol{\beta}}$ 和 $\underset{n}{\boldsymbol{\gamma}}$ 满足 $m+k+n=N$,其中 N 为空间的维数。公因子公理指明:

$$(\underset{m}{\boldsymbol{\alpha}} \wedge \underset{n}{\boldsymbol{\gamma}}) \vee (\underset{k}{\boldsymbol{\beta}} \wedge \underset{n}{\boldsymbol{\gamma}}) = (\underset{m}{\boldsymbol{\alpha}} \wedge \underset{k}{\boldsymbol{\beta}} \wedge \underset{n}{\boldsymbol{\gamma}}) \vee \underset{n}{\boldsymbol{\gamma}}, \qquad m+k+n=N \tag{A.24}$$

当 n 为 0 时,公因子公理指明一个 m 重向量与一个 $(N-m)$ 重向量的回归积是一个标量,可以表示为与单位元素 1 的回归积

$$\underset{m}{\boldsymbol{\alpha}} \vee \underset{k}{\boldsymbol{\beta}} = (\underset{m}{\boldsymbol{\alpha}} \wedge \underset{N-m}{\boldsymbol{\beta}}) \vee \mathbf{1}$$

A.4.4 公因子定理

设 $\boldsymbol{x} \wedge \boldsymbol{y}$ 和 $\boldsymbol{u} \wedge \boldsymbol{v}$ 是三维空间中不一致的二重向量。$\boldsymbol{x} \wedge \boldsymbol{y}$ 和 $\boldsymbol{u} \wedge \boldsymbol{v}$ 的回归积可表示为

$$\boldsymbol{z} = (\boldsymbol{x} \wedge \boldsymbol{y}) \vee (\boldsymbol{u} \wedge \boldsymbol{v})$$

公因子定理表明 $\boldsymbol{z}$ 可以表示为

$$(\boldsymbol{x} \wedge \boldsymbol{y}) \vee (\boldsymbol{u} \wedge \boldsymbol{v}) = (\boldsymbol{x} \wedge \boldsymbol{y} \wedge \boldsymbol{v}) \vee \boldsymbol{u} - (\boldsymbol{x} \wedge \boldsymbol{y} \wedge \boldsymbol{u}) \vee \boldsymbol{v} \tag{A.25}$$

A.4.5 三维空间中两个二重向量的交集

如式(A.7)所示,对于任意指定的一组基,在三维空间中,三个向量的外积确定一个三重基向量,该外积等于三重基向量与这三个向量组成的行列式的乘积。一个向量与一个完全包含它自身的三重向量的回归积(交集)给出了与该向量一致的向量。因此,两个二重向量的交集可以用下式表示:

$$\boldsymbol{z} = \det[\boldsymbol{x}, \boldsymbol{y}, \boldsymbol{v}]\boldsymbol{u} - \det[\boldsymbol{x}, \boldsymbol{y}, \boldsymbol{u}]\boldsymbol{v} \tag{A.26}$$

其中,$\det[\boldsymbol{x}, \boldsymbol{y}, \boldsymbol{v}]$是向量 $\boldsymbol{x}$, $\boldsymbol{y}$ 和 $\boldsymbol{v}$ 组成的行列式。

A.5 几何解释

上面所有的讨论都是一些没有与物理现象联系起来的概念,没有指定元素和向量的物理意义。正如上文所提到的,由于定义中不必包含尺度,因此这种代数的功能非常强大,可用于处理更高维度的几何体和图形。本节将会把这种代数与物理现象联系起来,说明采用 Grassmann 代数处理物理现象的方法。

A.5.1 点和向量

线性空间中的元素称为向量。这里将术语“向量”与几何概念“方向”联系在一起。

线性空间中的元素也可以是点。当然,向量也可以用来表示点,但此时必须给定一个参考点(该参考点的信息并未包含在向量中)。对于单个向量,往往将线性空间的原点作为参考点,例如三维空间的原点为$(z, y, z) = (0, 0, 0)$,如图 A.2 所示,空间中的这些向量有时称为位置

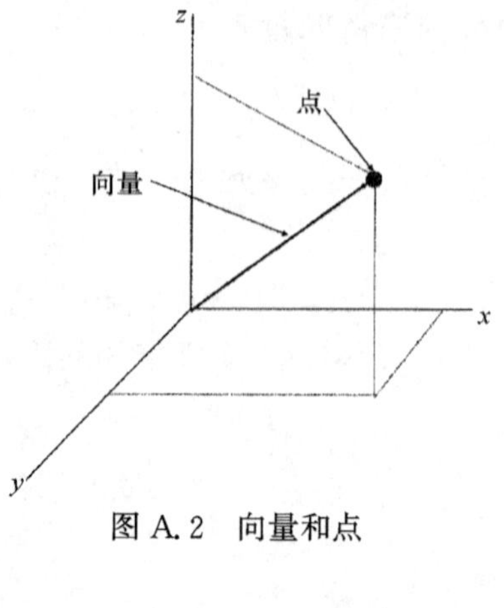

图 A.2 向量和点

向量。然而，在使用向量来表示点时，参考点并不必为原点，但这样就不便于解释其物理意义了。当在同一个元素中既要包含位置又要包含方向信息时，必须以某种方式包含向量原点的信息。然而，三维空间中的点是可以被两个或多个向量表示的，并不需要假定参考原点，如图 A. 3所示。

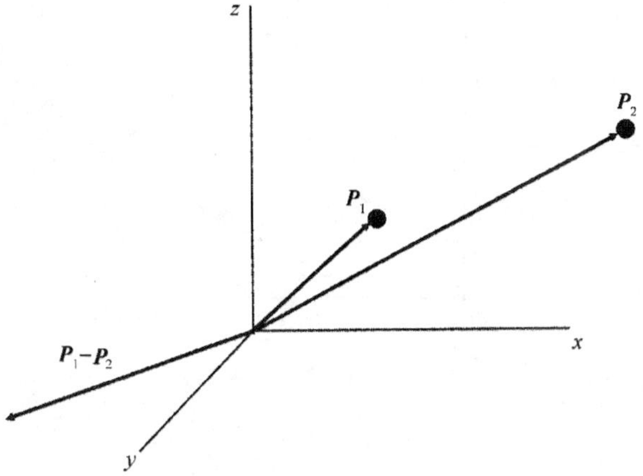

图 A. 3　两个点的差

A. 5. 2　点的和与差

点定义为原点与向量的和。如果 o 为原点，$\boldsymbol{x}$ 为向量，那么 $o+\boldsymbol{x}$ 就是一个点

$$\boldsymbol{P} \triangleq o+\boldsymbol{x} \tag{A. 27}$$

向量 $\boldsymbol{x}$ 是 $\boldsymbol{P}$ 点的位置向量。如图 A. 3 所示，两个点的差是一个向量（而不是一个点），因此原点被消去（注意在 Grassmann 代数中，加减法运算与高中阶段所学的线性代数是类似的）：

$$\boldsymbol{P}_1-\boldsymbol{P}_2=(o+\boldsymbol{x}_1)-(o+\boldsymbol{x}_2)=\boldsymbol{x}_1-\boldsymbol{x}_2$$

一个点乘以一个标量后被称为加权点。例如，如果 m 是一个标量，$m\boldsymbol{P}$ 就是一个权值为 m 的加权点。两个权值为 1 的点的和表示它们连线的中点，其权值为 2，如图 A. 4 所示。

$$\boldsymbol{P}_1+\boldsymbol{P}_2=(o+\boldsymbol{x}_1)+(o+\boldsymbol{x}_2)=2\left(o+\frac{\boldsymbol{x}_1+\boldsymbol{x}_2}{2}\right)$$

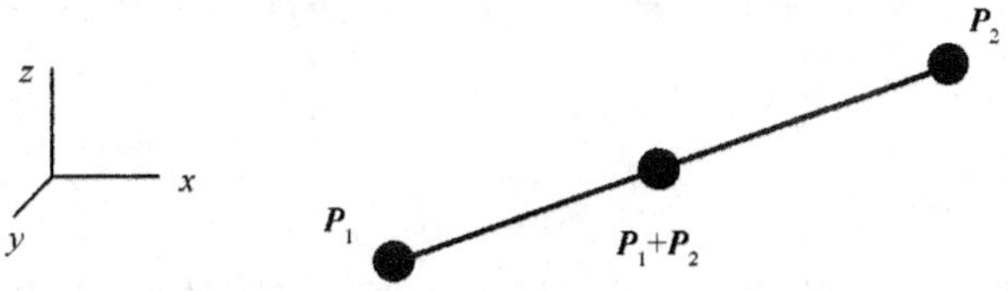

图 A. 4　两点之和

A. 5. 3　直线与平面

点与向量的外积形成直线约束向量（line-bound vector），直线就是直线约束向量的空间。也就是说，它包括了直线上所有点和沿着直线方向的所有向量，这是因为定义中没有包含向量原点的信息（所有向量的原点都在这条直线上）。因此，沿直线方向的所有向量都包含在线上了。

直线约束向量可以由 $\boldsymbol{x}$ 方向上经过 $\boldsymbol{P}$ 点的直线 $\boldsymbol{L}$ 表示，或者用 $\boldsymbol{P}$ 和 $\boldsymbol{x}$ 的外积一致的量

表示：

$$\boldsymbol{L} \equiv \boldsymbol{P} \wedge \boldsymbol{x}$$

直线约束向量的概念如图 A.5 所示。

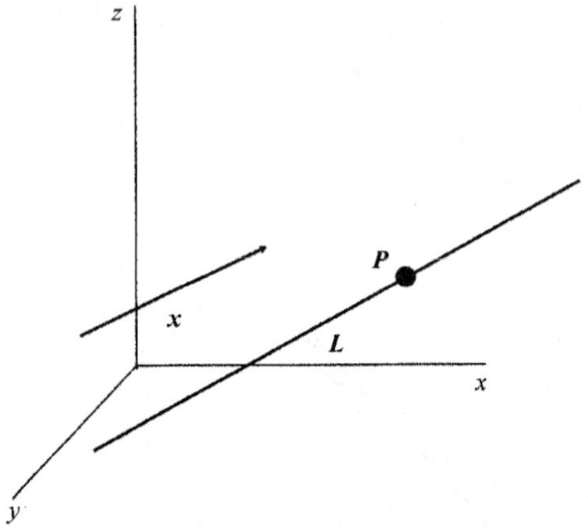

图 A.5　直线约束向量;直线约束向量可以由一个点和一个向量来确定,表示在向量方向经过该点的一条直线或任何与 $\boldsymbol{P}$ 和 $\boldsymbol{x}$ 的外积一致的量

直线也可以由线上任意两点的外积表示。令 $\boldsymbol{Q}$ 为线上任意一点,则 $\boldsymbol{Q}=\boldsymbol{P}+a\boldsymbol{x}$。于是

$$\boldsymbol{L} \equiv \boldsymbol{P} \wedge \boldsymbol{Q}=\boldsymbol{P} \wedge (\boldsymbol{P}+a\boldsymbol{x})=a\boldsymbol{P} \wedge \boldsymbol{x}$$

因此,其一般表达式为

$$\boldsymbol{L} \equiv \boldsymbol{P}_1 \wedge \boldsymbol{P}_2 \equiv \boldsymbol{P} \wedge \boldsymbol{x} \tag{A.28}$$

这些概念可以自然扩展到更高维的情况。因此,平面 $\boldsymbol{\pi}$ 可以由其上任意三点的外积表示,或者由平面上的任意两点和平面上的一个向量(向量与两点之间的连线不平行)的外积表示,或者由平面上的单个点与沿平面方向的二重向量的外积来表示：

$$\boldsymbol{\pi} \equiv \boldsymbol{P}_1 \wedge \boldsymbol{P}_2 \wedge \boldsymbol{P}_3 \equiv \boldsymbol{P}_1 \wedge \boldsymbol{P}_2 \wedge \boldsymbol{x} \equiv \boldsymbol{P}_1 \wedge \boldsymbol{x} \wedge \boldsymbol{y} \tag{A.29}$$

通过简单计算低维几何体的外积,就可以得到高维几何体。正如刚才举例说明的,直线可以用两个点的外积表示,或者用一个点和一个向量表示,该向量与该点的外积应不等于零。平面可以用一条直线与任意一点的外积表示,或者用一条直线和任意一个向量的外积来表示,该向量与该直线的外积应不等于零。

A.5.4　两条直线的交点

回归积可用于求几何体的交集。例如,平面上两条直线的交点(这个交点也是该平面上的一点)可通过计算这两条线的回归积求得。这两条直线可以用下式表示：

$$\boldsymbol{L}_1 \equiv \boldsymbol{P}_1 \wedge \boldsymbol{x}_1=(o+\boldsymbol{v}_1) \wedge \boldsymbol{x}_1=o \wedge \boldsymbol{x}_1+\boldsymbol{v}_1 \wedge \boldsymbol{x}_1$$

$$\boldsymbol{L}_2 \equiv \boldsymbol{P}_2 \wedge \boldsymbol{x}_2=(o+\boldsymbol{v}_2) \wedge \boldsymbol{x}_2=o \wedge \boldsymbol{x}_2+\boldsymbol{v}_2 \wedge \boldsymbol{x}_2$$

可求得两线的交点为

$$\boldsymbol{P} \equiv \boldsymbol{L}_1 \vee \boldsymbol{L}_2=(o \wedge \boldsymbol{x}_1+\boldsymbol{v}_1 \wedge \boldsymbol{x}_1) \vee (o \wedge \boldsymbol{x}_2+\boldsymbol{v}_2 \wedge \boldsymbol{x}_2)$$

由上式可得

$$\boldsymbol{P} \equiv (o \wedge \boldsymbol{x}_1) \vee (o \wedge \boldsymbol{x}_2)+(\boldsymbol{v}_1 \wedge \boldsymbol{x}_1) \vee (o \wedge \boldsymbol{x}_2)+(o \wedge \boldsymbol{x}_1) \vee (\boldsymbol{v}_2 \wedge \boldsymbol{x}_2)+(\boldsymbol{v}_1 \wedge \boldsymbol{x}_1) \vee (\boldsymbol{v}_2 \wedge \boldsymbol{x}_2)$$

根据式(A.25)中的公因子定理可得：

$$(o\wedge \boldsymbol{x}_1)\vee(o\wedge \boldsymbol{x}_2)=(o\wedge \boldsymbol{x}_1\wedge \boldsymbol{x}_2)\vee o-(o\wedge \boldsymbol{x}_1\wedge o)\vee \boldsymbol{x}_2=(o\wedge \boldsymbol{x}_1\wedge \boldsymbol{x}_2)\vee o$$

$$(\boldsymbol{v}_1\wedge \boldsymbol{x}_1)\vee(o\wedge \boldsymbol{x}_2)=(\boldsymbol{v}_1\wedge \boldsymbol{x}_1\wedge \boldsymbol{x}_2)\vee o-(\boldsymbol{v}_1\wedge \boldsymbol{x}_1\wedge o)\vee \boldsymbol{x}_2=-(\boldsymbol{v}_1\wedge \boldsymbol{x}_1\wedge o)\vee \boldsymbol{x}_2$$

$$(o\wedge \boldsymbol{x}_1)\vee(\boldsymbol{v}_2\wedge \boldsymbol{x}_2)=-(\boldsymbol{v}_2\wedge \boldsymbol{x}_2)\vee(o\wedge \boldsymbol{x}_1)=-(\boldsymbol{v}_2\wedge \boldsymbol{x}_2\wedge \boldsymbol{x}_1)\vee o+(\boldsymbol{v}_2\wedge \boldsymbol{x}_2\wedge o)\vee \boldsymbol{x}_1$$
$$=(\boldsymbol{v}_2\wedge \boldsymbol{x}_2\wedge o)\vee \boldsymbol{x}_1$$

$$(\boldsymbol{v}_1\wedge \boldsymbol{x}_1)\vee(\boldsymbol{v}_2\wedge \boldsymbol{x}_2)=(\boldsymbol{v}_1\wedge \boldsymbol{x}_1\wedge \boldsymbol{x}_2)\vee \boldsymbol{v}_2-(\boldsymbol{v}_1\wedge \boldsymbol{x}_1\wedge \boldsymbol{v}_2)\vee \boldsymbol{x}_2=0$$

上面公式化简的过程中应用了以下关于向量和外积的特性：(1)因为存在重复的因子，式$(o\wedge \boldsymbol{x}_1\wedge o)$为 **0**；(2)上面 4 个式子中都包含三个向量的外积，例如$(\boldsymbol{v}_1\wedge \boldsymbol{x}_1\wedge \boldsymbol{x}_2)$，该外积同样也为 **0**，因为二维向量空间中的任何三个向量必是相关的。于是可得

$$\boldsymbol{P}\triangleq(o\wedge \boldsymbol{x}_1\wedge \boldsymbol{x}_2)\vee o+(o\wedge \boldsymbol{v}_2\wedge \boldsymbol{x}_2)\vee \boldsymbol{x}_1-(o\wedge \boldsymbol{v}_1\wedge \boldsymbol{x}_1)\vee \boldsymbol{x}_2$$

给定一组基向量 $\boldsymbol{e}_1$ 和 $\boldsymbol{e}_2$，该表达式变为

$$\boldsymbol{P}=o+\frac{\det[\boldsymbol{v}_2,\boldsymbol{x}_2]}{\det[\boldsymbol{x}_1,\boldsymbol{x}_2]}\boldsymbol{x}_1-\frac{\det[\boldsymbol{v}_1,\boldsymbol{x}_1]}{\det[\boldsymbol{x}_1,\boldsymbol{x}_2]}\boldsymbol{x}_2$$

其中向量的系数为给定基下的系数。

为了证明 $\boldsymbol{P}$ 的确既在直线 $\boldsymbol{L}_1$ 上，又在直线 $\boldsymbol{L}_2$ 上，只需要证明外积 $\boldsymbol{P}\wedge\boldsymbol{L}_1$ 和 $\boldsymbol{P}\wedge\boldsymbol{L}_2$ 都为 **0**。因此，

$$\boldsymbol{P}\wedge\boldsymbol{L}_1=(o\wedge \boldsymbol{x}_1+\boldsymbol{v}_1\boldsymbol{x}_1)\wedge\left[o+\frac{\det(\boldsymbol{v}_2,\boldsymbol{x}_2)}{\det(\boldsymbol{x}_1,\boldsymbol{x}_2)}\boldsymbol{x}_1+\frac{\det(\boldsymbol{v}_1,\boldsymbol{x}_1)}{\det(\boldsymbol{x}_1,\boldsymbol{x}_2)}\boldsymbol{x}_2\right]$$
$$=o\wedge \boldsymbol{x}_1\wedge o+\frac{\det(\boldsymbol{v}_2,\boldsymbol{x}_2)}{\det(\boldsymbol{x}_1,\boldsymbol{x}_2)}o\wedge \boldsymbol{x}_1\wedge \boldsymbol{x}_1+\frac{\det(\boldsymbol{v}_1,\boldsymbol{x}_1)}{\det(\boldsymbol{x}_1,\boldsymbol{x}_2)}o\wedge \boldsymbol{x}_1\wedge \boldsymbol{x}_2+\boldsymbol{v}_1\wedge \boldsymbol{x}_1\wedge o$$
$$+\frac{\det(\boldsymbol{v}_1,\boldsymbol{x}_1)}{\det(\boldsymbol{x}_1,\boldsymbol{x}_2)}\boldsymbol{v}_1\wedge \boldsymbol{x}_1\wedge \boldsymbol{x}_1+\frac{\det(\boldsymbol{v}_2,\boldsymbol{x}_2)}{\det(\boldsymbol{x}_1,\boldsymbol{x}_2)}\boldsymbol{v}_1\wedge \boldsymbol{x}_1\wedge \boldsymbol{x}_2$$

因为

$$o\wedge \boldsymbol{x}_1\wedge o=0,\quad \frac{\det(\boldsymbol{v}_2,\boldsymbol{x}_2)}{\det(\boldsymbol{x}_1,\boldsymbol{x}_2)}o\wedge \boldsymbol{x}_1\wedge \boldsymbol{x}_1=0,\quad \frac{\det(\boldsymbol{v}_2,\boldsymbol{x}_2)}{\det(\boldsymbol{x}_1,\boldsymbol{x}_2)}\boldsymbol{v}_1\wedge \boldsymbol{x}_1\wedge \boldsymbol{x}_1=0$$

所以

$$\frac{\det(\boldsymbol{v}_1,\boldsymbol{x}_1)}{\det(\boldsymbol{x}_1,\boldsymbol{x}_2)}o\wedge \boldsymbol{x}_1\wedge \boldsymbol{x}_2+\boldsymbol{v}_1\wedge \boldsymbol{x}_1\wedge o+\frac{\det(\boldsymbol{v}_1,\boldsymbol{x}_1)}{\det(\boldsymbol{x}_1,\boldsymbol{x}_2)}\boldsymbol{v}_1\wedge \boldsymbol{x}_1\wedge \boldsymbol{x}_2$$
$$=\frac{\det(\boldsymbol{v}_1,\boldsymbol{x}_1)}{\det(\boldsymbol{x}_1,\boldsymbol{x}_2)}[o+\boldsymbol{v}_1]\wedge \boldsymbol{x}_1\wedge \boldsymbol{x}_2+\boldsymbol{v}_1\wedge \boldsymbol{x}_1\wedge o \tag{A.30}$$

式(A.30)右边第一项为 **0**，因为在一个二维空间中的三个向量必然是相关的，因此它们的外积为 **0**。故

$$\mathbf{P}\wedge\mathbf{L}_1=\boldsymbol{v}_1\wedge \boldsymbol{x}_1\wedge o=0 \tag{A.31}$$

因此，$\mathbf{P}$ 是在直线 $\mathbf{L}_1$ 上的。同理可证 $\mathbf{P}$ 也在 $\mathbf{L}_2$ 上。所以，$\mathbf{P}$ 是 $\mathbf{L}_1$ 和 $\mathbf{L}_2$ 的交点。

对于这个问题，采用这种推导方法看起来比采用简单的线性代数更复杂。然而，这种运算对于任何维空间或任何几何体都是通用的，并不仅仅限于线和点。任意几何形状的交点都可以这样求得，而且求解过程中并不需要定义尺度。

A.6 补

A.6.1 空间的补

给定一个 N 维的线性空间，$\boldsymbol{e}_1, \boldsymbol{e}_2, \cdots, \boldsymbol{e}_N$ 为空间中的一组基。任意 m 个基向量的外积为一个 m 重向量，所有这些不同的 m 重向量的集合构成了一个线性空间的基，该线性空间的维数为 $\begin{pmatrix} N \\ m \end{pmatrix}$，$m$ 重向量确定的线性空间和 $(n-m)$ 重向量确定的线性空间的基向量的数量相等，这是由外积的反对称律决定的。m 重向量确定的线性空间中的向量与 $(N-m)$ 重向量确定的线性空间中的向量存在对应关系。$(N-m)$ 重向量称为 m 重向量的补。

A.6.2 欧几里德补

在三维线性空间中 $\boldsymbol{e}_1, \boldsymbol{e}_2$ 和 $\boldsymbol{e}_3$ 为空间的基向量。任意一个基向量的欧几里德补定义为由另外两个基向量确定的二重基向量与该基向量的外积，为一个三重基向量 $\boldsymbol{e}_1 \wedge \boldsymbol{e}_2 \wedge \boldsymbol{e}_3$，如下所示：

$$\overline{\boldsymbol{e}}_1 \triangleq \boldsymbol{e}_2 \wedge \boldsymbol{e}_3 \Rightarrow \overline{\boldsymbol{e}}_1 \wedge \boldsymbol{e}_1 = \boldsymbol{e}_1 \wedge \boldsymbol{e}_2 \wedge \boldsymbol{e}_3 \tag{A.32}$$

$$\overline{\boldsymbol{e}}_2 \triangleq \boldsymbol{e}_3 \wedge \boldsymbol{e}_1 \Rightarrow \overline{\boldsymbol{e}}_2 \wedge \boldsymbol{e}_2 = \boldsymbol{e}_1 \wedge \boldsymbol{e}_2 \wedge \boldsymbol{e}_3 \tag{A.33}$$

$$\overline{\boldsymbol{e}}_3 \triangleq \boldsymbol{e}_1 \wedge \boldsymbol{e}_2 \Rightarrow \overline{\boldsymbol{e}}_3 \wedge \boldsymbol{e}_3 = \overline{\boldsymbol{e}}_1 \wedge \boldsymbol{e}_2 \wedge \boldsymbol{e}_3 \tag{A.34}$$

根据线性关系，通过推广上述基向量的欧几里德补，可以得到一般的一重向量 $\boldsymbol{x} = a\boldsymbol{e}_1 + b\boldsymbol{e}_2 + c\boldsymbol{e}_3$ 的欧几里德补，即

$$\overline{\boldsymbol{x}} = \overline{a\boldsymbol{e}_1 + b\,\boldsymbol{e}_2 + c\boldsymbol{e}_3} \triangleq a\overline{\boldsymbol{e}}_1 + b\overline{\boldsymbol{e}}_2 + c\overline{\boldsymbol{e}}_3 = a(\boldsymbol{e}_2 \wedge \boldsymbol{e}_3) + b(\boldsymbol{e}_3 \wedge \boldsymbol{e}_1) + c(\boldsymbol{e}_1 \wedge \boldsymbol{e}_2)$$

外积 $\boldsymbol{x} \wedge \overline{\boldsymbol{x}}$ 可扩展为

$$\begin{aligned} \boldsymbol{x} \wedge \overline{\boldsymbol{x}} &= (a\boldsymbol{e}_1 + b\boldsymbol{e}_2 + c\boldsymbol{e}_3) \wedge (a\boldsymbol{e}_2 \wedge \boldsymbol{e}_3 + b\boldsymbol{e}_3 \wedge \boldsymbol{e}_1 + c\boldsymbol{e}_1 \wedge \boldsymbol{e}_2) \\ &= (a^2 + b^2 + c^2)\boldsymbol{e}_1 \wedge \boldsymbol{e}_2 \wedge \boldsymbol{e}_3 \end{aligned}$$

二重基向量的补的定义与前面一重基向量的补的定义一样，因此二重基向量与它的补的外积为三重基向量，所以在三维空间中二重基向量的补是一重基向量：

$$\overline{\boldsymbol{e}_2 \wedge \boldsymbol{e}_3} = \boldsymbol{e}_1 \Rightarrow \boldsymbol{e}_2 \wedge \boldsymbol{e}_3 \wedge \overline{\boldsymbol{e}_2 \wedge \boldsymbol{e}_3} = \boldsymbol{e}_2 \wedge \boldsymbol{e}_3 \wedge \boldsymbol{e}_1 = \boldsymbol{e}_1 \wedge \boldsymbol{e}_2 \wedge \boldsymbol{e}_3$$

$$\overline{\boldsymbol{e}_3 \wedge \boldsymbol{e}_1} = \boldsymbol{e}_2 \Rightarrow \boldsymbol{e}_3 \wedge \boldsymbol{e}_1 \wedge \overline{\boldsymbol{e}_3 \wedge \boldsymbol{e}_1} = \boldsymbol{e}_3 \wedge \boldsymbol{e}_1 \wedge \boldsymbol{e}_2 = \boldsymbol{e}_1 \wedge \boldsymbol{e}_2 \wedge \boldsymbol{e}_3$$

$$\overline{\boldsymbol{e}_1 \wedge \boldsymbol{e}_2} = \boldsymbol{e}_3 \Rightarrow \boldsymbol{e}_1 \wedge \boldsymbol{e}_2 \wedge \overline{\boldsymbol{e}_1 \wedge \boldsymbol{e}_2} = \boldsymbol{e}_1 \wedge \boldsymbol{e}_2 \wedge \boldsymbol{e}_3$$

另外

$$\overline{\mathbf{1}} = \boldsymbol{e}_1 \wedge \boldsymbol{e}_2 \wedge \boldsymbol{e}_3$$

$$\overline{\boldsymbol{e}_1 \wedge \boldsymbol{e}_2 \wedge \boldsymbol{e}_3} = \mathbf{1}$$

A.6.3 补的补

向量 $\boldsymbol{x}$ 的补的补就是 $\boldsymbol{x}$ 本身。

$$\boldsymbol{x}=a\boldsymbol{e}_1\wedge b\boldsymbol{e}_2\wedge c\boldsymbol{e}_3$$

$$\bar{\boldsymbol{x}}=\overline{a\boldsymbol{e}_1\wedge b\boldsymbol{e}_2\wedge c\boldsymbol{e}_3}=a\bar{\boldsymbol{e}}_1\wedge b\bar{\boldsymbol{e}}_2\wedge c\bar{\boldsymbol{e}}_3=a\boldsymbol{e}_2\wedge\boldsymbol{e}_3+b\boldsymbol{e}_3\wedge\boldsymbol{e}_1+c\boldsymbol{e}_1\wedge\boldsymbol{e}_2$$

$$\bar{\bar{\boldsymbol{x}}}=\overline{a\boldsymbol{e}_2\wedge\boldsymbol{e}_3+b\boldsymbol{e}_3\wedge\boldsymbol{e}_1+c\boldsymbol{e}_1\wedge\boldsymbol{e}_2}=a\,\overline{\boldsymbol{e}_2\wedge\boldsymbol{e}_3}+b\,\overline{\boldsymbol{e}_3\wedge\boldsymbol{e}_1}+c\,\overline{\boldsymbol{e}_1\wedge\boldsymbol{e}_2}=a\boldsymbol{e}_1+b\bar{\boldsymbol{e}}_2+c\boldsymbol{e}_3$$

任意 m 重向量的补的补就是该向量自身，除了符号可能不同以外：

$$\bar{\bar{\underset{m}{\boldsymbol{\alpha}}}}=(-1)^{m(N-m)}\underset{m}{\boldsymbol{\alpha}}\tag{A.35}$$

A.6.4　补公理

补公理指明两个元素外积的欧几里德补为这两个元素补的回归积：

$$\overline{\underset{m}{\boldsymbol{\alpha}}\wedge\underset{k}{\boldsymbol{\beta}}}=\overline{\underset{m}{\boldsymbol{\alpha}}}\vee\overline{\underset{k}{\boldsymbol{\beta}}}\tag{A.36}$$

这个表达式同布尔代数中的德摩根定律相似。

A.7　内积

元素 $\underset{m}{\boldsymbol{\alpha}}$ 与 $\underset{k}{\boldsymbol{\beta}}$ 的**内积**(interior product)记为 $\underset{m}{\boldsymbol{\alpha}}\odot\underset{k}{\boldsymbol{\beta}}$，定义为元素 $\underset{m}{\boldsymbol{\alpha}}$ 和元素 $\underset{k}{\boldsymbol{\beta}}$ 补的回归积：

$$\underset{m}{\boldsymbol{\alpha}}\odot\underset{k}{\boldsymbol{\beta}}\triangleq\underset{m}{\boldsymbol{\alpha}}\vee\overline{\underset{k}{\boldsymbol{\beta}}}\tag{A.37}$$

内积 $\underset{m}{\boldsymbol{\alpha}}\odot\underset{k}{\boldsymbol{\beta}}$ 的级为 $m+(N-k)-N=m-k$。

内积是关于标量和矢量的普通内积(inner product)的推广。

A.7.1　普通内积和标量积

两个同级的元素 $\underset{m}{\boldsymbol{\alpha}}$ 与 $\underset{k}{\boldsymbol{\beta}}$ 的内积就是它们的普通内积。因为内积的级等于它的两个因子的级的差，所以普通内积的级总为 0，也就是说它是个标量。

当内积的两个因子的级都为 1 时，普通内积就变成了我们日常生活中常用的标量积。

普通内积具有对称性，也就是说

$$\underset{m}{\boldsymbol{\alpha}}\odot\underset{m}{\boldsymbol{\beta}}=\underset{m}{\boldsymbol{\beta}}\odot\underset{m}{\boldsymbol{\alpha}}\tag{A.38}$$

A.7.2　内积的计算

令线性空间为欧几里德度量下的三维空间，基向量为 $\boldsymbol{e}_1$，$\boldsymbol{e}_2$ 和 $\boldsymbol{e}_3$。内积 $\boldsymbol{e}_1\odot\boldsymbol{e}_1$ 和 $\boldsymbol{e}_1\odot\boldsymbol{e}_2$ 为

$$\boldsymbol{e}_1\odot\boldsymbol{e}_1=\boldsymbol{e}_1\vee\bar{\boldsymbol{e}}_1=\boldsymbol{e}_1\vee(\boldsymbol{e}_2\wedge\boldsymbol{e}_3)=(\boldsymbol{e}_1\wedge\boldsymbol{e}_2\wedge\boldsymbol{e}_3)\vee\mathbf{1}=\bar{\mathbf{1}}\vee\mathbf{1}=1$$

$$\boldsymbol{e}_1\odot\boldsymbol{e}_2=\boldsymbol{e}_1\vee\bar{\boldsymbol{e}}_2=\boldsymbol{e}_1\vee(\boldsymbol{e}_3\wedge\boldsymbol{e}_1)=(\boldsymbol{e}_1\wedge\boldsymbol{e}_3\wedge\boldsymbol{e}_1)\vee\mathbf{1}=\mathbf{0}\vee\mathbf{1}=0$$

也就是说，一个基向量与其自身的内积为 1，而与其他基向量的内积为 0。

相同二重基向量的内积为 1：

$$(\boldsymbol{e}_1\wedge\boldsymbol{e}_2)\odot(\boldsymbol{e}_1\wedge\boldsymbol{e}_2)=(\boldsymbol{e}_1\wedge\boldsymbol{e}_2)\vee\overline{(\boldsymbol{e}_1\wedge\boldsymbol{e}_2)}=(\boldsymbol{e}_1\wedge\boldsymbol{e}_2)\vee\boldsymbol{e}_3=(\boldsymbol{e}_1\wedge\boldsymbol{e}_2\wedge\boldsymbol{e}_3)\vee\mathbf{1}=\bar{\mathbf{1}}\vee\mathbf{1}=1$$

同样，不同二重基向量的内积为 0：

$$(\boldsymbol{e}_1\wedge\boldsymbol{e}_2)\odot(\boldsymbol{e}_2\wedge\boldsymbol{e}_3)=(\boldsymbol{e}_1\wedge\boldsymbol{e}_2)\vee\overline{(\boldsymbol{e}_2\wedge\boldsymbol{e}_3)}=(\boldsymbol{e}_1\wedge\boldsymbol{e}_2)\vee\boldsymbol{e}_1=(\boldsymbol{e}_1\wedge\boldsymbol{e}_2\wedge\boldsymbol{e}_1)\vee\mathbf{1}=0\vee\mathbf{1}=0$$

如果一个给定的一重基向量是某个二重基向量的因子,那么它们的内积就不为 0:

$$(\boldsymbol{e}_1 \wedge \boldsymbol{e}_2) \odot \boldsymbol{e}_1 = (\boldsymbol{e}_1 \wedge \boldsymbol{e}_2) \vee \overline{\boldsymbol{e}}_1 = (\boldsymbol{e}_1 \wedge \boldsymbol{e}_2) \vee (\boldsymbol{e}_2 \wedge \boldsymbol{e}_3) = (\boldsymbol{e}_1 \wedge \boldsymbol{e}_2 \wedge \boldsymbol{e}_3) \vee \boldsymbol{e}_2 = \overline{\mathbf{1}} \vee \boldsymbol{e}_2 = \boldsymbol{e}_2$$

如果一个给定一重基向量不是某个二重基向量的因子,那么它们的内积就为 0:

$$(\boldsymbol{e}_1 \wedge \boldsymbol{e}_2) \odot \boldsymbol{e}_3 = (\boldsymbol{e}_1 \wedge \boldsymbol{e}_2) \vee \overline{\boldsymbol{e}}_3 = (\boldsymbol{e}_1 \wedge \boldsymbol{e}_2) \vee (\boldsymbol{e}_1 \wedge \boldsymbol{e}_2) = 0$$

A.7.3 内积的展开

定理:内积公因子定理

设 $\underset{m}{\boldsymbol{\alpha}}$ 为素元,则

$$\underset{m}{\boldsymbol{\alpha}} \odot \underset{k}{\boldsymbol{\beta}} = \sum_{i=1}^{v} (\underset{k}{\boldsymbol{\alpha}_i} \odot \underset{k}{\boldsymbol{\beta}_i}) \underset{m-k}{\boldsymbol{\alpha}_i} \qquad k \leqslant m, \quad v = \binom{m}{k}$$

$$\underset{m}{\boldsymbol{\alpha}} = \underset{k}{\boldsymbol{\alpha}_1} \wedge \underset{m-k}{\boldsymbol{\alpha}_1} = \underset{k}{\boldsymbol{\alpha}_2} \wedge \underset{m-k}{\boldsymbol{\alpha}_2} = \cdots = \underset{k}{\boldsymbol{\alpha}_v} \wedge \underset{m-k}{\boldsymbol{\alpha}_v}$$

在上式中,$\underset{k}{\boldsymbol{\beta}}$ 不必是素元。因此,素元 $\underset{m}{\boldsymbol{\alpha}}$ 与另一个同级或更低级的向量 $\underset{k}{\boldsymbol{\beta}}$ 的内积可以表示为素元 $\underset{m}{\boldsymbol{\alpha}}$ 的 v 个不同因子 $\underset{m-k}{\boldsymbol{\alpha}}$ ($m-k$ 级)的线性组合。

A.7.4 二重向量与向量的内积

给定 $\boldsymbol{x}$ 为一个向量,$\boldsymbol{x}_1 \wedge \boldsymbol{x}_2$ 是一个素二重向量,$\boldsymbol{x}_1 \wedge \boldsymbol{x}_2$ 与 $\boldsymbol{x}$ 的内积为向量 $(\boldsymbol{x}_1 \wedge \boldsymbol{x}_2) \odot \boldsymbol{x}$。根据内积公因子定理,该式可以分别为

$$(\boldsymbol{x}_1 \wedge \boldsymbol{x}_2) \odot \boldsymbol{x} = (\boldsymbol{x} \odot \boldsymbol{x}_1) \boldsymbol{x}_2 - (\boldsymbol{x} \odot \boldsymbol{x}_2) \boldsymbol{x}_1$$

该式是 $\boldsymbol{x}_1$ 和 $\boldsymbol{x}_2$ 的线性组合。因此,该式很明显被包含在二重向量 $\boldsymbol{x}_1 \wedge \boldsymbol{x}_2$ 中。计算该式与 $\boldsymbol{x}$ 的内积得

$$((\boldsymbol{x} \odot \boldsymbol{x}_1) \boldsymbol{x}_2 - (\boldsymbol{x} \odot \boldsymbol{x}_2) \boldsymbol{x}_1) \odot \boldsymbol{x} = (\boldsymbol{x} \odot \boldsymbol{x}_1)(\boldsymbol{x}_2 \odot \boldsymbol{x}) - (\boldsymbol{x} \odot \boldsymbol{x}_2)(\boldsymbol{x}_1 \odot \boldsymbol{x}) = \mathbf{0}$$

这表明 $(\boldsymbol{x}_1 \wedge \boldsymbol{x}_2) \odot \boldsymbol{x}$ 与 $\boldsymbol{x}$ 是正交的。

这些概念并不局限于二维空间,还可以推广到任意维的几何体。

A.8 小结

本附录介绍了 Hermann Grassmann 在 19 世纪创建的代数学的基本概念。这些概念在电子战目标定位中的应用参见 3.3 节,但仍只是这一代数知识的部分应用。

Grassmann 代数包括了在高中阶段学到的大多数线性代数知识。读者可以将外积和内积与日常的乘积相联系,就会理解得更清楚。

参考文献

[1] Browne, J., *Grassmann Algebra, Exploring Applications of Extended Vector Algebra with Mathematica*, incomplete draft, www.ses.swin.edu.au/home/browne/grassmannalgebra/book/.

[2] Armstrong, H. L., "On an Alternative Definition of the Vector Product in *n*-Dimensional Vector Analysis," *Matrix and Tensor Quarterly*, Vol. IX, No. 4, 1959, pp. 107-110.

[3] Barton, H., "A Modern Presentation of Grassmann's Tensor Analysis," *American Journal of Mathematics*,

Vol. XLIX, 1927, pp. 598-614.

[4] Bowen, R. M. , and C. -C. Wang, *Introduction to Vectors and Tensors*, New York: Plenum Press, 1976.

[5] Burali-Forti, C. , *Introduction à la Géométrie Différentielle suivant la Méthode de H. Grassmann*, Paris: Gauthier-Villars, 1897.

[6] Burali-Forti, C. , and R. Marcolongo, *Éléments de Calcul Vectoriel*, Paris: Hermann, 1910.

[7] Carvallo, M. E. , "La Méthode de Grassmann," *Nouvelles Annales de Mathématiques*, serie 3, Vol. XI, 1892, pp. 8-37.

[8] Chevalley, C. , *The Construction and Study of Certain Important Algebras*, Tokyo: Mathematical Society of Japan, 1955.

[9] Clifford, W. K. , "Applications of Grassmann's Extensive Algebra," *American Journal of Mathematics Pure and Applied*, Vol. I, 1878, pp. 350-358.

[10] Clifford, W. K. , *Mathematical Papers*, 1882, reprinted by Chelsea Publishing Co. , New York, 1968.

[11] Coffin, J. G. , *Vector Analysis*, New York: Wiley, 1909.

[12] Collins, J. V. , "An Elementary Exposition of Grassmann's *Ausdehnungslehre* or Theory of Extension," *American Mathematical Monthly*, Vol. 6, 1899, pp. 193-198, 261-266, 297-301; Vol. 7, 1900, pp. 31-35, 163-166, 181-187, 207-214, 253-258.

[13] Coolidge, J. L. , "Grassmann's Calculus of Extension" in *A History of Geometrical Methods*, Oxford: Oxford University Press, 1940, pp. 252-257.

[14] Crowe, M. J. , *A History of Vector Analysis*, Notre Dame: Notre Dame Press, 1967.

[15] Dibag, I. , "Factorization in Exterior Algebras," *Journal of Algebra*, New York: Academic Press, Vol. 30, 1974, pp. 259-262.

[16] Gibbs, J. W. , *The Collected Works of J. Willard Gibbs Ph. D. L. L. D.*, New York: Longmans, 1928.

[17] Grassmann, H. G. , *Gesammelte mathematische und physikalische Werke*, F. Engel (ed.), Teubner: Leipzig, Vol. 1 (1896), Vol. 2 (1902, 1904), and Vol. 3 (1911).

[18] Kannenberg, L. C. , *A New Branch of Mathematics: The Ausdehnungslehre of 1844 and Other Works*, Chicago, IL: Open Court, 1995.

[19] Whitehead, A. N. , *A Treatise on Universal Algebra*, Cambridge, U. K. : Cambridge University Press, 1898.

[20] Hyde, E. W. , *The Directional Calculus*, Boston, MA: Ginn & Co. , 1890.

[21] Zaddach, A. , *Grassmann's Algebra in der Geometrie*, Zurich: BI-Wissenschafts Verlag, 1994.

附录 B　非线性规划算法

B.1　简介

本附录介绍了非线性规划算法。特别探讨了最速下降法、高斯-牛顿法，及 Levenberg-Marquardt 算法。需要指出的是，这些算法仅仅是非线性规划众多已有算法中的一部分。

B.2　最速下降法

B.2.1　简介

最速下降法，又称为梯度下降法，由柯西(Cauchy)于 1847 年[1]首次提出。柯西提出利用梯度求解非线性方程的方法

$$f(x_1, x_2, \cdots, x_n)=0 \tag{B.1}$$

其中，f 是一个恒为非负的实值连续函数。该方法建立在一个简单现象的基础上，即如果函数的梯度步长为负，应能观察到一个连续函数至少在初始阶段呈递减状态。而唯一的难处在于如何决定步长大小。虽然对于诸如凸二次函数等特殊情况很容易估算步长，但对于一般情况，通常在涉及负梯度方向的问题时，要解决待解函数的最小化问题。

尽管最速下降法非常简单，但它在最优化理论的发展过程中扮演了非常重要的角色。然而，该方法在解决很多现实问题时求解速度很慢，因此并未受到广泛应用。人们经常采用一些更好的方法，如共轭梯度法或者牛顿法。

B.2.2　最速下降法

把 $f(\boldsymbol{x})$，$\boldsymbol{x}\in\mathcal{R}^n$，且 $f:\mathcal{R}^n\rightarrow\mathcal{R}$ 作为需求最小值的函数。通过 $\boldsymbol{g}_k=\boldsymbol{g}_k(\boldsymbol{x}_k)=\nabla f(\boldsymbol{x}_k)$ 来表示 f 的梯度。最小化方法的大意就是顺着给定的搜索方向 $\boldsymbol{d}_k$ 计算步长，例如

$$\boldsymbol{x}_{k+1}=\boldsymbol{x}_k+\alpha_k\boldsymbol{d}_k, \qquad k=0,1,\cdots \tag{B.2}$$

其中，选择步长 α_k，使得

$$\alpha_k=\underset{\alpha}{\operatorname{argmin}} f(\boldsymbol{x}_k+\alpha\,\boldsymbol{d}_k) \tag{B.3}$$

此处的 argmin 是指给定函数的最小参数。对于最速下降法，搜索方向为 $\boldsymbol{d}_k=-\nabla f(\boldsymbol{x}_k)$。

最速下降算法如下。

算法　最速下降法

给定初始 $\boldsymbol{x}_0$，$\boldsymbol{d}_0=-\boldsymbol{g}_0$ 和收敛判据 tol，

for $k=0$ *to* $k_{\max}$ do

设 $\alpha_k = \underset{\alpha}{\mathrm{argmin}} f(\boldsymbol{x}_k - \alpha \boldsymbol{g}_k)$

$\boldsymbol{x}_{k+1} = \boldsymbol{x}_k - \alpha\, \boldsymbol{g}_k$

计算

$\boldsymbol{g}_{k+1} = \nabla f(\boldsymbol{x}_{k+1})$

if $\|\boldsymbol{g}_{k+1}\|_2 \leqslant$ tol then

收敛

end if

end for

最速下降算法的两个主要计算优势是算法实现复杂度低且所需存储空间小，为 O(n)。主要的工作是通过线性搜索计算步长和 α_k，以及梯度的计算。

B. 2. 3　收敛性

显然，最速下降法具有线性收敛速度，这是因为方法[2,3]非常简单。然而，即使是弱非线性问题也会导致其实际应用中收敛过慢。

考虑最小化二次函数的情况

$$f(\boldsymbol{x}) = \frac{1}{2}\boldsymbol{x}^{\mathrm{T}}\boldsymbol{Q}\boldsymbol{x} - \boldsymbol{b}^{\mathrm{T}}\boldsymbol{x} \tag{B.4}$$

其中，$\boldsymbol{b} \in \mathcal{R}^n$，$\boldsymbol{Q}$ 是一个 $n \times n$ 对称正定矩阵。由于 $\boldsymbol{Q}$ 是对称且正定的，因此所有特征值都是正实数。把矩阵 $\boldsymbol{Q}$ 的 n 个特征值排列为 $\lambda_n \geqslant \cdots \geqslant \lambda_2 \geqslant \lambda_1 > 0$。式(B. 4)的梯度为

$$\boldsymbol{g}(\boldsymbol{x}) = \boldsymbol{Q}\boldsymbol{x} - \boldsymbol{b} \tag{B.5}$$

因此可以把最速下降法的其中一步写为

$$\boldsymbol{x}_{k+1} = \boldsymbol{x}_k - \alpha_k(\boldsymbol{Q}\boldsymbol{x}_k - \boldsymbol{b}) \tag{B.6}$$

α_k 选择为可以沿 $-\boldsymbol{g}_k$ 方向最小化 $f(\boldsymbol{x})$。经简单的计算(对于二次情况)后可提取出下列关于 α_k 的等式：

$$\boldsymbol{\alpha}_k = \frac{\boldsymbol{g}_k^{\mathrm{T}}}{\boldsymbol{g}_k^{\mathrm{T}}\boldsymbol{Q}\boldsymbol{g}_k} \tag{B.7}$$

为了分析其收敛性，考虑 $f(\boldsymbol{x}_k) - (\boldsymbol{x}^{\diamond})$，此处的 $\boldsymbol{x}^{\diamond}$ 表示式(B. 4)的全局极小化变量。最初，可注意到式(B. 4)的这一唯一极小化变量是由线性系统的解给定的：

$$\boldsymbol{Q}\boldsymbol{x}^{\diamond} = \boldsymbol{b} \tag{B.8}$$

然后设

$$\begin{aligned}
f(\boldsymbol{x}_k) - f(\boldsymbol{x}^{\diamond}) &= \frac{1}{2}(\boldsymbol{x}_k^{\mathrm{T}}\boldsymbol{Q}\boldsymbol{x}_k) - \frac{1}{2}[(\boldsymbol{x}^{\diamond})^{\mathrm{T}}\boldsymbol{Q}\boldsymbol{x}^{\diamond} - \boldsymbol{b}^{\mathrm{T}}\boldsymbol{x}^{\diamond}] \\
&= \frac{1}{2}[\boldsymbol{x}_k^{\mathrm{T}}\boldsymbol{Q}\boldsymbol{x}_k - (\boldsymbol{Q}\boldsymbol{x}^{\diamond})^{\mathrm{T}}\boldsymbol{x}_k] - \frac{1}{2}[(\boldsymbol{x}^{\diamond})^{\mathrm{T}}\boldsymbol{Q}\boldsymbol{x}^{\diamond} - (\boldsymbol{Q}x^{\diamond})^{\mathrm{T}}\boldsymbol{x}^{\diamond}] \\
&= \frac{1}{2}(\boldsymbol{x}_k - \boldsymbol{x}^{\diamond})^{\mathrm{T}}\boldsymbol{Q}(\boldsymbol{x}_k - \boldsymbol{x}^{\diamond})
\end{aligned}$$

当最速下降法和精确线性搜索方法被用于强凸二次函数时，那么[2]

$$f(\boldsymbol{x}_{k+1})-f(\boldsymbol{x}^{\diamond})\leqslant\left[\frac{\kappa(\boldsymbol{Q})-1}{\kappa(\boldsymbol{Q})+1}\right]^2 f(\boldsymbol{x}_k)-f(\boldsymbol{x}^{\diamond}) \tag{B.9}$$

此处 $\kappa(Q)\triangleq\lambda_n/\lambda_1$ 是矩阵 $\boldsymbol{Q}$ 的条件数(Condition number)。

例

考虑由下式给出的三维二次函数：

$$f(\boldsymbol{x})=\frac{1}{2}\boldsymbol{x}^{\mathrm{T}}\boldsymbol{Q}-b^{\mathrm{T}}\boldsymbol{x}^{\mathrm{T}} \tag{B.10}$$

此处

$$\boldsymbol{Q}=\begin{bmatrix}1 & 0 & 0\\ 0 & \tau & 0\\ 0 & 0 & \tau^2\end{bmatrix},\qquad \boldsymbol{b}=-\begin{bmatrix}1\\1\\1\end{bmatrix}$$

表 B.1 给出了采用最速下降法得出的结果。设定好收敛判据，以使 $\|\boldsymbol{g}(\boldsymbol{x}_k)\|_2\leqslant10^{-6}$ 时算法结束。即使误差界限预测出较大条件数造成迭代次数较多，最终仍能得以收敛。

表 B.1　最速下降法 $\boldsymbol{\kappa}(Q)=\lambda_n/\lambda_1$

τ	迭代次数	$\kappa(Q)$	界限
2	27	4	0.3600
5	161	25	0.8521
10	633	100	0.9801
20	2511	400	0.9950
50	15 619	2500	0.9984

B.2.4　缩放

在极小化实际问题中，缩放问题是其最重要的方面之一。由于许多科学和工程问题的方法都是在早期形成的，因此存在不同尺度的变量也是较为常见的情况。这里存在多种原因，但常见的原因是变量有不同的物理单位，从而使最优化变量之间存在不等的数量级差距。例如，一个变量单位可能是千米，另一个变量却是毫秒，相差 6 个数量级。然而，想通过一种最优化方法使所有变量拥有相近的数量级，这有助于选择更好的搜索方向及决定何时达到收敛。对角缩放法是其中一种不错的标准方法，该方法基于变量的“典型”值。通过缩放对变量进行转换

$$\hat{\boldsymbol{x}}=\boldsymbol{D}\boldsymbol{x} \tag{B.11}$$

此处 $\boldsymbol{D}$ 是一个对角缩放矩阵。例如，在上面给出的测试问题中，可以使用下述矩阵：

$$\boldsymbol{D}=\begin{bmatrix}1 & 0 & 0\\ 0 & \tau & 0\\ 0 & 0 & \tau^2\end{bmatrix} \tag{B.12}$$

B.2.5　扩展与延伸

对于最速下降法，人们提出了许多修正方案。在 1988 年，Barzilai 和 Borwein[4] 针对负梯度方向提出了两个新的步长。尽管他们的方法不能保证在目标函数值中出现下降，但数值结

果表明，与传统的最速下降法相比，该方法已有显著的进步。他们的主要发现之一是步长和搜索方向对最速下降算法的影响相同。由此，他们提出下列新的算法步骤。首先，新的迭代方程为

$$\boldsymbol{x}_{k+1}=\boldsymbol{x}_k-\frac{1}{\alpha_k}\boldsymbol{g}_k \tag{B. 13}$$

然后，新的算法中不再通过线性搜索或对二次等式(B. 7)使用公式计算步长，而是通过下式计算步长和 α_k：

$$\alpha_k=\frac{\boldsymbol{s}_{k-1}^{\mathrm{T}}\boldsymbol{y}_{k-1}}{\boldsymbol{s}_{k-1}^{\mathrm{T}}\boldsymbol{s}_{k-1}} \tag{B. 14}$$

其中，$\boldsymbol{s}_{k-1}=\boldsymbol{x}_k-\boldsymbol{x}_{k-1}$，$\boldsymbol{y}_{k-1}=\boldsymbol{g}_k-\boldsymbol{g}_{k-1}$。使用这个新的公式，Barzilai 和 Borwein 在某些特定测试问题上使最速下降法的性能显著提升。

B. 3 高斯-牛顿法

非线性回归函数有 3 种类型的变量，分别为因变量、自变量和回归参数。

自变量通常作为输入变量，测量它们对其他变量产生的影响。自变量的矢量为 $\boldsymbol{x}=[x_1 \quad x_2 \quad \cdots \quad x_l]^{\mathrm{T}}$。因变量随着自变量的变化而变化。因变量的矢量为 $\boldsymbol{y}=[y_1 \quad y_2 \quad \cdots \quad y_m]^{\mathrm{T}}$。自变量和因变量是相互独立的模型。它们也都可以不用模型而通过实验确定。

模型是一个或多个将因变量与相关自变量联系起来的方程。模型函数用 f 表示。

回归参数是指用于把因变量和自变量联系起来的模型参数，它们也是模型独立的。回归参数是需要在非线性回归中确定的未知变量。回归参数的矢量为 $\boldsymbol{p}=[p_1 \quad p_2 \quad \cdots \quad p_n]$。

在一个模型中，因变量是自变量和模型参数的函数。模型预测的因变量值和实际观察到的因变量值之间的差异就是模型误差，用ϵ表示，即

$$y=f(x,p)+\epsilon \tag{B. 15}$$

用矢量形式表示为

$$\boldsymbol{y}=f(\boldsymbol{x},\boldsymbol{p})+\boldsymbol{\epsilon} \tag{B. 16}$$

则有

$$\boldsymbol{\epsilon}=\boldsymbol{y}-f(\boldsymbol{x},\boldsymbol{p}) \tag{B. 17}$$

保持因变量和自变量不变且只保留线性项时，$\boldsymbol{\epsilon}$ 的泰勒级数展开为一组回归参数，得

$$\boldsymbol{J}_{\epsilon}=\begin{bmatrix} \frac{\partial(y_0-f_0)}{\partial p_0} & \frac{\partial(y_0-f_0)}{\partial p_1} & \cdots & \frac{\partial(y_0-f_0)}{\partial p_n} \\ \frac{\partial(y_1-f_1)}{\partial p_0} & \frac{\partial(y_1-f_1)}{\partial p_1} & \cdots & \frac{\partial(y_1-f_1)}{\partial p_n} \\ \vdots & \vdots & \ddots & \vdots \\ \frac{\partial(y_m-f_m)}{\partial p_0} & \frac{\partial(y_m-f_m)}{\partial p_1} & \cdots & \frac{\partial(y_m-f_m)}{\partial p_n} \end{bmatrix} \tag{B. 18}$$

$$
\boldsymbol{J}=\begin{bmatrix}\frac{\partial f_0}{\partial p_0} & \frac{\partial f_0}{\partial p_1} & \cdots & \frac{\partial f_0}{\partial p_n}\\ \frac{\partial f_1}{\partial p_0} & \frac{\partial f_1}{\partial p_1} & \cdots & \frac{\partial f_1}{\partial p_n}\\ \vdots & \vdots & \ddots & \vdots\\ \frac{\partial f_m}{\partial p_0} & \frac{\partial f_m}{\partial p_1} & \cdots & \frac{f_m}{\partial p_n}\end{bmatrix} \tag{B.19}
$$

$$
\boldsymbol{\epsilon}_{\mathrm{p1}}=\boldsymbol{\epsilon}_{\mathrm{p0}}+\boldsymbol{J}_{\epsilon}(\boldsymbol{p}_1-\boldsymbol{p}_0) \tag{B.20}
$$

该 $m\times n$ 矩阵 $\boldsymbol{J}_{\epsilon}$ 为关于回归参数的误差函数的雅可比行列式，且该 $m\times n$ 矩阵 $\boldsymbol{J}$ 是关于回归参数的模型函数的雅可比行列式。

利用式(B. 17)，并注意到 $\boldsymbol{y}$ 相对于参数是恒定的，从而它们关于参数的偏导数为零，可得

$$
\boldsymbol{J}_{\epsilon}=-\boldsymbol{J} \tag{B.21}
$$

将式(B. 21)代入式(B. 20)得出

$$
\boldsymbol{\epsilon}_{\mathrm{p1}}=\boldsymbol{\epsilon}_{\mathrm{p0}}-\boldsymbol{J}(\boldsymbol{p}_1-\boldsymbol{p}_0) \tag{B.22}
$$

关于 $\boldsymbol{p}_1$ 的残差平方 $\boldsymbol{s}_{\mathrm{R}}$ 可写为

$$
\begin{aligned}
\boldsymbol{s}_{\mathrm{R}}&=\boldsymbol{\epsilon}_{\mathrm{p1}}^2=[\boldsymbol{\epsilon}_{\mathrm{p0}}-\boldsymbol{J}(\boldsymbol{p}_1-\boldsymbol{p}_0)]^2=[\boldsymbol{\epsilon}_{\mathrm{p0}}-\boldsymbol{J}(\boldsymbol{p}_1-\boldsymbol{p}_0)]^{\mathrm{T}}[\boldsymbol{\epsilon}_{\mathrm{p0}}-\boldsymbol{J}(\boldsymbol{p}_1-\boldsymbol{p}_0)]\\
&=\boldsymbol{\epsilon}_{\mathrm{p0}}^{\mathrm{T}}\boldsymbol{\epsilon}_{\mathrm{p0}}+(\boldsymbol{p}_1-\boldsymbol{p}_0)^{\mathrm{T}}\boldsymbol{J}^{\mathrm{T}}\boldsymbol{J}(\boldsymbol{p}_1-\boldsymbol{p}_0)-2\boldsymbol{\epsilon}_{\mathrm{p0}}^{\mathrm{T}}\boldsymbol{J}(\boldsymbol{p}_1-\boldsymbol{p}_0)
\end{aligned} \tag{B.23}
$$

在最小残差平方中，$\boldsymbol{s}_{\mathrm{R}}$ 关于 $\boldsymbol{p}_1-\boldsymbol{p}_0$ 的导数为零，因此可得

$$
\frac{\mathrm{d}\boldsymbol{s}_{\mathrm{R}}}{\mathrm{d}(\boldsymbol{p}_1-\boldsymbol{p}_0)}=2\boldsymbol{J}^{\mathrm{T}}\boldsymbol{J}(\boldsymbol{p}_1-\boldsymbol{p}_0)-2\boldsymbol{J}^{\mathrm{T}}\boldsymbol{\epsilon}_{\mathrm{p0}}=0 \tag{B.24}
$$

可以得到高斯- 牛顿等式

$$
\boldsymbol{J}^{\mathrm{T}}\boldsymbol{J}(\boldsymbol{p}_1-\boldsymbol{p}_0)=\boldsymbol{J}^{\mathrm{T}}\boldsymbol{\epsilon}_{\mathrm{p0}} \tag{B.25}
$$

则

$$
\boldsymbol{p}_1=(\boldsymbol{J}^{\mathrm{T}}\boldsymbol{J})^{-1}\boldsymbol{J}^{\mathrm{T}}\boldsymbol{\epsilon}_{\mathrm{p0}}+\boldsymbol{p}_0 \tag{B.26}
$$

高斯- 牛顿算法需以一个用于 $\boldsymbol{p}_0$ 的初始猜测参数值进行，然后就可以解出残差和雅可比行列式。式(B. 26)用于解 $\boldsymbol{p}_1$，作为新的 $\boldsymbol{p}_0$，如此一直重复，直到算法收敛或者算法结果不稳定为止。

B. 4 Levenberg-Marquardt 算法

B. 4. 1 简介

Levenberg-Marquardt(LM)算法是定位多元函数最小值的迭代方法，多元函数表述为非线性实值函数的平方和[5,6]。该方法已成为解决非线性最小二乘问题的标准方法，被广泛应用于多种学科中。LM 算法可认为是上一节中谈到的最速下降法和高斯- 牛顿法的结合体。在当前解与正确解有较大差距时，该算法如最速下降法一样：收敛速度慢，但能保证收敛。在

当前解与正确解较为接近时,该算法就变成了高斯-牛顿法。下文接着提供了基于文献[5]的关于 LM 算法的一个简短说明,而关于 LM 算法的详细分析超出了本附录的范围,感兴趣的读者可参考文献[7~9],以了解更多的综合处理方法。

B.4.2 非线性最小二乘最小化问题

LM 算法所解决的问题称为非线性最小二乘最小化问题。这意味着要被最小化的函数的形式为

$$f(\boldsymbol{x}) = \frac{1}{2}\sum_{j=1}^{m} r_j^2(\boldsymbol{x})$$

其中,$\boldsymbol{x}=[x_1 \quad x_2 \quad \cdots \quad x_n]^{\mathrm{T}}$ 是一个矢量,且每个 $r_j:\mathcal{R}^n\to\mathcal{R}$。$r_j$ 称为残差,且假设 $m\geqslant n$。

f 可用残差矢量 $\boldsymbol{r}:\mathcal{R}^n\to\mathcal{R}^m$ 表示,残差矢量定义为

$$\boldsymbol{r}(\boldsymbol{x})\triangleq[r_1(\boldsymbol{x}) \quad r_2(\boldsymbol{x}) \quad \cdots \quad r_m(\boldsymbol{x})]^{\mathrm{T}}$$

因此 f 可写为

$$f(\boldsymbol{x})=\frac{1}{2}\|\boldsymbol{r}(\boldsymbol{x})\|^2$$

f 的导数可用关于 $\boldsymbol{x}$ 的 $\boldsymbol{r}$ 的雅可比矩阵 $\boldsymbol{J}$ 来表示,雅可比矩阵中的各项为

$$\boldsymbol{J}(\boldsymbol{x})=\frac{\partial r_j}{\partial x_i}, \qquad 1\leqslant j\leqslant m, 1\leqslant j\leqslant n$$

首先考虑每个 r_i 函数都是线性的情况。在这里,雅可比行列式是不变的,可以把 $\boldsymbol{r}$ 看成空间的超平面,因而 f 由以下二次方程式给出:

$$f(\boldsymbol{x})=\frac{1}{2}\|\boldsymbol{J}\boldsymbol{x}+\boldsymbol{r}(0)\|^2$$

也可得出

$$\nabla f(\boldsymbol{x})=\boldsymbol{J}^{\mathrm{T}}(\boldsymbol{J}\boldsymbol{x}+\boldsymbol{r}) \tag{B.27}$$

且

$$\nabla^2 f(\boldsymbol{x})=\boldsymbol{J}^{\mathrm{T}}\boldsymbol{J}$$

设$\nabla f(\boldsymbol{x})=0$ 解出最小值,可得

$$\boldsymbol{x}_{\min}=-(\boldsymbol{J}^{\mathrm{T}}\boldsymbol{J})^{-1}\boldsymbol{J}^{\mathrm{T}}\boldsymbol{r} \tag{B.28}$$

该式即为如下正规方程组(normal equations)的解:

$$\boldsymbol{J}^{\mathrm{T}}\boldsymbol{J}\boldsymbol{x}_{\min}=-\boldsymbol{J}^{\mathrm{T}}\boldsymbol{r} \tag{B.29}$$

该方程通过假定式(B.27)等于零而得。

如果测量矢量 $\boldsymbol{x}$ 的协方差矩阵 $\sum_x$ 存在,那么可以将其纳入 LM 算法中,通过最小化平方 $\sum_x^{-1}$-范数而非欧几里德 $\boldsymbol{r}^{\mathrm{T}}\boldsymbol{r}$。因此,通过求解加权正规方程组定义的加权最小二乘问题,可以求得最小值。

$$\boldsymbol{J}^{\mathrm{T}}\sum\nolimits_x^{-1}\boldsymbol{J}\boldsymbol{x}_{\min}=-\boldsymbol{J}^{\mathrm{T}}\sum\nolimits_x^{-1}\boldsymbol{r} \tag{B.30}$$

其余的算法保持不变。

考虑一般的非线性的情况，有

$$\nabla f(\boldsymbol{x})=\sum_{j=1}^{m} r_j(\boldsymbol{x}) \nabla r_j(\boldsymbol{x})+\boldsymbol{J}^{\mathrm{T}}(\boldsymbol{x})\boldsymbol{r}(\boldsymbol{x}) \tag{B. 31}$$

$$\nabla^2 f(\boldsymbol{x})=\boldsymbol{J}^{\mathrm{T}}(\boldsymbol{x})\boldsymbol{J}(\boldsymbol{x})+\sum_{j=1}^{m} r_j(\boldsymbol{x})\nabla^2 r_j(\boldsymbol{x}) \tag{B. 32}$$

最小二乘问题的好处在于，在给定雅可比行列式 $\boldsymbol{J}$ 时，如果能够通过线性函数($\nabla^2 f(\boldsymbol{x})$较小时)估计 r_j，或者残差 $r_j(\boldsymbol{x})$本身较小时，可以很容易得到海赛(Hessian)函数$\nabla^2 f(\boldsymbol{x})$。该情况下的海塞函数就变成

$$\nabla^2 f(\boldsymbol{x})=\boldsymbol{J}^{\mathrm{T}}(\boldsymbol{x})\boldsymbol{J}(\boldsymbol{x}) \tag{B. 33}$$

这和线性情况是一样的。

这里常用到的近似方法是使用近似线性的方法使 r_j 接近其解，因此需要$\nabla^2 r_j(\boldsymbol{x})$比较小。还要注意，式(B. 33)只在残差较小时才是有效的。残差较大时不能通过二次近似的方法求解，因为本算法在这种情况下的性能不好。

B. 4. 3 LM 作为梯度下降法和高斯-牛顿迭代法的综合方法

Vanilla 梯度下降法是在函数中找出极小值的最简单直观的方法。参数更新方式为在每一步里加入经过缩放的负梯度值，也即

$$\boldsymbol{x}_{i+1}=\boldsymbol{x}_i-\alpha \nabla f \tag{B. 34}$$

简单梯度下降法会遇到各种收敛问题。按照逻辑，会在梯度较小的地方(斜率较小时)增大梯度步长。相反，当梯度较大时则减小梯度步长，以至于不会越过极小值。而我们所做的正好与此相反。另一个问题是误差曲面的曲率可能不是各向同性的。例如，如果在误差曲面上有一个长且窄的谷，那么沿着谷底的梯度分量就较小，沿着谷壁方向的梯度分量则较大。这就导致了谷壁方向的移动较大，尽管只需沿谷底方向移动较短的一段距离，而沿着谷壁方向却需要移动较长的一段距离。

上述问题可通过使用曲率和梯度信息，亦即二次导数信息来改善。其中一种方法是使用牛顿法求解等式$\nabla f(\boldsymbol{x})=0$。在当前状态 $\boldsymbol{x}_0$ 处对 f 的梯度进行泰勒级数展开，可得

$$\nabla f(\boldsymbol{x})=\nabla f(\boldsymbol{x}_0)+(\boldsymbol{x}-\boldsymbol{x}_0)^{\mathrm{T}} \nabla^2 f(\boldsymbol{x}_0)+(\boldsymbol{x}-\boldsymbol{x}_0)\text{的高阶项} \tag{B. 35}$$

如果忽略这个高阶项(假设 f 在 $\boldsymbol{x}_0$ 处是二次的)，同时通过设定式(B. 35)的左边项为零，求解最小值 x，就得出了牛顿法更新规则：

$$\boldsymbol{x}_{i+1}=\boldsymbol{x}_i-[\nabla^2 f(\boldsymbol{x}_i)]^{-1}\nabla f(\boldsymbol{x}_i) \tag{B. 36}$$

此处 $\boldsymbol{x}_0$ 用 $\boldsymbol{x}_i$ 替代，$\boldsymbol{x}$ 用 $\boldsymbol{x}_{i+1}$ 替代。

由于牛顿法隐含地假设 f 是二次的(在泰勒级数展开中忽略高阶项时假设的)，因此不需要对海赛函数进行精确估计，而常使用式(B. 33)的近似值。该方法的主要优势是其能够快速收敛。然而其收敛速度受起始点的线性程度影响较大。

很容易发现，简单梯度下降法和高斯-牛顿迭代法各自的优点是互补的。出于此种原因，LM 算法更新规则是上述算法的综合体，由下式给出：

$$\boldsymbol{x}_{i+1}=\boldsymbol{x}_i-(\boldsymbol{H}+\alpha\mathbf{I})^{-1}\nabla f(\boldsymbol{x}_i) \tag{B. 37}$$

此处的 $\boldsymbol{H}$ 是在 $\boldsymbol{x}_i$ 求得的海赛矩阵，这种更新规则的使用如下。如果误差随着更新的进行而降

低,这就意味着有关 $f(\boldsymbol{x})$ 的二次假设是正确的,同时减小 α 值(通常为 10 的倍数),以降低梯度下降的影响。另一方面,如果误差增加,则希望按梯度下降的方式继续进行,这样 α 就会以相同的倍数增加。

LM 算法

1. 按照式(B.37)进行一次更新。
2. 使用新的参数矢量估计误差。
3. 如果新的参数使误差有所增长,那么应撤销此步操作(即重置权重为原值),然后以 10 的倍数或类似有效倍数增加 α,然后回到步骤 1 再次尝试更新。
4. 如果新的参数使误差有所降低,那么应接受此步操作(即保持权重值为新值),然后以大概为 10 的倍数降低 α。

上述算法也有缺点,如果 α 值很大,则不会使用海赛矩阵。然而,从可以对每个梯度分量进行缩放这个角度来说,二阶导在这种情况下还是有一定优势的,将顺着梯度较小的方向产生更大的移动,从而不会出现经典的"误差谷"问题。这一关键的特点是由 Marquardt[6] 发现的。他以海赛函数的对角阵替代了式(B.37)中的单位阵,得到 LM 算法的更新规则:

$$\boldsymbol{x}_{i+1}=\boldsymbol{x}_i-[\mathbf{H}+\alpha\text{diag}(\mathbf{H})]^{-1}\nabla f(\boldsymbol{x}_i) \tag{B.38}$$

由于海赛函数和 f 的曲率成正比,所以式(B.38)中隐含表明:在低曲率(即几乎平坦的地势)方向上的步长大,而在高曲率(即陡坡)方向上的步长小。

注意,LM 算法虽然仅仅是一个试探算法,但它在实际操作中性能尤佳。其主要的缺点是在更新过程中需要对矩阵求逆。即使常采用伪逆法进行求逆,如奇异值分解方法,当模型规模增长到拥有几千个参数时,更新成本也将十分可观。而对于中等规模的模型(含几百个参数),该方法会比诸如 vanilla 梯度下降法快得多。

B.5 结论

该附录讨论了一些非线性规划方法,特别讨论了最速下降法、高斯-牛顿法和 Levenberg-Marquardt 算法。这些算法的作用是找到函数的最小值。当然,它们并不只是找寻最小值仅有的几个算法,只是以此为例。

之所以把这些方法列举于此,是因为很多地理定位目标发射器需要在函数中找到最小误差,例如最小平方误差和最小均方误差。一般情况下这些函数均为非线性函数,而本附录中讨论的算法可用于找出非线性函数的极小值。

参考文献

[1] C auchy, A. ,"Methodes Generales Pour la Resolution des Systemes Dequations Simultanees," *Academy of Science*, Paris, Vol. 25, 1847, pp. 536-538.

[2] Luenberger, D. G. , and Y. Ye, *Linear and Nonlinear Programming*, New York: Springer, 2008.

[3] Nash, S. G. , and A. Sofer, *Linear and Nonlinear Programming*, New York: McGraw-Hill, 1996.

[4] Barzilai, J. , and J. Borwein, "Two-Point Step Size Gradient Methods," *IMA Journal of Numerical Analysis*, Vol. 8, 1988, pp. 141-148.

[5] Levenberg, K. ,"A Method for the Solution of Certain Non-Linear Problems in Least Squares," *Quarterly of*

Applied Mathematics, Vol. 2, No. 2, July 1944, pp. 164-168.

[6] Marquardt, D. W., "An Algorithm for the Least-Squares Estimation of Nonlinear Parameters," *SIAM Journal of Applied Mathematics*, Vol. 11, No. 2, June 1963, pp. 431-441.

[7] Nocedal, J., and S. J. Wright. *Numerical Optimization*, New York: Springer 1999.

[8] Kelley, C. T., *Iterative Methods for Optimization*. Philadelphia: SIAM Press, 1999.

[9] Press, W. H., et al., *Numerical Recipes in C: The Art of Scientific Computing*, New York: Cambridge University Press, 1992.